计算机科学与技术丛书

新形态教材

数据治理

理论、方法与实践

张 彬◎编著

清华大学出版社

北京

内 容 简 介

本书关注以数据为关键要素的数字经济时代背景下的数据治理问题，分为 8 章。第 1、2 章以数据治理基础概念作为铺垫，重点对数据、数据治理以及数据治理体系所涵盖的内容进行全面梳理，明晰数据治理的现状、趋势，并进行国内外数据治理理念与体系的比较；第 3～7 章是数据治理核心问题探讨，重点对数据开放、数据交易、数据安全等核心内容进行系统阐述，明确数字经济背景下的数据治理过程中的痛点、难点问题，以及未来发展的核心方向；第 8 章是数据治理实践应用，深入企业数据治理层面了解数据在企业运营中的重要作用，以及企业开展数据治理工作的实施流程与技术方法，以求实现更优的企业数据治理质量。同时，全书提供了丰富的应用实例，每章后均附有思考题供读者加深对内容的理解。

本书适合普通高等教育本科生及低年级研究生使用，广泛适用于经济类专业与管理类专业的课程设置，尤其是管理科学与工程、应用经济学、工商管理或数字经济等新专业或学科领域，也可供对数据治理感兴趣的广大研究人员参考。

本书封面贴有清华大学出版社防伪标签，无标签者不得销售。

版权所有，侵权必究。举报：010-62782989，beiqinquan@tup.tsinghua.edu.cn。

图书在版编目 (CIP) 数据

数据治理：理论、方法与实践 / 张彬编著 . —北京：清华大学出版社，2024.2（2024.12重印）
（计算机科学与技术丛书）
新形态教材
ISBN 978-7-302-65390-5

Ⅰ.①数… Ⅱ.①张… Ⅲ.①数据管理－教材 Ⅳ.① TP274

中国国家版本馆 CIP 数据核字 (2024) 第 020945 号

责任编辑：刘 星 李 晔
封面设计：李召霞
版式设计：方加青
责任校对：王勤勤
责任印制：曹婉颖

出版发行：清华大学出版社
网　　址：https://www.tup.com.cn，https://www.wqxuetang.com
地　　址：北京清华大学学研大厦 A 座　　　　邮　编：100084
社 总 机：010-83470000　　　　　　　　　　邮　购：010-62786544
投稿与读者服务：010-62776969，c-service@tup.tsinghua.edu.cn
质 量 反 馈：010-62772015，zhiliang@tup.tsinghua.edu.cn
课 件 下 载：https://www.tup.com.cn，010-83470236
印 装 者：涿州汇美亿浓印刷有限公司
经　　销：全国新华书店
开　　本：185mm×260mm　　印　张：19.5　　字　数：465 千字
版　　次：2024 年 2 月第 1 版　　　印　次：2024 年 12 月第 2 次印刷
印　　数：1501～2500
定　　价：69.00 元

产品编号：101362-01

● PREFACE 序

如果 20 世纪的经济增长依靠的是物理空间的、全球化的货物和货币的流动，那么，21 世纪全球的经济增长则主要依赖网络空间的各类数据的流动。现在，很多学生都依赖跨域、跨境的教学平台；企业依赖跨境的产品销售及售后跟踪和服务；医生则利用人工智能平台为病人选择最佳的治疗方案；国家间或全球性双边与多边的会议也可通过视频在网上进行；等等。在国与国之间的联系日益紧密的时代，云计算、全联网、人工智能、区块链等技术正在普及，有效的数据治理和跨境数据流动对于国家乃至全球的创新、贸易及经济增长越来越重要。随着信息化的发展，特别是云计算、互联网和全联网的普及应用，个人或企事业单位日常生活和业务活动的数据几乎无须另行输入，只要将相关设备直接接入网络，数据便有可能自行在全球范围内传输。实际上，自智能手机和 5G 移动互联网普及应用以来，数据的全球化与数据跨境流动已经无时不在、无处不在。

在经历了数字化和网络化的快速发展之后，智能化正在成为全球信息化向高端领域发展的最主要的特征。我们正处于一个由信息时代向智能时代过渡的时期。未来 50 年，人类社会工作、学习、生活的智能化，包括自动化[①]、自主化、无人化等，或将成为这个智能时代的主要特征。智能技术将成为智能化的主要驱动力量，其所带来的智能革命将成为信息革命之后对人类社会影响最为深远的下一场技术革命，随之而来的智能时代则将深刻地影响人类文明的发展，远较过去 70 余年的信息革命为甚。智能技术，特别是人工智能，最主要的"物质基础"就是数据。没有数据，模型、算法、软件等都将失去"玩伴"，无所作为；没有数据，就没有深度学习以及人工智能近年来的高速发展。

近来引发全球关注的 GPT（Generative Pre-trained Transformer，生成性已预训变换器）系列技术，如最受关注和欢迎的 ChatGPT，风靡全球，成为互联网应用发展 20 余年来增长速度最快的消费类应用程序，更有可能成为智能时代来临的一个标志性的、里程碑式的事件。ChatGPT 正是基于规模化搜集应用互联网数据产生的结果，而且，充分利用数以亿计的用户使用 ChatGPT 所产生的新数据反馈更新原系统，还能形成极为重要的对 ChatGPT 技术的迭代演进。显然，没有互联网的开放式数据获取，以及开放式的人工智

---

① 作者注：这个自动化有别于 20 世纪中叶席卷全球的自动化浪潮，是基于数字化、网络化、智能化的自动化，或可简称为"数字自动化"，即完全基于数字技术的自动化。

能应用 OpenAI，ChatGPT 生存能力的可持续性将受到质疑。因此，自 2022 年 11 月 30 日 ChatGPT 开放以来，同时引发的是作为 ChatGPT 运行基础的、获取互联网数据的合法性基础问题，以及 ChatGPT 获取用户输入信息的合法合规问题。在数据迅速成为全球竞争制高点的同时，此类问题凸显了与数据开放应用相伴随的数据治理问题，同样十分重要，影响深远。

从国际上关于数据治理的研究来看，数据治理的关键词主要有 4 个，即安全、隐私、财富、发展。"安全与隐私"表现为对"数据资源"使用的管理、控制、约束，代表了国家、企事业单位、个人等从不同层面、不同程度地对数据滥用并损害自身利益的关切；"财富与发展"则促进"数据资源"的开发、流通、利用，目的在于紧紧抓住时代赋予的国家、企事业单位、个人等利用数据创造社会和个人财富、推动经济社会发展和文明进步的机遇。这 4 个关键词代表了数据治理的相互矛盾的"控制与反控制""约束与反约束"的两方面，有时也会成为国与国之间、不同利益集团之间缠斗博弈的工具。任何一种以一方面的重要性掩盖另一方面的重要性的错误倾向都会给国家、企事业单位、个人带来不可挽回的、意义深远的影响，甚至整体上导致国家、企事业单位、个人在智能时代的竞争中落败。因此，数据治理是具有极强的科学性、政策性、战略性的国家治理领域之一，万万不可掉以轻心。

我国政府对于不断深化数据治理在国家治理体系和治理能力现代化进程中的内涵十分重视。《中华人民共和国国民经济和社会发展第十四个五年规划和 2035 年远景目标纲要》将"激活数据要素潜力"设为重要目标，同时相继制定了《民法典》《网络安全法》《数据安全法》《个人信息保护法》等一系列重大规范性法律文件，为充分释放数据要素潜力、提高数据治理能力、促进数字经济活力提供了重要的政策和指导方针。然而，总体来看，我国数据治理仍然有着很大的完善空间，无论在认识上还是在实践上，在确权、交易、开放、共享、安全、规范、隐私保护等方面，都面临着许多的挑战；一个全社会的"基于数据"的经济、社会、科学、文化等各领域蓬勃发展的局面还远没有形成。我们需要以党中央、国务院作出的系列重大决策部署为根本依据，紧紧围绕我国在经济发展和数据治理工作中所面临的紧迫和重大的关键问题，全面、综合地研究我国和世界上许多国家数据治理的政策、战略和发展路径，进而推动国际数据治理领域的国际共识和国际合作。

面对世界范围内各主要国家持续强化数据资源控制与治理能力的新态势，北京邮电大学张彬教授编写的《数据治理——理论、方法与实践》一书可谓正当其时。该书是作者长期深耕网络空间治理、数字经济发展等领域教学工作与课题研究的结晶与成果。全书在系统介绍数据治理概念、内涵与理念，并综合对比国际社会数据治理体系架构差异的基础上，全方位、多角度地分析了包括数据开放共享、产权交易与安全保护等在内的诸多数据治理的核心问题，鞭辟入里地阐述了数据治理的基础理论，深入浅出地介绍了数据治理的科学方法，并辅以丰富多样的国内外数据治理实践应用案例进行讲解，可以帮助读者在更广的范围、更深的层次上学习、理解与分析关于数据治理的各类问题。全书切入视角务实，内容编排翔实，逻辑论证扎实，对于推动我国数据治理领域的教学和研究具有较大的理论价值和实践意义。

当然，随着信息化和智能化的发展，国家乃至全球的数据治理也还会面临许多新的问题和新的挑战，希望本书也将伴随这个发展进程，得以不断地补充和完善。

周宏仁
原国家信息化专家咨询委员会常务副主任
北京邮电大学经济管理学院特聘院长
2023 年 10 月于北京

● FOREWORD 前言

　　数据作为重要的生产要素已经广泛渗透到人类社会生活的方方面面。党和政府高度重视数据在优化基础资源配置方式、推动产业结构优化升级等方面的巨大潜力，多次强调要构建以数据为关键要素的数字经济，在创新、协调、绿色、开放、共享的新发展理念指引下，推进数字产业化与产业数字化转型，引导数字经济和实体经济深度融合。可见，数据要素对经济社会的繁荣发展起着关键作用。伴随着科技创新与社会发展，数据在被应用到各行各业的过程中也相继出现了诸如隐私泄露、数据滥用等问题，为了不断激发、释放数据的核心价值，促进服务创新，数据治理成为必由之路。同时，世界各国都在筹划并培养具有数字化思维和技能的人才。而大数据人才的培养不仅是认识数据、理解数据与分析数据等知识理论与能力的培养，更重要的是建立勇于开展数据治理的理论探索和实践创新，理解数据作为重要生产要素助力数字经济发展的巨大价值，积极探索数字赋能国家治理体系和治理能力现代化的思想体系。

　　数据治理是一门新兴热点学科，既具有坚实的理论基础，也具有很强的实践性。以往关于数据治理的书籍往往存在两种倾向：一种主要涉及国家层面的宏观数据治理，另一种则主要涉及企业层面的微观数据治理。任何一种倾向都难以使得读者从一本书中窥视数据治理知识体系的全貌，从而在众多的选择中全面地获得对数据治理理论与实践的系统认识。另外，针对数据治理领域，国内已出版的教材寥寥无几，其他书籍由于系统性和涵盖面所存在的欠缺而不宜直接作为教材使用。为弥补此不足，本书立足于系统地讲述数据治理的相关理论和方法，提供可供高等教育大数据管理和应用专业本科生和研究生熟悉和掌握的知识体系，做到学理兼具，逻辑严谨，案例丰富，理论与实际紧密结合。

　　本书在讲授数据治理的基本概念，理解数据体现出的资源、资产、资本的价值，以及数字经济时代数据治理的重要性和必要性的基础上，介绍了数据治理的体系框架、措施方法、法律法规和行业规范，包括数据开放和共享、数据产权与交易、数据主权和流动、数据安全和保护等相关知识。此外，本书将上述理论知识与实践应用相结合，从国家层面延伸至企业层面，分析了企业数据治理的常见方法、设计理念、实施途径和技术工具等，并通过案例对企业数据治理进行具体分析，帮助读者加深对数据治理的理解。

内容特色

本书涵盖了数据治理内涵、数据治理体系、数据开放共享、数据产权与交易、数据主权与跨境流动、数据隐私与数据安全等前沿理论问题，总结数据治理痛点、问题及未来发展方向。值得注意的是，本书内容并不局限于此，其中大部分章节都将通过案例和一些课后设计的启发性问题，给授课老师留有充分的发挥空间，引导学生探索这一新兴学科发展中存在的新问题，启发学生探索求知的欲望。与同类书籍相比，本书具有如下特色。

与时俱进，视角前沿 ▶

数据治理在产业数字化、数字产业化、公共治理等方面扮演着重要角色。在此基础上，本书通过将数据治理与国家相结合（如国家数据安全）、与法律相结合（如数据产权保护）、与道德相结合（如数据交易准则）、与社会相结合（如数据资源开发）等方式，将数据治理的技术方法与社会主义核心价值观有效结合，具有鲜明的时代特色。同时，本书引用了大量前沿性的国内外数据治理体系框架、措施方法、法律法规和行业规范，彰显了本书与时俱进的特点，积极跟随国家政策，保证时代前沿性。

内容广泛，实用性强 ▶

本书有助于读者全面系统了解数据治理领域的基本知识。本书分析了大数据技术相关的数据治理问题，包括数据开放和共享、数据产权与交易、数据主权和流动、数据安全和隐私保护等的相关知识，内容广泛全面。同时，结合大量与数据治理相关的实际案例与痛点分析，对比分析数据治理相关理论概念、国内外数据治理相关研究成果等，借助书本知识和实际应用相融合的途径，得出具有实际应用价值的数据治理方案。

开拓视野，案例丰富 ▶

本书立足于国内的实践现状，并对美国、欧盟、英国、日本等国家和组织的实践进行阐述和研究，能够帮助读者开拓视野，培养全球化意识。同时，为了更加生动地诠释核心知识要点，本书选取了多篇具有代表性和启发性的教学案例，有助于读者加深对数据治理理论与应用的理解。同时，本书还增加了"课程导入""教学重点和难点"等板块，彰显了本书以读者为本的教学属性。

配套资源，超值服务

本书提供以下相关配套资源：

- 教学课件（PPT）、课程设计、教学大纲等：扫描封底的"书圈"二维码在公众号下载，或者到清华大学出版社官方网站本书页面下载。
- 微课视频（190分钟，30集）：章节重点和难点内容的讲解视频，扫描相应章节中的二维码在线观看。

> **注** 请先扫描封底刮刮卡中的文泉云盘防盗码进行绑定后再获取配套资源。

致谢

感谢国家信息化专家咨询委员会原常务副主任、北京邮电大学经济管理学院特聘院长周宏仁教授对本书的支持。

感谢北京邮电大学经济管理学院在校博士研究生何洪阳、石佩霖积极参与资料整理、文字编写、梳理和校对等工作。感谢北京邮电大学经济管理学院在校博士研究生刘媛媛、田苏俊以及北京邮电大学经济管理学院在校硕士研究生黄莹莹、秦晨雪、王雯和李晓烨等在本书资料整理和文字编写过程中所付出的辛勤劳动。感谢北京邮电大学经济管理学院冯璐副教授给本书提供的宝贵资料。同时，在本书的编写过程中，参阅了大量国内外资料，这些资料为我们提供了不少思路和丰富的养分，在此对相关作者表示感谢。

本书的编写受到国家社会科学基金重大专项项目"提高网络综合治理能力研究"（18VZL010）、北京邮电大学博士生创新基金资助项目"互联网平台经济背景下多方共治机制的对策与保障研究"（CX2021131）、北京邮电大学高新课程建设项目、北京邮电大学"十四五"规划教材建设项目的资助。

限于编者的水平和经验，加之时间比较仓促，书中定有疏漏或者错误之处，敬请读者批评指正。

张彬

北京邮电大学

2023年10月于北京

微课视频清单

序号	视频名称	时长/min	书中位置
1	数据创造价值的维度	9	1.1.3 节节首
2	数据治理的基本概念与核心内容	6	1.2 节节首
3	数据治理的发展趋势	7	1.4.4 节节首
4	不同的数据治理理念	5	2.1 节节首
5	全球数据治理态势——背景与挑战	4	2.2.1 节节首
6	国家层面数据治理体系构建	6	2.3.1 节节首
7	数据开放共享相关概念解析	9	3.1 节节首
8	推进数据开放共享的战略策略	12	3.3 节节首
9	数据开放共享的治理途径	12	3.4 节节首
10	数据产权与知识产权保护	4	4.1.1 节节首
11	数据确权：数据属于谁？	4	4.5.1 节节首
12	数据交易中的关键技术	4	4.5.3 节节首
13	数据主权概念提出的背景	4	5.1.1 节节首
14	数据主权与数据跨境流动治理逻辑	4	5.2.2 节节首
15	数据跨境流动治理理论框架	4	5.3.4 节节首
16	隐私、个人信息、数据的辨析	6	6.1.2 节节首
17	欧盟 GDPR 的特点	5	6.3.1 节节首
18	中国《个人信息保护法》的特点	5	6.3.3 节节首
19	隐私保护技术的辨析	7	6.4 节节首
20	数据安全的概念	13	7.1 节节首
21	高德纳数据安全治理框架	6	第 182 页（7.3.1 节）
22	数据安全能力成熟度模型	11	第 184 页（7.3.1 节）
23	外部数据安全审查	14	7.4.2 节节首
24	企业数据治理的概念	3	8.1.1 节节首
25	企业数据资产的含义	3	8.2.1 节节首
26	企业数据资产价值的计量方法	4	8.2.3 节节首
27	企业数据治理框架设计及层级功能	3	8.3.4 节节首
28	企业开展数据治理工作的启动时机	5	8.4.1 节节首
29	企业数据治理的实施过程	7	8.4.2 节节首
30	企业数据治理质量的五大评估维度	4	8.6.1 节节首

第 1 章 数据与数据治理 / 1

1.1 **数据的价值** / 2
    1.1.1 数据相关概念辨析 / 2
    1.1.2 数据作为新型生产要素的主要特征 / 4
    1.1.3 数据创造价值的维度 / 6

1.2 **数据治理的内涵** / 9
    1.2.1 宏观层面数据治理的基本概念 / 9
    1.2.2 数据治理工作的定义、要素、类型和领域 / 12
    1.2.3 数据治理工作的内容与范围 / 15
    1.2.4 数据治理工作的目标与意义 / 15
    1.2.5 数据治理的相关道德准则 / 16

1.3 **数据治理的研究进展** / 17
    1.3.1 数据治理的研究起源 / 17
    1.3.2 数据治理的研究重点 / 18
    1.3.3 数据治理的应用场景 / 19

1.4 **数据治理的发展** / 19
    1.4.1 数据治理的发展现状 / 20
    案例 1.1 江西省农村信用社联合社数据治理实践 / 20
    1.4.2 数据治理当前面临的问题 / 21
    1.4.3 数据治理的发展机遇 / 22
    1.4.4 数据治理的发展趋势 / 23

1.5 **思考题** / 25

第 2 章 数据治理理念与体系构建 / 26

2.1 **数据治理理念的国际比较** / 27
    2.1.1 美国数据治理理念 / 27

2.1.2　欧盟数据治理理念 / 28
　　2.1.3　英国数据治理理念 / 29
　　2.1.4　日本数据治理理念 / 29
　　2.1.5　中国数据治理理念 / 29
2.2　**全球数据治理措施概述** / 30
　　2.2.1　全球数据治理态势 / 30
　　案例 2.1　全球数据主权态势 / 33
　　2.2.2　国外数据治理措施 / 34
　　2.2.3　我国数据治理措施 / 40
2.3　**融合多国经验的数据治理体系构建** / 42
　　2.3.1　国家层面的数据治理体系 / 42
　　2.3.2　行业层面的数据治理体系 / 46
　　案例 2.2　行业数据治理制度建设案例 / 49
　　2.3.3　组织层面的数据治理体系 / 50
　　案例 2.3　华为数据治理案例：华为数据湖治理中心平台 / 52
2.4　**思考题** / 54

第 3 章　数据开放共享 / 55

3.1　**数据开放共享的概念及其发展** / 56
　　3.1.1　数据开放共享的概念 / 56
　　3.1.2　数据开放共享的发展历程 / 57
　　3.1.3　数据开放共享的原则 / 59
　　3.1.4　国内外数据开放共享的相关政策 / 60
3.2　**数据开放共享的主要方式** / 64
　　3.2.1　数据开放 / 64
　　3.2.2　数据交换 / 65
　　3.2.3　数据流通 / 66
3.3　**推进数据开放共享的战略策略** / 66
　　3.3.1　数据开放共享的重要价值 / 67
　　3.3.2　政务数据开放共享 / 67
　　3.3.3　医疗数据开放共享 / 70
　　案例 3.1　地方政府医疗卫生数据开放工作中存在的一些问题 / 70
　　3.3.4　科研数据开放共享 / 73
3.4　**数据开放共享的治理路径** / 75
　　3.4.1　数据开放共享给数据治理提出的挑战 / 75
　　3.4.2　数据开放共享的治理策略 / 75
　　3.4.3　数据开放共享的框架体系 / 76
　　案例 3.2　政府和企业数据开放平台建设 / 78

3.4.4 发达国家经验借鉴 / 79

3.5 思考题 / 80

第 4 章　数据产权与数据交易 / 81

4.1 数据产权的概念 / 82
    4.1.1 数据产权 / 82
    4.1.2 数据产权的界定 / 83
    4.1.3 数据产权的研究述评 / 84

4.2 数据产权的权利体系 / 86
    4.2.1 数据产权的基本范畴 / 86
    4.2.2 数据产权的权利体系介绍 / 87

4.3 数据产权的立法方向 / 88
    4.3.1 构建新型数据产权，完善法律体系 / 88
    4.3.2 完善数据流通交易全过程相应法律规定 / 89
    4.3.3 从《民法典》到民事单行法对数据产权进行层级保护 / 90

4.4 数据交易的框架、模式与政策 / 90
    4.4.1 数据交易 / 90
    4.4.2 数据交易的模式 / 93
    4.4.3 数据交易政策 / 96

4.5 数据确权、定价和交易技术 / 97
    4.5.1 数据确权 / 98
    4.5.2 数据定价 / 100
    4.5.3 数据交易技术 / 103
    4.5.4 数据交易的收益分配机制 / 105
    案例 4.1　淘宝诉美景不正当竞争案 / 106

4.6 数据产权保护的最佳实践 / 107
    4.6.1 意识路径 / 107
    4.6.2 法律路径 / 108
    4.6.3 市场路径 / 109
    案例 4.2　成都市政府数据授权管理案例分析 / 110

4.7 思考题 / 111

第 5 章　数据主权与跨境流动 / 112

5.1 数据主权与跨境流动的概念和内涵 / 113
    5.1.1 数据主权的概念和内涵 / 113
    5.1.2 数据跨境流动的概念和内涵 / 116

5.2 数据跨境流动对数据主权维护带来的挑战 / 119
    5.2.1 数据跨境流动对数据主权维护带来的挑战 / 120
    5.2.2 数据主权与数据跨境流动治理间的逻辑关系 / 123

5.3 数据跨境流动的政策、法规和实践 / 123
 5.3.1 各国数据跨境流动政策的现状分析 / 123
 5.3.2 我国的数据跨境流动政策的现状分析 / 125
 5.3.3 数据跨境流动政策的比较 / 127
 5.3.4 数据跨境流动治理理论框架 / 128
 5.3.5 探索维护数据主权与管制跨境流动的平衡路径 / 134
 案例 5.1 滴滴赴美上市 / 137
 案例 5.2 我国 TikTok 出售谈判 / 138
5.4 思考题 / 139

第 6 章　数据隐私及其保护 / 140

6.1 数据隐私的概念与内涵 / 140
 6.1.1 数据隐私的概念 / 141
 6.1.2 数据隐私的内涵 / 141

6.2 数据隐私保护案例与立场 / 145
 案例 6.1 谷歌因违反《通用数据保护条例》而被处以 5000 万欧元罚款 / 145
 案例 6.2 Facebook 因触犯隐私保护相关规定而支付赔偿金 6.5 亿美元 / 149
 案例 6.3 滴滴公司因违法遭受处罚 / 151

6.3 数据隐私保护政策与法规 / 153
 6.3.1 欧盟的数据隐私保护政策与法规 / 154
 6.3.2 美国的数据隐私保护政策与法规 / 157
 6.3.3 中国的数据隐私保护政策与法规 / 159

6.4 数据隐私安全与保护技术 / 162
 6.4.1 数据脱敏技术 / 162
 6.4.2 数据匿名化技术 / 163
 6.4.3 数据加密技术 / 164
 6.4.4 数据扰动技术 / 165

6.5 数据隐私治理思路 / 167
 6.5.1 实践路径 / 167
 6.5.2 伦理建设 / 169

6.6 思考题 / 171

第 7 章　数据安全 / 172

7.1 数据安全的概念 / 172
 7.1.1 安全概念的变迁 / 173
 7.1.2 数据安全的新含义 / 176

7.2 数据安全的背景和案例 / 179
    7.2.1 数据安全的背景 / 180
    7.2.2 数据安全的案例 / 180
    案例 7.1 某航空公司数据被境外间谍情报机关网络攻击窃取案 / 180
    案例 7.2 某境外咨询调查公司秘密搜集窃取航运数据案 / 181
    案例 7.3 李某等人私自架设气象观测设备，采集并向境外传送敏感气象数据案 / 181
7.3 数据安全治理 / 182
    7.3.1 数据安全治理框架 / 182
    7.3.2 数据分类分级 / 188
    7.3.3 数据安全应急处置 / 193
7.4 数据安全监督管理 / 198
    7.4.1 内部数据安全审查 / 198
    7.4.2 外部数据安全审查 / 199
    7.4.3 数据安全监督总体思路 / 204
7.5 思考题 / 207

第 8 章 企业的数据治理实践 / 208

8.1 企业数据治理的现状及挑战 / 209
    8.1.1 企业数据治理的概念与范围 / 209
    8.1.2 现阶段企业数据治理遇到的问题 / 214
    8.1.3 未来企业数据治理面对的挑战 / 215
    案例 8.1 多元化集团：数据治理助力多元化企业集团管控 / 215
    案例 8.2 汽车行业：数据驱动长安汽车数字化转型 / 221
8.2 企业的数据类型与核心价值 / 226
    8.2.1 企业数据资产的含义与特性 / 226
    8.2.2 企业数据的构成 / 228
    8.2.3 企业数据资产的估值与计量 / 231
    8.2.4 企业数据资产的重要价值及实现方式 / 234
8.3 企业数据治理的顶层架构设计 / 235
    8.3.1 企业数据治理架构的设计原则 / 235
    8.3.2 企业数据治理架构的设计目标 / 235
    8.3.3 国际社会主要企业数据治理框架梳理 / 236
    8.3.4 企业数据治理框架设计 / 240
8.4 企业数据治理的实施流程 / 244
    8.4.1 企业数据治理实施前的启动工作 / 244
    8.4.2 企业数据治理的实施过程 / 248

8.5 **企业数据治理中的方法论与技术工具** / 253
    8.5.1 企业实施数据治理的方法论 / 253
    8.5.2 企业实施数据治理的技术工具 / 256
    案例 8.3 能源化工行业：数据治理助百年油企数字化转型 / 261
    案例 8.4 电力行业：夯实数字化转型基础——南方电网数据资产管理
               行动实践 / 266

8.6 **企业数据治理的质量评估与优化** / 276
    8.6.1 企业数据治理的评估对象与模型 / 276
    8.6.2 企业数据治理的优化关键点 / 287
    8.6.3 企业数据治理的优化措施 / 288

8.7 **思考题** / 293

参考文献 / 294

第1章 数据与数据治理

数据（data）作为重要的生产要素已经融入人类社会生活的方方面面。习近平总书记多次强调，要构建以数据为关键要素的数字经济，在创新、协调、绿色、开放、共享的新发展理念指引下，推进数字产业化、产业数字化，引导数字经济和实体经济深度融合。可见，数据要素对经济社会的发展起着关键作用。伴随着科技与社会的发展，数据在被应用到各行各业的过程中也出现了一些问题，为了不断激发数据的核心价值，促进服务创新，数据治理（data governance）成为必由之路。本章的重点内容是对数据的价值、数据治理的内涵以及数据治理的发展进行介绍，为数据治理框架体系等内容的学习进行基础铺垫，对数据治理相关内容提供整体把握思路。

【教学目标】

介绍课程的主要特色，使学生对本课程的整体设计、教学目的、核心内容等进行充分的理解。讲授数据与数据治理的相关概念、内涵、发展，通过课堂互动交流进行问题辨析，引导学生以多元化视角观察数据，注重数据作为发展要素的意义，对数据治理的基础进行深刻的认识。

【课程导入】

（1）NASA（National Aeronautics and Space Administration，美国国家航空航天局）如何能提前预知各种天文奇观？创业者如何确定自己的产品定价与服务对象？在未来的城镇化建设过程中如何打造智能城市？这一系列问题的背后，其实都隐藏着数据的身影——不仅彰显着数据的巨大价值，更直观地体现出数据在各个行业的广阔应用。那么数据在我们的日常生活中都以怎样的形式出现？

（2）数据在生活中无处不在。过去，人们习惯把数字的组合称为数据，但在今天，这样的理解显然不够全面。是否可以把数字、字母、符号等的集合称为数据？似乎信息与知识也是由这些元素组成的，那么数据、信息、知识之间存在怎样的关系？

（3）"啤酒与尿布"的故事源于在20世纪90年代的美国超市中，这两件看似毫无关联的商品会经常出现在同一个购物篮里。你认为"啤酒与尿布"蕴含了怎样的数据关联关系？

【教学重点及难点】

重点：本章的学习重点在于数据治理的内涵与数据治理的发展。首先要理解数据治理的概念，进而熟悉数据治理的相关内涵，对数据治理有整体的把握，为数据治理体系的学习打好基础。

难点：本章的学习难点在于对相似概念的辨析，如数据、信息与知识，数据治理与数据管理。数据治理的发展部分涉及政策内容，时空跨度较大，与时势联系紧密，也是需要重点理解掌握的内容。

1.1 数据的价值

当前信息化、大数据、数字经济等高频词语已成为世界各国推动经济社会可持续发展的着力点和竞争点。《经济学人》杂志曾将数据比喻为"21世纪的石油"，数据的重要性不言而喻。本节主要介绍数据的价值，包含数据的相关概念以及数据创造价值的维度。数据是通过观测得到的数字性的特征或信息。随着社会的不断发展进步，数据已经成为重要的生产要素，世界各国都将其作为国家战略不可或缺的组成部分，数据的价值不容忽视。本节通过介绍数据对于个人、企业与国家3个层面的价值以帮助读者更好地理解数据的重要意义。

1.1.1 数据相关概念辨析

1. 数据的概念

根据最新版的《牛津英语词典》，数据是"被用于形成决策或者发现新知的事实或信息"。根据国际标准化组织（International Organization for Standardization，ISO）的定义，数据是对事实、概念或指令的一种特殊表达方式，用数据形式表现的信息能够更好地被用于交流、解释或处理。在《现代汉语词典》（第7版）中，对于数据的解释是："进行各种统计、计算、科学研究或技术设计等所依据的数值。"数据是人类通过观察自然、科学计算或社会实践等多种方式得出的一种记录，是对人类社会的一种描述、记录和表达。数据有许多形式的载体，最简单的一类就是数字，也可以是符号、文字、图像、声音、视频等。通常，在学术研究论著中，数据只是作为"信息的单元"。在数字经济时代，数据被纳为新型生产要素，是人类社会发展进步的基础。数据成为反映环境、优化体系、驱动发展的重要元素。在科学研究、商业管理（比如涉及销售、收入、利润、股价等）、金融、政治（比如涉及犯罪率、失业率、识字率等）和事实上的其他一切人类组织性活动形式（比如非营利性组织所做的流浪人口调查等）中，数据无处不在。

2. 信息的概念

信息是物质存在的一种方式、形态或状态，也是事物的一种普遍属性，一般指数据、消息中所包含的意义，可以使消息所描述事件的不定性减少。美国数学家、信息论的奠基人克劳德·艾尔伍德·香农（Claude Elwood Shannon）在他的著名论文《通信的数学理论》（1948年）中提出计算信息量的公式为

$$H = -\sum_{k=1}^{n} p_k \log_2 p_k \quad (1.1)$$

式中，n为组成信息的符号数；p_k为符号k出现的概率。

从式（1.1）可知，信息量计算公式的意义和热力学中熵的本质一样，故信息量也称为信息熵。同时，当各个符号出现的概率相等，即"不确定性"最高时，信息熵可以被视为对"不确定性"或"选择的自由度"的度量。美国数学家、控制论的奠基人诺伯特·维纳（Norbert Wiener）认为，信息是"我们在适应外部世界，控制外部世界的过程中同外

部世界交换的内容的名称"。英国学者阿希贝（W. R. Ashby）认为，信息的本性在于事物本身具有变异度。意大利学者朗高（G. Longo）在《信息论：新的趋势与未决问题》中认为，信息反映了事物的形成过程、关系及差别，包含于事物的差异之中，而不在事物本身。

信息与数据既有联系，又有区别。信息是数据的内涵，是加载于数据之上，对数据作出的具有含义的解释。数据和信息是不可分离的：数据是符号，是物理性的，信息是对数据进行加工处理之后所得到的并对决策产生影响的数据，是逻辑性和观念性的；数据是信息的表现形式，信息是数据有意义的表示。

3. 知识的概念

知识是对某个主题确信的认识，意指透过经验或联想，能够熟悉进而了解某件事情，这种事实或状态就称为知识，其包括认识或了解某种科学、艺术或技巧。知识不是数据和信息的简单积累，知识是可用于指导实践的信息，知识是在人们改造世界的实践中所获得的认识和经验的总和。知识分为显性知识和隐性知识。显性知识是已经或可以文本化的知识，并易于传播。隐性知识是存在于个人头脑中的经验或知识，需要进行分析、总结和展现，才能转化成显性知识。知识也是人类在实践中认识客观世界（包括人类自身）的成果，包括事实、信息的描述或在教育和实践中获得的技能。知识是人类从各个途径中获得的经过提升总结与凝练的系统性认识。

数据、信息和知识都是社会生产活动中的基础性资源，都可以采用数字、文字、符号、图形、声音、影像等多媒体来表示。三者都具有客观性、真实性、正确性、价值性、共享性等特点。数据、信息和知识都是对事实的描述，被统一到了对事实的认识过程中。首先，由于人类认识能力存在一定局限性，或者人类认识世界过程中所采用的工具受到约束，导致了数据只是对事实的初步认识甚至存在错误认识的表述；其次，人类借助思维的发散性以及信息技术等对数据进行处理，进一步揭示事实中事物的联系，从而形成信息；最终，在实践中，经过周而复始的处理与验证，现实中事物之间的关系被正确地表示出来，因此形成了知识。

通过数据、信息及知识的概念可以看出，孤立的数据是没有意义的，当数据被置于情境之下审视或经过分析处理之后，"数据"就会变为"信息"；一般而言，数据经由处理后称为信息，从这些信息中分析出来的讯息称为知识，再通过不断地行动与验证，逐渐形成智慧。举例来说（如图1.1所示），"10"就是一个客观的记录，这个数据本身无意义；但是"10个零件"就是有意义的数据，此时的数据可以称为信息；数据的价值还可以进一步体现为知识，例如，"生产线每天生产能力为10个零件"，此时的数据融合了固化的经验，可以称为知识；数据的价值最高可以体现为智慧，例如，"通过流程优化将生产线每天生产能力提升到20个零件"，此时的数据是组织解决问题能力的基础，是最具价值的信息形式。

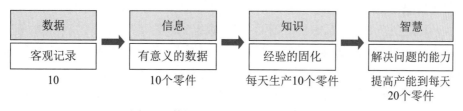

图1.1　数据、信息、知识与智慧的关系

1.1.2 数据作为新型生产要素的主要特征

1. 数据是新型核心生产要素

人类社会已经从农业经济、工业经济进入到了信息经济时代，农业经济时代的核心生产要素是劳动力与土地，工业经济时代的核心生产要素是资本与技术，进入21世纪以来，以大数据、人工智能、区块链、量子计算等信息技术为标志的新一轮科技革命和产业变革悄然而至，数据量和算力呈爆炸性增长，数据成为驱动经济社会发展的关键生产要素。因此数字时代核心生产要素就是数据，如表1.1所示。

表 1.1 不同历史阶段生产要素变迁及代表人物 / 事件

历史阶段		生产要素	代表人物 / 事件
农业时代		土地、劳动	威廉·配第，欧根·冯·庞巴维克
工业时代	第一次工业革命	土地、劳动、资本	亚当·斯密，让·巴蒂斯特·萨伊，约翰·穆勒
	第二次工业革命	土地、劳动、资本、组织	阿尔弗雷德·马歇尔
数字时代		土地、劳动、资本、知识、技术、管理、数据	《中共中央关于坚持和完善中国特色社会主义制度推进国家治理体系和治理能力现代化若干重大问题的决定》

数据在数字经济发展过程中具有关键作用，对传统生产要素也产生了深刻影响，展现着其巨大的价值和潜能。作为生产要素的数据，其本身虽然不能被直接用于生产经济物品，但是能在生产过程中发挥作用，如创造新的知识或者形成未来的预测，进而指导经济物品的生产。2019年10月，中国共产党第十九届中央委员会第四次全体会议审议通过的《中共中央关于坚持和完善中国特色社会主义制度推进国家治理体系和治理能力现代化若干重大问题的决定》中提出，健全劳动、资本、土地、知识、技术、管理、数据等生产要素由市场评价贡献、按贡献决定报酬的机制。这是国家层面首次提出数据可作为生产要素按贡献参与分配，数据作为新生产要素从投入阶段贯穿到产出和分配阶段，数据资源的重要地位得以确立。这反映了随着经济活动数字化转型不断深入，数据对提高生产效率的价值与作用凸显，成为最具时代特征的新生产要素，标志着我国正式进入了数据红利进一步释放的阶段，数据将作为生产要素参与到市场的投入、管理、产出、分配等各个阶段。随着科学技术的创新与发展，新型数字技术不断涌现，数据作为要素是一个新命题，有大量前沿问题需要研究。在数字经济全面推进的时代背景下，培育发展数据要素市场，更需要充分发挥数据作为关键生产要素的价值。

2. 数据生产要素与传统生产要素相比所具有的不同特性

数据要素呈现独特新特征。与土地、劳动力、管理、技术、资本等传统生产要素相比，数据无疑是生产要素大家庭的"新面孔"。数据生产要素超越了传统要素的基本属性、作用形态和增值方式，一跃成为数字经济时代占据领先地位的战略资源，究其原因，主要是与传统生产要素相比，数据生产要素具有以下几方面的不同特征。

（1）数据生产要素具有虚拟性。数据生产要素是一种虚拟的、存在于数据库与互联网空间中的资源，目前大多数已有研究都将数据的虚拟性视为该生产要素的一项核心特征。

虚拟性是数据与其他传统生产要素（如劳动力、资本和土地）的最主要差异，也是知识、技术、管理和数据等新生产要素的主要特点。虚拟性的存在意味着数据必须以其他生产要素作为载体才能发挥作用。在当前的技术条件下，数据在大多数时候存在于信息与通信技术产品中，二者有效结合构成了全球经济增长的主要动力。对于数据等虚拟生产要素的依赖是数字经济的主要特点之一，也是数字经济与传统经济的主要区别。

（2）数据要素具有非稀缺性。稀缺性是指资源因无法满足人类社会不断扩大的需求以及无法实现空间上的均匀分布而呈现出的稀缺状态。然而对于知识、信息、数据等无形资产来说，因其累积迅速且不占用空间而具有非稀缺性。数据要素的这种非稀缺性并非单纯意味着数据无处不在、无时不在，而且具有两重特定含义：一方面，数据在共享过程中可以实现指数级增长，数据传播链条越长，数量便如滚雪球般急剧增长；另一方面，数据在条件允许的情况下可以重复使用、循环使用乃至无穷尽开发利用，因此其对推动经济增长具有倍增效应。

（3）数据要素具有强劲的流动性。流动性是生产要素产生价值的基本前提，不同生产要素的流动性程度具有天壤之别。土地流动性最弱，劳动力流动性次之，技术流动性适度，资本流动性较强，而数据流动性最为强劲。不同生产要素在流动过程中呈现形态迥异的特征，劳动力流动和土地流转既是市场经济"看不见的手"作用的必然结果，也是在限定条件下人们追求收益最大化的结果。技术流动的前提是其具有先进性，如此才能在不同国家、地域、行业内部（或之间）进行输出与输入。投机性和逐利性是资本流动的基本特征，考虑到资本在流动时常常与其他要素裹挟在一起发生裂变，其对经济社会的推动作用更加显著。作为 21 世纪的国家战略资源，数据要素呈现出流动速度更快、渗透程度更深、涉及领域更广的特点，成为生产要素大家庭中最具增长潜力和价值的"璀璨明星"。

（4）数据要素具有时效性。从数据的生成到消耗，时间窗口非常小。数据的变化速率包括处理过程越来越快。数据的重要程度与时间成反比，如超过规定时限，数据可能就变得一文不值。当企业注销后，再对该企业相关数据作出分析将毫无意义。如随着物联网的广泛应用，信息感知无处不在，信息海量，但价值密度较低，通过强大的机器算法可以更迅速地完成数据的价值"提纯"，在大数据时代，数据快速处理能力将助推企业抢占市场先机。

（5）数据要素具有非排他性。排他性是指某一事物在一定范围内排斥另一事物的性质。经济学视角下的排他性则指在技术上排斥他人使用的可能性，比如某人使用或消费一种物品时便阻止了其他人同时使用或消费该物品。由此可见，资本和劳动力要素明显具有排他性。数据本身具备的非常强大的复用效率使其可以按照既有模式在一定范围按照一定权限重复使用，因此数据生产要素彻底颠覆了传统生产要素的使用局限性，数据资源可以无限复制，供多个主体在同一时间不同地点使用，这些主体的使用不仅不会减损数据本身的价值，还能够从对数据的利用中发掘出更多的价值。

（6）数据要素具有产权模糊性。数据生产要素在产权归属上存在一定的模糊性，其所有权和产生的各项产出在企业和消费者之间的分配尚不清晰。消费者在使用互联网公司等企业提供的各项 ICT 产品和服务的过程中会产生大量数据。这些数据往往由企业直接收集和整理，消费者在客观上没有处置和使用这些数据的机会。数据产权并不像传统要素的产权那样，其主体对其所有物享有包含所有权、使用权、收益权、处置权等权利。因此，采用传统要素的产权界定手段很难清晰识别数据在不同场景中作出的贡献并追踪其主体，根据其应用的方式、创造的价值配置处置、收益等相应的权利。

1.1.3 数据创造价值的维度

视频讲解

数据与人类息息相关，越来越多的问题可以通过数据解决。不仅在数据科学与技术层面，而且在商业模式、产业格局、生态价值等方面，数据的价值都能够带来新理念和新思维，涉及面包括政府宏观部门、不同的产业界与学术界，甚至个人消费者。数据正在以前所未有的程度引起社会、经济、学术、科研、国防、军事等领域的深刻变革。数据所创造的价值将更好地解决商业问题、科技问题，以及各种社会问题。

1. 数据对于个人的价值

对于个人而言，数据是一个人在学习、工作、生活中形成的经验、知识等，乃至于在个人同意出让前提下的个人信息数据实质上也是个人的重要"资产"，是一个人生存与发展的保障和动力。数据对个人的价值归根结底是能帮助人们全面了解事物本质并形成正确的决策，具体表现在以下几方面。

1）提高工作生活效率

数据引发的技术革命以提升效率为起点。通过数据的计算与分析，许多时间被节省下来，人们可以去从事其他如消费、创新等活动。数据的运用不断释放人类社会的巨大产能，医疗记录数字化、出行方式智慧化等多方面的进步都源于数据创造的价值，丰富了人类的现实生活，增加了人类认知盈余。

2）提高洞悉能力

用数据可以完成对事物的精准刻画，帮助人们全面了解事物的本真面目。此时，数据发挥的作用在于减少信息不对称，帮助人们提高洞察力和获得新知识。在数据的支持下，人们实现了从"不知道"到"知道"、从"不清晰"到"清晰"的转变。

3）形成正确决策

数据的作用还在于能让人们发现问题，并形成正确的判断与决策，告诉人们应该做什么、怎么做。只要相信数据的力量，数据就能创造信任与价值，帮助人们作出正确的选择。数据有助于分析人类社会的发展规律和自然界的发展规律，利用大数据分析结果可以归纳和演绎出事物的发展规律，掌握事物的发展规律有助于人们进行科学决策。

4）保护个人隐私

随着人们全面进入信息时代和数字经济时代，个人数据已成为时刻伴随着人们的个人标签，成为识别个人身份、彰显个人能力、证明个人信用和体现个人行为习惯的重要信息。在互联网经济中，个人数据对于每个人来说也是一种资产，但个人数据的所有权很难进行清晰界定。国家不断出台相应的法律、法规以保障个人数据的安全，并以文件形式多次强调数据的重要性和安全性，如我国出台并施行的《民法典》及其他法律、法规都包含针对个人信息安全的相应规定。数据创造价值的目的是最大化地利用数据，而数据利用的前提和基础是保护个人隐私。随着科学技术的不断发展，通过数据处理、计算、管理等措施可有效防止个人隐私的泄露与滥用。国内外利用隐私计算平衡隐私保护和数据价值流转已经取得了积极成效。运用隐私计算技术，"去标识化"后的数据可以满足绝大部分个人隐私保护的要求。

2. 数据对于企业的价值

数据已经成为新的生产要素，在数字经济时代拥有巨大的潜力。数据的使用成为提高企业竞争力的关键要素。数据对于企业的价值是由市场需求和经营管理两部分决定的。

从市场需求这一角度来说，数据要素的价值在于重建了对市场理解、预测和控制的新体系、新模式。这种模式本质上是用数据驱动的决策替代经验决策，即基于数据加上算力和算法可以对物理世界进行描述、原因分析、结果预测和科学决策。对于企业来说，数据要素创造价值不在数据本身，数据只有与基于商业实践的算法、模型聚合在一起才能创造价值。数据要素融入劳动、资本、技术等每个单一要素中，能够提高单一要素的生产效率，单一要素的价值会倍增，更重要的是提高了这些传统要素之间的资源配置效率。通俗地说，数据本身生产不了汽车和房子，但是数据要素与各要素聚合有助于低成本、高效率、高质量地生产汽车和房子。数据要素推动了传统生产要素的革命性聚变与裂变，成为驱动经济持续增长的关键因素，这才是数据要素的真正价值所在。数据有助于企业激活其他要素，提高产品研发和商业模式的创新能力，提高个体及组织的创新活力。数据要素的价值在于使企业用更少的物质资源创造更多的物质财富和服务，并对传统生产要素产生替代效应。

从经营管理的层面来看，数据的价值主要体现在记录、备份、监督、纠偏和预测方面。数据本身被记录下来其实是一种操作的基础，脱离了数据记录，后续的操作将难以进行。数据记录对于企业来说更多的是以前操作过程的虚拟备份，记录了不同操作的步骤及次序，使得操作的情景有了复原的可能性，数据记录和备份可以看作数据的"初始价值"。在万物互联互通时代，不同主体之间的交互不断增加，情景复原除了具有纪念意义外，还有一个重要的价值就是事后责任追究，让每个主体对自己的行为承担责任，使各种有效连接成为一种可能。企业备份数据还有更重要的溯源价值，即对于每一操作环节进行有效监督，一旦出现问题就可迅速响应并采取应对措施，具体问题具体分析，以利于事后责任追究，最大限度地降低企业的风险成本。作为一类特定系统，企业在运转过程中需要保证内部各方面的平衡，数据展示出的差异有利于纠偏，防止因打破平衡而造成不必要的损失。伴随着数据技术的不断发展，让数据驱动决策帮助企业降本增效成为各企业的战略目标。数据给予企业的最重要价值之一还包括对未来业务方向的预测作用。企业对所记录的各种数据进行深入比较和研究，发现其中规律特征，依此对系统及业务模式进行优化升级，根据预测结果了解市场长期演变方向，对企业有效制定可持续发展规划意义重大。

3. 数据对于国家的价值

数据作为生产要素的一个重要背景是数字经济的蓬勃发展。数字经济以数据为关键生产要素，以现代信息网络为重要载体，以信息通信技术的有效使用为效率提升和经济结构优化的重要推动力，是以新一代信息技术和产业为依托的新经济形态。数字经济的构成明显要比传统的农业经济和工业经济更加广泛。农业经济体系属于单层结构，以农业为主，配合以其他行业，以人力、畜力和自然力为动力，使用手工工具，以家庭为单位自给自足，社会分工不明显，行业间相对独立；工业经济体系是两层结构，即提供能源动力和行业制造设备的装备制造产业,以及工业化后的各行各业形成分工合作的工业体系。数字经济体系则可分为 3 个层次:提供核心动能的信息技术及其装备产业、深度信息化的各行各业以及跨行业数据融合应用的数据增值产业。数字经济是新兴技术和先进生产力的代表,把握数字经济发展大势,以信息化培育新动能,用新动能推动新发展,已经成为全球经济发展的共识。近年来,在以习近平同志为核心的党中央的坚强领导下,我国数字经济已初步建立了顶层引领、横向联动、纵向贯通的战略推进体系,并取得了较好的成绩。据统计,2012—2021 年,我国数字经济规模从 11.2 万亿元增长到 45.5 万亿元,总量居世界第二,占 GDP 的比重从 20.8% 增长到 39.8%,已经成为经济高质量发展的关键支撑。

数字经济以数据为关键生产要素,数据正成为与物质资产和人力资本同样重要的基础生产要素。一个国家拥有的数据规模及运用数据资源的能力将成为综合国力的重要体现,对数据的占有权和控制权将成为陆权、海权、空权之外的国家核心权力。数据作为驱动创新发展的关键生产要素,在全球范围引领社会变革,促进透明政府的发展,形成以人为本的数据战略。

数据在全球经济运转中的价值日益凸显,世界主要经济体围绕数据资源抢夺数字经济制高点的竞争日趋激烈。数据价值持续溢出,不仅代表着数据在社会经济发展中的地位不断提升,也标志着数据的含义在不断演变。当前,世界主要国家和地区都已认识到数据对于提升社会经济发展和国家实力的重要意义,通过出台国家数据战略、完善国内数据立法、加强国际数据合作等多种方式,促进本国数据资源开放和数据技术开发。对于一个国家而言,数据已经逐渐渗透到国家社会经济领域中的每一个角落,关乎国家的发展与安全,是重要的国家资产。美国十分重视数据这一国家资产的建设和保护,2012 年奥巴马政府发布了《大数据研究和发展倡议》(Big Data Research and Development Initiative,BDRDI),将数据定义为"未来的新石油";2019 年 12 月美国发布《联邦数据战略与 2020 年行动计划》(Federal Data Strategy&2020 Action Plan,FDSAP 2020),"将数据作为战略资源进行开发"成为美国新的数据战略的核心目标。欧盟针对数据开放、数据流通、发展数据经济发布了《迈向繁荣的数据驱动型经济》(Towards a Thriving Data-Driven Economy,TTDE)、《建立欧洲数据经济》(Building a European Data Economy,BEDE)、《迈向共同的欧洲数据空间》(Towards a Common European Data Space,TCEDS)等多个战略文件。2020 年 2 月,欧盟委员会发布《欧洲数据战略》(A European Strategy for Data,ESD),强调提升对非个人数据的分析利用能力。2020 年 9 月,英国发布《国家数据战略》(National Data Strategy,NDS),提出释放数据价值是推动数字部门和国家经济增长的关键。

继我国在 2019 年通过的《决定》中首次提出将"数据"作为生产要素后,中央第一份关于要素市场化配置的文件《关于构建更加完善的要素市场化配置体制机制的意见》(以下简称《意见》)于 2020 年 4 月 9 日发布。《意见》提出了在土地、劳动力、资本、技术、数据 5 个要素领域改革的方向,明确了完善要素市场化配置的具体举措。数据作为新型生产要素,《意见》为其参与收益分配解除了制度障碍,成为全社会备受关注的焦点。《意见》再一次将数据与传统生产要素相提并论意味着数据要素对于国家的重要程度显著提升。2020 年的政府工作报告中强调,要推进要素市场化配置改革,培育技术和数据市场，激活各类要素潜能。2021年11月30日，工业和信息化部发布《"十四五"大数据产业发展规划》（以下简称《规划》）。《规划》指出，"数据是新时代重要的生产要素，是国家基础性战略资源"。由此可见，数据作为国民经济基础性战略资源的重要地位日益凸显。

1.2 数据治理的内涵

视频讲解

两个人交换自己手中的物品，每个人还是只能拥有一件物品，但若他们交换的是手中的信息，那每个人便得到了两条信息。数据价值的实现也是如此，只有数据流通起来，蕴含其中的价值才能得以发挥。数据治理的本质便是要实现数据的流动，在互联互通中最大限度地挖掘和释放数据的价值，避免数据成为一潭"死水"、一个个"孤岛"。本节主要介绍数据治理的内涵，包括数据治理的概念、数据治理的要素与特点、数据治理的类型与领域、数据治理的内容与范围、数据治理的相关道德准则以及数据治理的目标与意义。数据治理的内涵是数据治理的基础，把握其相关内容有助于理解数据治理的发展，同时能够更好地认识数据的价值。

1.2.1 宏观层面数据治理的基本概念

1. 数据治理的内涵

宏观层面数据治理又称为广义的数据治理，其内涵是对数据资产管理行使权利和控制的活动集合（包括规划、监控和执行），指导其他数据管理职能如何执行，在高层次上执行数据管理制度。组织为实现数据资产价值最大化所开展的一系列持续工作过程，明确数据相关方的责权、协调数据相关方达成数据利益一致、促进数据相关方采取联合数据行动。

2. 数据治理的核心内容

基于上述概念，我们可以明确数据治理的几个核心内容。

（1）以释放数据价值为目标。数据治理的首要目标是通过系统化、规范化、标准化的流程或措施，促进对数据的深度挖掘和有效利用，从而将数据中隐藏的巨大价值释放出来。

（2）以数据资产地位确立为基础。由于数据治理以数据为对象，那么作为核心要素，数据在社会经济发展中所处的地位直接决定了围绕数据的各项活动的开展方式、流程等。

（3）以数据管理体制机制为核心。数据治理的重点在于建立健全规则体系，形成多方参与者良性互动、共建共享共治的数据流通模式，因此，围绕数据的各项管理体制机制的建立和完善是当前国家、组织、企业等各类主体的核心。

（4）以数据共享开放利用为重点。数据治理的目标在于保障数据的有序流通，进而不断释放数据的价值。而数据流通的主要活动包括数据的共享、开放以及有序的开发利用等，这也成为当前阶段数据治理工作的重点。

（5）以数据安全与隐私保护为底线。数据治理要以国家、企业和个人信息安全为前提，否则再好的数据治理模式也是有违社会正义的。因此，保障数据安全与隐私保护的各项活动是数据治理的底线保障。

3. 数据治理的核心目标与价值取向

综合来说，数据治理的核心目标就是通过各种方式提升数据的价值，而提升数据价值的核心就是确定数据的资产地位，如图1.2所示。为了提升数据的价值，需要系统地设计管理体制机制，包括数据治理组织和数据管理活动；需要最大限度地推动数据开放共享，没有数据的开放共享就没有数字经济的发展。当然，这一切需要有数据安全和隐私保护的底线作为保障，否则数据的价值就难以得到体现。

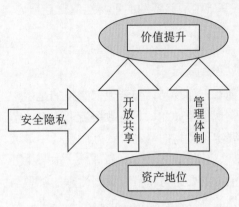

图1.2 数据治理的核心目标

数据治理的目标也就是其所需要达成的目的和结果。总体来说，就是以治理的力量，在数据管理的基础上，进一步优化数据价值实现的关键和核心因素，确保实现高效能的数据功效的倍增。

从数据治理的现实出发，数据治理的目标应当具备以下4方面的特性：合法合规性、科学可行性、高度契合性、动态适应性。合法合规性，即数据治理的目的和结果都必须遵守国家政策和法律法规，与党和国家的根本意志和公共利益永远保持高度契合；科学可行性是指数据治理的目的和结果必须是符合客观规律的，是可以被信赖和依靠的，是科学合理、经过努力就能实现的；高度契合性，即数据治理的目的和结果必须与国家经济社会发展的要求保持高水平的匹配和适合，特别是要与国家经济社会发展资源结构优化的客观要求保持一致；动态适应性表明数据治理的目的和结果不是一成不变的，需要根据不断变化的经济社会发展的实际需要和要求，不断进行动态的适应性调整。

综合上述4个特性，可以提炼出数据治理的目标，即根据国家经济社会发展资源结构调整的需求，遵循数据价值实现的规律，构建有利于数据开发利用与管理的体制机制和环境氛围，强化监督控制和公共服务，强化社会参与和深度合作，促进和保障数据产业健康、持续发展，切实维护公民个人和社会组织的合法权益，确保实现数据资源功效的倍增，全面支持经济社会的可持续发展。这一目标的具体内涵和要求同样包含4个方面：

（1）制定数据治理目标的基本依据是国家经济社会发展资源结构调整的客观需求，对数据实施治理的目的就是满足这种关乎国家经济社会发展全局和根本的客观需要和要求。

（2）对数据进行治理的结果就是使数据资源得到有效的开发、利用和管理，数据产业获得健康、持续发展，公民和各种社会组织的合法权益得到切实维护，确保实现数据资源功效的倍增。

（3）对数据实施治理的客观依据是数据资源价值实现的规律，这是数据开发、利用和管理能够真正纳入科学轨道、取得实实在在的效力和功用的保障。

（4）实现数据治理目标的基本途径是构建有利于数据资源开发、利用与管理的体制机制和社会环境，强化监督控制和公共服务，强化广泛的社会参与及深度合作。

数据治理的基本价值取向是数据治理所依据的价值尺度，体现了治理的核心主张，反映了治理主体的目标、动机、基本态度和决策意图。价值取向是治理内容中最重要的部分，结合经济社会发展的现实情况，现阶段数据治理的基本价值取向应该包括：

（1）数据治理的目的和结果具有多元性特征。
（2）数据治理的重点依据治理层级的不同而有所区别。
（3）数据治理需要强有力的科学组织，加强对数据资源的规划和配置。
（4）数据治理以优化的制度建设和强有力的制度实施为基础和特征。
（5）大力推动和鼓励开发利用数据资源。
（6）有力维护国家数据主权，尊重和保护各种主体合法的数据资源权利。
（7）明确数据资源所有权的形式，依法处置与数据相关的权属体系。
（8）明确规定不同所有权的行使规则。
（9）加强包括数据隐私和数据安全在内的数据资源保护体系的建设。
（10）加强数据资源的建设，大力促进和保障数据产业的发展。

4. 数据治理的特点

数据治理具有以下特点。

（1）以人和数据为中心，强调满足多元主体的价值追求和利益诉求。从数据治理的定义可以得出，数据治理要实现数据在全生命周期过程中安全、有效流通所执行的操作。在这一过程中数据是操作的对象，人是操作的主体，而数据治理成果的获益者包括国家、企业和个人。因此，构建数据治理的体系也要考虑这3个层面。国家、企业和个人所产生和使用的数据的形式不尽相同，因此要注重数据治理过程中满足多元主体的价值追求。如在国家层面，通过制定"上位法"，明确数据的权属和合理使用数据的边界；通过成立国家标准化管理委员会等多级机构，领导数据治理相关的标准工作；在司法领域和政府数据开放两方面，也有不少应用实践的案例；通过科技部、国家自然科学基金委员会等部门，组织与数据治理有关的科研项目，引导数据治理的支撑技术研究。在企业层面，要在遵守国家规范的基础上建立数据治理的专职机构，协调各业务部门并确保数据治理在整个组织内得到支持。在个人层面，要注重个人隐私的保护以及数据权属的界定等问题。

（2）从数据安全和数据主权的高度出发，专注于数据的全生命周期安全。数据安全治理体系的建设要以数据全生命周期为核心，实现数据安全全方位治理。传统的数据安全监管方法以系统为中心，但目前，数据的共享交换已经变成同一个部门、不同层级之间流动的常态化过程，所以构建数据全生命周期的监管体系势在必行。数据安全治理体系框架通过3个维度构建而成，包括政策法规、技术层面和安全组织人员。数据安全治理体系框架的建设应在符合政策法规及标准规范的同时，在技术上实现对数据的实时监管，并配合对安全组织人员的规范培训。在整个体系中，核心监管技术体现在技术架构层面，包括安全运营中心、数据中心以及安全基础资源。通过提供最基础的技术保障，使安全运营中心对整个数据中心进行实时的响应控制。安全运营中心的作用集中体现在资产管理、合规监管、实时监测、数据安全态势以及通报预警等方面。安全运营中心通过采集数据中心数据，进行数据汇聚、分析以及治理从而实现对数据的实时管控。数据安全基础资源是整体技术框架的支持组件,在提供最基础的技术保障的同时,以工具的形式保障数据安全。

(3) 强调数据资源,尊重数据规律,遵循数据伦理。在数据生命周期的每个阶段,都必须始终考虑道德伦理和隐私问题,从保护个人数据的隐私收集到基于自动数据分析进行的决策,数据生命周期中的伦理探究始终是需要不断关注的方向。数据伦理问题的探析与数据生命周期密不可分,但目前数据伦理问题的研究和解决方案大多只针对生命周期的某一阶段,而隐私伦理问题和安全威胁存在于整个数据生命周期中,应从各个阶段详细探析。总体上看,数据生命周期的有序递进,离不开隐私安全和伦理道德规范的规制。应当从数据生命周期视角研究伦理问题,明晰数据在不同阶段下的状态,有效识别杂糅在各个阶段的伦理问题及潜在风险,以确保数据使用主体更恰当地使用数据,促进数据应用符合法律与道德标准。

(4) 与具体情景治理理念和组织业务目标保持一致。离开现实背景的支持,再多的理论都只是无源之水、无本之木,因此数据治理的一个重要特点是与情景治理理念和组织业务目标保持一致,在此基础上,数据治理才能最大限度地挖掘数据要素的价值,并对组织目标的实现起到积极作用。正因为数据治理过程对组织目标的推进作用,因此在组织内的数据治理实施绝不是一个部门的事情,需要从组织的全局性视角考虑,建立专业清晰的数据治理组织架构,明确权责关系,培养整个组织的数据治理意识,从而保障数据治理过程中数据的质量和治理的效率,从而为关键业务和管理决策提供支持。从总体上说,数据治理组织体系应如图 1.3 所示。

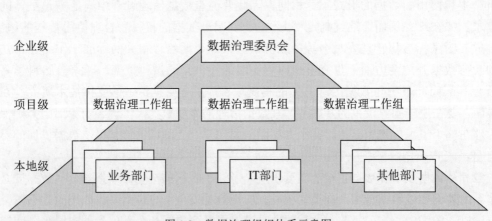

图 1.3 数据治理组织体系示意图

1.2.2 数据治理工作的定义、要素、类型和领域

1. 宏观数据治理与微观数据治理的区别

宏观数据治理是国家层面的数据治理,也是国家政策和法律法规中经常出现的数据治理一词的含义,属于国家治理范畴。微观数据治理是企业层面的数据治理,也可称为企业数据治理或者数据治理工作,属于企业管理的范畴。本书将微观数据治理称为数据治理工作(在第 8 章则称为企业数据治理),或者在不存在混淆可能性的情况下直接称为数据治理。

2. 国际机构对微观层面数据治理的定义

纵观国际各个机构对数据治理的研究,其对数据治理的定义存在差异。

(1) 国际电工委员会(International Electrotechnical Commission,IEC)在 IS/IEC TR 38505-2:2018(Information technology. Governance of IT. Governance of data-Implications of ISO/IEC 38505-1 for data management,信息技术 IT 治理 数据治理 第 2 部分:ISO/IEC 38505-1 对数据管理的影响)中对数据治理的定义。数据治理是关于数据采集、存储、利用、分发、销毁过程的活动的集合。

(2) 全国信息技术标准化技术委员会在 GB/T 34960.5—2018(Information technology service-Governance-Part 5: Specification of data governance,信息技术服务 治理 第 5 部分:数据治理规范)中对数据治理的定义。数据治理是数据资源及其在应用过程中相关管控活动、绩效和风险管理的集合。

(3) 国际数据管理协会(Data Management International,DAMA)对数据治理的定义。数据治理是指对数据资产管理活动行使权利和控制的活动集合(规划、监督和执行)。

(4) 国际数据治理研究所(Data Governance Institute,DGI)对数据治理的定义。数据治理是一个通过一系列信息相关的过程来实现决策权和职责分工的系统,这些过程按照达成共识的模型来执行,该模型描述了谁能根据什么信息,在什么时间和情况下,用什么方法,采取什么行动。

综合分析以上各机构对数据治理的定义可以看出,微观数据治理又称为狭义数据治理,是指为确保数据安全、私有、准确、可用和易用所执行的所有操作,包括主体必须遵循的流程、需要采取的行动以及在整个数据生命周期中为其提供支持的技术。数据治理是在数据生命周期(从获取、使用到处理)内对其进行管理的原则性方法。数据治理意味着制定适用于收集、存储、处理数据的内部标准,即数据策略,对数据的访问权限、修改权限等做出统一的规定。此外,数据治理还涉及行业协会、政府机构及其他主体设定的外部标准。

数据治理以数据为对象,由于数据的来源、流通具有高度复杂性,因此数据治理是一个复杂的过程,包括数据采集、归集存储、分析处理、数据产品和服务定价与分配等多个复杂的流通环节;涉及数据生产者、数据采集者、数据管理者、数据平台运营者、数据加工利用者等多元参与主体(政府、市场、社会),是一个复杂的动态变化过程。

3. 数据治理工作要素

数据治理是一个系统工程,是一个从上至下指导,自下而上推进的工作。因此,在指导方面必须得到大家的共识,要有强有力的组织、合理的章程、明确的流程、健壮的系统,这样才能使数据治理工作得到有效的保障。数据治理工作的要素包含以下几点。

1)发展战略目标

战略是选择和决策的集合,二者共同制定出一个高层次的行动方案,以实现更高层次的目标。数据战略是每一个组织发展战略中的重要组成部分,是保持和提高数据质量、完整性、安全性的计划,是指导完成数据治理工作的最高原则。

2)数据治理组织

数据治理的组织包括制度组织和服务组织。制度组织主要负责数据治理和数据管理制度。制度组织是跨职能部门的组织,负责解决整体数据战略、数据政策、数据管理度量指标等数据治理规程问题。服务组织根据数据治理领导组制定的愿景和长期目标,协助各数据领域工作层级实施数据治理工作,对整体数据治理工作进行度量、检查和汇报,并对跨领域数据治理问题和争议进行裁决和统筹决策。

3)制度章程

制度章程是确保对数据治理进行有效实施的责任制度,包括数据治理职能的职责,也包括其他数据管理职能的职责。数据治理是最高层次的、规划性的数据管理制度活动,是主要由数据管理人员和协调人员共同制定的高层次的数据管理制度决策。数据治理的制度章程一般包含规章制度、管控办法、考核机制与技术规范。

4)流程管理

流程管理包括流程目标、流程任务、流程分级。根据数据治理的内容,建立相应的流程,且遵循这一组织数据治理的规章制度。实际操作中可结合所使用的数据治理工具,与数据治理工具供应商协商,建立符合组织条件的流程管理。

5)技术应用

技术应用包括支撑核心领域的工具和平台,例如,数据质量管理系统、元数据管理系统等。这是数据治理能够顺利开展的技术保障。只有建立丰富的数据治理工具和平台,才能在各个领域有效地进行数据的管理和治理,才能有效提高数据价值。

6)监督评估

监督评估是数据治理中不可缺少的要素。数据治理离不开监督,一旦在治理过程中破坏了数据的完整性或一致性,通过监督溯源就可及时发现问题所在。一个组织的数据治理效果是否达到预期,可以通过数据的质量、数据治理的效率、数据治理模型的成熟度几方面进行评估。

4. 数据治理工作的类型

数据治理工作主要分为以下3种类型。

1)基础数据治理

基础数据用于对其他数据进行分类,因此也称作参考数据。基础数据通常是静态的(如国家币种、个人信息等),一般在业务事件发生之前就已经预先定义。基础数据的可选值范围有限。当基础数据的取值发生变化的时候,通常需要对流程和信息系统进行分析和修改,以满足组织业务需求。因此,基础数据的管理重点在于变更管理和统一标准管控。

2)主数据治理

主数据是参与业务事件的主体或资源,是具有高业务价值的、跨流程和跨系统重复使用的数据。主数据与基础数据有一定的相似性,都是在业务事件发生之前预先定义;但主数据又与基础数据不同,主数据的取值不受限于预先定义的数据范围,而且主数据记录的增加和减少一般不会影响流程和系统的变化。

3)事务数据治理

事务数据在业务和流程中产生,是业务事件的记录,其本身就是业务运作的一部分。事务数据是具有较强时效性的一次性业务事件,通常在事件结束后不再更新。

1.2.3　数据治理工作的内容与范围

1. 数据治理工作的内容

数据治理工作的内容是指数据治理的落脚点。国际数据管理协会指出，数据治理的主要内容包括数据架构管理、数据质量管理、元数据管理、文档与内容管理、数据仓库与商业智能管理、主数据管理、数据安全管理等。国际数据治理研究所指出，数据治理核心领域包括：政策、标准和策略；数据质量；隐私、合规和安全；架构和集成；数据仓库和商务智能；管理支持。全国信息技术标准化技术委员会指出，数据治理的内容包括数据管理体系和数据价值体系，其中数据管理体系包括数据标准、数据质量、数据安全、元数据管理和数据生存周期，数据价值体系包括数据流通、数据服务、数据洞察等。尽管不同领域的数据治理内容各不相同，但从当前学界研究和实践应用的共识来看，数据治理的主要内容需含有元数据管理、主数据管理、数据质量管理、数据安全管理4个基础方面。

2. 数据治理工作的范围

数据治理工作是在国际协作、国家治理、行业监督和企业管理中，为了提升数据的质量、降低数据管理成本、保障数据安全和管控数据风险，针对公共数据、政府数据、企业数据和个人数据的采集、存储、应用和流通等一系列环节，利用各类工具方法进行有效管理，主要包括法律法规、行业标准、企业制度、技术工具等。为明确数据治理的范围，利用数据和治理"4W1H"模型进行说明，如图1.4所示。遵循数据治理的概念内涵及标准化的自身含义，数据治理为政府、企业、个人提供服务，保障各类数据全生命周期的有序运转。

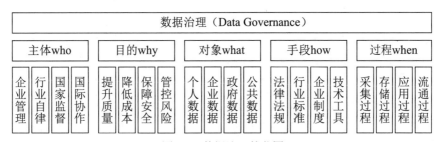

图1.4　数据治理的范围

1.2.4　数据治理工作的目标与意义

1. 数据治理工作的目标

数据治理的目标是对组织的数据管理和利用进行评估、指导和监督，通过提供不断创新的数据服务，提高数据利用效率，为组织创造价值。国际数据管理协会指出，数据治理的目标包括：落实数据政策、标准、计划、指南等；跟踪数据政策、标准和规则的遵从；解决数据质量问题；提升数据价值。国际数据治理研究所指出，数据治理的通用目标包括更好地决策、减少运营摩擦、保护数据相关者的权益、建立标准化及可重复的流程、降低成本并提高效率、确保过程透明等。

2. 数据治理工作的意义

高质量的数据对任何企业都是战略性资产，随着企业推进数字化转型的进程，有效数据正迅速成为一个关键的业务差异,但要使数据具有价值,需确保数据的可信任性、安全性、可访问性、准确性、共享性和及时性。数据治理有助于增强企业灵活性,实现相关成本和风险的最小化决策,特别在数字经济中,数据治理比以往任何时候都显得更为重要。

缺乏企业高层领导的支持、系统间的数据壁垒和整个治理项目缺乏明确的流程和数据模板、数据所有权和问责机制不清等是导致项目失败或者治理结果不理想的主要原因,涉及企业中所有跨功能和跨业务的决策机制。数据治理具有战略性、长期性、艰巨性、系统性、持续企业内部数据环境优化治理工作,因此数据治理是一个漫长而持续的过程,没有一针顶破天的诀窍,也没有立竿见影的捷径,要避免对数据治理工作粗浅的认识。

数据治理工作的意义在于更加有效、合规地使用数据,以及与业务相关的各种数据的不断增加,是推动数据治理的主要动力。数据治理要了解各级政府和企业对数据的不同需求,并按自上而下的方针,对数据进行调研和管理,全面理清数据资产的分布,对数据的管理、应用、质量等各方面进行全面科学的评估,从而更好地对数据产生、采集、处理、加工、使用等过程进行规范。数据治理就是要对数据统一标准,出台合理的治理流程和制度,规范各类数据的生产供应。只有通过数据治理,不断提升数据质量,严格控制数据安全,才能让数据在数字化转型中发挥出最大的效益。

1.2.5　数据治理的相关道德准则

1. 保护隐私安全

保护隐私安全这一准则意在为数据治理中个人、组织及国家的合法数据权益提供基础保障。数据治理的开展应当合法、正当地保护个人隐私与数据安全,不得以任何违反个人意愿及国家规定的方式非法收集利用相关数据。

2. 促进公平公正

促进公平公正是数据治理道德性实现的基础准则。这一准则对于各相关主体的合法权益切实进行保护,有助于促进社会公平正义和机会均等,可以有效预防、杜绝垄断市场等恶性事件的发生,推动全社会公平共享数据治理带来的成果。

3. 增强透明可信

增强透明可信的道德准则旨在打破技术壁垒所带来的道德失范。"透明可信"并非指"全面的、简单的、绝对的公开",而是指在数据治理与产业激励之间寻求信任与合作的平衡。此外,增强透明可信的准则对于数据治理的可溯源性提供了保障,与数据治理的安全可控准则相互包容。

4. 发挥数据要素作用

发挥数据要素作用的准则在于通过数据治理加快数字经济、数字社会的建设,其与国家基础建设及综合能力提升相协调。数据作为数据治理的基础,在社会生产活动中发挥着越来越重要的作用。随着数据要素市场培育的加快,数据治理能力不断提升,带动社会生产和治理方式的转变,全面推进数字化国家建设。数据要素市场培育的发展方向如图1.5所示。

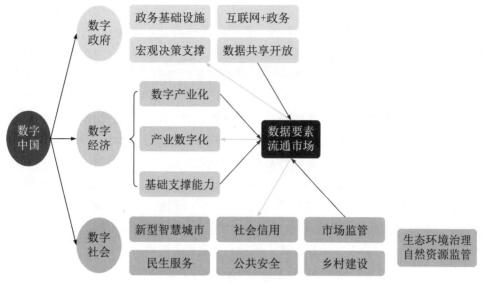

图 1.5 数据要素市场培育方向

1.3 数据治理的研究进展

为了解决数据流动过程中产生的一系列问题,"数据治理"一词逐渐兴起,业界学界的研究都在如火如荼地开展,本节主要介绍数据治理发展至今的探索研究成果,包括理论发展、内容研究、框架体系、应用实践等,建立对数据治理研究进程的概论性了解。

1.3.1 数据治理的研究起源

数据治理的概念最早源于企业,2004 年,H. Watson 探讨了"数据仓库治理"在公司中的实践,此后"数据治理"在企业管理中的研究不断得到关注。随着数据治理研究的深入,涌现出了一系列代表性的成果,这就是数据治理的研究源起。随着现实中数据治理探索的发展,数据治理的研究过程和方法都发生了显著的变化。

首先是数据治理的核心概念及其关系研究。数据治理的概念与数据资产管理、IT 治理、数据管理等概念都有一定的密切联系,实际上,这也侧面反映了数据治理研究的不同视角。

数据资产管理的内涵是控制和保护数据,发掘数据资产的潜在价值。在宏观规划视角,进行数据资产管理战略计划的设计、实施、监控。从中观视角看,实际上是对数据资产管理计划的整体活动过程的管理。

IT 治理的内涵是在公司治理或组织治理中,进行责任构建、战略规划、数据接收、协调管理、组织行为等方面的活动,属于中观视角的数据治理。

数据管理的内涵是进行数据过程管理和数据质量管理。这是从微观的实施视角去进行数据治理,要求数据具有一致性、可用性、安全性,涉及数据所有权和数据管理责任问题,属于数据治理的微观实施范畴。

数据治理的内涵是对组织的数据管理和利用进行评估、指导和监督,以及通过不断提供创新的数据服务的方式，为组织创造价值。

数据治理与数据管理是不同的活动。数据治理负责对管理活动进行指导、监督与评估，而数据管理则是根据所作出的决策来具体计划、建设和运营。正如习近平总书记所指出的"治理和管理一字之差，体现的是系统治理、依法治理、源头治理、综合施策"。数据治理是联合行动的过程，强调协调而不是控制，本意是通过服务来达到管理的目的。数据治理更多的是面对战略层面、组织层面、制度层面的事务，确立"什么样的决策需要在什么层级制定"。数据管理是操作和实施层面的概念，是通过一系列实际落地的办法去实现"治理"目标的具体过程。数据管理是通过建立组织结构和工作机制，落实谁牵头、谁配合、谁主责、谁落实，在各自的职能领域去完成具体任务，包括企业级层面的数据标准化、数据资产管理，业务领域层面的数据规范化、数据质量改进等。数据管理所涉及的领域范围相对数据治理来说更加细节化和行动化，数据治理则更意味着为实现数据价值的一系列制度安排和举措。数据治理核心概念的辨析如表 1.2 所示。

表 1.2 数据治理核心概念的辨析

核心概念	发布时间	目标	来源
数据资产管理	2014 年	①组织数据资产审计、登记 ②控制并保护数据，发掘数字资产的潜在价值，提高数据利用效率	《资产管理 综述、原则和术语》（ISO 55000:2014）
IT 治理	2015 年	①公司治理和广义的组织治理 ②责任构建、战略规划、数据接收、绩效管理、协同管理、组织行为	《信息技术 组合 IT 治理》（ISO/IEC 38500:2015）
数据管理	2019 年	①数据过程管理 ②数据质量管理	《技术规范 D2.1 物联网和智慧城市及社区数据处理和管理框架》（ITU-TFG-DPM D2.1）
数据治理	2020 年	①对组织的数据管理和利用进行评估、指导和监督 ②通过提供不断创新的数据服务，为组织创造价值	《信息技术 大数据参考架构 第三部分：参考架构》（ISO/IEC 20547-3:2020）

对数据治理模型的理论研究也取得了一定的成果。数据治理模型可以帮助组织厘清复杂、模糊的概念及关系，指导组织开展高效的数据治理工作。当前关于数据治理模型的研究主要集中在数据治理成熟度评估、数据治理有效性评价、面向大数据背景下的数据治理模型和针对具体应用层面的数据治理模型研究几方面。

此外，还有数据治理框架的相关理论研究。数据治理框架是指基于对数据治理领域基本概念的分析，建构起相关的概念关系，以反映这一领域中的基本概念及概念间的逻辑关系，从而为实现数据治理战略目标提供理论基础。当前国内对于数据治理框架的研究主要集中在国际主流的数据治理框架、大数据情境下的数据治理框架和针对具体行业领域的数据治理框架构建等几方面。

1.3.2 数据治理的研究重点

随着各类组织中业务的增长，海量、多源异构的数据对数据的管理、存储和应用均提出了新的要求。因此，顺应时代发展趋势，构建起完整的数据治理体系，提供全面的数据治理保障，从而充分发挥数据的资产价值，更好地支持数据治理的应用实践，成为学术界关注的焦点问题。

当前应用研究的主要内容可以概括为以下几方面：

（1）数据治理的体系构建研究，包括数据治理模型与框架的设计与验证等。

（2）数据治理的有效保障机制研究，就如何提升数据质量、保护数据隐私、保证数据安全等关键问题进行深入探讨。

（3）数据治理在具体应用领域的实践探索，特别是以数据为核心的行业的数据治理问题。

（4）大数据、全球化时代背景给数据治理带来的新机遇与挑战。

当前，国内关于数据治理的研究基本是偏重理论，大多是侧重数据治理的规划、方法、框架、体系构建等，数据治理技术层面的研究较少。

1.3.3 数据治理的应用场景

数据治理发源于图书馆、电力、银行业等以数据为核心业务的行业，随着数据的爆发式增长，高校建设、医疗层面和政府治理等方面的数据治理问题也得到了学界的重视。数据治理应用实践层面的研究从不同的行业，针对不同领域所遇到的实际问题展开。通过将数据作为组织的资产进行管理，运用有效的数据治理手段，发挥数据的价值，进而提升组织的竞争力。数据治理的场景研究对于未来的经济增长和社会发展均具有重大意义。

下面给出数据治理的一些典型应用场景。

（1）政府数据治理领域。基于我国政府部门间的数据协同、数据治理形态、数据利用和数据流程等问题进行研究，分析我国数据治理能力的现状和不足，总结可借鉴的国际经验，提出我国政府部门数据治理的实践路径。

（2）图书馆数据治理领域。以图书馆数据为研究对象，结合高校图书馆数据的类型和特点，基于国际上权威的数据治理框架提出我国高校图书馆的治理框架，阐明大数据时代图书馆职能的转变。

（3）医疗领域。分析医疗健康大数据资源特性及治理问题，探索医疗健康数据治理的实施步骤，包括组织、执行、监管等方面，建立医疗健康数据治理体系。

（4）金融领域。探索数据标准化、数据治理规范化运作流程，赋能产业链数据管理，提升监管数据在源系统等环节的数据治理质量，加速监管数据质量能力体系的搭建进程。

1.4 数据治理的发展

本节介绍数据治理的发展，主要包含数据治理的发展现状、数据治理面临的问题、数据治理的发展机遇以及数据治理的发展趋势。了解数据治理的发展现状可以对数据治理的框架体系有初步的认识，通过国外的数据治理实践总结适用于我国的数据治理经验，对数据治理当前面临的问题提出更好的解决方案。从数据治理的问题与发展机遇中归纳数据治理的发展趋势，结合数据治理的发展现状，可以更深入地理解数据生产要素的价值维度、价值定位和价值取向。

1.4.1 数据治理的发展现状

数据治理是释放数据要素价值、推动数据要素市场发展的前提与基础。经过多年发展，我国数据治理在政务、金融、通信、电力、互联网等领域已经逐步深化落地。进入2022年，数据治理领域面临的新挑战与老问题共同推动着数据治理实践向前发展。

数据治理一直是国内外研究的热点与重点，数据治理已成为网络空间国际治理领域对话博弈的核心命题之一。国际数据治理的话语对象逐渐从个人数据延伸到非个人数据，这昭示着世界各国围绕数据的合作与竞争正持续深化。目前以欧美为代表的国际数据治理进程已然呈现从立法执法到国际博弈的多层次新走向。着眼于欧盟的数据治理思路，作为对欧盟1995年《个人数据保护指令》（Data Protection Directive，DPD）规范的升级，《通用数据保护条例》（General Data Protection Regulation，GDPR）在新一代欧盟数据治理规范发展历程中具有里程碑意义，其规范约束更深刻地介入数据治理的全生命周期，进而对于大数据、云计算以及人工智能等以数据收集、处理为核心要素的新技术应用产生显著的导向意义，同时也对全球数据治理的未来走向产生了现实的深刻影响。英国历届政府和议会自20世纪90年代起，颁布出台了大量的法律、法规和行政命令，逐步形成了一套相对完整的数据治理政策体系，其内容涉及个人数据（隐私）保护、信息公开（自由）、政府数据开放、国家信息基础设施、信息资源管理与再利用、电子政务和网络信息安全等方面，比如，2018年英国议会通过的新版《数据保护法》（Data Protection Act 2018，DPA 2018）、2000年颁布的《信息自由法》（Freedom of Information Act，FOIA）和2012年颁布的《自由保护法》（Protection of Freedom Act，PFA）等。美国在数据治理进程中不仅出台了具有代表性的法治政策，如《加利福尼亚州消费者隐私保护法案》（California Consumer Privacy Act of 2018，CCPA），而且以数据治理为支点驱动数字化城市发展，将纽约市打造成为世界级数据平台，不断扩大数据开放程度，创新开放手段，鼓励公众参与城市数据治理过程，为城市提供优质的公共服务。

我国官方首次正式提出"数据"的概念是在2014年政府工作报告中。此后，其重要性为各级政府所关注。近年来，国家、相关部门和地方政府在数据治理的政策制定、机构设置和专项行动方面取得了显著成效。我国的数据治理政策主要围绕数据基础设施建设、开放共享、示范应用、要素市场、安全保障等方面进行顶层设计，自2018年省级机构改革以来，各地纷纷以不同方式设立或调整合并数据治理机构，形成了以中央主管部门牵头、行业部门专业管理的组织架构。

案例1.1 江西省农村信用社联合社数据治理实践

2022年，人民银行印发《金融科技发展规划（2022—2025年）》，银保监会发布《关于银行业保险业数字化转型的指导意见》，金融数字化发展迈入"积厚成势"全新阶段。

为解决数字化转型发展瓶颈，构建高质量发展的新动力源，从2019年开始，江西省农村信用社联合社以"夯实数据基础,提升数据质量,深化数据应用"为目标,持续实施数据治理项目。

"兵马未动,架构先行",江西省农村信用社联合社数据治理采取了"1+X联邦制"的组织架构模式,以江西省农村信用社联合社领导及相关部门负责人组成的数据治理委员会作为决策管理层,负责各数据治理领域重大事项的审议及监督评价;在委员会下设立数据治理办公室作为组织协调层,负责牵头数据治理各领域工作的开展;江西省农村信用社联合社相关部门和辖内各成员行作为数据治理的工作执行层,设立专职的数据治理综合岗,负责数据治理各项工作的具体落实。通过建立自上而下、协调一致的数据治理体系,明确相关方工作职责,为数据治理有序推进提供强大的组织保障。

项目周期内,江西省农村信用社联合社在全行范围内建立了自上而下的数据治理组织架构,制定了一系列的数据管理相关制度,为数据治理各项活动提供了强有力的组织保障;制定数据标准,夯实数据基础;开展专项治理,提升数据质量;搭建数据管控平台,提升数据治理工作自动化程度。同时,在数据应用方面积极推进,提升了监管报送自动取数率,并以零售业务管理平台为抓手,释放数据治理价值,取得了一定成效,实现了江西省农村信用社联合社数据治理从无到有、从有到优的转变,为推进数字化转型打下了坚实基础。

"工欲善其事,必先利其器。"项目期内,江西省农村信用社联合社搭建了数据管控平台作为数据治理工具,实现了对元数据、数据标准、数据质量的全方位管理,具有元数据血缘分析、标准落标检查、数据质量检核等功能,可以将数据治理中的多种任务线上化、流程化,减少了繁复人工操作,极大地便利了数据治理相关领域的各种类型任务。同时,为充分释放数据治理价值,建设了零售业务管理平台,搭建了数据集市,形成了客户标签体系,构建了大数据分析模型,赋能经营管理和业务拓展,打造互联网时代零售服务内生增力,充分发挥了数据价值。

 案例思考题:

1. 江西省农村信用社联合社开展了哪些具体的数据治理工作?
2. 结合当前数据治理发展现状,江西省农村信用社联合社数据治理工作有哪些值得借鉴的地方?

1.4.2 数据治理当前面临的问题

由于数据治理的相关理论体系尚未健全,因此数据治理在开展过程中遇到了许多挑战与阻碍,数据治理面对着较多的问题。具体体现在如下几方面。

1. 数据治理体系层次不清

根据主体的差异性,数据治理可分为多个层次,不同层次的数据治理有不同的目标和作用对象,其治理措施、范围和效果都有所不同。当前,数据治理主体过于扁平化,在多元共治机制上面临一定的缺失困境,这就使得数据治理体系的层次不清、概念混乱,各级数据治理难以形成统一的整体,作用效果无法达到预期。

2. 数据主权保护权责模糊

数据作为资源蕴涵着宝贵的能量，在当今社会已成为与土地、资本、人力等同样重要的战略资源，数据治理能力也成为国家治理能力的衡量尺度之一。全球范围的云计算和数据跨境流动对数据主权保护提出了新挑战，数据主权的保护成为各级数据治理主体必须考虑的问题。当前，数据治理主体之间的关系并没有明确界定，国际上也没有权威的组织或标准对数据主权的范围进行限定和规范，数据主权保护的责任主体模糊，保护力度有待加强。

3. 数据要素价值实现困难

数据治理的最终目标是实现数据生产要素价值，主要手段是各级数据价值应用。数据治理体系的缺失，使得各级数据应用的目标、策略相对来说都具有一定的局限性，各级主体的数据应用缺乏对数据治理整体的关注与衔接，大多形成了数据孤岛的局面，而缺少交互的数据无法真正发挥数据在要素市场的关键作用。更进一步说，明确数据资产的地位是促进数据要素价值释放的关键。目前，数据的资产地位尚且不明晰，负责数据运营管理的多为成本部门。到目前为止，明确数据资产地位的"上位法"尚未制定。在现行的法律框架下，数据资产无法体现在会计报表上，数据确权、价值衡量、收益分配等问题制约着数据流通以及与之相配套的秩序规则的建立完善，从而影响了数据价值的释放。

4. 数据安全隐私存在风险

在数据主导的时代，安全和隐私是公认的难题。高额收益、低价成本、数据多元异构等不协调因素都增大了数据保护的难度。举例来说，数据隐私保护技术大多基于静态数据集，数据的动态利用使得数据流动过程中的权责难以分辨，数据安全问题更是难以追责。在个人隐私方面，个人数据和数据流动的广泛性增加了个人隐私数据的风险，个人数据权利受到侵害，数据主体对数据的控制权被削弱。尽管当前各级数据治理主体普遍开展了数据安全管理和个人隐私保护的行动，但从整体来看，其策略、措施都存在较大差异甚至存在一定的矛盾点，数据安全与个人隐私保护依旧存在不容忽视的风险。

5. 人才培养体系建设落后

大数据技术与传统产业的深度融合能够促进我国经济发展的新旧动能转换和数字经济的发展，而这一切的发展都需要大量的人才支撑。目前我国数字产业化和产业数字化蓬勃发展，对大数据复合型人才提出了更高的要求：既要懂大数据技术又要懂相关产业的知识。2017 年，清华大学经管学院互联网发展与治理研究中心联合全球职场社交平台 LinkedIn（领英）发布的《中国经济的数字化转型：人才与就业》报告显示，大数据与人工智能领域缺口明显，"技术＋管理"的复合型人才一将难求。为了适应时代发展的要求，我国已经有众多高校获批数据科学与大数据技术专业，在数据复合型人才培养方面取得了一定的成绩。但在目前的教育体系中，高校人才培养多偏向于理论与技术，与现实业务对接较少。在大数据与各领域融合发展过程是业务导向而不是技术导向，不能将技术和工具限定好再考虑业务，而是要通过业务活动解决实际问题，将技术作为解决问题的工具。

1.4.3 数据治理的发展机遇

尽管数据治理面对的是各类有待解决的问题，但随着近年来新技术及平台经济的发展热潮，数据治理同样也面临着许多选择与机遇。

1. 新技术与数据治理

伴随着大数据、云计算以及机器学习算法的发展，人工智能、区块链等新技术的浪潮从几年前一直延续至今，并且广泛应用于多个行业和领域，成为下一次科技革命的领军技术。同样，伴随着数据量与数据来源的迅猛增长，数据治理也成为了充分挖掘利用数据价值过程中必不可少的环节，并逐渐与人工智能新技术协同发展成为组织的核心业务之一。数据治理与人工智能的发展存在相辅相成的关系。一方面，数据治理为人工智能奠定了基础。通过数据治理，数据质量得以提升，从而为人工智能的应用提供高质量的合规数据。另一方面，人工智能对数据治理存在诸多优化作用。通过人工智能技术，数据治理工作中的数据模型管理、数据质量管理、数据安全管理等方面均可在智能化水平方面得到相应的提升。

区块链具有高容灾、不可篡改、动态网络扩展、可扩展权限控制等优势，这些基础优势体现在数据应用与数据安全方面，在数据治理中可实现数据分层及优化网络结构。应用区块链的解决方案，将数据写入和读取等权限规则记录到链上，对数据保管进行分层处理，通过其不可篡改和数据冗余的特性，确保数据不会丢失，并且实现了明确的责任划分，解决了事后责任追溯难的问题，确保在数据治理过程中数据的所有权、使用权、存储权等更有保障，增强了数据治理的可靠性。智能合约为数据共享使用提供了治理手段。智能合约是一套以数字形式定义的承诺，承诺包含了合约参与者约定的权利和义务，由计算机系统自动执行。基于智能合约可以有效实现针对数据收集、共享、使用等关键环节的自动化治理。

2. 平台赋能与数据治理

在数字经济时代，数据成为新型的关键生产要素，同时也是驱动产业高质量发展的强劲引擎。目前，各产业逐渐向数字化转型，其中最重要的方式之一是建立数字化平台，创新发展平台经济，在新一代数字科技的支撑和引领下，以数据为关键要素，以释放数据价值为核心。这有助于提高数据的准确性，加快数据洞察，打破数据孤岛，通过统一平台，链接、管理所有分散、异构的数据资产，实现数据治理"无死角"。

3. 行业引领与数据治理

作为核心生产要素，数据的核心科学决策作用日渐凸显，数据治理对于各行各业的社会价值和经济作用来说，具有十分重要的意义。释放数据的价值需要构建科学合理的数据治理体系，各类行业作为数据治理的重要参与者，均在不断尝试培育有序有效的数据市场。众多行业，如医疗、教育等，通过数据的有效供给，培育数据新业态，以应用场景牵引带动数据要素市场的繁荣发展，以领域为主体不断探索数据治理体系，不断进行行业升级，以技术为支撑，以市场为纽带，形成良性的数据资源，为数据治理提供新的机遇。

1.4.4 数据治理的发展趋势

视频讲解

数据正重塑着经济与社会。从生产到生活，从工业到服务业，从产业端到消费端，越来越多地呈现出数据化的态势，数据已经开始重新定义一切。在过去几年，数据治理作为数据的核心管理手段，得到了国家、政府、企业、个人的高度关注。伴随着理论、法律、政策、产业的一系列实质性变化，各方正在将数据治理纳入到政务活动、企业治理、经营管理等领域，数据治理的理念、法规、方法、工具等也得到了蓬勃发展。随着各行业、各组织对数据治理实践的推进，一些变化与趋势正在逐步显现。

趋势一：数据治理成为数字化转型的核心要素。数据经济作为增长新引擎持续发力，其热度不减，"十四五"规划时期，我国数字经济转向深化应用、规范发展、普惠共享的新阶段，"数字化转型"仍是很多企业近年的重要战略部署之一。同时，以云计算、大数据、人工智能、区块链等为代表的数字技术不断涌现，快速向各领域进行深度融合，加快了数字化转型的进程，数据量和数据价值密度都呈现出爆炸式的增长。海量的数据资源，对数据采集、存储、分析、处理的工具、计算、建模应用等方面的数据能力提出了更高的要求。数据治理成为实现数据、技术、流程和组织的职能协同、同台优化和互动创新的主要依托环节。数据治理使数据成为数字化转型的关键驱动要素，赋能国家战略与企业运营的创新发展，深入挖掘数据资产价值。

趋势二：数据治理依托人工智能新技术走向智能化。数据治理和人工智能作为近几年的两大浪潮，二者之间一直存在相辅相成的关系。一方面，数据治理为人工智能奠定了基础。通过数据治理，可以提升数据质量、增强数据合规性，从而为人工智能的应用提供高质量的合规数据。另一方面，人工智能对数据治理存在诸多优化作用。人工智能有助于实现概念模型与计算机模型的完美融合，从而优化数据模型管理；有助于实现对非结构化数据的采集和关键信息的提取，并帮助维护、整合碎片数据；有助于定义转换规则，提取数据质量评估维度，通过监督学习、深度学习来实现对数据清洗和数据质量的效果评估，最大化地实现数据质量的动态提升；有助于推进数据分级分类，促进数据安全保障体系的完善，进一步保障数据安全。

趋势三：数据治理从成本中心向价值中心演进。传统的数据治理往往聚焦于政府或者企业的内部数据能力建设。但在目前数字化转型的大背景下，数据要素的激活、数据价值的发挥、数据服务的建立与开放逐渐成为国家、企业在进行数据治理时的关注重点，数据治理的定位逐渐向价值中心演进，更注重效能。这与数据治理的直接目标是一致的，即挖掘和释放隐藏在数据中的巨大价值。我国绝大多数行业领域和政府部门、企事业单位及其他社会组织的数据在整体数据资源体系中占据着巨大的体量，其数据质量水平也是数据资源体系中最好的部分。这些数据在全面、准确地反映客观事物的性质和状态方面更加值得信赖和依靠，且更易于查找和被获取，更便于被利用。与传统文献形态的信息资源相比，数字化的数据形态更易于被功能强大的信息系统、信息技术高速和有效处理，从而发挥出巨大的作用。而数据治理是数据开发、利用的保障，更是数据开发、利用功效的放大器。

趋势四：数据将进一步开放与共享。在数字经济时代，数据已成为基础性战略资源，作为新型生产要素之一，数据资产化已是必然趋势，而数据的开放共享则是深入挖掘数据资产价值的基础。从2015年9月国务院发布《促进大数据发展行动纲要》至今，政府数据的开放共享正不断推进，各方面资源进行了有效整合，综合治理能力大幅提升。2021年《数据安全法》第五章专章规定，实现"政务数据安全与开放"，在基本形成跨部门数据资源共享共用格局后，由政府主导打通政府部门、企事业单位间的数据壁垒，建立数据共享开放平台，进一步推动实现政府公共数据的普遍开放。2022年，随着全社会的数据存储、数据挖掘、数据使用、数据参与意识逐渐觉醒，数据价值化的条件将进一步成熟，数据的所有权、使用权、增值权以及数据红利的释放权、分配权有望在新的一年里确定更加清晰的边界，数据要素价值将得到更有效的释放。此外，在数据不断标准化、共享化的同时，行业的数据标准建设进程也将进一步加快，无论是政府、行业数据，还是企业内部数据，都将遵循一个相互认可的数据标准、处理规程。这也将进一步推动国家、企业建立相关相应的数据治理标准、路径与方法。

趋势五：数据安全仍是贯穿数据治理各环节的核心重点。随着数字经济时代的到来，国家、企业和个人对网络的依赖程度不断加深，数据安全成为国家安全和经济社会稳定运行的基础。另外，人们的日常生活工作都离不开网络，个人和法人等主体的身份、财产和活动等都将以数据形态呈现。因此，海量、多元和非结构化已经成了数据发展的新常态，这为数据治理带来了许多安全隐患。数据治理要做到安全先行，因此，数据安全治理仍将是各组织进行数据治理的核心重点之一。数据安全正步入法治化和战略性轨道。截至2021年，我国的数据安全监管框架已经基本成型：《网络安全法》《数据安全法》《个人信息保护法》三法为数据安全护航；此外，在银行、通信、工业、能源等领域也已经有一系列条例规章从实践角度推动产业内数据安全治理体系的落地。数据安全与隐私保护至关重要，目前国家与各行业都在通过政策、法规等完善数据安全的保护路径，逐步建立起多维度、多层面完整的数据安全保护体系，进而更好地推进数据的利用朝着健康的方向发展。

1.5 思考题

1. 请谈谈你对数据价值延伸的看法。
2. 试分析建立数据治理道德准则的必要性和可行性。
3. 请概括总结数据治理发展的现状和趋势。

第2章 数据治理理念与体系构建

数据作为继劳动力、土地、资本、技术后的新型生产要素，在社会经济发展中的作用日益凸显。数据的爆发式增长在为社会创造价值的同时，也带来了数据泄露、数据滥用等一系列问题。数据治理体系的研究最早是由大型信息咨询公司和标准化组织机构发起的，随着研究的深入，逐步构建起各领域适用的数据治理体系。在阐述如何构建数据治理体系之前，本章首先充分比较了国际上不同国家的数据治理理念与模式，阐述其数据治理的具体措施，为构建我国数据治理体系、完善数据治理框架设计提供参考借鉴。进一步地，本章融合多国的数据治理体系，从国家层面、行业层面及组织层面3个层级对数据治理体系构建方法展开论述。

【教学目标】

帮助学生充分了解课程整体设计、教学目的、核心内容及课程特色。从各国的数据治理理念、主张和措施、不同层次的数据治理体系设计等方面进行介绍。通过课堂互动交流进行问题讨论与案例分析，注重数据治理理论与实践的结合，让学生理解全球数据治理态势以及我国在国家、行业、组织层面构建数据治理体系的数据治理路径，帮助学生充分掌握数据治理体系的内容，学以致用。

【课程导入】

（1）在数字经济时代，数据成为关键的生产要素，海量的全球数据给数据治理带来了更多的要求，部分国家认为应当严格管制、充分保护，部分国家认为数据的流动自由畅通更为重要，那么全球主要国家具体的数据治理理念分别是什么？有何区别？

（2）面对数据主权、数据隐私保护、数据安全、数据跨境流动等多种数据治理问题，以及日益加剧的国际竞争态势，全球主要国家会采取什么样的措施去进行数据治理呢？

（3）数据治理是一项全局性的工作，其体系包括数据治理组织架构、数据治理制度建设、数据治理工具等，根据数据治理的范围，可以制定不同层面的数据治理体系，那么每个层次的数据治理体系该如何设计？如何运转？

【教学重点及难点】

重点：本章的学习重点是了解全球主要国家构建数据治理体系探索成果，掌握数据治理体系的构成及特点，进而理解世界各国采用不同数据治理体系的根本原因，熟悉数据治理体系的相关内容，了解数据治理在各层面的治理差异。

难点：本章的学习难点是理解并区分不同层次数据治理体系的特点，准确理解数据治理体系的构建思路，并在案例分析和实践分析中加以运用。

2.1 数据治理理念的国际比较

在数字经济时代，数据是关键的生产要素，数据作为基础性战略资源的论断已经成为国际社会的普遍共识。在数字经济浪潮席卷全球的背景下，世界各个国家都不可避免地遇到了一系列的数据治理挑战。数据治理对于维护国家安全、促进经济发展、保护个人隐私、促进文化繁荣等方面都具有重要意义。因此，全世界各国纷纷立足本国国情和发展诉求，构建各自的数据治理理念，并以此为战略引领数据治理方向，形成了各有侧重的数据治理模式。由于价值理念不同，各国在数字治理中强调的侧重点也会有所差别。下面将介绍全球代表性国家在数据治理方面的理念与模式。

2.1.1 美国数据治理理念

美国数字经济发展水平全球领先，其数据治理的核心理念是数字市场的自由开放，强调数据自由流动，反对各种形式的贸易壁垒，在数据跨境流动、数据存储本地化、源代码开放、市场准入、数字内容审查、数字知识产权、政府数据开放等关键议题上有鲜明主张。美国数据治理理念更加强调"企业财产"属性，以企业资质管理和行业自律为主，数字企业依法保护个人隐私，并依法向执法机构提供有关数据。在这种治理方式下，企业自由度和灵活度较大，市场活力和创新积极性较高。从美国关切的议题能够看出美国数据治理的基本立场，这些议题共同构成了美式数据治理规则体系，总体呈现出"数字自由主义"的基本特点。

在数据跨境流动的规制问题上，美国秉持在安全可控前提下最大程度促进数据自由流动的治理理念，并力求通过签订双边或多边协议形成自身的数据跨境流动规制体系，以充分促进数字经济的发展。例如，在美国与韩国达成的《美韩自由贸易协定》（U.S.-Korea Free Trade Agreement，KORUS FTA）以及美国与墨西哥、加拿大达成的《美墨加协定》（United States-Mexico-Canada Agreement，USMCA）中，美国均在其中主导加入了数据跨境自由流动的相关条款，以塑造其数据跨境自由流动支持者的形象。

与此同时，美国积极推动这些美式规则标准上升成为全球公认的规则标准，以维护美国企业在全球的经济利益。综合运用各类国际机制，甚至使用政治、法律等各种手段推行美式规则，例如，美国在APEC框架下长期推进《跨境隐私规则体系》（Cross Border Privacy Rules，CBPR）并于2022年推出"全球CBPR论坛"全新框架。又如，美国在印太地区积极打造美日印澳四方机制的"小圈子"，逐步推进美国政府的"印太战略"（Indo-Pacific Strategy）。同时，美国数据治理理念还对外表现出较强的进攻性，例如，在数字领域先进技术、外资数字产业审查、数据出境等方面严格管理，在数字执法方面体现出长臂管辖的特点，认为，只要与美国公民相关的数据均属美国的主权和管辖范围，并在2018年3月美国国会通过的《澄清境外合法使用数据法案》（Clarifying Lawful Overseas Use of Data Act，CLOUD）中，明确美国执法部门对美国企业境外数据具有调取的权力。

美国极力推动美式模板成为全球数据治理规则，推动他国接受美国自由主义的数据治理方式，主要采取以下几种手段：

（1）在 WTO（World Trade Organization，世界贸易组织）、TISA（Trade in Service Agreement，国际服务贸易协定）等提出能够反映美国数据治理立场的"美国议案"。

（2）利用 APEC（Asia-Pacific Economic Cooperation，亚太经济合作组织）、OECD（Organization for Economic Co-operation and Development，经济合作与发展组织）、G8（Group of Eight，八国集团）、G20（Group of 20，二十国集团）等国际合作机制阐明自己的数据治理主张。

（3）在双边自贸谈判中加入数据相关议题。

（4）推动与其他经济体在数据治理规则方面的对接，如美国与欧盟曾经开展的"安全港"与"隐私盾"合作及最新达成的"欧美数据隐私框架"（Data Privacy Framework，DPF）。此外，还包括美国与英国联合签署的《数据访问协议》（Data Access Agreement，DAA）及美国与澳大利亚在互相访问电子数据方面达成的通信协议等。

（5）通过区域协定加入数据相关规则。

（6）由美国企业推动相关国际规则。长期以来，美国一些大型数据企业，如微软、谷歌、亚马逊、Facebook、苹果等，都利用自己的技术优势和全球影响力，积极参与并不断推动数据治理的相关国际规则和标准的制定。

2.1.2 欧盟数据治理理念

欧盟在数据治理方面较为强调统一市场建设，通过个人数据隐私保护、征收数字税等方式形成抗衡美国数字进攻的制度壁垒，并意图通过建立单一市场做大欧盟数字市场规模，提升欧盟数字经济发展水平。通过一系列数字经济发展战略，欧盟力图与中美争夺全球市场份额、"技术主权"和国际规则制定权，力争成为除中美以外的全球"数字化第三极"。

不同于美式数据治理的市场自由优先，欧盟数据治理强调人权保护优先。欧盟数字治理较为强调"个人财产"属性，即强调数据的个人所有权，并将其上升为人权重要组成部分的高度，伴随而生的是强调个人数据的隐私保护权，个人在数据使用、流动等方面拥有较大的知情权和监督权。

欧盟总体上也认同跨境数据流动、数字服务市场开放等议题，但在规则制定过程中，将个人隐私权保护置于优先地位。例如，早在20世纪80年代，欧盟委员会通过了《个人数据自动化处理中的个人保护公约》（Convention for the Protection of Individuals with regard to Automatic Processing of Personal Data，CPIAPPD）（也称"第108号公约"），成为世界上首部涵盖个人数据保护规定的"国际公约"。同时，其主导的《通用数据保护条例》主要采取"充分性认定"方式，即其他国家只有达到欧盟认证的隐私保护标准方能允许其使用欧盟数据并放松数据跨境流动。"人权与隐私优先、自由流动保障居其次"的通用数据跨境流动规制思路不仅成了欧盟规制各类具体数据跨境流动的基础，更是欧盟在全球数据治理中所秉持的数据跨境治理主张。

2.1.3　英国数据治理理念

2022年5月，英国王储查尔斯王子在国家议会开幕仪式的演讲中公布了一项新的《数据改革法案》（Data Reform Bill，DRB），该法案囊括了一系列面向英国现行主要数据法规的修正建议，涉及数据保护管理与问责、数据泄露报告、人工智能规制、国际数据传输、数据访问规则、ICO机构（Information Commissioner's Office，信息专员办公室）调整等重要领域。改革数据保护法规是英国在正式脱离欧盟后着手调整国内各种法律制度的总体计划的一部分，政策思路主要遵循英国数字、文化、媒体和体育部（Department for Culture，Media and Sport，DCMS）于2020年9月发布的《国家数据战略》中所确立的"更好地利用数据帮助各种组织（包括公共部门、私营部门和第三部门）取得成功"之主旨精神，该战略提出释放数据的价值是推动数字部门和国家经济增长的关键。

随着数据权利意识在世界范围内的高涨，很多国家对数据保护的规定愈发严格。然而，英国政府却着意实施了简化和放松数据保护的相关改革，其动因除了寻求建立脱欧后数据治理政策和规则框架独立性、根据国家利益适度平衡严管数据安全和实现创新与经济增长两者关系之外，还反映了英国对欧盟《通用数据保护条例》监管与执法效果的反思。《通用数据保护条例》极大地提升了个人对数据的掌控权，但相应的代价是需要付出较高的成本。同时，像《通用数据保护条例》这样涵盖面特别广泛、条款繁复而严格的法规也有可能压制创新，加重企业合规成本负担，进而削弱企业的竞争力，长此以往甚至将阻滞经济增长。

2.1.4　日本数据治理理念

日本在数据治理领域的战略取向是，力图推动与美欧数据治理模式的对接，形成兼容型的数据治理模式。例如，日本在2022年4月起正式实施的《个人信息保护法修订案》（Amended Act on the Protection of Personal Information，AAPPI），保留了类似欧盟"充分性认定"的"白名单"制度。近年来，日本利用WTO、G20、WEF（World Economic Forum，世界经济论坛）、APEC等各种多边机制和多边组织，不断呼吁美欧日三方携手推动治理规则对接，促进跨境数据的自由流通。例如，在2019年的G20大阪峰会上，日本将"全球数据治理"列为峰会重要主题，宣布启动"大阪轨道"行动，推动包括美欧在内的主要经济体开展数字规则谈判，表示日本将致力于推动建立新的国际数据监督体系。日本致力于推动本国数据治理方式与美欧数据治理兼容和对接，如在2019年1月通过了欧盟委员会的数据保护"充分性认定"，同时日本也是美国主导的跨境隐私规则体系的成员国。此外，日本还积极协调美欧日三方建立"数字流通圈"，在与圈外的国家谈判时，将获得显著优势，日本数字战略展现出较强的灵活性，是当前全球数据治理中态度最为开放的国家之一。

2.1.5　中国数据治理理念

和美国的数据治理市场"自由主义"不同，我国政府在数据治理中发挥着重要的作用，需要对重要数据的形成、存储、流动、使用等进行监督，政府要在统筹考虑数据主权、数据安全、个人隐私、社会管理、产业发展的基础上，制定系统性的数据发展战略并予以主导推进。

在中国数据主权战略方面，在《网络安全法》的框架下，我国陆续制定了《数据安全法》《数据出境安全评估办法》等一系列规章制度，要求在数据出境时对运营商进行安全评估，以防存在影响国家安全或损害公共利益的风险。实行严格的数据主权治理模式，确保了我国的数据主权保护得到落实。

中国对数据安全的考虑主要从国家核心利益层面出发，是在总体国家安全观框架下进行的。这种安全诉求最终体现在对数据相关技术的自主可控要求上，自然表现出一种防御型数据治理政策倾向。《数据安全法》在现有相关法律法规的基础上补充和完善了我国数据治理的基本制度框架，进一步界定了数据及数据安全的内涵，完善了数据安全监管机制，明确了数据安全治理重点制度规则，推动数据治理向多领域深度融合、多维度管用兼顾、多元化共同参与发展，为我国数据治理工作明确了方向。

个人隐私早期被我国纳入一般人格权保护范畴，随着《民法典》的颁布，个人信息保护正式被纳入人权保护的范畴，并在 2021 年 8 月，全国人大常务委员会正式发布《个人信息保护法》，可见，中国对个人数据的保护仍主要采用人格权保护路径。

我国对数据流动采取更加保护主义和非干预主义的方式。我国拥有自己的国家内联网，互联网流通内容需要经过审查，审查和约谈机制成为我国独特的数据治理措施，如在《数据安全法》《科学数据管理办法》中均要求对涉及公共安全和个人隐私的数据开放过程进行严格的批准审查。在强化数据跨境流动监管的同时，我国政府也在大力投资境内数字基础设施建设。在严格执行数据本地化存储与扩大跨国数字基础设施建设的双重战略部署下，我国既控制了国家重要数据的流动，加强了数据主权的安全保障，又在全球范围内稳固了作为新兴经济强国的地位。

2.2 全球数据治理措施概述

随着信息化进程的不断加深，流动的数据已经成为连接全世界的载体。而数据在全球的流动、交换意味着数据治理绝不是某一个国家的需求或任务，而是全人类共同面临的问题。全球数据治理指的是在全球范围内，各个治理主体依据一定的规则对全球数据的产生、收集、存储、流动等各个环节以及与之相关的各行为主体的利益进行规范和协调的过程。例如，在各行为主体参与全球数据治理的交往中，对数据权属的明确、对数据安全的保障、对数据交易的监管和对数据跨境流动的法律规制等，都属于全球数据治理的范畴。

视频讲解

2.2.1 全球数据治理态势

随着数据的跨区域流动日益频繁，主权国家谋求数据资源管理和控制的主张愈发强烈，各主权国家纷纷依据各自不同的国情和利益诉求提出了自身的数据治理主张。根据联合国贸易与发展会议（United Nations Conference on Trade and Development，UNCTAD）的统计，截至 2021 年 12 月，全球已有 137 个国家出台了保护数据隐私的法律法规，覆盖率达到70%。同时，根据美国知名咨询公司高德纳（Gartner）预测称，到2024年，全球预计75%的个人数据将受到隐私法规的保护。因而，在全球层面就产生了数据治理主张的碰撞与冲突，进而为全球数据治理的推进带来了一系列挑战。

在全球数据治理规则的对接过程中，强势经济体注重强化数据主权和影响力，输出本国模式和价值观，弱势和新兴经济体则注重积极追随，力求实现双向互认。2023年7月，美国与欧盟之间的《数据隐私框架》正式签署并生效，成为当前双方允许数据流动的妥协方案。欧盟方面，近年来，从政治、数据保护立法与执法、国际协议签署情况等维度对他国进行"充分性认定"并形成可跨境数据流动的"白名单"。截至2023年8月，日本、以色列、新西兰、瑞士等15个国家和地区通过了充分性认定。俄罗斯在允许与《第108号公约》签署国跨境数据流动之余，额外制定了"白名单"，包含中国、澳大利亚、日本等国家。此外，日本、新加坡、印度等国积极追随美欧规则。部分数字经济领域后发国家，在相关政策措施和执法实践方面不如欧美等成熟经济体完善，数据保护能力尚未得到国际普遍认可。以我国为例，尽管我国具有数字经济后发优势，但或被欧盟、APEC等认为无法达到对等的数据保护程度水平，我国尚未被列入欧盟跨境数据流动的"白名单"，也没有加入美国在APEC主导的跨境隐私规则体系，陷入了境外数据流入难、境内流出数据监管难的两难境地。全球数据治理面临的挑战可以从以下方面进行分析。

（1）各国对个人数据的权属认识不统一。各国对个人数据的权属认识不统一导致全球数据治理中对个人数据采用何种保护路径争论不休。欧洲国家倾向于采用"数据保护"（data protection）一词，而欧洲以外国家往往采用"隐私保护"（protection of privacy）、"数据隐私"（data privacy）或"信息隐私"（information privacy）等词，但都是用来指代与个人数据相关的数据处理上的规制。从用词上可以反映出不同国家在数据保护路径上的差异。即欧盟国家将个人数据视作公民的基本权利，具有宪法意义。而美国等其他国家则倾向于将个人数据信息纳入隐私权保护框架内，试图通过隐私权的宽松解释解决个人数据保护问题，并在司法实践中逐步确立相应规则。在中国，个人信息权早期被纳入一般人格权保护范畴，并获得了司法实践支持。随着《民法典》的颁布，人格权独立成编，个人信息保护正式被立法纳入人权保护的范畴，标志着中国对个人数据的保护仍主要采用人格权保护路径。由此可见，不同主权国家对个人数据所采取的不同观点，导致了其保护个人数据路径的差异。

（2）各国的数据跨境治理规制理念与主张不同。各国所秉持的数据跨境流动规制理念与主张不同，导致全球范围内的数据跨境流动受限，数字经济活力难以充分发挥。欧盟《通用数据保护条例》对数据的跨境流动做出了严格的限制。与之相反，美国政府不希望采取诸如《通用数据保护条例》如此严格的措施，以免减损或扰乱美国与其他国家之间正常的贸易合作甚至制造贸易壁垒。立足于自身的信息优势地位并受到自由经济观念的影响，在数据跨境流动的规制问题上，美国秉持在安全可控前提下最大限度地促进数据自由流动的治理主张。

除美欧之外的其他主权国家，在数据跨境流动问题上也各有不同主张，如俄罗斯高度强调数据主权优先并通过要求数据本地存储的方式来限制数据跨境流动，澳大利亚采取分类管理、分级标识、强制性指南与推荐性指南相结合的折中措施来规制数据跨境流动。可见，不同主权国家在数据跨境流动主张上的分歧，为全球数据治理的协调统一带来了极大的困难。

（3）各国的数据发展竞争加剧。各国为谋求数据的战略价值，争相制定数据发展战略，从而导致全球数据开发竞争加剧，国家间不对称和不平等的公权力结构进一步凸显。网络空间的数据已经、正在而且还将持续转变成为一种战略资源。早在奥巴马政府时期，美国就将数据定义为"未来的新石油"，并将大数据发展提升到战略高度。2012年3月，奥巴马政府提出《大数据研究和发展倡议》，宣布投入超过2亿美元以大幅改进数据访问、收集和汇总所需的工具和技术，旨在加快美国科学和工程领域发展的步伐，并加强国家安全。特朗普政府亦致力于稳步推进数据挖掘和利用。2018年5月，白宫行政管理和预算局联合开放数据中心共同主办了一场关于将数据用作战略资产的圆桌会议，意在制定改善联邦政府服务、为美国经济创造价值和就业机会的数据战略。2023年7月，美国国家情报总监办公室（Office of the Director of National Intelligence，ODNI）发布了《2023—2025年情报界数据战略》（The IC Data Strategy 2023—2025，IDS），强调了对大数据进行分析和利用的重要性。而为了提升大数据信息挖掘和获取能力，英国政府2010年上线政府数据网站，并在此基础上于2013年发布了新的政府数字化战略。同时，英国政府于2012年5月承诺将开放部分核心公共数据库，并将投资10万英镑建立世界上首个"开放数据研究所"（The Open Data Institute，ODI）。2013年2月，澳大利亚政府信息管理办公室（Australian Government Information Management Office，AGIMO）成立了跨部门工作组"大数据工作组"，以保证工作组跨部门收集和整合信息并于同年8月发布了《公共服务大数据战略》（The Australian Public Service Big Data Strategy，APSBDS），在国家层面提出了六条大数据指导原则。此外，日本于2013年提出新的ICT（Information and Communications Technology，信息通信技术）发展战略，以创造新的高附加值企业、解决社会问题、提高和增强ICT基础设施，并逐渐形成智慧日本ICT战略整体布局。并且，在2019年6月举行的G20峰会上，时任日本首相安倍晋三再次表示将致力于推进数据流通，并与WTO合作制定全球数据流通规则。欧盟委员会继发布《通用数据保护条例》对通用数据保护做出整体规制后，又于2020年2月发布《欧洲数据战略》，指出要创建一个真正的数据单一市场且面向世界开放，并利用数据促进经济增长、创造价值。可见，世界范围内的主要科技强国都在谋划布局相应的数据发展战略，并造成了全球范围内数据规制政策的差异，进而加剧了各国家或地区之间有关数据治理政策的冲突，为全球数据治理的统一和有序化带来了一定的挑战。

更深层次的挑战在于，世界已经进入网络政治的新阶段，世界各国陆续做出反应并逐渐形成"武器化"趋势。经济互动使得国家间处于相互依存的状态，并产生了新的权力结构。这种新的权力结构的表现是国家间的不对称和不平等加剧，占据网络等相关优势的国家能够将企业乃至整个国家从全球网络中剔除，从而产生深远的后果。从全球数据治理的角度而言，全球范围内数据流通、数据共享所导致的国家间相互依存的状态将越来越紧密，同时随着主要发达国家和技术强国持续推行数据发展战略，如何防范部分主权国家被剔除出全球数据网络、平衡各国的数据发展战略和国家利益，已经成为全球数据治理进程中所面临的巨大挑战，也是未来全球数据治理亟待解决的重点问题。

案例 2.1　全球数据主权态势

截至 2021 年 12 月，全球已约有 137 个国家或地区出台了数据主权相关法律，各国的数据主权战略部署呈现出不同特征，其中以美国、欧盟与中国的数据主权布局最具有代表性。美国主要从制度层面入手规制，欧盟主要依赖市场监管，中国采取的是制度与市场并重的数据主权治理模式。

美国的数据主权安全保障及其战略建设起步于 20 世纪 80 年代，作为全球最早开始建设数据主权战略的国家，美国至今已出台 130 余部相关法案，形成了同时涵盖互联网宏观整体规范与微观具体规定的完备数据主权战略体系。

欧盟一直是数字监管领域的佼佼者，欧盟通过监管规则与惩罚措施并行强力主张数据主权，在过去几年中，从隐私到数据保护、从竞争问题到保护版权和出版商权利、从打击网上仇恨言论和虚假信息到率先进行人工智能监管，开创了全球数据规制的新气象。欧盟通过在欧洲以及世界各地颁布具有影响力的法规，全力推进欧盟数据主权战略的构建。

中国在《网络安全法》的框架下，实行严格的数据主权治理模式，陆续制定了《数据安全法》《个人信息保护法》等一系列规章制度，要求在数据出境时对运营商进行安全评估，以防存在影响国家安全或损害公共利益的风险，确保了我国的数据主权保护得到落实。

此外，数据治理中的安全领域也已经成为主权国家战略博弈的新场域：数字经济时代，一国对数据资源的掌控以及保障数据安全的能力也将成为国家竞争力的体现。自 2013 年美国"棱镜门"事件爆发开始，各国政府就将数据治理与国家安全、网络安全、隐私保护等政策紧密挂钩，加剧了世界各国在数据空间的战略博弈。欧洲数据保护监管局（Europe Data Protection Supervisory Authority，EDPSA）在 2020 年 6 月发布《欧洲数据保护监管局战略计划（2020—2024）》（European Data Protection Supervisory Authority Strategic Plan（2020—2024），EDPSASP）报告，旨在从前瞻性、行动性和协调性 3 方面应对数据安全的风险挑战；2021 年 1 月美国信息技术与创新基金会（Information Technology Innovation Foundation，ITIF）发布《美国全球数字经济大战略》（Grand Strategy for the Global Digital Economy，GSGDE），提出美国政府必须制定一项全面的战略来指导美国的数字政策，以全面保障美国利益。中国则在 2021 年 3 月与阿拉伯国家联盟签署了《中阿数据安全合作倡议》，进一步推进我国在 2020 年 9 月发起的《全球数据安全倡议》，向国际社会呼吁应全面客观看待数据安全问题。当前，国家竞争焦点已经从资本、土地、人口资源的争夺转向对数据的争夺，数据安全上升至国家战略层面已成为全球共识。主权国家也正通过密集出台数据竞争战略、提升数据安全保障能力、构建配套政策、加大资金投入等方式，不断抢占数据安全治理领域的制高点。同时，由于数据价值的敏感性以及主权国家围绕数据不断变化的规则战略，使得数据安全风险持续上升，数据治理安全领域也正成为未来中长期大国规则博弈的聚焦点。

> **案例思考题：**
> 1. 为何数据主权问题成为世界各国制定法律规范的重点领域之一？
> 2. 世界各国针对数据主权的治理理念与侧重点有何不同？什么原因导致了差异的存在？

2.2.2 国外数据治理措施

1. 美国数据治理措施

美国的数据治理从顶层上来看，是指从美国国家层面出发，完善数据治理战略层面的部署。美国尤其注重改进政府公共部门的数字化工作，以更好地管理、保护和共享数据，为美国民众服务。美国在大数据领域的国家战略部署始于奥巴马时期，2012年以来，美国对数据治理问题始终给予高度重视，成为全球数据治理领域的领跑者。

2012年3月，奥巴马政府提出《大数据研究和发展倡议》，这是美国历史上首个以大数据研发为核心的国家级战略。在此倡议促进下，联邦机构、科研院所及社会企业在大数据研发、管理及应用等方面进行了积极探索，并取得了明显进展。在此法案的基础上，也诞生了其他相应法案，为美国的数据治理奠定良好基调，形成一个以公共服务为导向，采用国家与社会共同治理的"小政府 - 大社会"模式的新型数字政府。

特朗普政府延续了奥巴马政府的数据治理发展思路，进一步挖掘数据价值。2019年6月，美国行政管理和预算办公室（Office of Management and Budget，OMB）发布《联邦数据战略与2020年行动计划》。该行动计划以政府数据治理为主要视角，描绘了联邦政府未来十年的数据愿景，以及2020年需要采取的关键行动，目的是在保护安全、隐私和机密的同时，充分发挥美国联邦数据资产的潜力，加速使用数据执行任务、服务公众和管理资源。2021年10月25日，拜登政府发布《联邦数据战略2021行动计划》（Federal Data Strategy 2021 Action Plan，FDSAP 2021），在指导各机构应对共同的数据挑战的过程中，使用现有的协作渠道帮助实现人工智能研究的民主化并发展联邦劳动力的数据技能。2022年1月26日，美国白宫行政管理和预算办公室发布了一项联邦战略，旨在推动美国政府对网络安全采取"零信任"方法。该战略意味着改善国家网络安全问题的关键一步，侧重于推进网络安全措施，以显著降低针对联邦政府数字基础设施的网络攻击风险。2023年3月，美国白宫科技政策办公室（Office of Science and Technology Policy，OSTP）发布《促进数据共享与分析中的隐私保护国家战略》（National Strategy to Advance Privacy-Preserving and Analytics，NSAPPDSA），以抓住数据发展机会，充分激发数据潜力。

在数据治理顶层战略之下是美国数据治理的中层衔接，这是数据治理战略的关键环节，主要包括政策协调机构、机构网络和数据管理、法律和监管框架、技术能力建设、协作和知识共享等多方面。在政策协调机构方面，美国行政管理和预算办公室下设的数据委员会，既负责协调联邦数据战略的实施，也负责通知管理和使用的预算优先事项。这类机构还可以发挥重要的咨询作用，确保数据战略采用风险管理方法，预测和应对出现的政策挑战。同时，2019年1月，时任总统特朗普正式签署《循证决策基础法案》（Foundations for Evidence-Based Policymaking Act，FEBPA）。该法案旨在为联邦政府建立现代化的数据管理实践、证据构建功能，提升统计效率，从而为政府决策提供关键信息。美国政府通过决策更好地整合和利用数据，重视数据研究及数据共享，在公共部门内建立一个更成熟的数据治理生态系统，协助解决跨部门的潜在风险，从而提高政府工作的有效性。

此外，作为数据治理的重要一环，监管机制有助于数据标准的统一定义和执行，提高数据互操作性，简化数据共享实践。数据监管的根本目的是构建数据循环利用生态系统。技术能力更是数据治理机制良性运转的核心要素。在数据治理的早期阶段，政府需要通过专门的培训提高相关人员的专业素养，以便后期工作的顺利开展。从公共管理人员到技术人员的任命、技能差异和部门需求都需要纳入考虑范围，以促进人员在机构间的最佳流动。中层衔接对数据治理的重要性可见一斑，机构决策、监管机制、技术实力缺一不可。

美国数据治理的基层实践是数据治理的基础环节，主要包括数据价值循环、国家数据基础设施和架构。数据价值的创造过程是一个完整的周期，反映了政策提出、修订、实施、评估的全过程。不同的参与者可以为数据价值的增加做出不同的贡献。此外，政府还大力推动公共部门和非公共部门之间的人才流动。政府职员、学者、民众之间的有效交流能够促进数据治理实践的完善，帮助政府应对关键挑战，尤其是关于个人健康记录等敏感数据的访问等领域。

数据治理的成效离不开基础环节的配套，美国已经认识到自身在数字基础设施建设方面的不足，未来着力点会有所侧重。美国数据基础设施和架构在存量上具有明显优势，但是在增量上与后发国家相比并不突出。先进的国家数据基础设施和架构可以帮助推进跨机构、跨部门和跨边界的数据共享和管理实践，从而为交付更好的公共服务奠定基础。在这方面，美国旨在通过加强战略部署、重视核心技术研究来提升基础设施复原力，从而维持其在数据基础设施领域的主导地位。

2. 欧盟数据治理措施

欧盟的数字经济规模和企业竞争力与美国、中国相比处于劣势地位，故注重采用"外严内松"的政策，旨在扶持欧盟数字经济发展。2015年5月，欧盟委员会提出"数字化单一市场"（Digital Single Market Strategy，DSMS）战略，尽可能统一各成员国市场秩序，扫清不同盟区之间的数据流动障碍。2018年5月，欧盟出台了"史上最严"的《通用数据保护条例》，赋予了欧盟数据保护委员会长臂管辖权。同年11月，通过了《非个人数据自由流动框架条例》（Regulation on the Free Flow of Non-Personal Data，RFFPD），提出非个人数据可在成员国间的自由流动，并保障数据服务商等专业用户对数据的自由调取和使用。同时，2022年5月，欧盟理事会批准通过了《数据治理法案》（Data Governance Act，DGA），致力于建立健全公共数据共享机制，以促进数据共享与交换。近几年，欧盟在数据治理方面不断完善，打造单一数据空间以消除成员国政策碎片化，构建数据的保护与流动机制，形成垂直管理的治理体制。欧盟各国在国内亦都建立了针对政府、企业、个人等多元主体数据治理的相应法规体系，构建出多元化、多层次的数据治理规范体系。

为了发挥数据的重要作用，2020年2月欧盟委员会发布了《欧洲数据战略》，提出建立欧盟单一数据空间，构建欧盟内统一的数据治理框架。欧盟列举了当前单一数据空间存在的问题，这些问题大体可以归纳为3点：数据供给不足、数据使用受限、数据利用低效。在数据供给不足方面，公共部门开放的数据不够和大型在线平台上的数据垄断是问题的根本原因。在数据使用受限的方面，由于缺乏统一的治理框架，所以在数据监管、数据互操作性、个人维权、网络安全方面都存在挑战。在数据效率方面，欧盟存在数据处理的云服务竞争力弱、公共部门和企业使用云的普及率偏低、大数据和数据分析技术普遍缺失等问题。

为解决以上问题，《欧洲数据战略》提出了4项解决措施。

（1）制定数据使用的跨部门治理框架，消除由各成员国和各部门之间的差异造成的市场内部隔阂。欧盟委员会先后发布了《数据治理法案》（Data Governance Act，DGA）、《高质量数据集实施法案》（Implementing Regulation on High-Value Datasets，IRHD）、《数字服务法》（Digital Services Act，DSA）、《数字市场法》（Digital Markets Act，DMA）等，通过立法促进个人、企业和公共部门间的数据共享和跨部门流动。同时，出台和完善《信息和通信技术标准化滚动计划》（The Rolling Plan for ICT Standardization，RPIS）、《欧洲互用性框架》（European Interoperability Framework，EIF）等，加强数据标准制定，推动欧盟采用标准化和共享的兼容格式和协议。在推进过程中，采用"监管沙盒"的治理方法，不断总结最佳实践。

（2）加强数字基础设施投资，以提升欧盟的数据存储、处理、使用和互操作能力及基础设施。从2021年开始，欧盟将持续对数据空间和云基础设施进行投资，促进欧盟云服务和数据技术的发展，尤其是强化在边缘无延迟处理数据的混合云模型。

（3）明确社会个体权利、加强数字技能建设和扶持中小企业发展。明确社会个体权利，加强个人数据管理，为个人数据应用程序提供商或数据中介制定规则，以确保其角色中立。加强数据技能投资，在"数字欧洲计划"中设立技能专项资金，大力培养大数据技能和分析能力，扩大对数字人才库的投资。同时，出台欧盟中小型企业战略，以增强中小型企业和初创企业的能力。

（4）在战略性部门和公共利益领域构建欧盟共同数据空间。欧盟委员会将推动在战略性经济部门以及公共利益领域构建欧盟共同数据空间，这些领域的数据使用将对整个生态系统和公民生活产生系统性影响。目前欧盟已经确定的数据空间包括工业（制造业）、低碳领域、交通运输、医疗卫生、金融、能源、农业、公共行政等。

为加强数据治理的治理体制，欧盟形成了从欧盟委员会、成员国、行业领域到企业的系统的垂直治理体制。

在欧盟委员会层面，设置数据创新委员会和数据保护委员会。以专家组的形式成立欧洲数据创新委员会，该委员会包含所有成员国主管当局的代表，欧洲数据保护委员会、欧洲委员会、相关数据空间及特定部门其他主管当局的代表。数据创新委员会需要对跨部门标准化的战略、治理和要求方面提供建议，并提供数据开放、数据共享服务等方面好的经验做法。数据保护委员会则重点对数据保护进行监管，每个成员国设置独立监管机构，由一个或多个独立监管机构组成。各国的数据监管机构与数据保护委员会进行沟通，提出数据保护问题，分享数据保护经验等。

在成员国方面，明确数据主管机构责任并设置单一信息点。数据主管部门的责任主要包括两方面：一是履行法律职责，主管机构应具备足够法律和专业技术知识，来维护欧盟和本国的法律；二是提供技术支持，为确保个人隐私和商业机密不受侵犯，需要加强数据处理技术的管理，各国主管部门需要对数据处理环节和测试技术提供相关技术支持。各成员国设置单一信息点，各个成员国之间通过单一信息点进行沟通，公布数据资源信息，明确列出成员国需要进行本地化存储的数据，以及发布使用公共部门数据的义务和费用。

在行业方面，建立数据保护认证机制，组建数据保护认证机构，建立行业行为准则，对符合数据保护标准的企业和机构颁布认证。在企业内设置数据保护官，数据保护官由数据控制者和处理者委任，主要负责数据处理过程与行为的合规合法。

欧盟对不同数据主体所采取的治理措施如表 2.1 所示。

表 2.1　欧盟对不同数据主体所采取的治理措施

数据主体	法案依据	治理重点	举措举例
个人数据	《通用数据保护条例》	保护个人隐私，抵制个人数据滥用	①确认个人数据权利，数据的收集、存储和处理的透明性原则 ②设置数据控制者、数据处理者和数据保护官
非个人数据	《非个人数据自由流动的框架条例》	消除非个人数据的流动障碍，提升数字服务有效供给	①消除成员国的数据本地化要求 ②通过多方共治确定行业"行为准则"，以保障用户数据自由迁移
企业数据	《非个人数据自由流动的框架条例》	推动私营企业向政府部门共享数据	①欧盟组建 B2G 数据共享的第三方专业机构，协助公共部门与私营部门之间建立数据共享伙伴关系 ②设置对私营部门共享数据的奖励制度，解决数据共享的成本问题 ③增强政府使用数据的透明度
公共部门数据	《开放数据指令》（Open Data Directive，ODD）	推动公共部门数据的公开、使用和再利用	①确定公共部门数据开放应遵循的默认开放和非歧视开放的基本原则 ②对公共部门数据访问者采取许可证制度

3. 英国数据治理措施

在法律法规方面，英国数据治理的相关法律法规体系比较健全，而且能够根据欧盟的相关指令，及时起草适用于本国的法律法规，保证了数据的自由流动。英国的数据治理法律体系呈现出"纵横延伸"的特点。从横向维度来看，英国数据治理法律体系涉及的领域逐步扩展，由知识产权领域、环境保护领域等专门法律体系逐渐拓展至政府信息利用、个人隐私保护、网络安全等领域法律体系的建设。从纵向维度来看，英国数据治理法律体系逐渐往纵深方向发展。以电信领域为例，英国是世界上最早实现电信自由化的国家之一，其电信市场在 20 余年内从完全垄断逐步走向开放，以顺应欧盟新的电信发展框架的要求及适应电信业技术变革、业务融合发展趋势的新需求。代表性法律法规有《英国数据存留（欧盟指令）条例》[The Data Retention（EC Directive）Regulations，DRR]、《数字经济法》（Digital Economy Act 2017，DEA 2017）、《自由保护法案》（Protection of Freedoms Act，PFA）等。

英国数据治理体系可以分为电子政务、隐私保护、数据安全等方面。首先是提升数据开放的透明度，推动数字资源的利用，《信息权利小组报告》（Power of Information Task

Force Report，PITFR）的颁布是英国数据开放的起点，数据开放利用政策的制定如《公共部门透明委员会：公共数据原则》（Public Sector Transparency Board：Common Data Principle，PSTB：CDP）等，有利于充分挖掘公共数据信息资源蕴含的价值。并且，在 2018 年 4 月，英国政府发布《开放标准原则》（Open Standard Principle，OSP），强调了英国对数字现代化和增加可访问性的承诺。电子政务是英国政府管理方式的一大变革，电子政务的推行使政府机构由"科层制"逐渐向"扁平化"方向转变，进一步降低了政府进行数据治理的管理和服务成本。英国公众隐私保护政策主要从用户信息收集、用户信息处理、用户信息权利保障 3 方面展开。例如，在 2018 年 5 月正式生效的《数据保护法》（Data Protection Act，DPA）明确指出，要将隐私作为数据治理政策体系的重要组成部分，确保公民的隐私权、知情权受到保护。在数据安全方面，英国制定了数据安全标准和数据安全框架，保障本国的数据安全，解决数据治理的数据安全问题。此外，2023 年 3 月，英国发布《数据保护和数字信息法案》（Data Protection and Digital Information Bill，DPDIB），对数据保护框架进行更新，以保持英国数据保护的高标准。

在政策与机构设置方面，英国政府经历多次机构调整，形成与数据治理政策相匹配的、较为清晰的、以直接服务于首相的行政机构为核心的治理结构。同时，还设置了专门机构负责协调所有政府部门、民间组织、私营部门、工作小组等多边机构参与推进数据治理，建立独立审查机制，为政策、标准的制定和执行提供智力支持和意见反馈。英国数据治理机构的职责介绍如表 2.2 所示。

表 2.2　英国数据治理机构及其职责介绍

治理机构	主要职责介绍
内阁办公室和政府数字服务局	确保数据治理政策被有效制定、协调和实施，协助英国政府管理和应对网络安全危机，为政府各项改革方案提供专家支持，加强数字技术和政府间数据的管理和使用
信息专员办公室	维护公共利益的信息权利，促进公共机构开放和保护个人的数据隐私。保护个人数据在欧盟成员国内无障碍地流动，编制实施指南，确保《数据保护法》《通用数据保护条例》《隐私与电子通信指令》等法规的并行使用及有效实施，并对违反监管的情况实施制裁
政府通信总部和国家网络安全中心	协调政府各部门网络安全计划，协调政府和民间机构重要计算机系统的安全保护工作，提供权威和连贯的网络安全建议和网络事件管理，提高英国的网络安全和网络复原力，减少网络安全风险
数据战略委员会和公共数据组	为中央和地方的开放数据机构提供资金支持，帮助这些机构消除开放数据中的技术屏障，寻求数据价值最大化
司法部和政府法律部	负责《信息自由法》《数据保护法》及相关法律的司法解释和政策制定，监督中央政府对法案的执行情况，为中央政府落实各项法案提供指南并协调各部门间的信息共享

4. 日本数据治理措施

日本数据治理中的数据保护和流动领域立法体系是在美国影响下逐步确立的。美国在数据保护的国内立法上坚持数据自由流动和行业自律原则，政府对数据流动做到尽量不干预或少干预，日本也继承了上述原则，保护的对象仅限于个人数据或信息，初期对于跨境数据流动并无相关规定，并且关于个人信息保护的立法也较晚。直到 2003 年 5 月，也就是在 2004 年美国在亚太推广 APEC 隐私框架之前，日本才制定了首部《个人信息保护法》

（Act on Personal Related Information，APPI）。随着信息技术的急速发展和个人信息的不断外延拓展，《个人信息保护法》于2015年进行了大幅修正，对个人信息的社会价值予以肯定。并且，法案还增设日本个人信息保护委员会，作为日本个人信息处理从业者的专门监管机构，以《个人信息保护法》为法律依据，确立了"保护个人权益利益，兼顾个人信息有用性"的指导原则，行业自治同国家统一立法并行不悖。此外，该法案在2022年4月再次进行了重大修改，设立了数据争议调解委员会，用于调解与数据生产、交易和利用有关的争议。《个人信息保护法》在日本隐私权行政法规保护方面居于绝对的核心地位，对日本国民隐私起到重要的保护作用。除顶层的《个人信息保护法》外，日本的个人信息保护制度规定根据团体、组织的性质，分别适用不同的法律关系，并且在信用、医疗、电信、教育等领域制定专门法。

2013年的"棱镜门"事件暴露了全球跨境数据流动治理的缺陷，不但使欧美间的跨境数据流动"安全港协议"作废，也催化了日本就跨境数据流动治理的步伐。日本在2015年的《个人信息保护法》修订中加入对跨境数据治理的规定，并出台了一系列基础性的规制政策。在完成国内跨境数据流动相关法律制度的建设之后，日本也像欧美国家一样开始在双多边交涉中增加关于跨境数据流动规则的谈判，以弥补日本在此问题上的短板，实现日本与其他国家和地区之间规范的跨境数据流动。日本在数据跨境治理方面积极追随欧美政策，日本国内跨境数据流动制度在理念和路径上与美国高度相似，实质上沿袭了美国在跨太平洋战略经济伙伴协定中设置的一系列跨境数据流动规则。欧盟在跨境数据流动方面格外强调个人权利的保护，并且设置了"保护充分性认定"制度。2017年日本与欧洲委员会专员发布共同声明，宣布日欧于2018年初就跨境数据流动"保护充分性"进行磋商，2019年，日欧跨境数据流动治理问题的"保护充分性"相互认定正式生效，这意味着日欧间的跨境数据流动与日欧各自境内数据自由流动并无二致。2021年1月，日本个人信息保护委员会颁布了《跨境数据流动指南》（Guidelines for Cross Border Data Flows，GCBDF），强调在严格保护网络安全的前提下，推动数据在工业、健康等领域的自由流动。

日本政府的数据开放较欧美发达国家起步较晚，但发展较快。2009年，日本国内就出现了开放政府的相关议题，2012年，日本信息通信技术社会发展战略本部发布《数字行政开放数据战略》（Digital Administration Open Data Strategy，DAODS），其中提到应当推进面向社会公众的公共数据开放数据战略，指出公共数据属于国民共有财产，国家应加强对政策体系的构建，以促进公共数据的利用，该战略文件拉开了日本政府构建数据开放政策体系的序幕。2016年5月，日本启动"开放数据2.0"计划，以实现能够解决实际问题的政府数据开放为目标，拓宽了政府数据开放的开放主体、开放对象和适用地区等，这标志着日本数据开放建设迈入新阶段。2016年12月，日本内阁发布《推进官民数据利用基本法》（Basic Law on the Use of Government and Private Data，BLUGPD），从法律层面对政府数据开放工作进行统一规定和指导，这是日本首部专门针对数据利用的法律。2017年5月，日本IT综合战略本部及数据利用发展战略合作机关共同决定通过《开放数据基本指南》（Basic Guide of Open Data，BGOD），依据日本的中央政府、地方政府，以及企业家在数据开放领域已有的尝试，归纳了开放数据建设的基本方针，成为日本政府数据开放的总指导文件。2019年12月，日本内阁会议决定通过《数字政府实施计划》（Digital Government Implementation Plan，DGIP），提出到2025年建立一个使国民能够充分享受信息技术便利的数字化社会，并将开放数据作为其中的重要一环加以强调。这标志着政府数据开放已成为日本向数字化社会转型的一大关键战略要素。

2.2.3 我国数据治理措施

1. 不同层面的数据治理措施

我国数据治理目前在国家层面主要在主体、制度、平台方面展开实践。2023年3月，我国组建国家数据局，同时，国家信息中心、国家档案局、中央网络安全和信息化委员会办公室等十余个国家机关围绕不同种类的政府数据等也具有数据管理职责，共同构成了职能各有不同却可能存在交叉的主体架构。在制度建设上，我国面向不同数据主体与对象确定了相关规则，如《网络安全法》《全国人大常委会关于加强网络信息保护的决定》《数据安全法》等。

（1）在平台方面，我国建设多个政府数据开放平台，进一步破解政府的信息孤岛难题。除此之外，我国在立法方面也较为重视，我国于2005年启动个人信息保护方面的立法程序，并于2021年相继通过《数据安全法》《个人信息保护法》两部对数据治理至关重要的法律，其中，《数据安全法》中更是对数据的定义，以及数据开放与利用过程中的安全问题进行了全面规定，表明我国对数据安全合规的监管越来越严格。

（2）在企业方面，部分企业已经建立了健全的数据安全管理机制。一方面，推动建立标准化的全产业链数据安全管理体系，明确相关主体的数据安全保护责任和具体要求，加强数据生命周期各环节的安全防护能力，可有效避免用户隐私或重要数据遭到不法窃取或利用；另一方面，建立数据分级分类管理制度，形成数据流动管理机制，明确数据留存、数据泄露通报要求和应急机制。

（3）在个人层面，我国主要在立法方面进行管制。如2021年8月公布的《个人信息保护法》对处理个人信息的流程与规则进行了规定，并且明确了个人信息处理者的具体义务；2022年7月公布的《数据出境评估安全办法》明确数据出境评估关键要素与评估方法。同时，我国通过《中国人民银行金融消费者权益保护实施办法》《人口健康信息管理办法（试行）》，对金融、健康等行业和领域内涉及的个人数据，通过行业规范条例进行了跨境流动规定。

在各个层面我国的数据治理政策都较为完善，但随着新兴技术的发展，面对数据治理领域的新问题、新挑战，各国目前都处于探索阶段，在新兴技术治理领域尚未形成完整、充分、可供借鉴的治理经验，各个国家的数据治理政策存在相互学习和借鉴的较大空间，需要不断探索更加行之有效的数据治理举措。

2. 不同领域的数据治理措施

在数据隐私保护领域，作为数字经济大国，我国积极建立和完善个人信息保护立法。中国有近40部法律、30余部法规涉及个人信息保护，其中最具有代表性同时最受关注的是自2017年6月起施行的《网络安全法》、自2019年1月起施行的《电子商务法》，于2021年1月开始实施的《民法典》，以及2021年11月正式施行的《个人信息保护法》。

其中，《个人信息保护法》重点聚焦以下几方面：

（1）限制过度收集个人信息；

（2）禁止大数据杀熟；

（3）禁止滥用人脸识别技术；

（4）严格保护敏感个人信息；

（5）赋予互联网平台特别义务；

（6）完善个人信息跨境规则；

（7）加大对违法处理个人信息行为的惩罚力度；

（8）健全投诉、举报机制。

在数据安全领域，为减少数据泄露、恶意攻击等数据安全问题的发生，我国对数据安全的规则制定给予了高度关注，不断强化数据风险的处理能力。一方面体现在数据安全立法的丰富完善。例如，2017年6月《网络安全法》正式生效，对数据安全相关问题进行了明确。2021年6月《数据安全法》发布，不仅涉及了个人信息保护问题，更对众多数据安全问题进行了规则明确，包括重要数据管理、数据分级分类、国家数据安全审查等方面的制度设计，是我国第一部全面规范网络空间管辖的基础性法律，是国家网络空间安全保障工作的总纲领，在我国网络安全立法领域具有里程碑意义。另一方面，相关主管部门围绕《数据安全法》相继出台了相关规定，例如，《工业和信息化领域数据安全管理办法（试行）》《中国银保监会监管数据安全管理办法（试行）》等，对我国不同领域内的数据安全问题进行了明确规定。

在数据开放领域，我国在国家层面出台了多个政策文件以推进公共数据资源开放。例如，2015年8月国务院出台的《促进大数据发展行动纲要》，明确指出要加快政府数据开放共享、推动资源整合、提升治理能力；2018年3月，国务院印发《科学数据管理办法》，提出科学数据应该以开放为常态，面向社会和有关部门开放共享。同样的，在我国2021年6月发布的《数据安全法》中也对政务数据的安全和开放进行了规定，不遗余力地推动公共数据资源的开放共享。各地在中央的政策引领下，结合各地实际进行公共数据开放实践，一方面发布规范性文件促进和规范公共数据开放共享，另一方面推进地方公共数据开放共享平台的建设。此外，一些大型互联网企业也应当承担其数据治理责任，依托自身业务资源和平台优势搭建数据资源开放平台。

在数据流动领域，随着我国数字经济蓬勃发展，我国数据跨境流动规则体系日渐完善，监管力度逐步加强。目前我国主要从个人信息、重要数据、国家秘密、行业数据以及出口管制、境外调取进行多维度的跨境活动监管。我国数据跨境流动的法律体系构建过程，开始于2017年6月起施行的《网络安全法》中对个人信息和重要数据的跨境行为的规范，目前立法活动已经拓展到众多信息方向。整体而言，我国对于数据跨境主要从两个维度进行规制。一是本地化限制，按照目前中国相关法律法规，本地化要求更多适用于关键信息的基础设施运营者，要求其在境内运营过程中收集和产生的个人信息和重要数据都应当在境内进行存储。同时部分行业敏感数据也存在分散的本地化要求，包括但不限于征信业、银行业、汽车制造业等接触敏感数据、重要数据较为频繁的领域。二是限制性数据跨境，我国目前对于数据跨境活动主要采取限制性规范，要求数据控制主体在数据跨境活动前需符合法律规定条件或按照规定完成安全评估、保护认证等条件。

2.3 融合多国经验的数据治理体系构建

数据治理是一项全局性的工作，可以融合多国的数据治理经验，按照国家、行业、组织 3 个层面提出数据治理的体系框架，与实际情况紧密联系，形成对我国数据治理发展具有一定参考意义的全局性数据治理体系分析。在这个框架中，国家、行业和组织 3 个层次相互关联和支撑，如图 2.1 所示。其中，国家通过建立相关法律法规和指导性政策等方式向行业和组织提供指导和监督；行业则以行业协会、联盟等形式，一方面向国家反馈企业需求，支撑国家政策的落实，另一方面则向组织提供服务和监督；而组织则在国家和行业的指导、监督下，做好组织内部的数据治理工作，并向国家和行业提供成功的应用实践。

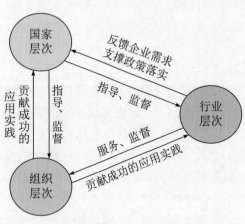

图 2.1 数据治理体系的 3 个层次及相互关系

视频讲解

2.3.1 国家层面的数据治理体系

1. 数据治理组织及架构

根据国际数据治理研究所给出的定义，数据治理是一个通过一系列信息相关的过程来实现决策权和职责分工的系统，这些过程按照达成共识的模型来执行，该模型描述了谁（who）能根据什么信息（what），在什么时间（when）和情况（where）下，用什么方法（how），采取什么行动（what）。数据治理通常包含角色与组织、数据线路、政策与标准、架构、合规、问题管理、项目与服务等核心要素。要建立全面的数据治理体系，需要先充分研究组织管理架构的问题。数据治理本身并不是目的，需要直接与组织架构相结合，才能更清晰地帮助解决组织的问题。按照数据治理的一般经验，数据治理需要传统的行政组织进行一定程度的变革。数据治理组织既要符合行政组织法的基本原则，也要契合数字时代的特性。

为应对类型众多的数据问题，国务院的一些政府部门通过职能改革等方式，对国家层面数据治理的组织体系进行了初步探索。例如，国务院直属事业单位"中国气象局"专门设立了直属单位"国家气象信息中心"，该中心的一项重要职责便是"承担气象数据存档管理与服务，负责国家级气象数据存储检索系统建设、运行，负责向应用部门和用户提供气象数据和信息服务以及相关技术支持"。国家发展改革委的直属事业单位"国家信息中心"，其主要工作职责包括"开展大数据决策支持服务，研究大数据发展战略与总体规划，推动数据共享、开放与应用；开展大数据领域关键共性技术、核心算法模型等基础研究"。同时，2023 年 3 月，中共中央、国务院印发了《党和国家机构改革方案》，组建国家数据局，统筹数据资源整合共享和开发利用等工作。

但目前仍然存在一定问题，例如，政府的数据治理机构职能定位不够清晰，没有严格按照规范、政策、机制、领域等层面去解决数据治理所面临的问题，反而容易在热门问题上扎堆，与国家数据治理战略的匹配度不够。此外，政府数据治理机构的行政级别与数据治理所要求的统筹性、协作性、权威性等特征不完全匹配，且由于行政级别的差异，一部分政府数据治理机构仍难以承担数据治理责任。

为此，可以借鉴其他国家的经验，优化我国的数据治理管理组织结构。除了在组织模式上需要积极吸取先进经验外，国家的数据治理架构还必须要围绕新信息时代的新社会结构来构建，需要遵循以下基本原则。

（1）数据治理体系的建设原则是统一。国家数据治理的基本建设原则和发展是构建一个完备统一的数据治理体系。这一数据治理体系能够将主权范围内的所有机构与个体所产生的数据进行统一管理，从而构建起足以针对每一个个体的精准公共服务能力，并汇聚支持国家层面的宏观政策。简言之，就是国家拥有对主权范围内数据体系的最高管理权。

（2）数据治理体系的运作原则是流通。在数据统一的基础上，需要实现数据的流通，包括在行政体制内的数据流通、企业之间的数据流通、政府和企业之间的数据流通。数据流通如果受阻，那么不仅数据治理效率受到影响，数据价值发挥也将遭受损失。

（3）数据治理体系的底线原则是安全。数据安全主要是指在技术层面建立有效的数据备份、数据组织和数据防护。要保证数据流通的安全，则就要在技术上建立更为安全的传输体系，同时在制度上形成对数据采集、流通、使用的规范制度。数据权利安全则是在更为宏观的法律制度层面保障数字时代每一数据主体的基本权利，并对整个社会的数据体系进行政治安全的评估和纠正机制。

如图 2.2 所示为基于国家层面宏观数据治理架构的基本原则提出的数据治理体系参考架构。整体结构按监督层、管理层、实践层进行分层，形成了国家治理的较完整体系。其中，监督层由法律监督和政治监督相关行政机构组成，其职能是对数据治理统筹机构进行监督；管理层以国家数据治理统筹机构为中心，其职能是构建国家数据治理的统一体系，对所有数据进行统一管理，统筹规划国家数据治理方针；实践层由与数据治理相关的实践主体组成，其职能是落实国家数据治理战略，保证数据治理效果。

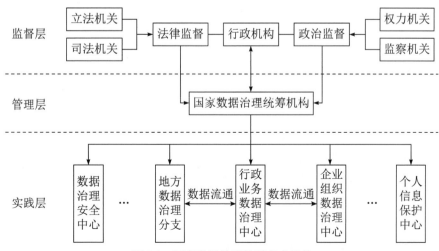

图 2.2　国家数据治理体系参考架构

2. 制度建设

要实现行之有效的数据治理，除了构建好治理架构，还需要制定完整的配套体系予以支持。世界各国围绕数据治理问题颁布了众多法律法规，这些制度不仅代表了各国对数据治理各领域的治理主张和治理态度，也是各国的数据治理举措落实的坚实支撑。

从数据治理本身来看，数据的治理必然要涵盖数据形成者、所有者、利用者、管理者等多元利益相关者，面向国家整体的数据资源集成相关数据全生命周期的管理过程与环节，更涉及不同机构与部门数据对象。面向不同数据主体与对象、活动与权责的规则确立是我国数据治理实践的重要内容，表现为顶层的数据治理制度，在数据治理各关键领域都需要进行顶层的制度建设。

和欧美在数据治理领域的制度探索一样，我国也正面临同样的制度智慧考验。任何特定的法律制度，都是建立在特定社会的历史背景下，受到特定的文化、经济、社会背景的深刻影响，因此，对于欧美提供的数据治理制度样板，必然不能盲目追随。任何良好的政策设计都必须充分考虑各种因素，数据治理政策也不例外。随着云计算、物联网、AI（Artificial Intelligence，人工智能）的快速发展，数据资产在经济、社会活动中的核心和辐射作用愈发凸显。数据治理正在以更宏大的议事命题形式浮现，形成了围绕数据资产的隐私保护、创新竞争、安全主权等更复杂化、更多维的公共政策讨论场。

围绕不同数据主体和对象，我国在数据治理重大问题上已经构建了一系列指导性法律法规，不断填补数据治理方面的立法空白。以数据安全的顶层制度建设为例，近年来，我国数据安全相关法律法规密集发布，《网络安全法》《数据安全法》《个人信息保护法》等法律先后出台，尤其是《数据安全法》的出台，解决了我国数据安全领域长期没有一个独立且融贯的法律体系的问题，其他相关条例如《关键信息基础设施安全保护条例》等也陆续发布，为推动数据的依法合理有效利用、保障数据依法有序自由流动提供了坚实基础。

虽然我国在数据安全、数据隐私保护、数据开放共享等领域均进行了制度建设，但仍然存在着顶层部署不足、治理缺少系统的规则体系问题。下面从数据顶层设计的3个层面来阐述我国顶层制度建设上现存的问题和优化的思路。

（1）数据治理战略制定方面。数据治理战略制定是指通过数据的生产者、使用者、数据以及支撑系统之间的相互关联关系，建立数据治理全景视图，统领、协调各个层面的数据管理工作，提高数据管理的规范和效率。我国在数据治理的战略制定与其他国家相比，数据治理战略的深化速度较慢，在一些社会发展重要领域的针对性战略出台较晚，例如，数字金融领域的治理。此外，数字经济发展水平的不同加剧了国际数据治理策略的冲突，例如，我国被认为数字经济发展有差距而不被欧美国家予以"充分性认定"，制约了我国的跨境数据流动。因此，我国政府要在统筹考虑数据主权、数据安全、个人隐私、社会管理、经济发展的基础上，综合国内外的数据治理实践，寻找发展路线，着眼于未来的国际数字经济竞争格局，继续制定系统性的数字发展战略并予以主导推进。加快数据治理战略在各领域、各产业的渗透，充分发挥数据价值。在国际舞台上，要加强多边合作，积极寻求数据治理战略发展机会，规范跨境数据流动。

（2）数据治理体系方面。根据国际数据管理协会、国际信息系统审计和控制协会

（Information Systems Audit and Control Association，ISACA）、国际数据治理研究所等机构的研究和定义，数据治理体系涵盖数据资产目录、主数据管理、元数据管理、数据质量管理、数据标准管理、数据安全管理的数据生命周期管理等内容，也有研究认为，数据治理体系可分为两方面：一是数据质量核心领域，二是数据质量保障机制。对我国的数据治理体系构建来说，目前我国还未形成统一的数据治理体系，当前的制度建设呈现主题分散、未形成全局体系的特点，即在数据治理标准、安全、流动等主题上均有代表性的法律法规，但部分主题尚缺乏有力的制度支撑，例如，数据资产。我国一方面要基于数据治理体系前沿研究成果，结合大数据、互联网、人工智能等前沿数字技术的发展，探索新的治理领域，推动治理理念、治理模式、治理手段的创新，补全现有体系缺失；另一方面要借鉴国际实际经验，例如，研究美欧等数据治理体系较成熟国家的数据治理发展历程，剖析重大国际数据治理案例等方式，汲取精华，不断完善现有体系。

（3）数据治理制度实施方面。数据治理制度的顶层设计，最终是为数据治理制度的实施服务。因此，数据治理制度必须具有较强的规范性和可行性，综合运用多种手段为数据治理的落实护航，实现我国的数据治理战略规划。相关研究表明，只靠技术的单兵突进和刚性嵌入，而缺少理念的更新、制度的变革、组织的转型、法治的规范和伦理的关切，数据治理不仅不能充分借助技术的能量，实现对治理的有效优化，还可能带来一系列"副作用"，影响人的体验和感受，抑制人的自主性和参与度，损害人的权益和尊严。目前，我国的数据治理在实施过程中也存在一些问题：在平台数据治理过程中，以政府和大型巨头企业为主，缺乏社会公众和中小企业的充分参与，可能会出现公众真实需求被忽视以及大型企业治理技术垄断的情况；在一些数据治理项目中，由于相关治理主体缺乏全面和可持续的成本收益意识，导致投入产出失衡，数据治理的效能低；部分基层政务服务主体在数据治理实践中，过度强调技术硬件建设，忽视行政人员内部的协调、部署、考核等问题，导致数据治理的实践效果大打折扣……因此，在建设数据治理制度时，应当有的放矢，针对性地解决数据治理发展中的关键问题，并提供解决问题的范式，引导产业的健康发展。同时，也应当对制度实施过程中的协同问题进行约束和规范，促进政府、平台、企业、个人等多主体的有效协作，调动各方的参与积极性，突破数据壁垒，让数据治理充分发挥效能。

3. 运作模式

我国国家、行业、组织等不同层面拥有不同的数据治理措施。所谓"运作模式"，实际上就是数据治理管理组织架构基于其制度建设而有序实施的数据治理的过程。

数据治理战略的实施要依靠数据治理相关管理机构，我国目前在国家层面具有数据管理职责的部门，主要有国家数据局、国家信息中心、国家档案局、中央网络安全和信息化委员会办公室等十余个国家机关，形成了职能各有不同却可能存在交叉的主体架构。例如，不同部门中可能都存在研究数据安全的管理组织。需要强调的是，组织的架构不是一成不变的，要适应数字经济时代要求，需要打破地域、职能和部门的桎梏，形成网状的组织结构，逐步实现部门之间高效的合作与分工。

在国家层面的数据治理上，管理的主体是政府，具体来说，就是政府的各个机关部门。管理组织架构的运转过程中，应改革各自为政的数据资源管理模式，明确数据资源采集、存储、管理、使用等各环节的责任分工，理清权属关系，以形成系统性、整体性、协同性的数据治理体系和治理能力现代化为核心，增强数据治理电子政务处理能力。学者简·芳汀（Jane E. Fountain）在研究美国电子政务时曾指出，虚拟机构的运行复杂程度越高，制度性障碍也越大，虚拟机构需要在运行、政治和结构等方面进行重大变革。因此，政府在数据治理的过程中应关注"如何提高数据的利用能力来提升治理效益"或者"治理结构如何适应技术的发展"等关键问题，借助科技发展减少因政府部门间合作受阻带来的数据利用困难，增加多重制度保障管理架构在网络空间的可靠性，增强组织架构在信息技术快速升级迭代背景下的灵活性。例如，美国联邦政府的数据治理经过多年发展，形成了以隶属于总统行政办公室并负有联邦预算建议和评估职责的行政管理和预算办公室为核心，以重要数据（信息）部门为支点的数据治理结构。

近年来，我国在国家层面不断强化数据治理顶层设计，更加注重数据治理体系的前后衔接性，上下贯通地打出一系列组合拳，构建我国数据治理的坚实堡垒。这就要求在制度落实的过程中，根据管理部门的职能将数据治理宏观政策进行目标和方向拆解，紧密结合各领域的数据治理现状，与社会发展深度融合。一方面，在符合战略政策的基础上细化制度建设，制定针对性强、实操性佳的治理规则，从上而下地形成全方位的制度网络；另一方面，在运作过程中要注意不同领域数据治理模式、机制、体系和生态的差异，在不同问题上，切忌"一刀切""生搬硬套"等做法，注意实施手段的变通性，灵活运用数据治理模式。

2.3.2　行业层面的数据治理体系

1. 数据治理组织及架构

数据治理行业层面的管理架构随着互联网和数字经济的发展而变化。在互联网和数字经济发展前期，我国数据治理工作主要是按照数据所涉及的领域来划分的，由各行业主管部门负责本领域数据安全保护和监管工作，呈现出明显的分散化和部门区隔特征。随着我国数据治理法律体系和制度要求逐渐明确，数据治理监管体制也不断建立健全，逐步形成了我国政府主管部门负责统筹协调，行业主管部门各司其职的监管机制。例如，2016年11月，全国人大常务委员会发布的《网络安全法》规定，国家网信办部门负责统筹协调数据安全在内的网络安全工作和相关监督管理工作，授权国务院电信主管部门、公安部门和其他有关机关在各自职责范围内承担安全保护和监督管理职责。2021年6月，全国人大常务委员会通过的《数据安全法》则进一步明确规定了中央国家安全领导机构的领导地位，规定工业、电信、交通、金融、自然资源、卫生健康、教育、科技等主管部门承担本行业、本领域数据安全监管职责。因此，各行业的主管部门必须建立起可靠的数据治理管理架构，以应对数据治理的实际挑战。也就是说，行业主管部门不仅要在政府数据治理相关政策的统筹下落实监管责任，还需要结合数据治理相关治理经验，构建更高效的管理架构。

各行业主管部门可以基于全行业的数据收集、传输、存储、处理、共享、销毁全生命周期的现状进行分析，从数据生产方、数据所有方、数据管理方、数据认证方、数据使用方和数据维护方等职能分工的角度出发，设置数据治理管理委员会、数据治理管理中心以及其他数据治理子方向管理者。行业的数据可以根据数据来源或数据用途进行分类，如分为主数据、业务数据、元数据等，不同类别的数据存在差异，应当思考是否需要采取不同的数据治理策略。同时，由于行业中的头部企业与其他中小企业相比，可能具有更大的数据规模、更严密的管理流程、更坚实的技术支撑等优势条件，拥有更强的数据治理能力。因此，可以考虑为行业内的头部企业赋予部分监管责任，提供行业内数据治理流程方法范本，进行平台管理工具的技术共享，多举措并行引领行业的数据治理的良好发展。

总体来说，行业主管部门可以根据各行业的特性，如行业规模、数据规模、数据治理难度等方面，综合选取合适的组织模式以及其他创新治理模式来进行管理架构的设计，为数据治理工作的有序、高效开展提供机构和人员保障。建立行业主管部门与大数据主管部门协调配合机制，推进行业数据联合治理、管理常态化。图2.3给出了一种行业数据治理架构的设计参考，包括组织机构、数据标准、主数据、业务数据、流程方法、平台管理工具6部分。

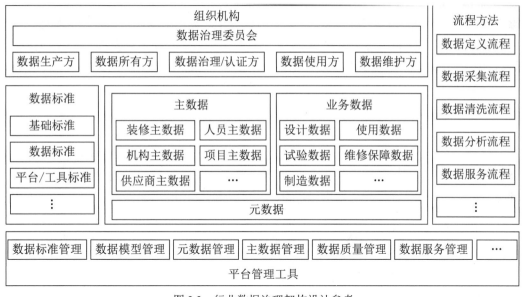

图2.3 行业数据治理架构设计参考

2. 制度建设

积极推动各行业数据治理制度建设，为相关数据主体提供指引文件，对促进各行业数据治理能力的提升具有重要意义。近年来，我国政府从战略规划、体系建设、标准制定、制度落地等多方面全面推动行业数据治理的规范发展。一方面，国家通过立法构建数据安全保障、明确数据相关法律责任、完善监管体系。另一方面，各地方政府、行业主管部门、各行业组织、数据治理机构积极规划和制定数据规范和数据发展政策，推动数据治理基础制度建设，指引数据治理主体在科学合理的框架下进行数据治理。作为行业主管部门，需要坚决贯彻政府数据治理顶层政策设计的战略规划，积极制定和出台数据治理相关要求、标准、框架和体系，完善行业内的数据治理细则。

根据数据治理的层次和授权决策次序，行业数据治理制度体系框架可以参考性地分为章程、专项办法和工作细则三级阶梯。该框架可以标准化地规定数据管理的具体领域、各个数据管理领域内的目标、遵循的行动原则、需完成的明确任务、实施的工作方式、采取的一般步骤等,能够起到非常好的行业指引和行业规范作用。

下面以银行业为例说明该制度建设框架的逻辑。《数据治理章程》是银行最高层次的数据治理政策,是为指导全行数据治理、管理活动和防范数据风险的基础性政策,是建立和完善数据体系所必须遵循的基本原则和纲领,是确保数据治理工作得以有效开展、支撑各数据管理专项领域进行质量管理和最终应用的基本准则。数据治理专项办法和细则,都应在符合《数据治理章程》原则和纲领的基础上制定。银行需要根据数据治理各专项领域的工作特点,制定各专项领域的管理办法,用来指导各项工作在全行的有序开展,例如,统计与监管报送领域的《监管报送数据管理办法》。数据治理专项办法上承《数据治理章程》,下接工作细则,包含该专项工作的总则、工作内容与范围、组织架构与职责,定义了该专项工作下的主要工作任务。工作细则层以专项管理办法为基础,进一步细化到各项工作的操作流,打通数据治理在执行操作层面的"最后一公里"。

总而言之,为完善行业层面的制度建设,需要推进工业、交通、卫生健康、教育、金融等行业主管部门制定符合本行业特点的数据分类分级管理制度,依法依规加强行业数据全生命周期监管,例如,银监会在2018年5月颁布的《银行业金融机构数据治理指引》、工业和信息化部在2020年2月颁布的《工业数据分类分级指南(试行)》等,并积极推动行业形成数据相关自律规范、自律公约,规范行业成员的行为。

3. 运作模式

行业数据治理工作的开展需要科学的行业数据治理架构建设和完备的行业准则建设,并得到了各行各业的高度重视,国家和各行业也先后发布了数据治理相关标准,以此共同促进数据治理行业发展。在行业数据治理体系建设的过程中,在满足国家战略发展的基础上,必须对整个行业中的信息化现状进行充分调研,突破行业信息化过程中产生数据孤岛、数据质量、数据安全、数据流动等问题。即从调研行业的数据特色和管理现状出发,将数据治理和该行业的运作体系进行有效结合,进而设计全局数据治理体系。

全局数据治理体系的设计是多元的,与行业特性紧密相关。在此,给出一种全局的数据治理体系的设计,该体系包含数据保障体系、数据管控平台、数据中台、数据应用平台4个模块。

数据保障体系是指基于行业数据治理现状以及数据管理相关成熟理论所设计和规划的数据保障体系,包括治理组织、规章制度、流程管理、绩效管理4方面。这4个方面构成了保障体系,是行业数据治理能够正常运转的基础。其中,治理组织能够确保数据管理工作的推动力和执行力;规章制度能够从法理层面保障数据治理工作的必要性和可行性;流程管理则制定数据治理各项活动应遵循的活动步骤,保证数据操作的规范性;而绩效管理则以考核的形式保证数据管理人员对于数据治理工作的持续推动,形成长效运作机制。

数据管控平台是指在数据保障体系的基础上,对行业中数据治理的重点内容进行管理的方式,包括数据标准的管控、数据质量的管控、数据生命周期的管控。数据标准的管控，要求形成行业内的数据规范，便于数据开放与共享。数据质量的管控，要求做好数据的事前预防、事中监控和事后处理工作。数据生命周期的管控，要求针对数据生命周期的在线阶段、归档阶段、销毁阶段三大阶段，建立合理的数据类别，针对不同类别的数据制定各个阶段的保留时间、存储介质、清理规则和方式、注意事项等。

数据中台是指对数据管控平台的功能模块进行支撑、强化、优化所形成的数据服务平台。一方面，数据保障体系和数据管控平台支撑和服务于数据中台，属于数据中台的一部分；另一方面，数据中台的数据服务质量和效率的反哺，又不断优化和完善数据保障体系的组织、制度、流程，提升数据管控平台数据标准化、规范化、高质量的能力，从而形成一个数据闭环，不断规范数据标准，实现与相关单位的高效数据共享。可以根据行业特性将数据中台划分为若干层次，将数据分级分类处理。

数据应用平台是指利用数据中台的强大数据服务能力，集成大数据、区块链、人工智能等工具，挖掘数据的潜在价值和关联关系。例如，在统计报表、客户画像、机器学习、推荐系统、智能运维、决策分析、智能客服、指标体系等应用场景，激活数据价值，提升行业的引导能力和监管能力。

行业之间也可以互相借鉴数据治理管理经验，来完善行业内全局数据治理体系，形成更适合本行业的数据治理路线，强化数据治理的深度与广度。

案例 2.2　行业数据治理制度建设案例

当前，中国民航正从单一航空运输强国向多领域民航强国转型，以"智慧民航"为主线，加快行业数字化转型，提升行业治理能力和治理水平，是行业发展的迫切需求。2021年12月中国民航局发布了系列规范，从管理机制、数据架构、数据质量、数据安全、数据服务等维度为行业数据治理提供依据，为解决"数据怎么管、数据怎么用"的问题提供了有效解决方案。

《智慧民航数据治理规范　框架与管理机制》（MH/T 5054—2021）旨在统一民航数据治理框架体系，指导民航数据治理制度、组织建设，为民航数据治理提供管理保障。该标准给出了行业数据治理的体系框架、建设目标、实施要点、组织保障以及制度建设的总体要求。该标准设计了民航数据治理的组织结构，并通过分层分级原则任命数据责任人，将数据责任落实到业务主体，支撑数据治理工作的实施。

《智慧民航数据治理规范　数据架构》（MH/T 5055—2021）旨在指导和规范民航数据架构建设，搭建民航业务与应用系统建设的数据桥梁，提升民航业务在应用系统的集成效率。该标准从数据资产目录、数据标准、数据模型、元数据管理、主数据管理等方面，提出了数据架构建设的基本要求、一般原则和管理流程。

《智慧民航数据治理规范　数据质量》（MH/T 5056—2021）旨在规范数据质量要求，指导行业数据质量管理工作，实现数据质量的有效评价、控制和改进。该标准构建了数据全生命周期的质量管控体系和评价策略，提出了数据质量管理流程、指标规则、监测控制、问题分析与改进、组织保障等方面的具体建议措施。

《智慧民航数据治理规范　数据安全》（MH/T 5057—2021）旨在指导行业单位建立科

学的数据安全分级与防护机制，强化行业数据安全保护能力。该标准提出了由数据安全原则、数据安全分级管理、数据全生命周期安全防护和数据安全组织保障构成的民航数据安全治理体系框架。行业各单位应基于数据安全分级，确定在数据全生命周期各个环节应采取的安全防护措施。

《智慧民航数据治理规范　数据服务》（MH/T 5058—2021）旨在构建民航行业高效、可复用的数据服务体系，指导行业单位数据服务建设，提升行业数据应用能力。该标准坚持基于功能复用、自主高效的原则搭建民航数据服务基本框架，在数据服务内涵与原则、数据服务建设流程、数据集服务与数据 API 服务、数据分析能力等方面提出相关规范。

> **案例思考题：**
>
> 1. 中国民航制定的《智慧民航数据治理规范　数据服务》（MH/T 5058—2021）中有哪些具体措施可以提升行业数据治理能力和水平？
> 2. 《智慧民航数据治理规范　数据服务》（MH/T 5058—2021）中所制定的措施能否直接应用在其他行业领域？如果不能，尝试以短视频平台为例，分析应做出哪些制度调整。

2.3.3　组织层面的数据治理体系

1. 数据治理组织及架构

组织就是在一定的环境中，为实现某种共同的目标，按照一定的结构形式、活动规律结合起来的，具有特定功能的开放系统。组织是两个以上的人在一起为实现某个共同目标而协同行动的集合体。组织层面的数据治理，是指企业、机构、团体等组织在系统内部开展的数据治理。数据治理是组织中涉及数据使用的一整套管理行为，是确保有效地利用数据以支持组织实现其目标的一组策略、过程、标准、度量和角色。简言之，数据治理是一个框架，可以帮助组织更好地管理数据资产。数据治理明确了授权谁在什么情况下使用哪种技术对什么数据采取什么行动。精心设计数据治理策略对于所有组织至关重要，尤其是以数据为核心竞争力的大中型组织。

完善的数据治理组织是全面开展数据治理工作的保障。在组织层面，可以建立数据治理委员会，然后根据业务情况、部门情况，设置数据治理工作组和数据治理专员，共同落实数据治理决策。通过完善数据治理组织和工作机制，明确各级数据治理专员的职责，实现常态化、专业化的日常数据管理。

组织层面的数据治理班子应包括管理人员、业务人员和技术人员。管理人员负责组织内数据治理的制度建设和工作统筹。业务人员一般来说对本业务内的数据全生命周期较为熟悉，能够结合业务诉求更好地发挥数据价值，因此也要纳入组织层面的数据治理班组成员。技术人员直接对数据的安全存储、安全传输负责，也必须掌握相应的数据管理能力。因此可以结合组织内部的结构和规模，设置不同的数据治理角色，如数据治理委员会、数据治理业务组、数据治理技术组等。大型组织的数据管理成员角色需要更加精细，这是由组织的特性决定的。总之，在不同组织中，需要设置不同的数据治理职能角色，通过不同角色的相互协调配合，实现全方位的数据治理。

组织层面的数据治理架构可参考行业数据治理架构进行设计。

2. 制度建设

在制度层面，各组织在制定内部的数据治理制度时，一定要在自上而下的数据治理国家政策和行业准则的要求下进行，遵循政府和行业的引领，不能脱离宏观制度约束或者恶意破坏现行规则。除了依据中央政府、地方政府、行业主管部门等管理机构发布的法律法规和规则制度中规定或要求的路线开展数据治理实践，各组织还可以重点参考以下管理框架进行组织层面的数据治理制度建设。

一是国家标准《数据管理能力成熟度评估模型》（GB/T 36073—2018），该模型包含数据战略、数据治理、数据架构、数据应用、数据安全、数据质量、数据标准、数据生命周期8个能力域，以及数据战略规划、数据战略实施、数据战略评估等28个能力项。该标准相对全面地定义了数据管理活动框架，各企业可参考该标准构建其数据管理能力评估体系，提升数据管理能力。二是国家标准《信息技术服务 治理 第5部分：数据治理规范》（GB/T 34960.5—2018），该标准提出，数据治理的任务是组织应通过评估、指导和监督的方法，按照统筹和规划、构建和运行、监控和评价以及改进和优化的过程，去实施数据治理的任务。其数据治理框架实际上包含顶层设计、数据治理环境、数据治理域和数据治理过程。三是国际数据管理协会数据管理知识体系，这是由国际数据管理协会开发的一套数据管理框架。国际数据管理协会通过对业界数据管理最佳实践进行分析总结，建立了由数据治理、数据架构、数据建模和设计、数据存储和操作、数据安全、数据集成和互操作、文档和内容管理、参考数据和主数据管理、数据仓库与商务智能、元数据管理、数据质量管理11个数据管理职能领域。

除了要依照一定的框架建立制度约束，组织层面的数据治理实际上是微观层面的数据管理实践，是对数据治理实操细节的约束，因此必须建立规范性强、操作性强的数据管控规范。数据管控规范主要包含两方面内容。一是规范数据采集和管理行为，着眼于组织中数据的全生命周期设计管理机制，对数据的采集、存储、整合、呈现与使用、分析与应用、归档和销毁这几个阶段制定管理规则，例如，组织内的数据该如何采集，是否要进行标准化处理，采用何种方式进行存储等。二是强化数据技术及安全管控，以严格的规章制度对数据进行安全保护。在必要时，应成立专门的数据管理组织，对上述数据管控规范的制定和执行负责。由于数据的流转是建立在数字化技术上的，因此组织也应制定技术方面的管控规则，对于各类数据相关应用的开发和迭代的技术框架进行详细规定并严格执行。只有严格执行技术管控，才能保障组织的数据治理体系完整、有序、易于互联互通。同时，组织还应当根据数据的重要性，制定详细的数据安全规范，包括重要数据的传输规则、网络安全事件应急机制等，对于各类数据库和数据应用的访问、操作权限，制定细节完备的统一管理、多级维护、分级审核制度。

3. 运作模式

数据治理的运行体现为数据治理的过程，涉及组织进行数据治理的行动方法与准则。运作模式的科学性和合理性直接影响着组织的数据治理效率。要开展数据治理工作，首先要对组织的现有数据管理情况进行自我检查，系统掌握组织内部的数据治理环境现状，包括现有的管理组织、制度和流程、数据分类、编码方式、质量标准、安全标准、交换标准等情况。在此基础上，检查数据的数据质量管理现状，包括数据一致性、完整性、合规性、及时性、有效性和冗余程度等情况。

完成组织内的数据治理现状摸底后，可以从以下3个方向开展数据治理活动。

（1）从组织的业务出发，做好数据治理。根据组织的业务规模，视情况聘请专业机构，对组织的业务进行梳理，找到业务痛点，做出数据治理的规划，构建数据治理体系，重塑数据治理标准。根据组织的业务规模和业务方向，实施数据源头管控，督促相关业务方管理人员进行本业务数据治理制度的制定、执行、日常检查和持续改进，管理好各业务领域的数据源，落实数据质量的控制机制，执行数据治理相关工作要求，及时收集各业务的数据问题和数据需求，动态调整制度、流程、数据控制措施，提出数据治理体系和数据管理工作提升建议。

（2）从数据管理的过程出发，完善数据治理体系。需要相关负责人积极配合，建设数据治理体系，协调落实数据管理运行机制，制定和实施系统化的制度、流程和方法，发挥其对一线部门的设计、管理、控制、指导和监督作用，实现数据统一管理和有效运营，推动数据在企业经营管理流程中发挥作用。

（3）从数据治理的监管出发，确保管理到位。以促进组织的运作目标和数据战略作为引领，制定数据治理细则后，强化以数据问题为导向的内部审计和检查。可以对重点业务和管理领域开展检查，揭示重大违法违规数据问题和重大数据风险，避免影响组织的数据安全。同时，对各管理岗位和数据治理的执行人员进行定期评估和审查，确保其正确地执行数据治理规定。

总体来说，就是组织需要立足于现状，合理安排和统筹考虑数据治理的运行过程，建立健全自上而下的执行机制、自下而上的规范机制，以及多元协同的互动机制。建立自上而下的执行机制，需要组织内成立专门负责大数据治理的机构，明确各机构及工作人员的定位，根据数据治理的总体目标要求，将工作任务逐级分配到人，并提供必要的硬件、软件与经费。建立自下而上的规范机制，需要组织内确定数据采集的目录、口径、时间、方法及所需软硬件等，保证数据的规范流转。建立多元协同的互动机制，需要组织建立由数据采集制度、数据存储制度、数据分析制度、数据考核评价制度等组成的数据治理制度。

案例2.3　华为数据治理案例：华为数据湖治理中心平台

数据湖治理中心（Data Lake Governance Center，DGC）是针对企业数字化运营诉求提供的数据全生命周期管理、具有智能数据管理能力的一站式治理运营平台，包含数据集成、数据开发、规范设计、数据质量监控、数据资产管理、数据服务、数据安全等功能，支持行业知识库智能化建设，支持大数据存储、大数据计算分析引擎等数据底座，帮助企业快速构建从数据接入到数据分析的端到端智能数据系统，消除数据孤岛，统一数据标准，加快数据变现，实现数字化转型。产品架构如图2.4所示。

第2章 数据治理理念与体系构建

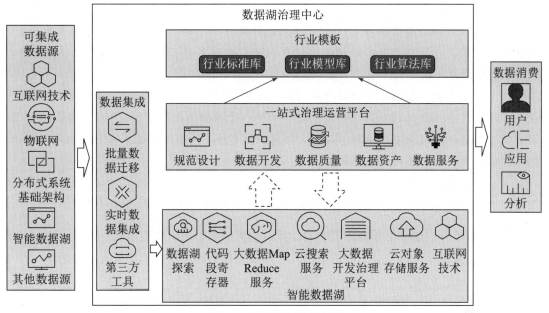

图 2.4 华为数据治理中心

如图 2.4 所示，数据湖治理中心基于数据湖底座，提供数据集成、开发、治理、开放等能力。数据湖治理中心支持对接所有华为云的数据湖与数据库云服务作为数据湖底座，例如，数据湖探索（Data Lake Insight，DLI）、MRS Hive、数据仓库服务 DWS 等，也支持对接企业传统数据仓库，例如 Oracle、Greenplum 等。

数据湖治理中心包含如下的功能组件。

（1）数据集成之批量数据迁移。批量数据迁移提供超过 20 种简单易用的迁移能力和多种数据源到数据湖的集成能力，全向导式配置和管理，支持单表、整库、增量、周期性数据集成。

（2）数据集成之实时数据集成。实时数据接入为处理或分析流数据的自定义应用程序构建数据流管道，主要解决云服务外的数据实时传输到云服务内的问题。具体来说，每小时可从数十万种数据源（例如日志和定位日志事件、网站点击流、社交媒体源等）中连续捕获、传送和存储以太字节为单位的数据。

（3）管理中心。为数据湖治理中心提供数据连接管理的能力，将数据湖治理中心与数据湖底座进行对接，用于数据开发与数据治理等活动。

（4）规范设计。作为数据治理的一个核心模块，承担数据治理过程中的数据加工及业务化的功能，提供智能数据规划、自定义主题数据模型、统一数据标准、可视化数据建模、标注数据标签等功能，有利于改善数据质量，有效支撑经营决策。

（5）数据开发。大数据开发环境，降低用户使用大数据的门槛，帮助用户快速构建大数据处理中心。支持数据建模、数据集成、脚本开发、工作流编排等操作，轻松完成整个数据的处理分析流程。

（6）数据质量。数据全生命周期管控，数据处理全流程质量监控，异常事件实时通知。

（7）数据资产。提供企业级的元数据管理，厘清信息资产。通过数据地图，实现数据资产的数据血缘和数据全景可视，提供数据智能搜索和运营监控。

（8）数据服务。数据服务定位于标准化的数据服务平台，提供一站式数据服务开发、测试部署能力，实现数据服务敏捷响应，降低数据获取难度，提升数据消费体验和效率，最终实现数据资产的变现。

（9）数据安全。数据安全为数据湖治理中心提供数据生命周期内统一的数据使用保护能力。通过敏感数据识别、分级分类、隐私保护、资源权限控制、数据加密传输、加密存储、数据风险识别以及合规审计等措施，帮助用户建立安全预警机制，增强整体安全防护能力，让数据可用不可得和安全合规。

案例思考题：

1. 相较于行业层面的数据治理体系，组织层面的数据治理体系有何不同？
2. 华为数据湖治理中心平台的建设对于开展数据治理工作具有哪些有利之处？

2.4 思考题

1. 请分析各国数据治理理念的异同。
2. 如何理解现在的国际数据治理态势及其挑战？
3. 说明各国数据治理措施的差异。各国采用不同措施的根本原因是什么？
4. 总结概括不同层次数据治理体系的特点和差异。
5. 运用所学知识，理论与实践相结合，寻找数据治理实践案例，并总结其数据治理体系。

第3章 数据开放共享

随着大数据技术的不断发展以及对大数据价值的深入挖掘，大数据作为一种资源得到人们越来越多的关注，数据呈现出战略化、资产化、社会化等特征。大数据的真正价值体现在如何合法地充分应用，数据开放共享成为大数据的关键因素。近年来，中央和地方在推动数据开放共享方面开展了很多工作。例如，中央出台了很多政策文件，加强顶层设计和统筹管理；地方数据治理机构如雨后春笋般纷纷成立，为数据开放共享机制的形成提供了重要的引导作用。

【教学目标】

让学生充分了解本章的课程设计、教学目的与核心内容，讲授数据开放共享的基本概念、目标及政策等，通过课堂互动交流进行问题讨论与案例分析，注重数据开放共享与数据治理之间的关系辨析，引导学生关注数据开放共享进程与政策。

【课程导入】

（1）大数据，或称巨量数据、海量数据，是由数量巨大、结构复杂、类型众多的数据构成的数据集合，是基于云计算的数据处理与应用模式通过数据的集成共享、交叉复用形成的智力资源和知识服务能力。那么大数据从何而来呢？

（2）大数据逐渐进入我们的生活，当互联网把现今社会引领到大数据时代时，数据的价值就显现出来了，并且随着伴随大数据技术而产生的高新技术越来越多（人工智能技术等），数据可以创造的价值将会越来越大。那么大数据具体有哪些重要价值呢？

（3）数据正重塑我们的生产、消费和生活方式。政府通过数据支撑可以更好地进行政策制定，改进公共服务；企业利用数据可以洞察客户需求优化产品和服务提供；而人们基于数据可以重塑更健康的生活方式并得到更加个性化的医疗保健服务。数据的价值已经通过政府和企业发挥了重要价值，那么为什么需要数据开放共享呢？

【教学重点及难点】

重点：本章的学习重点是在掌握数据治理的相关概念的基础上，对数据开放共享进行学习，掌握数据开放共享的相关概念及其发展，进而理解数据开放共享的治理策略等，熟悉数据开放共享给数据治理带来的挑战以及数据开放共享的治理策略和框架体系。

难点：本章的学习难点是如何理解并区分数据开放共享的几个相似概念，理解数据开放共享给数据治理所带来挑战，理解在各类数据开放共享中的推进方法策略等。

3.1 数据开放共享的概念及其发展

今天我们在网络上看到的各种政府政务公开、企业报表披露等信息都离不开数据开放共享这一重要举措，数据开放共享离每个人的生活都很近，正因如此也更容易被忽略。因此本节主要从理论的高度抽象凝练数据开放共享的概念及其形成的历程，在此基础上逐步理顺其政策框架，为了解数据开放共享奠定理论基础。

3.1.1 数据开放共享的概念

1. 数据开放

作为新兴概念，数据开放的定义在全球仍未统一。

国家标准《数据管理能力成熟度评估模型》（GB/T 36073—2018）将数据开放定义为：数据开放是指按照统一的管理策略对组织内部的数据进行有选择地对外开放，同时按照相关的管理策略引入外部数据供组织内部应用。

学者高伟在《数据资产管理》中认为：数据开放是以数据共享为基础，致力于提供各种数据资源和服务，协助数据开发者来开发特色数据应用，帮助数据开发和分析人员更容易地使用共享数据的一种服务模式。

数据开放的概念有广义和狭义之分。从广义上理解，数据开放是指互联网中各种类型数据的开放，即按照用户特定的需求和相应的互联网协议与规则，对Web（World Wide Web，全球广域网）空间中的数据进行获取、存储、处理与组织，以实现数据资源最大可能的获取和重用；从狭义上理解，数据开放特指政府数据开放，即政府部门依据知识共享许可等协议，将其业务开展中收集、产生、积累的数据对外发布，并允许他人基于商业和非商业目的使用、分发和修改这些数据。

2. 数据共享

与数据开放相似，数据共享目前也没有统一的概念。

以美国华裔生命伦理学家伯纳德·罗（Bernard Lo）教授为首的美国医学研究院（现改名为美国国家医学科学院）临床试验数据负责任共享策略委员会（Committee on Strategies for Responsible Sharing of Clinical Trial Data，CSRSCTD）将数据共享定义为：使科学研究中的数据可二次使用的实践。数据使用有初次使用和二次使用之分。前者指对试验初期设计需解决的研究问题进行分析，这些问题在招募第一个受试者之前所注册的分析计划内就已被清楚描述。后者包括：①检查在初次使用中解决问题的可重复性/有效性；②以综合已有发现为目的对单个研究结果进行综合统计学分析的元分析，也称为"典型或定量元分析"；③重新分析旨在解决试验没有明确设计的要解决的问题。

数据共享可以主动共享（如通过发布到网站或提供到存储库）或根据对方要求共享。《数据资产管理实践白皮书4.0》认为：数据共享管理主要是指开展数据共享和交换，实现数据内外部价值的一系列活动。数据共享管理包括数据内部共享（企业内部跨组织、部门的数据交换）、外部流通（企业之间的数据交换）和对外开放。

由于数据开放是指数据对所有人开放使用，对象是所有社会组织和公众，数据共享是指数据在组织或个人之间的开放使用，两者都是为了让数据发挥最大的价值，因此以下将数据开放和数据共享整合为数据开放共享。

3. 相似概念区分

近年来，随着互联网的发展，关于数据开放共享等的学术讨论和交流也越来越多，同时也有很多相似的名词出现，如数据交换和数据流通等。

1）数据交换

数据交换是指通过使用特殊的设备（如磁盘）、网络等媒介在不同的硬件平台、操作系统、应用软件之间数据移动的过程。数据交换是实现数据共享的一种技术，因此通过数据交换，实现各系统间的数据共享、互联互通、业务协同是解决目前"信息孤岛"问题的关键途径。简单来说，数据交换是指在多个数据终端设备之间，为任意两个终端设备建立数据通信临时互连通路的过程。

2）数据流通

《数据流通关键技术白皮书（1.0版）》认为，数据流通是某些信息系统中存储的数据作为流通对象，按照一定规则从供应方传递到需求方的过程。同时，在《数据流通行业自律公约》中也明确了数据流通的含义，即是指通过采集、共享、交易、转移等方式实现数据及其衍生物在不同的主体间切换。

数据流通的主要模式分为点对点流通模式、星状结构流通模式及网状结构流通模式。

3.1.2　数据开放共享的发展历程

1991年，免费操作系统Linux（GNU/Linux，类UNIX操作系统）横空出世，互联网的普及为软件自由运动的兴起发挥了重要作用。随着越来越多的公司和个人采取开放源代码的做法，开源（open source）一词被正名并获得全世界软件行业的认同，开放源代码促进会于1998年创建并开始宣传开源原则。软件由代码和数据共同组成，当开放源代码成为一种共识和现实的时候，开放数据也成为一种必然的选择。源代码开放只涉及技术层面，但数据开放涉及面更广，不仅关乎技术，还与数据内容相关，直指安全与隐私，因此数据开放面临更大的挑战和阻力。

数据开放的诉求，首先指向了公共领域的公共数据，即政府采集、拥有的数据。数据开放的说法虽然直到1995年才出现，但将政府数据开放给公众使用的概念早在1968年加利福尼亚州的公共记录法案（Public Record Act，PRA）中便已成型。法案要求该州内各个市政当局向公众披露各类政府记录。因此，政府开放数据第一阶段的主要概念是政府信息公开（open government information）。随着1996年美国颁发的《信息自由法》（Freedom of Information Act，FOIA）修正案中提出这一概念，政府信息公开迅速成为美国学术界和商业界关注的话题。之后，世界上许多国家相继颁布了类似的法律法规，如英国2000年颁布了《信息自由法》，日本2001年颁布了《行政机关拥有信息公开法》，我国于2007年颁布了《政府信息公开条例》，并于2019年修订，均强调公民获取政府信息的权利和政府依法公开行政信息的义务。

与此同时，学术界对于数据公开的需求日渐强烈，特别是国家财政支持的科研项目成果和数据如何惠及公众也成为焦点话题。因此，科学领域的数据开放也逐渐成为开放数据的一个重要部分。例如，美国于2003年开通的美国科学网站（https://www.science.gov）

是美国政府建设的面向科学家和社会公众开放的科学数据网站，其中收录的内容以科研项目过程中产生的研究与开发报告为主。该网站的数据来自美国 10 个主要政府部门的 14 个科技信息机构，目的是为科研人员和社会公众提供科学信息服务。而后，欧盟、澳大利亚、日本、韩国等国家和地区也相继开通了各自的科学信息网站。

我国于 2004 年发布了《2004—2010 年国家科技基础条件平台建设纲要》，启动了"国家科技基础条件平台建设专项"，完成若干重点领域和区域科技基础条件资源的整合，以资源共享为核心，打破资源分散、封闭和垄断的状况，积极探索新的管理体制和运行机制，开展科技资源的开放共享和利用。我国的科学数据网站——中国科技资源共享网（https://www.escience.org.cn/）于 2009 年正式开通。

数据开放与共享的第一阶段强调的是信息共享，即共享经过加工整理和处理后的数据。而数据开放与共享的第二阶段则是开放政府数据（open government data），其强调的是原始的、未经过人为加工处理的数据本身的开放。2009 年，时任美国总统奥巴马签署了《透明与开放政府备忘录》（Memorandum on Transparency and Open Government，MTOG），要求建立更加开放、透明，重视参与、合作的政府，体现了美国政府对开放数据的重视。同年，美国数据门户网站（https://www.data.gov/）上线。同年，美国发布了《开放政府指令》（Open Government Directive，OGD），明确指出开放政府的原则是透明、参与和协作。全球开放数据运动由此展开，自 2009 年美国数据门户网站上线以来，开放数据运动在全球范围内迅速兴起。例如，英国政府于 2010 年正式开通了政府开放数据的"一站式"集成和共享网站（https://data.gov.uk），将公众关心的政府开支、财务报告等数据整理汇总并发布在互联网上，供社会公众和企业自由使用。2011 年，美国、英国、巴西、印度尼西亚、墨西哥、挪威、菲律宾、南非 8 个国家联合签署《开放数据声明》（Open Data Statement，ODS），成立开放政府合作伙伴（Open Government Partnership，OGP）。2013 年，八国集团首脑在北爱尔兰峰会上签署《开放数据宪章》（Open Data Charter，ODC），法国、美国、英国、德国、日本、意大利、加拿大和俄罗斯承诺，在 2013 年年底前，制定开放数据行动方案，最迟在 2015 年年底按照宪章和技术附件要求进一步向公众开放可机读的政府数据。目前全球参与开放数据运动的国家，既包括美国、英国、法国、德国等发达国家，也包括印度、巴西、阿根廷、加纳、肯尼亚等发展中国家。与此同时，国际组织如联合国（United Nations，UN）、欧盟（European Union，EU）、经济合作与发展组织（Organization for Economic Co-operation and Development，OECD）、世界银行（World Bank，WB）也加入到开放数据运动中，建设并发布了各自的数据开放门户网站。

当前，数据开放与共享的数量越来越大，范围越来越广，除了政府开放数据，还有很多应用加入到数据开放与共享的行动中。特别是随着大数据的兴起，很多企业也参与了数据开放与共享。2012 年，奥巴马政府公布了《大数据研究和发展倡议》，以增强联邦政府收集海量数据、分析萃取信息的能力，迎接新的挑战。同年，日本推出《面向 2020 年的 ICT 综合战略》，重点关注大数据应用，聚焦大数据应用所需的社会化媒体等智能技术开发，以及在新医疗技术开发、缓解交通拥堵等公共领域的应用。2013 年，日本又发布了最新的 ICT 成长战略《创建最尖端 IT 国家宣言》，全面阐述了 2013—2020 年期间以发展开放公共数据和大数据为核心的日本新 IT 国家战略，将大数据和能源、交通、医疗、农业等传统行业紧密结合,把日本建设成为一个具有"世界最高水准的广泛运用信息产业技术的社会"。2014年,欧盟发布了《数据驱动经济战略》(Data-Driven Economic Strategy, DDES),提出研究数据价值链战略计划和资助大数据及开放数据领域的研究和创新活动。2015年,我国国务院发布《促进大数据发展行动纲要》,纲要指出我国将在2018年以前建成国家政府数据统一开放门户,推进政府和公共服务部门数据资源统一汇集和集中向社会开放,实现面向社会的政府数据资源"一站式"开放服务,方便社会各方面利用。

3.1.3　数据开放共享的原则

数据开放与共享原则是开放数据的基本纲领,包括对于政府等数据提供者的要求、所涉范围及目的等各方面。本节主要介绍"开放政府工作组"和《开放数据宪章》中提出的数据开放原则。

"开放政府工作组"提出数据在满足以下八项条件时可称为"开放"。具体包括:

(1) 完整。除非涉及国家安全、商业机密、个人隐私或其他特别限制,所有的政府数据都应开放,开放是原则,不开放是例外。

(2) 原始性。原始性指数据是从数据源头采集的原始数据,而不是被修改或加工过的数据。

(3) 及时。在第一时间开放和更新数据。

(4) 可获取。数据可被获取,并尽可能地扩大用户范围和利用种类。

(5) 可机读。数据可被计算机自动抓取和处理。

(6) 非歧视性。数据对所有人都平等开放,不需要特别登记。

(7) 非专属性。数据格式不能独家控制,任何实体都不得排除他人使用数据的权利。

(8) 免于授权。数据不受版权、专利、商标或贸易保密规则的约束或已得到授权使用(除非涉及国家安全、商业机密、个人隐私或特别限制)。

《开放数据宪章》也提出了政府开放数据的五大原则,分别为默认开放、注重质量和数量、让所有人可用、为改善治理发布数据、为激励创新发布数据。具体指:

(1) 默认开放。基于"以公开为常态,不公开为例外"的政府信息公开原则,数据开放与共享也应遵循"以开放为常态,不开放为例外"的开放原则,法律需对这些不开放的数据加以明确规定。

(2) 注重质量和数量。政府机构需要发布各种各样的已经审核和过滤的数据集。数据开放的核心是原始数据的开放,此外还应包括特定背景下的信息开放乃至包括事实、数据、信息、知识和智慧的整个数据链的开放,特别是关键领域的高价值数据集,应面向社会和公民全面开放。

(3) 让所有人可用。在数据开放与共享过程中,不能仅仅关注经济性、效率性和效益性,更需要关注个体公平,避免大数据时代的数字鸿沟造成新的"数据贫富差距"问题。社会中的任何一个人都拥有平等获取大数据的权利,真正实现开放的平等对待,必须要取消获取数据的门槛,即取消数据特权。

(4) 为改善治理发布数据。政府机构需要国家之间分享开放数据的最佳实践,发布某些"关键数据集",并从民间社会征求建议。

（5）为激励创新发布数据。应认识到多样性对刺激创造力和创新的重要性，政府机构应该发布"高价值"数据集，并吸引开发社区和开放数据创业基金。

3.1.4 国内外数据开放共享的相关政策

1. 国内相关政策

我国政府对互联网、高科技和大数据产业给予高度重视，并且明确开放大数据的重要作用。2015年，中华人民共和国全国人民代表大会和中国人民政治协商会议期间李克强总理特别提出，政府应该尽量公开非涉密的数据，以便利用这些数据更好地服务社会，也为政府决策和监管服务提供依据。

2015年5月，国务院发布的《中国制造2025》是我国实施制造强国战略第一个十年行动纲领，该纲领提出"建设重点领域制造业工程数据中心，为企业提供创新知识和工程数据的开放共享服务"。同年9月，国务院发布了《促进大数据发展行动纲要》，纲要首次在国家层面推出了"公共数据资源开放"的概念，将政府数据开放列为中国大数据发展的十大关键工程。纲要提出"稳步推动公共数据资源开放，加快建设国家政府数据统一开放平台"。同时，该纲要设定了两个关键目标：2018年年底前，建成国家政府数据统一开放平台；2020年年底前，逐步实现信用、交通、医疗、卫生、就业、社保、地理、文化、教育、科技、资源、农业、环境、安监、金融、质量、统计、气象、海洋、企业登记监管等民生保障服务相关领域的政府数据集向社会开放。自此开放数据在中国进入快速发展的新阶段。

2017年，中央全面深化改革领导小组第三十二次会议审议通过了《关于推进公共信息资源开放的若干意见》，要求充分释放公共信息资源的经济价值和社会效益，保证数据的完整性、准确性、原始性、机器可读性、非歧视性、及时性，方便公众在线检索、获取和利用。同年5月，国务院印发《政务信息系统整合共享实施方案》，明确要求"推动开放，加快公共数据开放网站建设"，向社会开放"政府部门和公共企事业单位的原始性、可机器读取、可供社会化再利用的数据集"。

2018年，国务院发布了《科学数据管理办法》，该办法指出我国的科学数据主要是在"自然科学、工程技术科学等领域，通过基础研究、应用研究、试验开发等产生的数据，以及通过观测监测、考察调查、检验检测等方式取得并用于科学研究活动的原始数据及其衍生数据"；指出"政府预算资金资助的各级科技计划（专项、基金等）项目所形成的科学数据，应由项目牵头单位汇交到相关科学数据中心。接收数据的科学数据中心应出具汇交凭证。各级科技计划（专项、基金等）管理部门应建立先汇交科学数据再验收科技计划（专项、基金等）项目的机制；项目/课题验收后产生的科学数据也应进行汇交"；并对数据的开放共享提出"政府预算资金资助形成的科学数据应当按照开放为常态、不开放为例外的原则，由主管部门组织编制科学数据资源目录，有关目录和数据应及时接入国家数据共享交换平台，面向社会和相关部门开放共享，畅通科学数据军民共享渠道。国家法律法规有特殊规定的除外"。

2017—2022年，我国地方政府也出台了一系列的数据开放政策，如《贵州省政府数据共享开放条例》（2020）、《山西省政务数据管理与应用办法》（2020）、《浙江省公共数据条例》（2022）、《贵阳市政府数据共享开放条例》（2021年修订）、《沈阳市政务数据资源共享开放条例》(2020)。

当前，我国的数据开放政策仍然处于起步阶段，北京、上海、贵州等地方政府率先进行了政府数据开放的积极探索，建立了地方政府数据开放的数据平台。

2. 国外相关政策

1）欧盟

2006年，欧盟修订委员会发布的《公共部门信息再利用指令》(The Directive on the Reuse of Public Sector Information，DRPSI)提出，所有来自于公共部门的文件均可用于任何目的（商业性或非商业性），除非受到第三方版权保护；除非有正当理由，大部分公共部门的数据都将免费或收取极少费用提供；强制要求提供通用机读格式的数据，确保数据的有效再利用；引入监管机制，保证原则的执行；数据开放范围将覆盖包括图书馆、博物馆、档案馆等更广泛的组织。

2010年，欧盟通信委员会向欧洲议会提交了名为《开放数据：创新、增长和透明治理的引擎》(Open Data: An Engine for Innovation, Growth, and Transparent Governance，EIGTG)的报告，报告以开放数据为核心，制定了应对大数据挑战的战略。根据欧盟委员会2012年通过的欧盟及成员国科技资源和数据共享的决定，公共科研数据公开作为科技资源共享的核心内容之一。该决定认为公开具体的科研试验数据，可以避免浪费科技资源和不必要的重复劳动，有利于整合欧盟的公共研发投入和科技资源及科研基础设施的共享，有利于欧盟统一的研究区域建设和成员国科技资源相互之间的优化配置，促进科技成果的转化和提高欧盟的创新能力。同时，欧盟将研究成果的公开和共享作为实施"地平线2020计划"的一项基本原则，促进研究数据（实验数据、观测数据及计算衍生数据）的公开获取，建立电子基础研究设施，存储、处理、共享科研数据和信息。

2014年，欧盟发布了《数据驱动经济战略》，聚焦深入研究基于大数据价值链的创新机制，提出大力推动"数据价值链战略计划"，通过构建一个以数据为核心的连贯性欧盟生态体系，让数据价值链的不同阶段产生价值。数据价值链定义为在数据生命周期从数据产生、验证以及进一步加工后以新的创新产品和服务形式出现的利用与再利用。该计划包括开放数据、云计算、高性能计算和科学知识开放获取，主要原则是：高质量数据的广泛获得性，包括公共资讯数据的免费获得；作为数字化单一市场的一部分，欧盟内数据的自由流动；寻求个人潜在隐私问题与其数据再利用潜力之间的适当平衡，同时赋予公民以其希望的形式使用自己数据的权利。

2020年，欧盟通过《数据治理法案》，该法案试图消除因缺乏信任而造成的数据共享障碍，改善单一数据市场中数据共享的条件，构建欧盟的数据共享模式。其创新性地提出了3项增加数据共享信任度的机制——公共部门数据再利用机制、数据中介机制、数据利他主义制度，这使得公共数据、企业数据、个人数据能在得到保护的前提下实现充分共享。此外，法案还明确了数据共享过程中数据持有人、数据用户和数据中介等主体的权利义务，以法律形式澄清各方权责，为数据共享增加了法律上的清晰度。

2022年2月，欧盟委员会公布《数据法案》(Data Act，DA)草案全文。草案就数据共享明确提出，要实现企业对消费者和企业对企业的数据共享，并明确数据所有者与第三方共享数据的权利。

2）美国

2009年，美国公布了以透明性、公众参与、协同为三大核心的《开放政府指令》，以联邦政府为主，在各个政府机构内都开通了相应的网站，制定了开放政府计划（open government initiative）。该指令要求行政管理部门和机构在实现创建一个更加开放政府的过程中采取以下步骤：发布在线政府信息，提高政府信息质量，创建并制度化开放政府文化，创建支持开放政府的政策框架；抓住数字机遇，加大政府开放数据的权力，建立21世纪的数字平台，以期更好地为美国人民服务；管理作为资产的信息，确保联邦政府对信息资源的充分利用。

2013年，时任美国总统奥巴马签署了名为《将公开和机器可读成为政府信息的新常态》（Making Open and Machine Readable the New Default for Government Information，MOMRNDGI）的总统令，正式确立了政府数据开放的基本框架。该文件指出，确保以多种方式将数据公开发布，让数据易于被发现、获取和利用，政府部门应当保护个人隐私、保密和确保国家安全。在此基础上，原先不易获得的数据应当能够为企业家、研究人员以及其他任何致力于开发新产品和新服务的人所使用。数据的扩大利用同时也能够创造更多的就业机会，政府希望借助数据开放促进中小创业企业的发展。美国政府表示将持续致力于实现数据的开放工作，并且力求提供一站式资源，汇总所有目前已经开放的数据和开源软件，让开发者和社会大众能够更好地利用数据开放实现价值提升。

2014年，《美国开放数据行动计划》（American Open Data Action Plan，AODAP）发布，其目标是鼓励创新，让数据走出政府，得到更多的创新运用。2014年美国又进一步推动了《数据法令》（Data Act，DA）的颁布，全面推进了数据开放。之后，美国政府参与的国际组织以及凡属美国税收收入支持的机构与活动都必须保证数据的公开、透明。

2019年，美国联邦政府发布了《联邦数据战略与2020年行动计划》，提出建立一种重视数据并促进数据共享的文化，实现数据战略资源开发的目标。该战略从数据文化培育、数据保护治理、数据创新使用3方面着手落实。一是建立利益评估机制以维护不同主体的数据利益，同时主动公开相关信息，通过透明性增进公众信任，激发企业、公众对数据共享的积极性。二是确立统一的数据基础设施和规范标准，在保证数据安全的前提下，最大限度地提高数据质量并促进共享。三是支持政府与商业组织、学术机构建立合作关系，创新数据使用，促进数据商业化。

3）英国

英国政府将数据比拟为21世纪的"新石油"，主张以数据驱动式创新带动所有部门的经济发展，其开放数据的准备程度、执行力、影响力3项指标均居世界前列。

2009年，英国国家档案馆首先公布了《信息权利小组报告》，该报告大力提倡政府、行业和第三方平台使用信息通信技术创造更好的公共服务。2012年，由英国内阁办公室部长与财政部主计长共同提交了《开放数据白皮书：释放潜能》（Open Data: Unlocking Potential，ODUP），并发布最新修订的《自由保护法案》，要求政府部门必须以机器可读的形式来发布数据，同时对开放数据的版权许可、收费等进行了规定。随后，英国发布了《公共部门透明委员会：公共数据原则》，确定了公共数据开放的形式、格式、许可使用范围、公共机构鼓励数据的再利用等14项原则。在2012年的《开放数据策略》（Open Data

Strategy，ODS）中，英国政府公布了卫生部、财政部、司法部、国防部、税务与海关司、外交部、能源和气候变化部、内阁部、国家发展部、教育部共 10 个部门各自不同的开放数据策略。

2013 年，英国政府开放数据政策更注重各个部门与机构承担的责任，积极建构政府开放数据的长远发展蓝图。英国政府发布了《抓住数据机遇：英国数据能力策略》（Seizing Data Opportunities：The UK Data Capability Strategy，SDO），强调政府必须优化公民参与方式，改变服务政策和服务方式，改变责任的承担方式，从"技术""基础设施、软件和协作""安全与恰当地共享和链接数据" 3 方面提高数据处理能力。随后，英国政府在其发布的《八国集团开放数据宪章 2013 年英国行动计划》（G8 Open Data Charter 2013 UK Action Plan，ODCAP）中做出承诺，将发布高价值数据集，通过开放政府数据提高政府透明度，提升政府治理能力和效率，更好地满足公众需求，促进社会创新，带动经济增长。

2017 年 3 月，英国政府出台新的数字化战略，七大战略任务之一是发展数据经济、释放数据的价值，包括更好地管理、共享和开放政府数据，促进创造新的数据产品和服务。英国的《政府转型战略（2017—2020）》[Government Transformation Strategy（2017—2020），GTS]更是明确，通过开放政府数据、设立首席数据官和建立数据安全体系等措施保障政府数据的深度开发和利用。

2020 年 4 月，英国政府成立"数据标准局"（Data Standards Authority，DSA），隶属于政府数字服务局（Government Digital Service，GDS），致力于数据标准的建设，以提升跨部门的数据共享和利用水平及保障数据质量。2020 年 8 月，数据标准局公布第一批成果——共享和开放数据的元数据系列标准及实施指南，具有开放性和系统性的鲜明特征，代表着国际上元数据标准建设的发展方向。

4）日本

日本政府将开放数据提升到国家战略层面，坚持大数据战略与开放数据的并行。2012 年，日本发布《电子政务开放数据战略草案》，迈出了政府数据公开的关键性一步。为了确保国民方便地获得行政信息，政府将利用信息公开方式标准化技术实现统计信息、测量信息、灾害信息等公共信息可被反复使用的目标，在紧急情况时可以用较少的网络流量向手机用户提供信息，并尽快在网络上实现行政信息全部公开并可被重复使用，以进一步推进开放政府的建设进程。同年，日本推出了《面向 2020 年的 ICT 综合战略》，提出"活跃在 ICT 领域的日本"的目标，重点关注大数据应用。2012 年 7 月，日本的《电子行政开放数据战略》指出需以便于二次利用的数据形式公开数据，同时兼顾商业利用，消除公共数据在商业利用中的障碍。

2013 年 6 月，日本公布了新 IT 战略《创建最尖端 IT 国家宣言》，并于同年再次发布《日本开放数据宪章行动计划》。计划提出了政府主动发布数据、公共数据必须以机器可读的方式提供给公众、鼓励数据的商业和非商业化应用等原则。日本开放数据更加注重政府数据商业价值的开发应用，日本三菱综合研究所牵头成立了"开放数据流通推进联盟"，旨在由产官学联合为公开数据的商业化创新开发提供平台支持，以促进日本公共数据的开放应用。

2014 年 10 月，日本政府数据开放门户网站（https://www.data.go.jp）正式运行。2016 年

5月，日本启动"开放数据2.0"计划，以实现能够解决实际问题的政府数据开放为目标，拓宽了政府数据开放的开放主体、开放对象和适用地区等，这标志着日本数据开放建设迈入新阶段。

2016年12月，日本内阁发布《推进官民数据利用基本法》，从法律层面对政府数据开放工作进行统一规定和指导，这是日本首部专门针对数据利用的法律。

2017年5月，日本IT综合战略本部及官民数据利用发展战略合作机关共同决定通过《开放数据基本指南》，依据日本的中央政府、地方政府，以及企业家在数据开放领域已有的尝试，归纳了开放数据建设的基本方针，成为日本政府数据开放的总指导文件。

2019年12月，日本内阁会议决定通过《数字政府实施计划》，提出到2025年建立一个使国民能够充分享受信息技术便利的数字化社会，并将开放数据作为其中的重要一环加以强调。这标志着政府数据开放已成为日本向数字化社会转型的一大关键战略要素。

3.2 数据开放共享的主要方式

数据开放共享的方式主要分为3种：数据开放、数据交换和数据流通。下面针对3种数据开放共享方式分别描述相关方的权责和义务。

3.2.1 数据开放

数据开放主要是指政府数据面向公众开放。该方式主要适用于非敏感、不涉及个人隐私的数据，并且需要保证数据经过二次加工或聚合分析后仍不会产生敏感数据。

数据开放模型如图3.1所示。

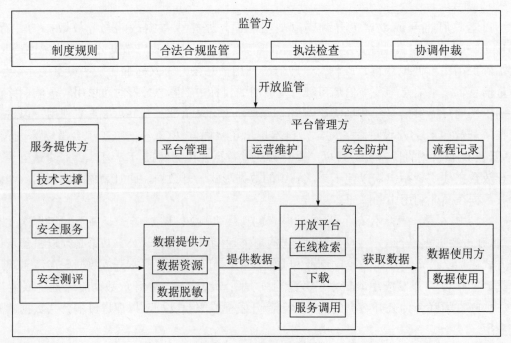

图3.1 数据开放模型

数据开放过程中的相关方包括监管方、服务提供方、数据提供方、开放平台、数据使用方和平台管理方。其中监管方负责对整个数据开放过程进行监督管理，通过相应的制度规则对各方进行合法合规的监管，同时负责执法检查和协调仲裁。服务提供方需要向平台管理方和数据提供方等相关方提供技术支持、安全服务、安全评测等相关的技术方面的支持。数据提供方主要负责向开放平台提供相应的数据，提供的数据是对数据资源进行数据脱敏之后的数据，而不是最原始的没有经过整合的数据。开放平台收到数据提供方所提供的数据之后，数据使用方可以在开放平台进行在线检索、下载和服务调用获取到所需数据。平台管理方主要负责的是对开放平台的管理，通过平台管理、运营维护、安全防护和流程记录等对开放平台进行维护和管理。

3.2.2 数据交换

数据交换指数据共享各方之间在政策、法律和法规允许的范围内，通过签署协议、合作等方式开展的非营利性数据共享，通常采用以"数"易"数"的方式或者"一对一"地进行数据交换。

数据交换主要是政府部门之间、政府与企业之间通过签署协议或合作等方式开展的非营利性数据开放共享。一般有两种情况。一种是在信用较好或有关联的实体之间提供数据交换机制，由第三方机构为双方提供交换区域、技术及服务。这种交换适用于非涉密或保密程度比较低的数据。另一种是针对敏感数据封装在业务场景中的闭环交换。通过安全标记、多级授权、基于标准的访问控制、多租户隔离、数据族谱、血缘追踪及安全审计等安全机制构建安全的交换平台空间，确保数据可用不可见。

数据交换模型如图 3.2 所示。

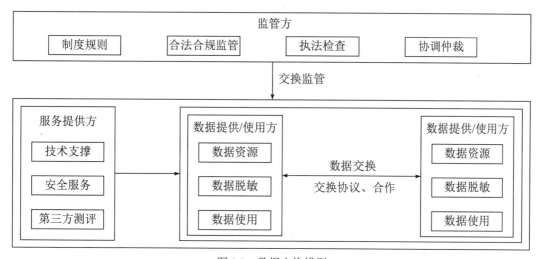

图 3.2　数据交换模型

其中，服务提供方主要负责向数据提供方或数据使用方提供相应的技术支持、安全服务和第三方测评等技术方面的支持。与数据共享不同，在数据交换中的数据提供方也是数据使用方，数据提供方需要提供数据资源并对数据进行脱敏处理，同时作为数据使用方还可以对数据资源进行使用。在两方进行数据交换的过程中需要遵循交换协议进行合作。在整个数据交换过程中,监管方则需要通过制定公平的制度规则、公正的执法检查保障数据交换过程的正常秩序,同时针对数据交换过程中出现的纠纷,还应担负起协调仲裁的责任。

3.2.3 数据流通

数据流通一般包括收集、加工、流通与应用等环节,数据经过收集、加工、清洗,通过交易市场提供给应用方。在这个过程中,数据流通的重点是打通产业链的关键环节。数据流通模型如图3.3所示。

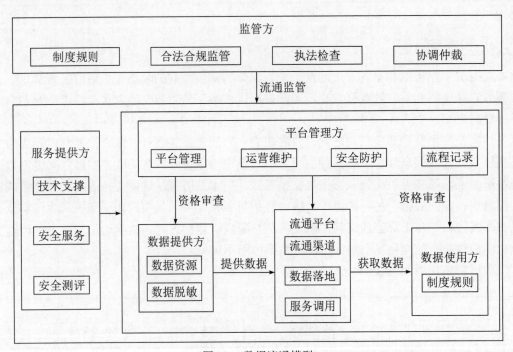

图3.3 数据流通模型

数据流通过程中的相关方有服务提供方、数据提供方、流通平台、数据使用方、平台管理方和监管方等。与数据共享和数据交换相似,服务提供方需要在数据流通过程中承担技术支撑、安全服务与安全测评3项职责。数据提供方主要负责向流通平台提供通过数据脱敏后的数据资源。收到数据提供方所提供的数据之后,流通平台提供了相应的流通渠道,使数据进行落地,并对数据进行服务调用等。数据使用方在流通平台获取数据之后就可以对数据进行使用。平台管理方通过平台管理、运营维护、安全防护、流程记录等对数据提供方、流通平台、数据使用方进行资格审核。监督方则通过制度规则、合法合规监管、执法检查、协调仲裁等对整个数据流通过程进行监管。

3.3 推进数据开放共享的战略策略

视频讲解

大数据的"大"不仅体现在数据量的庞大,更重要的是数据维度的丰富。开放数据有利于全社会获得更多维度、更充裕的数据,进而开展数据资源的挖掘和分析应用,创造更广泛的经济社会价值。数据开放共享已成为数字经济时代创新发展的重要抓手和关键环节，对数字政府建设、数字经济发展、数字社会治理都有重要价值和意义。在数据开放共享领域主要是政务数据开放共享、医疗数据开放共享和科研数据开放共享。不同领域的战略策略稍有不同，下面对这3个领域具体的战略策略进行分析阐述。

3.3.1 数据开放共享的重要价值

1. 加快政府数字化转型

数据开放共享、发挥数据生产力是政府数字化转型的重要前提。传统的部门分割的科层制政府组织，很难对无边界融合发展的数字经济与数字社会进行服务与监管，可能出现政府失灵、无秩序、无活力等问题。只有通过政府数字化，实现政府与公众、企业的高效连接和信息互通，构建现代多主体合作共享的治理体制机制，才能提高公共服务的效能、满意度和透明度，重塑行政权力运作模式；只有通过政府数字化，实现部门之间信息充分共享和流程集成优化，才能形成高度协调、密切合作的运行机制，重塑政府组织架构和职能配置模式。

2. 激发创新创业和经济活力

政府开放数据对经济的促进作用明显，一方面，政府数字化和治理能力现代化能够赋能数字经济发展，提升经济发展活力；另一方面，数据开放本身会带来创新创业的机会，刺激企业把握新的商机、提升竞争能力，特别是有些政务数据与企业自身所掌握数据之间形成匹配，可以为经济社会发展提供更好的服务手段。

政府作为公共部门运转产生政务数据，因此政务数据作为公共资源是免费向社会开放的。政府收集、存储和传输甚至开放数据，都是为整个社会服务的，这些公共资源在不涉及国家安全、商业秘密和个人隐私的前提下，应向社会和企业无偿开放。这与数据需求者从市场手段取得的数据不同：一方面可以降低社会开发利用数据的成本；另一方面也可以降低整个社会数据应用创新的风险，极大地提升了企业创新活力。

3. 创新社会治理

政府数据的开放不仅打破了对数据的垄断，建立了数据共享的模式，也打造了政府同市场、社会、公众之间互动的平台。数据分享和大数据技术应用，可有效推动政府各部门在公共活动中协同治理，提高政府决策的水平。"健康码"是数据开放共享的典型成果，在复工复产、防控升级背景下的社会治理中发挥作用。"健康码"以"个人自述、建库比对、时空筛查"为依据，运用大数据技术进行"首次即时计算、每日定时计算、动态实时更新"，自动生成反映个人健康状况的码色。"绿码行、黄码管、红码禁"的管理标准曾广泛应用于人员返岗、市民出行等多个场景。

3.3.2 政务数据开放共享

1. 发展历程

近年来，我国大力推动实施国家大数据战略，有序推进政务数据开放共享，充分利用数据资源促进经济社会发展，数字中国建设的水平不断提升，主要体现在以下几个层面。

（1）国家信息化发展战略层面。政务数据开放共享是信息化发展的重要内容。《促进大数据发展行动纲要》《国家信息化发展战略纲要》《"十三五"国家信息化规划》等文件出台，要求大力推动政府信息系统和公共数据互联开放共享，构建统一规范、互联互通、安全可控的国家数据开放体系。

（2）政务信息系统建设层面。政务数据开放共享是政务信息系统建设的关键环节。《政务信息资源共享管理暂行办法》《政务信息系统整合共享实施方案》《国家政务信息化项目建设管理办法》等文件印发，强调推动政务信息系统跨部门跨层级互联互通、信息共享和业务协同。

（3）政务公开与在线政务服务层面。政务数据开放共享是政务公开与在线政务服务的必然要求。国务院发文指导在线政务服务工作，要求加快建设全国一体化在线政务服务平台。2019年5月15日，修订后的《中华人民共和国政府信息公开条例》施行，在法律层面规范政府信息公开工作。

同时，国务院部门数据共享和地方数据开放实践也在紧密推进。国务院办公厅分批印发《国务院部门数据共享责任清单》，对需要共享的190项信息名称及共享服务方式、数据提供方式、数据更新周期等内容进行规定。北京、上海、浙江、福建、贵州等地根据统一部署，开展公共信息资源开放试点工作。各地积极推进数字政府建设，依法有序推进政务数据开放共享，信息化发展效能不断提升。

2. 存在的主要问题

在政务数据开放共享推进过程中，在制度体系、平台建设、供需对接、良性生态等方面仍然存在一些问题，影响政务数据的作用发挥和价值实现，主要表现在以下几方面。

（1）数据开放共享的制度体系仍不完善。关于数据采集、存储、共享、开放和利用等各环节涉及的各主体权利义务关系及责任等缺乏明确的制度规范，针对数据安全和个人信息保护的法律规范仍有完善空间。跨区域、跨层级、跨部门之间的数据共享机制还不健全。部门条块分割依然存在，协同水平较低，从自身利益出发"不愿共享"、因数据标准不统一"不能共享"、因担忧数据安全"不敢共享"等现象并不少见。

（2）数据开放共享的平台建设还需加强。地方政务信息化项目统筹规划不够，一体化、集约化不足，各系统之间互联互通存在障碍。数据开放平台建设运营模式有待创新。虽然平台开放了相当数量的有效数据集，但普遍存在优质数据不多、数据更新不及时、数据获取渠道不便捷、界面体验不佳、授权协议条款含糊等问题。

（3）数据开放共享的供需精准对接不够。政府机构对数据开放共享流通的重要性认识仍然不足，公开数据和共享数据的主动性不够，未能积极了解公众对数据开放内容的真实需求，存在单向公开、缺乏互动的问题，影响了公众参与公共事务的积极性和主动性。数据开放服务不够精细，对公众获取政务数据的个性化需求考虑不足。

（4）数据开放共享的良性生态尚未形成。政府机构更多重视收集和存储数据，对数据的分析利用和价值挖掘比较欠缺。数据闲置问题突出，存量数据资源盘活效率较低，未能充分发挥价值。政府机构、市场主体与社会之间的数据开放共享渠道不够畅通，尚未形成一个完整的数据管理、数据生态化的良性循环系统。

3. 战略策略

结合我国政务数据开放共享情况，未来战略应主要包括以下几方面。

（1）重视数据开放共享研究，加强法理论证。政务数据开放共享的管理模式、政策法规、标准规范、平台技术、保障措施等是一个整体，需要进行系统研究。可以借鉴信息生态理论和数据生命周期理论，系统研究政务数据采集、存储、开放、共享和使用的全过程。同时要进一步研究数据的法律属性、数据开放共享所涉及各主体的权利义务关系和责任归属、数据开放共享与公民知情权的关系、相关程序制度、个人信息保护及数据安全等问题。

（2）加强法规政策制度供给，完善体制机制。健全数据管理体制，设立专门管理机构负责数据开放、使用和保护工作，提升政务数据开放管理水平。完善法规制度，明确数据开放共享的内容范围、方式途径、监督保障、法律责任等，健全平台建设运营、事项管理、业务协同、网络安全保障等方面的制度规范。健全数据开放动态调整机制，对开放范围外的数据进行定期评估审查，因情势变化可以开放的，依法纳入开放范围。如图3.4所示为在中央网络安全和信息化委员会办公室（简称"中央网信办"）下设专门的数据开放共享办公室的组织结构和权责情况。

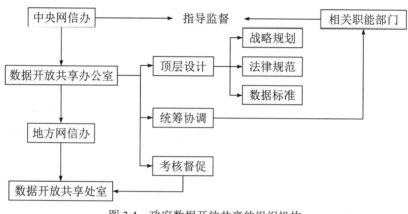

图 3.4　政府数据开放共享的组织机构

（3）健全开放共享标准规范，提高数据质量。健全政务数据资源清单和数据标准体系，推进关键共性标准的制定和实施，建立开放数据技术规范、管理规范、开放评价指标、数据脱敏等方面的标准体系，助力数据有序互联互通。政府部门要积极开展数据归集、清洗、比对、建模工作，建立人口、法人单位、自然资源和空间地理等基础信息资源库和政法综治、应急管理、市场监管、社会保障、生态环境等主题信息资源库，健全"一数一源"数据更新维护机制。积极推进数据开放和共享的标准制定，根据相关标准规范开展数据开放共享工作，提高数据质量，方便市民获取和利用。

（4）加强开放共享平台建设，优化平台服务。统筹政务信息化项目建设，从源头上统一工程规划、标准规范、需求管理等，同时加快互联互通、整合对接，建设集约完善的基础支撑环境。探索通过公私合作、政府购买服务等方式，引进行业领军企业组建数字政府建设运营平台。基于"需求导向"开放数据，提升数据使用率。平台应关注数据浏览量和下载量，分析公众的数据服务使用习惯和特点，动态调整开放数据的类别和数量，实现个性化、精准化的主动服务。关注特殊群体的需求，借助读屏软件、语音播报等方式提供"信息无障碍"服务。通过多种方式拓宽政府网站便民服务渠道，将数据开放共享与政务服务结合，充分实现数据开放共享功能。

（5）构建开放共享生态系统，促进创新运用。政府应秉持数据"取之于民、服务于民"的理念，实现对数据资源开放共享和利用全链条的规范管理。通过依法有序的数据开放共享，使企业和社会能更积极有效地利用数据，最大化实现数据价值。健全政府和社会互动的数据采集利用机制，引导企业、科研机构、社会组织等主动采集并开放数据，鼓励数据工具开发和应用创新，丰富数据资源和产品，形成数据开放共享与创新运用的良性循环。

（6）健全数据安全保障体系，保护信息安全。在大数据法律体系中，数据安全和个人信息保护是贯穿数据生命周期的两条红线。在推进政务数据开放共享过程中，要坚持安全与发展并重，加强数据安全管理和个人信息保护。要强化法治思维，加快完善相关立法，严格落实法律规范。探索分级分类，实行差异化、精准化的动态风险管理，完善技术防护、风险评估、监测预警和应急预案，在数据开放共享与安全保护之间寻求平衡。

3.3.3 医疗数据开放共享

1. 开放渠道和现状

当前，公众主要通过3种渠道了解医疗卫生系统的建设情况：一是国家和地方卫生健康委员会（简称"卫健委"）网站，了解相关政策法规、工作动态、医疗机构查询等信息；二是各类政务和医疗类App（Application，应用程序），如"i深圳""济南发布""健康贵阳""青岛掌上健康"等，获取医疗卫生相关信息和服务；三是地方政府数据开放平台，2020年1月，复旦大学数字与移动治理实验室发布《中国地方政府数据开放报告（2019年下半年）》，对102个政府数据开放平台进行了对比和评估。相比前两种方式，政府数据开放平台更加专注于提供原始的、可机读的、大批量的数据资源，通常会设置医疗卫生相关主题，提供该领域的数据集。

案例3.1　地方政府医疗卫生数据开放工作中存在的一些问题

案例选取哈尔滨、济南、成都、广州、威海和银川6个地方政府数据开放平台对目前工作中存在的一些问题进行说明。地方政府数据开放平台是政府部门集中开放公共数据的重要渠道，医疗卫生数据的开放对于保障民生具有重要意义。当前，各个平台已经取得一定成果。在数据数量方面，平台一般会提供14~20个主题（或领域），则平均每个主题的数据集数量占比为5%~7%，除威海市平台外，其余平台医疗卫生相关数据集占比均超过5%，数据开放量较大；在数据内容方面，部分平台已经及时发布了新型冠状病毒感染相关数据集；在数据下探深度方面，多个平台已经开始提供下属区县数据，开放层级逐渐增加；在数据格式方面，所有平台都提供多种可机读的数据格式，便于用户下载和使用。但是，医疗卫生数据开放工作中还存在一些问题，主要表现在以下几方面。

（1）元数据建设不完善。

元数据能够反映政府数据开放平台提供给用户的信息类型，是考察平台数据质量的重要方面。一是缺乏元数据栏目。6个平台均没有设立专门的"元数据"栏目，元数据信息分散在"基本信息""内容描述"等栏目下。二是元数据不完整。2017年6月，国家发展改革委和中央网信办印发《政务信息资源目录编制指南（试行）》，要求政府信息资源必须包含13项元数据，但是，当前6个平台都没有提供资源代码、资源提供方代码、关联资源代码这3项元数据，银川市平台大部分医疗卫生相关数据集没有提供数据格式、文件数量和数据量信息，元数据缺失问题较为严重。三是元数据值为空或有误。6个平台有15.33%数据集的更新频率信息为空，威海市平台医疗卫生数据集的下载量大于浏览量，数据有误。

（2）无效数据占比较高且数据质量较低。

从6个平台共获取了833个医疗卫生相关数据集，但其中只有522个数据集属于有效数据集，占比约为62.67%。用户只有在有效数据集下才能下载和获取数据，而当前1/3以上的数据集无法提供有效信息。在6个政府数据开放平台中，成都市平台和威海市平台的问题较为严重。

（3）API格式文件占比较低。

在6个平台中，只有哈尔滨市平台的全部医疗卫生数据集提供了API，济南、成都和广州市平台提供API接口的数据集占比较低，其中，成都市平台仅有8.82%的数据集提供了API。2018年1月，中央网信办、国家发展改革委、工业和信息化部联合印发了《公共信息资源开放试点工作方案》，明确要求可用API接口下载的数据集占数据集总量的比例不低于30%。当前，成都市平台医疗卫生数据集的可用API接口占比不满足要求。对用户来说，API是用户获取数据资源的重要渠道，使用API接口可以更加便捷地、大批量地下载数据，接口缺失会严重影响数据的使用效率。

（4）数据集更新频率较低。

6个平台有约40%的数据集更新频率不确定，同时，约1/3的数据集每年更新一次，仅有12.08%的数据集更新频率在年度以内。《政务信息资源目录编制指南（试行）》将数据更新频率分为实时、每日、每周、每月、每季度、每年等，要求明确数据更新频率类型，同时《公共信息资源开放试点工作方案》要求提高实时动态数据开放比重。在医疗卫生领域，与"医疗机构""许可"等关键词相关的数据集由于其行业性质，以较低频率更新可满足用户需求，但随着医疗卫生数据开放范围的扩大，公众对部分数据集的更新频率有较高要求，如与"行政处罚""疫情""抽检"等关键词相关的数据集，当前，较低的更新频率导致这部分数据集无法及时为用户提供有效信息，数据使用效率较低。

（5）数据下载量和下载率较低。

在除威海市外的其余5个平台中，有4个平台的平均下载量小于100次，银川市平台平均下载量最低，仅为18次；5个平台的平均下载率最高为40.35%，最低仅为12.24%。这些数据说明，当前医疗卫生数据集的总体使用率较低。这可能有3方面原因：一是数据量较少，用户在预览功能中可以获得全部信息，无须下载；二是数据集提供信息不满足用户需求，用户在预览后放弃下载；三是平台注册流程复杂，导致部分用户仅浏览数据而不会下载数据。当前，平台在数据预览功能中最多展示10条信息，而数据量在10条以内的数据集占比较少，因此，后两类原因是平台数据下载量和下载率低的主要原因。

（6）基于平台数据开发的应用产品数量较少。

当前，威海市平台和银川市平台没有提供任何医疗卫生类的应用产品，其余4个平台提供的应用产品也较少。同时，部分应用是由外部企业或者机构使用其他数据源开发的。医疗卫生领域是同民生密切相关的重要领域，数据应用的开发可以为公众提供更加丰富和全面的医疗卫生服务，同时也是平台较高建设水平的体现，但目前该领域的应用产品尚不能满足公众需求。

> **案例思考题：**
>
> 1. 医疗行业中存在的数据开放问题将对行业发展造成哪些严重后果？
> 2. 实现医疗行业中的数据开放，其关键点在哪里？如何采取措施有效解决那些造成严重后果的数据开放难题？

2. 工作战略策略

结合我国医疗卫生领域实际情况，其数据开放工作战略策略重点主要包括以下几个方面。

（1）加强元数据建设并完善元数据信息。具体包括：

①设置"元数据"栏目，归集元数据信息。当前，部分平台如深圳市和贵阳市政府数据开放平台已经设置了"元数据"栏目，所有元数据在该栏目下均可找到，且清晰明了，结构规范。

②按照标准完善元数据项目。应添加资源代码、资源提供方代码、关联资源代码等元数据，完善数据更新频率、数据格式等信息，确保每个数据集都至少包含《政务信息资源目录编制指南（试行）》要求的13项元数据（即信息资源分类、信息资源名称、信息资源代码、信息资源提供方、信息资源提供方代码、信息资源摘要、信息资源格式、信息项信息、共享属性、开放属性、更新周期、发布日期和关联资源代码）。

③核实元数据信息。要定期对元数据信息进行核对，及时纠正错误信息，补充缺失信息。

（2）通过制定考核标准加强质量管理。《政务信息资源目录编制指南（试行）》提供了公共信息资源目录模板，政府数据开放平台应根据该模板建立开放数据目录，保证目录中的数据集均包含实际可用的、完整的信息。同时，政府应建立开放数据质量管理体系，完善开放数据管理办法和平台日常运行制度，明确相关部门的数据采集、处理、发布和维护责任。在数据发布前，加强对开放数据的审核，确保数据集信息无误、数据集下载链接有效；数据发布后，定期检查数据情况，根据公众提出的问题对数据集进行核查。此外，政府应建立开放数据考核机制，将数据质量纳入考核标准，定期开展评估考核。

（3）增加数据接口以方便用户使用。对于开放数据集而言，API是一种重要的数据格式，可为用户进行大批量、自动化数据下载提供便利。医疗卫生数据是公众最为关心的一类开放数据，平台应逐渐提高API覆盖率，最终实现数据集的全覆盖。截至2020年2月，山东省公共数据开放网提供了包含省级政府部门和下属16个市的40 535个数据集，共有83 825个API，平均每个数据集提供两个以上的接口，在我国各个政府数据开放平台中处于领先位置。未来，为数据集设置 API 将成为趋势，其他平台可以参考山东省的经验，逐渐完善平台接口服务。

（4）明确更新频率并及时更新数据。平台要完善数据审核机制，明确规定数据的更新频率，避免出现不定期、自定义等更新频率类型，为公众提供准确信息。同时，平台应建立长效工作机制，尽可能提高数据更新频率，确保数据能够及时更新。提高数据更新频率有三大优点：一是有利于公众获取最新信息；二是丰富平台数据资源，有助于建设大数据公共数据开放平台；三是助力企业、高校等开发优质的大数据产品。

（5）完善平台功能并简化注册步骤。当前，大部分平台都会设置数据目录、数据服务、数据应用、平台统计、互动交流等栏目，提供数据集筛选和查询功能、数据预览功能、数据分析功能、数据应用展示功能等服务，但不同平台的模块和功能细节存在差异，部分平台在使用时并不方便。当前，我国已有 100 多个政府数据开放平台，各平台可以向其他平台学习，完善自身功能，为用户提供便捷高效的服务，增加平台用户量，同时，平台应简化注册和登录环节，提高数据下载率。

（6）创新数据产品并拓展数据应用。政府开发公共数据资源的方式主要有两种：一种是政府或者企业使用开放数据直接开发应用产品，另一种是政府组织创新创业类比赛来挖掘数据潜能，征集应用方案和产品。当前，大部分提供数据应用的平台通常采用第一种方式。数据应用是数据真正发挥价值的阶段，政府应鼓励相关部门、企业、高校、社会团体等进行数据开发，并对应用的下载情况和使用情况进行评价，为优秀应用产品提供宣传等服务。同时，也可以举办数据创新应用大赛，联合企业等探索政府数据和社会数据的融合使用方式，加大对相关企业的支持力度。

3.3.4 科研数据开放共享

1. 相关制度安排

1）科研数据产权界定

产权经济学的基本原理认为，从资源有效配置的角度出发，合理的产权界定可激励某种经济资源的权利主体有最大的积极性为市场供应这一资源，或者激励其他市场主体在付费基础上有最大的积极性使用这一资源，从而实现该经济资源的有效配置。因此，为更好地挖掘数据的科研能量、经济效益和社会价值，既要强调科研数据开放共享的存在价值，又要注重科研数据的产权保护。一种合理的产权安排可以让科研数据的生产、利用、开放共享和保护更加高效，进而实现社会福利的最大化。

数据要素的产权应划归数据生产者，从而最大限度地发挥数据要素的使用效率。科研数据是科研单位运用实验设备和数字技术进行观测、搜集、存储、清洗和分析而形成的结构化数据信息，其存在凝结着科研单位生产资料的投入与科研人员的智力劳动，因而把数据的占有权、使用权、收益权和处置权等划归科研单位，可为科研单位在科研数据生产方面注入源源不断的动力，使其不断提升数据生产的软硬件水平，进而也为科研数据的商业化、社会化利用奠定坚实的基础。此外，部分科研项目受到科研资助机构的资金支持，科研资助机构原则上也应拥有科研数据的产权，在这种情况下，可通过事前约定安排科研数据开放共享和收益分配等相关事宜。

2）科研数据开放共享平台建设

科研数据的存储、共享和复用离不开其基础设施——开放共享平台的建设。现今，国内外已建立许多科学数据开放共享平台，既可以提交和存储科研数据，也可以提供数据论文的浏览与检索、数据链接及数据关联分析。国外一些知名的数据平台有 DataCite、re3data.org、开放获取目录数据知识库、Figshare、Dryad、dataverse、Dataone 等，国内较为先行的有北京大学组织建设的开放研究数据平台、中国高等教育文献保障系统（China Academic Library & Information System，CALIS）资助由武汉大学主持建设的高校科学数据共享平台等。此外，一些学术期刊也致力于建设数据平台，以提供学术成果支撑数据的链接，搭建科研数据走向开放出版的桥梁，如 Science、Nature 以及国内的《图书馆杂志》等。目前实现不同源科研数据间的可比性、灵活性、一致性、可访问性、可重现性是平台建设关注的重点。

从数据的来源或规模来看，数据开放共享模式主要包括大科学装置的单元数据共享模式、数据知识库的集中存储模式、科学数据出版模式、广域合作的分布式注册模式、数据集市模式。对于处于非开放阶段的科研数据来说，可继续利用现有的政府相关部门、科研资助单位、机构知识库等数据平台进行数据内部交流分享。因此，为有效实现科研数据分阶段开放共享，需在政府指导下建设科研数据开放共享的联盟技术平台，完善平台的数据汇交、出版、评价、传播机制，并构建跨学科跨区域的服务保障体系，以保障科研数据的有效存储、管理与开放共享。同时还需建立健全配套的政策法规与管理制度，政府相关主管部门也应定期或不定期对数据开放共享情况进行调查与监管。

3）分阶段开放共享的例外安排

这里提倡利用市场杠杆，有计划、分阶段开放共享科研数据，但并非所有数据都适于面向社会开放共享。对于涉及国家秘密、国家安全、社会公共利益、商业秘密等的科研数据，不得对外开放共享，要严格保密、严加管理。尤其是对于涉及国家机密的科研数据的采集生产、加工整理、管理与使用，要按照国家有关保密规定执行，对其审核、登记、复制、传输、销毁等环节进行严格管理，此类数据是独立于分阶段开放共享制度之外的。

对需要按年份、季节、研究阶段持续更新的科研数据，应对存量数据与更新数据采用一定的收费标准，确保老用户以较低成本持续更新完善此数据集，同时也实现了科研数据的价值增值，而对于较远期的数据应逐步实行无偿开放获取。

2. 科研数据开放共享措施

1）宏观

政府有关主管部门出台政策和管理措施，明确科研数据的公益性及其开放共享的必然性，明确科研数据作为生产要素参与市场分配的角色地位，强调对涉及国家秘密、国家安全、社会公共利益、商业秘密等的特殊科研数据的安全保护。此外，加强统筹布局，大力推动跨学科跨领域的科研数据开放共享平台建设，对优势明显的科研数据平台可优化整合建设国家级科研数据平台。

2）中观

科研资助机构、学术出版机构、科研数据中心等在资助项目和公开成果前应制定方案，明确规定科研数据权利及利益相关者责任、通用的科研数据管理规范与技术标准；对科研机构和科研人员提供教育培训，以提升科研人员共享意识及操作技能，明确分阶段开放共享的实施流程；对执行机构的科研数据分阶段开放共享执行情况进行检查与监督。

3）微观

科研机构为科研人员提供数据管理与共享的指导服务，帮助其做好科研数据管理计划；加强促进机构知识库建设，为非开放期的科研数据提供安全的存储平台和内部交流平台；培训和督促科研人员按时按标准向数据开放共享平台汇交科研数据，以保障分阶段开放共享的顺利实施。

3.4 数据开放共享的治理路径

3.4.1 数据开放共享给数据治理提出的挑战

数据开放共享并非毫无限制。如果尺度控制不当，则会或多或少地对数据治理带来相应的挑战。数据在开放共享过程中给数据治理带来了什么挑战呢？下面将主要从隐私数据泄露与滥用和数据鸿沟两个角度思考这个问题。

（1）隐私数据泄露或滥用。近年来，伴随着互联网、云计算、物联网、大数据等新一代信息技术的迅猛发展，数据资源、数据类型、数据价值在世界范围内呈现几何级爆发式增长，以数据为核心的时代已悄然到来。数据开放共享推动着社会经济政治的重大转型，大数据正在悄然改变我们的生活以及理解世界的方式。

然而，这也滋生出一些问题，如人们在社交网络、线上交易留下的"痕迹"，被大数据技术过度追踪，使公众隐私信息在数据采集、分析、处理、应用等环节中持续性地被任意泄露或滥用。数据隐私保护问题俨然已成为政府和公众不得不面对的问题。数据治理无疑会涉及并整合国计民生的相关数据，关系国家安全和公民隐私，这些数据一旦因泄露而被不法分子使用，就会产生严重的后果。然而，加强数据开放共享、打破信息孤岛是政府在数据时代加快数字化转型、实现数据治理的必然途径，因此，如何平衡公民隐私与数据共享的问题已成为新时代公共治理不得不考虑的现实问题。

（2）数据鸿沟日益拉大。主要表现在地域方面，由于长三角、珠三角地区开放程度较高，商业发展速度迅猛，地区经济发展水平一直处于我国前列。在这样的背景之下，高等院校、科研机构、高新技术公司等单位逐渐在该地区聚集。经过多年产学研结合的过程，这些地区的科技创新水平也迅速提高，不论是信息基础设施建设，还是科技研发的实力，都会推动着这些地区的信息化和智能化，带动当地数据资源的生产、开放和利用以及再生产的良性循环。而在经济不发达的内陆地区，由于经济发展水平受到一定程度的限制，信息化程度相对落后。这些地域之间的信息差距就此拉开，最终形成难以跨越的数字鸿沟。随着数据开放共享的发展，所带来的数字鸿沟日益加大，给数据治理带来的挑战也随之增加。

3.4.2 数据开放共享的治理策略

数据开放共享是数据流动的核心内容，有利于加速政府的数字化转型、激发创新创业活力和创新社会治理。实施行之有效的数据开放共享治理策略是提升国家数据治理能力的重要内容，但数据开放共享所带来的问题和隐患也不容忽视，综合考虑以上因素，本节从

5方面出发,提出了数据开放共享的治理策略。

1. 政策法规方面

为了应对数据开放浪潮的冲击,我国应及早根据数据开放中遇到的各类问题,制定相关的法律政策。为了保证政府数据的安全有效开放,应学习美国等国家的先进经验,制定开放政府数据法;为保证科学研究数据开放,应借鉴欧盟的"默认开放原则"与 FAIR 原则 [具体包括可发现(Findable)、可访问(Accessible)、可互操作(Interoperable)和可重用(Reusable)],制定适合我国国情的相应的开放科学数据法;为保证个人、企业或组织的数据积极有效地开放,应制定相应的数据开放激励政策,并颁布相应的数据开放保护法。

2. 组织管理方面

在组织管理方面对开放的数据进行治理大致包含3方面:

(1)制定长远数据开放框架与战略。

(2)制定对应的数据开放管理组织架构,在数据的搜集、整理、发布、获取、利用、维护等阶段都要安排人员对数据进行专业的操作,并建立组织管理架构进行监督和评估。

(3)在全国范围内建立完整统一的数据开放与监督管理委员会,建立统一的数据开放与治理标准。

3. 技术与平台方面

企业或组织在数据开放中,应在技术方面保证自己开放的数据具有一定的可用性,可以将数据转化为可用的机读格式,提供数据相关获取链接;通过技术手段将数据分级分类,以保护数据的安全;更要建立和完善数据开放平台的相关功能,合理设置数据开放平台功能模块。

4. 生产利用数据相关者方面

数据开放生命周期的数据相关者是开放数据的直接作用对象。从利益相关者方面来看,数据开放过程中数据治理策略主要有以下两方面:

(1)规定和明确数据相关者责任与义务。

(2)建立数据相关者数据开放协调治理机制,数据的质量与安全在数据开放中与所有的数据相关者都有关系,从数据的开放到利用,对不同的数据相关者进行协调制约,才能使数据开放的益处最大化。

5. 国际视角方面

带着"全球治理"这样一个观点,数据的治理更应该是如此。国际上数据开放共享治理的合作可以有效提高数据开放共享治理的效率,帮助数据治理落后国家提升数据治理水平,更能保护所有参与国的数据利益。对于国际上的数据治理,我们可以有效利用国际合作组织,如欧盟、联合国等,通过建立相关数据治理部门,各国代表协商制定数据治理方针、数据开放与治理标准,并建立统一的可以互联互通的信息治理系统,以动态监督和调整对数据的治理。

3.4.3 数据开放共享的框架体系

政府大数据开放共享的主要过程是政府所拥有的大数据通过开放平台为数据使用单位提供开源数据检索、下载和调用等服务,开放过程严格遵循开放共享原则(即持续性、协调性、互利性、透明性、安全性等），并从安全技术层面做好数据安全防护。接下来，将从 5 个协同方角度提出数据开放共享的治理构建框架，如图 3.5 所示。

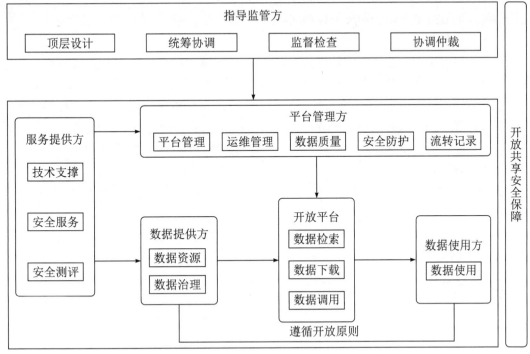

图 3.5　政府大数据开放共享体系

1. 数据提供方

数据提供方主要是指生产或收集数据，并能提供数据共享接口的政府部门和企业。在开放共享之前，政府数据必须经过数据治理，应达到以下效果：

（1）提高数据质量，保证其完整性、准确性、唯一性和安全性等。

（2）合规合法地拥有所有资源的知识产权。

（3）敏感大数据必须经过脱敏处理，保证开放共享后不会对个人隐私和国家安全造成重大泄密。

2. 数据使用方

数据使用方主要是指遵循开放共享原则获取数据并进行应用的政府部门及企业。数据应用者在共享和使用政府数据的过程中，必须做到：

（1）遵守国家相关法律法规。

（2）获得数据使用的合法授权，只能在授权范围内获取和使用政府数据。

（3）保证数据传输、存储、调用的安全性，确保共享数据不丢失、不泄露、不被恶意篡改。

3. 平台管理方

平台管理方主要是指在数据开放共享过程中为数据供需双方提供多种平台服务的政府部门及企业。主要任务是对政府数据进行有效管理，确保政府数据传输和使用的安全性，具体包括：

（1）对开放共享的数据进行全周期的清洗、审核、分类和存储等。
（2）完成记录数据开放活动轨迹。
（3）建立相关平台数据安全使用制度。
（4）采取数据安全保护和监测等措施。

4. 服务提供方

服务提供方主要是指为政府数据供需双方和平台管理方提供第三方技术支撑服务的专业机构或企业。在数据开放共享框架中主要是为政府数据提供者和使用方提供数据安全保障、数据测评、数据脱敏、数据整合、数据分析处理和统一数据交换接口等方面的技术和安全服务。服务提供方必须与被服务对象签订合同或协议，其内容包括建立专业团队、建章立制、安全培训、提升团队专业能力等，同时确保数据使用中的数据安全性。

5. 指导监管方

指导监管方主要是指依照国家法律法规和相关政策对政府大数据开放共享进行合法合规的指导、协调、仲裁和安全监管的政府部门。其主要职责是依照国家法律法规、政策标准建立监管和协调机制，在各方主体发生异议时进行调解或仲裁，出现违法或违规行为时进行调查并形成处置结果。

案例 3.2　政府和企业数据开放平台建设

从广义上说，数据开放共享包括政府与企业之间的数据开放共享，本案例选取了政府和企业两个不同主体中具有代表性的两个案例的数据开放情况进行介绍。贵阳是我国最早开始建设政府数据开放平台的城市之一，其平台建设经历了较长时间的发展完善，如今已经能够实现比较深度的数据开放。而菜鸟物流是目前整合多方物流资源最成功的实践，其智能物流骨干网络的建设也比较成熟，具有很强的研究意义。

1. 贵阳市政府数据开放平台

1）项目概述

贵阳市政府数据开放平台以建设块数据城市为目标，以政府数据资源目录体系建设和项目驱动为抓手，以"一网"（即电子政务外网）、"六平台"（即"云上贵州—贵阳平台"、政府数据共享交换平台、政府数据开放平台、数据采集平台、数据增值服务平台、数据安全监管平台）、"一企"（即贵阳市块数据城市建设公司）、"一基地"（即数据加工清洗基地）为载体，整合本地数据、国家数据和互联网数据，建设块数据资源池，提高政府数据资源开发利用价值，提升行政效率和政府治理水平，促进大数据产业发展。

2）平台特点

贵阳市政府数据开放平台在国内率先提出"领域、行业、部门、主题、服务"5种数据分类，极大地提升了数据检索、定位、发现的便捷性与精准性，并提供 XLS、JSON、XML、CSV 等 4 种可机读开放格式、可视化数据图谱（通过传播媒介展示出各种富于表现力的形式，更加形象直观地了解平台上的数据情况）展示、"数据目录服务目录"等创新型数据服务形态，实现数据的深度关联开放，更好地满足社会各类群体在更多应用场景下对政府数据的需求。

2. 菜鸟物流企业数据开放平台

2013年阿里巴巴联合多方力量联手共建"中国智能物流骨干网"（又称"菜鸟"），计划8～10年建立一张能支撑日均300亿元（年度约10万亿元）网络零售额的智能物流骨干网络，支持数千万家新型企业发展，让全中国所有地区做到24小时内送货必达。目前，阿里巴巴旗下的天猫超市，其华北仓的辐射范围涵盖了北京、天津等地区，这些地区约90%的包裹可以实现次日达。那么菜鸟在整个流程中承担了什么作用呢？总体而言，它会对后台电商和物流数据进行整合、分析和挖掘，比如根据既往的销售数据来分析预测下一个时期内哪些商品需要提前备多少货，给予仓储管理商相关的商品陈列建议，以及检测并分析包裹自下单到配送再到签收完成后，整个流转轨迹和链路合理性等。

菜鸟核心作用的发挥，关键在于其对多方物流数据的有效整合。也就是说，菜鸟平台的相关物流企业，都会把自己企业内部的物流数据（主要是包裹轨迹数据）共享出来，由菜鸟平台对电商和物流数据进行统一整合分析。截至目前，淘宝上相关的10余家快递公司的前台数据系统已经全部实现和菜鸟对接。这意味着菜鸟拥有了一张全国性快递监控网络。打个比方，原来淘宝上的10余家快递公司，每家都在着力于建立自己的网络，而基于这个网络各家只能知道自己的情况，现在有了菜鸟的统筹，所有快递公司的信息都能够统一起来，能看到全国大盘的情况。菜鸟平台就相当于中枢协调机构，对于每家快递公司的每个包裹一经仓库发货就开始介入，包括揽收、中转、派送信息在内的整个流程轨迹都可以显示，这将有利于菜鸟从全局层面帮助快递公司进行运力的统筹调配和规划。菜鸟的物流预警雷达正是基于这些共享数据诞生的。2014年"双十一"当天，阿里巴巴总部一面巨型显示屏吸引了众多关注的目光，这是一面综合物流信息的显示屏，上面汇集了10余家快递公司的所有包裹轨迹数据。一旦路线出现拥堵提示，菜鸟就能发现到底谁堵在哪里了，然后给其他快递公司进行预先提示，提供新的路径建议，从而化解较大的拥堵风险，避免"爆仓"。有一个形象的比喻可以用来形容菜鸟的作用：之前物流公司不掌握淘宝商家动态，导致包裹挤在几个重要的货物发散地出不来，就如几个小孩子一起从瓶子里同时拉不同颜色彩球的游戏一样，都想赶紧拉出来，结果彩球都挤在瓶口了，谁都拉不出来。现在物流企业有了阿里巴巴基于大数据技术提供的商家销售预测等方面信息，能及时调配各家物流公司的配送比率与速度，"红球""蓝球""绿球"……就一个个有序地出来了，大大提高了运营速度。

案例思考题：

1. 政府与企业在建设数据开放平台过程中所采取的措施有何差异？
2. 面对不同的地区与企业，贵阳市政府数据开放平台与菜鸟物流企业数据开放平台建设过程中的成功经验能否进行复制？

3.4.4 发达国家经验借鉴

从数据开放共享的制度和模式上看，美国和韩国均为政府主导且效果最好，英国是政府与公民社会网络合作，日本为实用导向但效果较差。例如，美国新的"联邦数据战略"

被纳入"总统管理议程"和跨机构优先项目；韩国已经形成了开放数据战略委员会管总、开放数据中心实施、开放数据协调委员会协调、公共数据供给专员支持的格局。从体制性措施上看，澳大利亚在战略性政策、平台性门户、工具性指南、应用性策略方面的体制机制安排颇具代表性。从开放服务的有偿性来看，部分政府数据开放采取了有偿模式，其中英国与德国有偿开放技术标准的实践证明，针对信息、数据类产品的数据市场治理，构建基础性制度的理论与政策，采取有偿供给方式，能够使公共部门与社会共同受益。

在借鉴有关国家经验时，需要明确的是，尽管在对个人数据保护等方面高度一致，但由于在具体国情、治理能力、风险关注等方面存在不同，我国与部分国家在数据开放、交换和流通方面存在不少观念上的差异。例如，我国基于"主权高于数权"和"安全至上"的理念，要求数据的流动必须符合所在国的法律法规，重要数据必须本地化存储，对数据产品源代码要求进行安全审查。这与美国竭力维护数据流通的完全自由、禁止本地化存储要求、强调源代码为企业自主知识产权形成鲜明对比。事实上，这种差异并非存在于中国和发达国家之间，也存在于发达国家之间。观念上存在差异的一个重要含义是，不同经济体可能在数字规则方面形成多个体系，鉴于数字经济对未来的重要性，最终可能引发科技创新、贸易投资等方面的激烈争端。

3.5　思考题

1. 数据开放共享的原则是什么？
2. 简述国内外不同国家的数据开放状况。
3. 数据开放共享的方式有哪些？
4. 如何开展数据开放共享？

第 4 章 数据产权与数据交易

随着我国数字化发展进程的加深，数据的交易流通愈加频繁，但与此同时数据交易领域的相关立法保护缺失状况仍比较严重，这为数据的安全交易和有序流通造成了一定的阻碍。首当其冲的问题便是对数据产权的界定不够明确，因此数据产权与数据交易的治理是数据治理的一个重要组成部分。数据确权是数据交易的基础，因此本章主要在明确数据产权定义的基础上，针对数据产权立法体系的建立进行阐述，明确数据能够更加安全、有序地进行交易的先决条件，并针对我国数据交易市场现状存在的问题提出有针对性的解决方案。

【教学目标】

帮助学生充分了解课程整体设计、教学目的、核心内容，讲授数据产权与数据交易的基本概念、目标、内容与环境，通过课堂互动交流进行问题讨论与案例分析，注重数据产权理论研究与市场实践结合、数据交易理论与企业现状相结合，引导学生关注数据产权与数据交易治理，培养数据权属治理观念。

【课程导入】

（1）随着互联网和大数据产业的飞速发展，人们不断将涉及自身方方面面的信息上传至网络，逐步形成了能够完整刻画自然人特点的数字人格。但这些数据到底属于谁？由这些数据汇集形成的数据产业所带来的利益又应该归属于谁？

（2）数据要素资源应用广泛，市场需求巨大，当下我国数据交易行业正处于蓬勃发展期，多家数据交易所揭牌营业，那么数据能够进行交易需要具备怎样的条件呢？

（3）2022 年 6 月，一家名为 M78Sec 安全团队率先披露出其"超星学习通"信息泄露，数据库信息被公开售卖。在此前媒体曝光的信息泄露事件中，很多企业处于数据"裸奔"的状态，这一现象表明企业在数据资产管理方面存在哪些弊端？

【教学重点及难点】

重点：本章的学习重点是在理解数据产权与数据交易密切关系的基础上，掌握数据产权的概念与界定原则，进而明确数据究竟归谁所有，熟悉数据交易的基本过程，数据交易过程中涉及的一些重要技术及定价方式也是需要重点掌握的内容。

难点：本章的难点是，目前对于数据产权的界定未有官方定论，不同学者的研究众说纷纭，制度建设相对滞后，需要从中分析和提炼出最符合当下数据市场发展需求的定义，进而在明确数据产权的基础上开展数据交易。

4.1 数据产权的概念

数据究竟归谁所有？这是数据权属讨论中的核心问题。目前我国的官方机构中未见有对于数据产权的权威定义，学者们对这一概念的讨论主要从人格权说、财产权说、特许经营权说、数据不可赋权说4个角度开展，因此本节的主要目标是明确本书中关于数据产权的定义和界定原则。而对于阐释数据产权概念的不同角度，书中也略有提及。

4.1.1 数据产权

视频讲解

1. 数据产权的定义

随着数据作为一种生产要素逐渐在经济社会发展过程中发挥出重要的作用，伴随而来的数据的归属、支配和使用等问题的争论愈发激烈，而这些问题争议的核心，可以概括为对数据产权的争议。

所谓数据产权，是产权概念的延伸，是对数据资源的权利。有关产权的定义，经济学界和法学界历来存在争议，本书中论述的产权及数据产权借鉴的是经济学中关于产权的定义。经济学理论认为，产权是基于经济财货的存在而界定的人与人之间的关系，是由社会规则约束和保障、关于财产使用的一系列排他性权利的集合。从产权的概念可以推导出数据产权的概念：数据产权是附着在数据上的一系列排他性权利的集合，是调整人与人之间关于数据使用的利益关系的制度。

数据产权是由数据资源的归属权、占有权、支配权和使用权等构成的权利集合。数据主体之间的经济权利关系，是数据产权的本质内容。

2. 数据产权的性质

数据产权作为产权概念在数据资源上的延伸和扩展，同样拥有产权的基本性质，即排他性、可分解性和可交易性。

1）排他性

对所拥有的数据资源，数据产权主体具有特定权利的垄断性，即有权排除其他经济个体占有同样的权利。数据产权的排他性与数据资源的排他性紧密相关。未公开的数据资源，具有天然的排他优势，排除他人使用的成本相对较低。因而，针对未公开数据，发生侵权行为的可能性较低。但是，公开数据资源，具有天然的排他劣势，几乎不可能完全排除他人使用。因此，权利上排他与实际上难以排他的冲突，使得公开数据成为侵权行为的高发目标。

2）可分解性

数据产权是一个权利集合，而不是单项权利。数据产权的权利集合可以分解。因而，数据产权的各项权利，可以分属于不同经济主体。数据产权的分解可为数据资源的流转和再配置创造条件，有助于提升数据资源的使用效率。

3）可交易性

数据产权可以在不同经济个体间让渡。而且，通过分割权利集合，可以实现部分权利的让渡或转移。排他性是数据产权具有可交易性的前提。可交易性是改善数据资源使用效率的基础。如果数据产权的初始配置，制约了数据资源的有效利用，那么，只要产权交易的成本低于产权调整引致的价值增加,利益最大化动机就将促使数据产权的再配置。最终,产权交易将带来数据利用效率的提升。

3. 数据产权与知识产权的关系

知识产权是权利主体在社会实践中所创造的智力成果的专有和排他性权利,是对无形的精神财富的保护。数据本身没有具体形态,加之数据能够被传播,也能够被复制并且可以重复使用,致使其客观上和知识产权产生了很多联系。鉴于存在这种联系,很多学者建议将数据纳入知识产权体系内进行保护。《民法总则(草案)》一审稿中第一百零八条曾规定"数据信息"作为知识产权的权利部分受到法律的保护。但在随后发布的《民法总则(草案)》二审稿删去了该项规定,没有将数据纳入知识产权体系中进行保护,最后正式出台的《民法总则》只是规定了数据受法律保护,未将数据作为知识产权的客体进行保护,而且在《民法典》实施后也延续了这一规定。之所以做这样的取舍,是因为知识产权更侧重的是对创造新思维的保护和奖励,但数据一般都只是客观事物的表象,大多数的数据并不具备创造性这一特征。

虽然数据并没有完全纳入到知识产权体系中进行保护,但并不排除部分具有创造性的数据可以通过知识产权法来保护。我国的《著作权法》将具有独创性的作品纳入到保护体系内,即构成独创性作品的数据信息受到著作权法体系的保护。但在现实生活中,多数的数据并不具备独创性,难以达到著作权法保护的标准,侵权者往往通过改变数据的编排结构来逃避著作权法的规制。因此,数据需要通过对数据产权的界定和保护来实现全方位的保护。

4.1.2 数据产权的界定

随着数字经济发展的不断深入,数据越来越成为一种重要的资源,具备了一定的资产特征和经济属性,要想使数据在经济领域发挥最大作用,就必须要求数据资源能够共享;当产权不具有排他性时,产权就可能是模糊的。产权模糊一方面使得数据资源共享难以顺利实现,另一方面在数据资源使用中还可能存在大量的外部性,即数据资源使用主体在使用数据的过程中对其他群体造成的正面或负面影响(如网络服务平台在使用消费者数据获取收益的过程中造成的用户信息泄露),这都要求我们必须从根本上解决数据资源的产权界定问题。在2020年公布的《关于构建更加完善的要素市场化配置体制机制的意见》中就明确提出要"加快培育数据要素市场",而数据产权作为数据产业创新发展的基础性制度,对数据要素市场化和数据安全维护都至关重要。

1. 数据产权的界定原则

对于数据产权的界定,需要把握好以下两方面的原则。

1)新型权利原则

明确数据产权为新型民事权利。数据权属主要包括国家主权、人格权和产权。数据主权保护受《数据安全法》管辖,人格权保护受《个人信息保护法》管辖,而数据产权界定尚缺乏标准。与物权相比,支配数据具有非损耗和非"物"的排他性,不能套用有形物的物权制度。与债权相比,相关法律制度不能为数据权利提供充分保护,数据权利也不能纳入债权规范体系。与知识产权相比,数据采集汇聚存储并不包含明显的智慧加工,知识产权解释力有限。综上,应明确数据产权为新型民事权利。

2）分类确权原则

明确数据产权包括存储权、使用权、收益权和处分权 4 方面。首先，数据存储权确认可比照知识产权模式。即未经数据权利主体授权，其他人不能处理其数据或通过其数据获取利益。其次，数据使用和收益权的确认应遵循内容决定原则。对于承载个人信息的数据，应按《个人信息保护法》界定其处理和收益行为；对于承载商业秘密的数据，应依照《反不正当竞争法》等规定使用，不得违反商业秘密权利人有关保守商业秘密的要求；对于承载知识产权的数据，应按照知识产权保护的规定使用。

2. 数据产权界定面临的困难

数据产权界定的复杂性首先来源于数据的特殊性。一方面，数据的非消耗性、非竞争性使传统的科斯产权定理无法直接适用，多数研究者认为，应当将数据产权与传统物权、知识产权相区别，以最大化数据资源价值为目标，扩大利用数据资源的主体范围，产生更大的社会总体福利。因此，难以将数据产权划定在已有的物权、知识产权制度框架之内。另一方面，从数据本身的特性来看，价值高（high-value）、类型繁多（high-variety）、容量大（high-volume）、处理速度快（high-velocity）、准确性高（high-veracity）的 5V 属性导致数据在产生、收集、使用各环节呈现爆炸式的规模增长，在此过程中涉及的数据生产者、收集处理者、使用者、控制者等多方主体则出现了更为复杂多样的利益交叉，尤其是在数据产业巨大市场利益的驱动下，数据稀有价值不断体现，数据产业链的各主体更是纷争不断。其中，用户与企业之间信息保护和数据收集的冲突、企业之间数据争夺的冲突、企业在数据使用过程中产生的争议是数据经济时代的核心问题。

习近平总书记在中共中央政治局集体学习时指出，"要制定数据资源确权、开放、流通、交易相关制度，完善数据产权保护制度。"近年来，西方国家出台了多部与数据相关的专门法规，如欧盟《通用数据保护条例》、日本《人工智能、数据利用相关签约指南》等，相关法规均对数据权属等问题进行了系统界定。我国《民法典》等法律虽然规定了须对个人信息和数据进行保护，但相关立法对数据要素市场中的数据权属问题一直未作出正面回应。

数据权属界定不明确造成数据在流通、交易、使用过程中的可解释空间大，导致市场规范性变差。例如，根据《腾讯微信软件许可及服务协议》，微信账号的所有权归腾讯公司所有，而用户只享有使用权，不得赠予、借用、租用、转让或售卖微信账号。而在重庆新世纪百货与腾讯公司的名誉权纠纷一案中，腾讯公司又解释称账号所有权属于用户，腾讯公司本身并没有占有处分权和所有权。数据权属不确定问题使得针对微信账号数据的挖掘、开发等市场行为处于司法实践的灰色领域。此外，数据权属不确定问题还给相关执法带来困难，间接造成数据交易违法成本降低。例如，大量数据集在黑市进行交易，数据隐私泄露问题屡见不鲜。因此，相关部门应尽快建立数据权属界定方法体系，分离数据所有权与使用权，为数据要素的流通交易奠定基础。

4.1.3 数据产权的研究述评

1. 欧美地区的数据产权研究

欧洲对数据产权的研究经历了从数据所有权（data ownership）到数据生产者权（data

producer's right）的变化，体现了欧洲对新型数据产权认识的不断明确和清晰化。2016 年，欧盟发布的《数据获取和所有权的法律研究》（Legal Study on Ownership and Access to Data，LSOAD）对欧盟各国就数据所有权的立法和司法实践做出了分析。2017 年，《建立欧洲数据经济》提出通过"数据生产者权利"鼓励（特殊情况下强制）公司授予第三方访问其数据，促进数据交流和增值。从概念上分析，欧洲广泛关注的数据产权可以总结为：设备的所有者或长期用户（如承租人），基于收集和分析处理等操作，对非个人数据享有的使用和许可他人使用，并防止他人未经授权使用和获取数据的权利，且当涉及交通管理和环境治理等公共利益时，数据生产者不得专享数据。

美国的立法仅在知识产权创作涉及"最低的创造性"（minimal degree of creativity）的情况下才通过知识产权保护数据库内容。这就导致了一个非常严重的问题：虽然数据收集可能涉及大量投资，但事实内容不受保护，对于数据产权的法律规制还处于空白状态。例如，金融领域的金融工具、指数、价格和行为数据等都需要从数据供应商处购买，但是供应商从事数据收集、标准化、附加元数据等活动并没有法律规范认定这些数据属于供应商的财产。数据供应商仅仅通过许可协议来限制数据的重新分配和派生。在这样的一个市场下，数据很难作为资产进行交易，极易产生市场交易失灵问题。全球农业及营养开放数据组织的研究认为，缺乏数据所有权的制度安排，会导致拥有数据越少的组织越愿意开放数据，而拥有数据越多的组织越谨慎。这是因为所有权缺失会使主动进行开放数据的数据所有者无法获得开放数据的利益。

值得肯定的是，国外在个人数据保护立法实践上做了大量的实践工作。瑞典在 1973 年制定出台的《瑞典数据法》（Data Act，DA）和美国 1974 年颁布的《隐私权法》（Privacy Act，PA）是国家层面最早具有个人数据保护明确表述的两部法规。欧盟则是个人数据保护立法最为全面的地区，先后制定了大量涉及个人数据保护的法律法规，如《欧洲理事会第 108 号公约》《个人数据保护指令》等。2016 年 4 月，欧盟正式出台了《通用数据保护条例》，并依此建立了完整的个人数据保护机构。欧盟还与美国就个人数据跨境流动签订了两个协议，即商业领域的《隐私盾协议》（取代"安全港"协议）和执法领域的《欧美数据保护伞协定》（The Drivers Privacy Protection Act，DPPA）。国际组织也在个人数据和隐私保护方面进行了实践。如经济合作与发展组织于 1980 年制定、2013 年修订了《隐私保护与个人数据跨国流通指南》（Guidelines on the Protection of Privacy and Transborder Flows of Personal Data，GPPTFPD），为个人数据资料的合理利用和保护设定了基本法律框架。APEC 于 2005 年发布了《APEC 隐私框架》（APEC Privacy Framework）并于 2015 年进行了更新，为亚太地区个人数据和隐私保护提供了指导原则和标准。

2. 我国的数据产权研究

目前我国的法律法规及政府文件中还没有对于数据产权的官方定义，因此目前学者对数据产权的研究主要包括人格权说、财产权说、特许经营权说、数据不可赋权说 4 种观点。上述 4 种观点从不同角度、不同侧重点对各方主体的利益进行协调安排，以期实现数据资源的高效率配置。

随着《民法典》的颁布和实施，大部分涉及数据的研究往往聚焦于人格权保护，数据问题通常在论文的某一章节中有所论及，主要涉及数据与个人信息之间的协调问题。此种研究方法当然具有积极的意义——能够有效聚焦数据与在先权利之间的利益分配，进而完善权利的配置。但其局限性在于过于聚焦个人权利的保护，忽视了数据的多样性，以及数据从业者对数据权利配置的需求。

对于"人格权"说，此种观点的贡献在于强调人格利益保护的重要性，人格利益的价值位阶高于财产利益，数据权利的行使应当尊重在先的人格利益；而不足之处在于将（个人）数据视为一种人格权，实际上完全限制了数据的进一步转让及交易，不利于数据产业的发展。对于"财产权"说，此种观点的贡献在于明确了数据的财产价值以及数据权利的财产权属性，并通过完善权利关系和权利结构实现数据利益在个人与企业间的平衡；而不足之处在于仍然局限在个人信息与个人数据保护的视角，未能对广义的数据权利进行安排。对于"特许经营权"说，此种观点的贡献在于结合数据产业模式与企业利益保护，提出应当重点保护数据的资产价值（数据资产权）和使用价值（数据经营权）；而不足之处在于"特许经营模式"意味着将初始的数据权利配置给国家，此种模式与数据的生成规律不符，且效率存疑。对于"数据不可赋权"说，此种观点的贡献在于分析数据的法律特征及相关属性，对数据领域纠纷展开类型化研究，提出相应的治理模式与请求权基础；而不足之处在于否定了数据的财产价值，未能对数据及数据产业发展提供足够保护。

物质资料再生产涉及的生产、分配、交换和消费等全部环节都被不断数字化，数据被收集、处理和复用，一方面对再生产的各环节进行优化和重构，另一方面形成新的数据产品和服务，创造未曾出现过的供给。数据产业已经成为最具发展潜力的领域之一，并被政府、产业界和学界所认可。数据产权是数据产业发展中最重要的制度安排，数据产权不清晰可能导致数据领域的投资不足，从而导致市场交易失灵。但是当前国内数据产权相关的研究明显不足，理论上既没有形成各方认可的数据产权概念，也没有呈现出对数据产权百花齐放、百家争鸣的学术探讨景象，制约了数据产业的发展。

4.2 数据产权的权利体系

在明确数据产权概念的基础上，本节对数据产权具体包含的内容进行了更详细的分析和研究，主要包括数据产权包含的基本范畴与权利体系，旨在让读者对这一概念有更加广泛的理解。

4.2.1 数据产权的基本范畴

1. 数据产权的权利主体

由于产权具有可分解性，因而不同类型的经济主体都可能拥有部分数据产权。从而，数据产权主体具有多样性。按照数据产权主体的性质划分，数据产权主体可以是政府，也可以是企业，还可以是单个个体。从理论上讲，拥有数据资源需求的经济主体，都可以通过法律授权、行政分配或市场交易等方式，成为数据产权主体。

2. 数据产权的权利客体

不同类型的数据资源，构成了数据产权的指向对象。明确产权的根本目标，是协调经济个体之间的权利关系，而个人、企业、公众和政府是数据资源的生成主体。因此，数据产权客体的划分标准，应当依据数据产生或持有主体的不同来划分，即数据产权的权利客体包括个人数据、企业数据、公众数据、政府数据等。

3. 数据产权的内容

大数据时代对数据的需求越来越多，在法律上明确数据新型产权的具体内容，对数据在流通交易时的秩序稳定有着非常重要的意义。数据新型产权的客体是无形财产，物权法体系中没有与之相匹配的权利内容。本书认为，数据新型产权应该类似于所有权，其数据资产的所有人对其数据成果享有的权利应该是独占且排他的，具体包括以下几方面。

1）*数据存储权*

数据存储权即对数据进行实际的占有，数据的控制人有权将特定的数据存储在其服务器、硬盘等介质中，不仅可以自身直接存储，同时也可以授权给第三人进行存储。

2）*数据使用权*

搜集数据的目的是使用，只有在法律上赋予数据从业者使用和允许他人使用数据产品的权利，才能发挥其主观能动性，进行数据产品的开发，生成新的数据，激发数据市场的活力。

3）*数据收益权*

数据具有虚拟性，故将数据收益分为直接收益和潜在收益。直接收益就是将自己的数据成果通过和他人交易所得到的金钱上的收益。而潜在收益就是指一些电商平台、服务平台通过优化自身的数据服务，吸引更多的网络用户，实现自身的长远发展。

4）*数据处分权*

数据处分权指数据从业者对其掌握的数据的自由支配的权利，具体包括转让和许可，在被转让方或者被许可方符合条件时，扩展数据产品的使用对象，实现数据成果的充分利用。

4.2.2 数据产权的权利体系介绍

1. 个人数据产权

个人产权框架下的权利内容以隐私保护为主，重点关注人格权保护问题。个人虽然作为个人信息原始数据主体，本身并不参与价值创造过程，所拥有的数据仅有潜在价值，但需对过度收集个人信息和侵犯公民隐私的行为进行规制。因此，对作为数据主体的个人来说，需要关心的是数据隐私保护，避免企业过度收集个人信息带来的负面影响，强调的是对人格权保护，在确权过程中应重点赋予其对数据信息的控制权，而非赋予其对数据信息的产权。权益保障应从政策设计与技术创新两方面入手。在政策层面，应进一步明确谁有权收集何种类型的数据，谁有权处理和使用这些数据，企业是否有权与其他人进行数据交易或数据共享，以及处理程度如何。就技术层面而言，在数据交易场景中，原始数据所有者可基于NFT（Non-Fungible Token，非同质化代币）水印技术保护个人数据权属，亦可通过交易场所提供的数据出生证明，例如，承诺书、抽取日志分析、存证等技术手段，证明数据来自真实的生产库。

2. 企业数据产权

企业数据产权框架下权利内容以收益保障为主，重点关注财产权保护。对于数据持有人和第三方使用人来说，其对数据资源的采集加工、流转应用投入了资本和创造性智力活动，衍生数据因而成为具有价值创造的数据资产。依据"谁投资谁所有"的原则，其合法权利应当得到法律认可，这些数据所有权应归企业。例如，用户使用网络服务商所产生的数据属于企业所有。有学者认为，数据财产是控制人通过资本投入或者与信息源权利人达成协议后取得的，属于数据控制人的数据资产，如果将数据资产共同为数据主体和数据控制人享有，将导致数据主体权利不明，相关数据法律关系不能成立，无法实现数据的价值。

3. 政府数据产权

在政府层面，应将数据的产生、存储、转移和使用通过公法来调整和规制，对数据作为公物给予管理，确保公共利益和国家安全。政府主体收集到的整体数据既包括规模性个人数据，也包括汇聚得到的行业企业主体公共数据等，是国家范围内各类数据的概念总称。数据作为战略性基础资源，各国纷纷采取不同措施保护国家数据主权。例如，美国虽大力主张数据跨境流动，但在立法上强调对本土数据的控制。美国国防部于 2021 年 6 月公开的《美国本土外云计算战略》（Outside the Contiguous United States，OCONUS）强调，在实施中确保美国保持对在本土之外环境中收集、生成或共享的美国数据的控制和主权。此外，美国还通过《澄清海外合法使用数据法》（Clarifying Lawful Overseas Use of Data Act，CLOUD）获得直接访问美国企业存储在境外服务器数据的权利。在国际数据主权交锋加剧的背景下，应从国家安全和公共利益角度，对整体数据作为公共物品加以管理和规制，重点关注国家数据主权，避免受其他国家长臂管辖干扰。

4.3 数据产权的立法方向

数据产权是一个比较新的概念，因此目前各个国家在对数据产权的专项法律规制方面还处于空白状态，导致在数据交易流通市场存在一些问题。本节对立法方向的讨论和建议主要是以当下数据市场遇到的问题为基础，从构建数据产权体系的总体角度入手，提出未来立法的建议方向与内容。

4.3.1 构建新型数据产权，完善法律体系

1. 构建开放型数据产权体系

数据产权立法需要打破封闭的传统财产权体系，构建一个具有开放性、包容性、发展性的体系。原因在于数据作为数据产权的客体，其本身具有虚拟性、可复制性、不确定性，而承载数据的技术手段又随着技术的进步在发生翻天覆地的变化。一个典型案例就是美国的《信息自由法》。该法案在短短 6 年内经历了两次修改来适应实践的发展。因此，我国在数据产权保护的过程中既要通过法律明确规定数据产权的权利属性，又要避免将法网织得过细，使立法难以适应日新月异的实践发展。也就是说，数据产权应当是一个开放的、发展的动态体系。

2. 协调权利体系的整体性与数据产权的独特性

数据产权的立法既要遵循财产权利创设、流转、救济的本质属性，也要找到共性并遵循共性，做好与相邻法律如民法典物权编和知识产权法的衔接，避免发生严重的"排异反应"。因此，应从整个产权体系的宏观角度思考数据产权的构建思路，让其逻辑合理顺畅。同时还应保持数据产权自身的独特性，以此来区别于其他权利。

4.3.2 完善数据流通交易全过程相应法律规定

1. 规范数据流通交易机制

数据交易的基础是产权，规范的数据交易机制离不开对数据产权的明确界定和理解，同时，数据产权的法律体系构建也离不开对数据流通交易机制的规范和管理。国家市场监督管理总局、中国国家标准化管理委员会发布的《信息技术—数据质量评价指标》明确规定了安全和隐私方面的规则。但由于我们制定的指引、指南、指标等规范的法律效力层级较低，需要制定上位法给数据的确权和数据交易给予权利上的确认。《数据安全法》在宏观上对数据安全与发展制度、安全保护义务的实现、政务数据的开放和法律责任等方面做了指引性规定，如数据的确权、主客体的认定和具体交易流程管理的相关基础性研究和立法，但依然需要其他法律法规的配套支持。

数据交易平台是数据信息实现交易流通的载体，交易平台的完善程度直接决定着数据要素交易市场的发展，引导培育和支持各类所有制企业参与数据要素交易平台建设，有利于促进平台规范运行，并形成和交易平台之间的良性竞争。因此，需要做到以下3点：

（1）要强化数据交易"第三方"独立法人地位，设立特殊市场的监管准入制度，在注册资本方面应当满足注册资金的实缴；建立健全数据信息存储、传输、应用、销毁和安全管理的规章制度。

（2）要建立数据交易平台的责任机制。作为数据交易的载体，应建立与严把准入关相匹配的责任制度，对于管理人员提出特殊的信义义务要求，比如不得私自篡改交易数据、数据存储的安全责任以及对管理人员离职后的离任审计等。

（3）要协调好自律监管和行政监管。数据交易平台健康稳健运行，离不开完善的配套措施。其中行政监管存在成本高、效率低和面临权力寻租的风险，尤其针对技术性层面的数据平台技术、数据存储技术、数据处理技术等核心环节，单纯的行政监管不能满足市场发展的要求，因此，协调数据交易平台企业建立行业协会的自律监管机制，与行政监管并行运作，发挥科学的监督作用。

2. 明确数据流通交易过程中的法律责任

我们处于一个风险无时不有、无处不在的社会。中国传统观念强调"无危则安，无缺则全"，安全往往意味着没有危险且尽善尽美。但在当今社会，这种希冀消除一切风险的法律目标早已不合时宜。风险容忍的数据安全并非零风险的数据安全日益成为人们共识。既然数据事故不可避免，那么试图通过严苛的结果责任来消除违法行为，必然会不合理地增加各方成本，阻碍数据共享发展。因此，在数据交易流通的场景下，我们有必要从"数据静的安全"，即对数据固有形态及其权益的保护，转向"数据动的安全"，即对数据流动交易过程及其权益的保护。增进"数据可信度"成为数据交易流通法律责任分担的基础原则。

4.3.3 从《民法典》到民事单行法对数据产权进行层级保护

1.《民法典》统领明确数据产权定位

针对我国数据产权的立法，应当对数据财产进行从《民法典》到民事单行法的层级保护。首先，需要在《民法典》中进一步明确数据产权的民事权利的定位及属性。数据产权在《民法典》中的表达涉及两个基本问题：首先，民法上的民事权利体系如何划分，即存在哪些民事权利类型；其次，应该赋予数据产权怎样的民事权利地位，即其在民事权利体系中的位阶。对于第一个问题，可以通过对《民法典》进行文本分析得出结论；对于第二个问题，目前仅能从应用层面加以探讨，就如隐私权概念刚刚在我国法学领域出现时一样，一开始是被传统权利保守派所排斥的，但如今已经首次获得了《民法典》赋予的法律地位，这是一个认知和需求渐进的过程。

2. 民事单行法针对数据产权专项保护

更进一步来说，我国亟须建立一部有关数据产权的民事单行法来规定数据财产的取得、行使、救济规则。最后，在梳理我国现行数据利益所涉及的众多法律法规，如《数据安全法》《个人信息保护法》《关于加强网络信息保护的决定》《信息安全技术——个人信息安全规范》的基础上，逐步构建起数据权利的法律体系。而针对数据产权，首先要准确界定数据产权的权利属性与法律地位，树立数据至上的价值观念，明确数据保护的范围和数据权属的范畴。其次，既要保护数据归属者、持有者、提供者的数据产权，又要保护数据经营者在挖掘、开发、利用和交易过程中的合法权益，确立数据权益的双边保护机制。

4.4 数据交易的框架、模式与政策

数据产权与数据交易是密不可分的，数据能够合法交易的前提就是数据是产权可界定的商品。对数据产权研究的一个重要目的就是为数据交易的有序进行扫清最基本的障碍。本节的主要内容是数据交易的基本框架、模式及不同国家的数据交易政策。其中数据交易的框架和模式是读者需要关注的重点。

4.4.1 数据交易

1. 数据资产及其特点

从本质上说，数据资产是产权的概念，是指由个人或企业拥有或者控制的，能够为个人或企业带来经济利益的，以物理或电子方式记录的数据资源。数据交易的合法化前提在于数据是一种产权可界定、可交易的商品。从直观呈现的产品类型来区分，数据可分为数字产品和数据产品。前者是以数字形式存储、表现和使用的人类的思想、知识成果，如网络歌曲、电子文献、在线课程等；后者是由网络、传感器和智能设备等记录的、可联结、可整合和可关联某特定对象的行为轨迹和关联信息，具有较强的分析价值，如各种机器生产和采集的内容。

数据要素化、数据资产化主要指的是数字化的数据，即数据产品。数据资产化的核心在于通过数据与具体业务融合，驱动、引导业务效率改善，从而实现数据价值。一般而言，资产的核心特征主要包含3点：未来的收益性、所有者拥有对资产的控制权、由过往交易结果形成。因此，合法获取的由企业或个人产生的，预计会影响个人或企业未来的行为决策，并为个人或企业带来经济收益的各类数据资源都是数据资产。大体量的数据产品集合又称作大数据资产。

数据资产具有与传统资产、金融资产不同的特点。具体包括以下两方面。

（1）数据资产具有非竞争性且边际成本接近零。数据资产可被无限分享和复制，且被分享和复制的数据资产在一定程度上具有非竞争性，即使用者的增多不影响数据资产本身的价值。这便使得数据的某一使用者在购买数据资产后难以获得独有的市场竞争优势，由此给数据资产交易造成了困扰。当数据资产的复制既没有物理成本也不会损害个人或厂商的福利，甚至会给分享者创收时，即便理论上可以进行数据确权也很难防止用户将数据资产进行二次转售，从而损害数据产品创作者的利益，这是数据交易需要克服的难题之一。数据资产在成本、价格公开的影响方面也与普通资产不同。由于数据整合涉及对不同系统来源的数据信息进行大量的人工干预、翻译和融合，因此数据产品首次创作成本高，但根据摩尔定律，随着大数据技术的发展，数据资产的整合和存储等成本将进一步降低，数据资产产品的首次创作成本也将下降，而且数据资产的再生产边际成本接近零。此外，数据资产还存在价格外部性，数据价格的公开会泄露数据的价值。

（2）数据资产的价值具有很大的不确定性。首先，数据资产具有事前不确定性、协调性、自生性和网络外部性。买方如果在交易前不了解该数据资产的详细信息，则较难明确该数据能带来的效用价值；但如果买方了解数据的全部信息，那么购买该数据对买方的价值将降低，这就是"信息悖论"，即没有合法的垄断就不会有足够的信息生产出来，但有了合法的垄断又不会有太多信息被使用。协调性是指不同的数据集组合可以带来不同的价值，这导致数据资产具有范围经济的特征。自生性指当同一组织或个人拥有的数据资产组合越多，这些数据资产彼此之间越可能相互结合而产生新的数据资产，从而带来更多的价值。网络外部性指的是数据产品的使用者越多，其价值越高，比如Google、微信等平台企业，使用个体越多，吸引的使用者越多，平台的数据资产价值越大。

其次，数据资产的价值与本身的体量、质量、时效性、整合程度之间存在一定的不确定性，与具体的应用场景相关。虽然大多数情况下数据资产具有规模报酬递增性，即随着数据产品中包含的有效数据内容的增多，该数据资产所带来的价值越大。但是，部分运用数据进行企业产品需求预测（如亚马逊）的实证研究发现，数据量对预测和决策改善的价值达到顶峰之后可能下降。一般情况下，数据准确度越高，价值越大，但如果数据的准确程度固定，而使用者知晓该准确度，那么此信息的纳入同样可以帮助使用者进行决策矫正，从而产生更高的价值。在某些对时效性要求较高的应用场景中，只有最新的数据才有价值，比如消费者的住址、定位。但对于学者研究、行为预测等，历史数据和当前数据的重要性差别并不大，甚至早期的数据价值更大。另外，通常数据整合度越高，其价值越大。但也有学者指出，数据价值与整合度呈抛物线关系，20%的整合度可以达到80%的效用价值。也有研究表明，互联网搜索中的 A/B 随机试验结果的分布可能是厚尾的：罕见的结果可能有非常高的回报，因而通过许多低质量和低统计能力的小型实验来测试大量创意反而更有利于发现更大的创新性成果。

最后，数据资产的价值与使用者的异质性密切相关。这主要是因为数据资产只有被使用才会产生价值（没有被使用的数据资产无法为企业创造价值且需要企业付出存储、管理等成本，事实上是企业的负债），数据资产的价值在于改变行动、改善数据资产持有者的决策和行为。因此，使用者的目的、知识、能力、私有信息、已有的数据资产不同，会导致同样的数据资产对不同买方的价值差异很大。所以数据资产的价值评估很难作为一个标准品，由众多类似于股票交易市场上的买方共同定价。

2. 数据资产的流动方式

数据资本化依赖于数据要素跨企业、跨行业的流通和社会化配置。从数据资产到数据资本是数据要素化过程中一次"质的飞跃"，这类似于马克思提出的商品到货币"惊险一跃"。数据的流动方式主要包括企业主动共享、自留使用和数据交易，企业对这 3 种方式的选择依赖于卖方是否与买方存在竞争、买卖双方的风险偏好水平等因素。

如果数据产品持有者既销售数据又使用数据（与数据产品买方存在竞争），此时主动共享数据资产违背理性原则。Easley 假设了一个需求不确定、没有数据资产供应商的基准古诺竞争经济模型，此时数据共享能促进企业更好地适应消费者的需求，从而改善消费者剩余和社会总福利。但是，企业竞争使得分享数据后企业利润减少，因此数据资产的"主动共享"对于企业来说是一种囚徒困境，局中人的上策都是不共享自身拥有的数据资产。数据主体主动共享数据的场景较少，只有企业面临的市场需求不相关、市场需求信号完美（即市场需求情况恰好能够满足企业的期望）或者存在战略互补时，企业才会共享信息。在需求不确定的伯川德竞争模型中，只有所有企业均知晓，进行数据共享后的市场环境对自身及其他企业的利润增长具有正向促进作用时，企业才会共享数据。此外，对具有公共基础设施、公共价值性质的数据和主体，或者对伦理、安全性等有高要求以至于法律限制交易的数据，各区域、各行业之间进行共享才会成为首选。为了在合规的条件下解决数据孤岛问题、整合数据以产生更大的价值，联邦学习等分布式机器学习方案受到推崇，极大地推动了数据的共享。

当卖方同样是数据资产的消费者时，数据卖方没有动机主动共享数据，但选择数据交易或自留使用受到买卖双方风险偏好程度的影响。假设一个将数据资产金融化的场景，卖方将数据产品加工为数据基金进行销售。如果卖方是风险厌恶的，则卖方倾向于只销售数据基金，而不在二级市场中和数据买方进一步竞争。当数据无法被二次销售（如数据时效性较强）且数据持有者是风险中性时，其不会销售数据产品，而是倾向自留使用以减少竞争；当数据持有者是风险厌恶的且其他数据交易买方是风险中性时，则持有者倾向于销售数据产品以平衡风险分摊和竞争加强的影响，而不是自留使用；否则，将选择销售数据和自留数据参与后续竞争的混合策略。

3. 数据交易基本框架

数据交易的基本框架主要包括数据供方、数据需方、数据交易所、监管体系、保障体系等几方面，如图 4.1 所示。

数据交易的基本流程：首先，数据供方将已完成确权登记的数据产品/服务以某种形式形成数据交易标的（比如添加某一种可交易的数据权）后，向数据交易所提交挂牌申请；接着，数据交易所对数据交易标的（如数据产品/服务权属交易标的）的交易资格进行认定；然后，在通过交易资格认定后，数据交易标的就可以在数据交易所进行标的挂牌；随后，进入数据交易撮合环节，数据需方通过数据交易所这个中间平台寻得所需的数据产品/服务，待交易协议达成后，数据需方就可按协议方式获得数据交易标的；最后，在交易确认后，数据需方获得数据交易所发放的用于证明获取交易标的的合法性的成交证书，同时，数据交易所会对此次数据交易进行登记备案。数据交易的全部流程都要受到相关政府部门的依法监管，主要涉及交易主管部门、市场主管部门、网信主管部门、产业主管部门、公安主管部门、财税主管部门等多个政府部门。数据交易还需要一系列完善的保障体系加以支撑，使得数据交易能得以顺畅、有序开展。

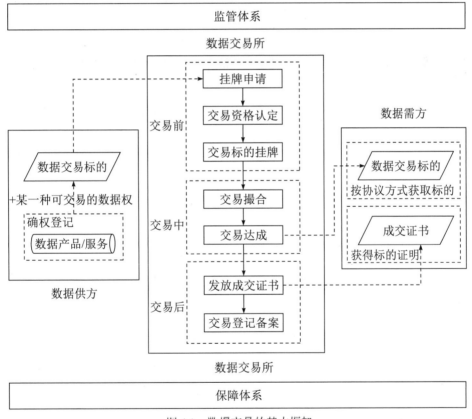

图 4.1　数据交易的基本框架

4.4.2　数据交易的模式

1. 从交易产品逻辑层面

随着信息技术的发展，企业与企业之间的交易基于电子方式实现数据的共享和流通，从而形成了多种电子交易的模式。从产品逻辑来看市场的电子交易模式，主要有 5 种模式，如图 4.2 所示。

(1)"数据管道(1对1)"模式,即单个数据提供商和单个客户之间建立了交易,是典型的"电子层级"。

(2)"客户主导的数据集市(n对1)"模式,即某个客户有多个数据提供商,客户通过建立数据中心并邀请多个提供商来提供数据产品(比如某个银行有60多个数据供应商)。

(3)"供应商主导的数据集市(1对n)"模式,即某个数据供应商为多个客户提供数据(例如,彭博市场数据、百度 API)。

(4)"数据平台市场(n对m)"模式,即允许数据提供商和客户之间进行多对多的交易(如上海数据交易中心、AWS data exchange)。在这种模式中,由于数据产品的不确定,交易双方存在着信任障碍,因此需要平台服务提供额外的诸如"产品试用"服务或提供"经纪商"的角色服务。

(5)"做市商市场(n对1对m)"模式,即由一个独立代理商来完成数据买卖双方的交易业务。

不同的数据产品,最为匹配的数据交易模式也可能不同,而我们通常所提到数据交易所和交易中心,大多符合其中第4类情形,即平台不持有数据,只是连接供需双方。

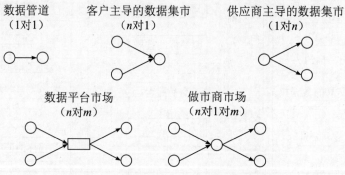

图4.2 产品逻辑下数据交易的5种模式

2. 从交易平台实践层面

当前数据资产交易有线下直接点对点的交易,也有线上通过交易中心的交易。线下点对点交易可以按字节、流量、数据条数、查询次数等收费,也可以通过对等交换或签署协议的模式进行。线下的直接交易虽然可以满足部分企业数据资产交易的需求,但无法满足大规模交易的需求。通过对国内现有数据资产交易中心的调查发现,目前数据资产交易模式有以下两种。

1)托管交易模式

托管交易模式是指数据资产拥有者(各业务机构)将自己的数据资产完全交由数据资产交易中心管理,由数据资产交易中心负责与数据资产购买者交易,交易模式如图4.3所示。

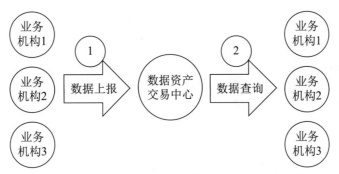

图 4.3 托管交易模式

一旦发生托管,后续的一切交易活动都与最初的数据资产拥有者无关,最初的数据资产拥有者无法得知后续交易内容,也无法从后续交易中获利。而数据资产交易中心的诚信度是数据资产拥有者权益的唯一保障。

2)聚合交易模式

聚合交易模式是指数据聚合中心通过 API 链接各数据资产拥有者,数据资产由数据资产拥有者自行管理。当数据资产购买者向数据聚合中心提出请求时,由中心向各数据资产拥有者发送请求,满足请求的机构返回数据,最后统一由中心反馈给提出请求的数据资产购买者,交易模式如图 4.4 所示。

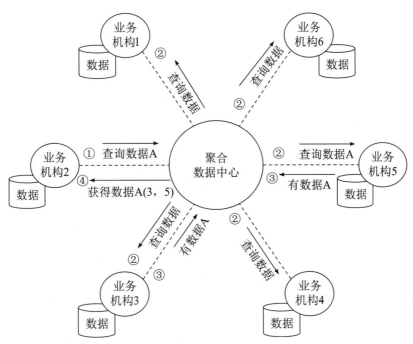

图 4.4 聚合交易模式

从表面来看,聚合数据中心并不是一个原生的平台,而是通过使用 API 技术整合了其他机构的交易数据,进而形成的一个可以为用户提供更强交易深度的平台。但是,通过深入分析数据资产的流通不难发现,在数据资产交易的过程中,所有被交易的数据资产都会通过该中心再流转,中心完全可以对交易数据进行备份留存,随着不断有新的交易发生，聚合数据中心可以沉淀大量数据资产，其本质与托管数据资产交易中心无异。

4.4.3 数据交易政策

1. 美国和欧盟的数据交易政策

美国对于数据交易的规制主要集中在市场中消费者的信息隐私权领域，以隐私权为基础构建个人数据保护的整体法律规制体系。美国的法律并未对数据交易（包括个人数据的交易）行为本身设置法律障碍，对数据交易的规制主要从消费者隐私信息的保护出发，要求数据交易主体在交易过程中不得侵犯个人隐私权。关于隐私权的保护依据，宪法及《隐私权法》主要是规制政府对公民隐私权的侵犯，而在民事权利领域，在支持个人数据自由流动的大背景下，美国数据隐私权的保护具有市场性特征，个人数据保护通过隐私权"碎片化"立法以及行业自律来实现。在个人信息隐私立法层面，从美国法律的位阶来看，当前美国有关数据交易规制的立法主要集中于制定法（statutory laws）层面，主要包括国会法案、行政法规及州法。截至2018年8月，美国已有近20部与隐私权或数据保护相关的专门性部门立法，同时其50个州出台了近百部与此相关的法案。

欧盟着力于解决成员国众多、数据市场分裂等问题，通过规划单一的数据流通市场和机制，建立自身的"数据主权"，推动欧盟内部数字经济发展。2018年，欧盟发布的《通用数据保护条例》强调数据权利保护与数据自由流通的平衡，但其中严苛的条款在一定程度上阻碍了数据流通机制的建设进程。为进一步推动数据流通，欧盟后续发布了《欧洲数据战略》等一系列数据共享相关条例，具体举措包括由新型数据中介机构作为可信的数据共享第三方来提升成员国之间信任度的措施，以及在各个专有领域构建数据空间，包括工业、环保、交通、医疗等九大数据空间，以 IDS（International Data Space，国际数据空间）参考架构模型和数据生态机制拓展数据流通范围等。

2. 我国的数据交易现状

1）政策层面

进入信息时代后，数据对生产的贡献越来越突出，同时也显著提升了其他生产要素在生产中的利用效率，因此，数据已成为当今经济活动中不可或缺的生产资料。数据作为生产要素参与生产，需要进行市场化配置，形成生产要素价格及其体系。基于此，2019年10月，中国共产党第十九届中央委员会第四次全体会议首次将数据纳入生产要素。2020年3月，国务院提出加快培育数据要素市场、推进政府数据开放共享、提升社会数据资源价值、加强数据资源整合和安全保护等指导要求。数据要素市场就是将尚未完全由市场配置的数据要素转向由市场配置的动态过程，其目的是形成以市场为根本的调配机制，实现数据流动的价值或者数据在流动中产生价值。图4.5展示了数据要素市场的构成关系。2020年5月，国务院再次提出加快培育发展数据要素市场，建立并完善管理机制、数据权属界定、开放共享、交易流通等标准和措施。数据要素市场化配置是一种结果，而不是手段。数据要素市场化配置是建立在明确的数据产权、交易机制、定价机制、分配机制、监管机制、法律范围等保障制度的基础上。未来数据要素市场的发展，需要不断动态调整以上保障制度，最终形成数据要素的市场化配置。2021年5月，国家发展和改革委员会发布的《全国一体化大数据中心协同创新体系算力枢纽实施方案》为建设数据流通基础设施进一步提出可施行的建设方案。国务院办公厅在 2022 年 1 月印发的《要素市场化配置综合改革试点总体方案》中，更是将建立健全数据流通交易规则、拓展规范化数据开发利用场景、加强数据安全保护等进行了更细化的要求。

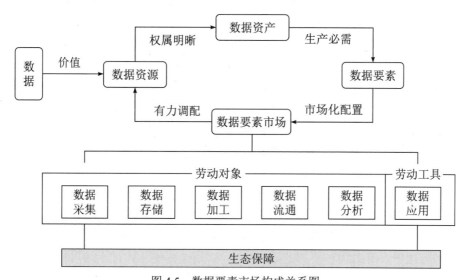

图 4.5　数据要素市场构成关系图
（来源：国家工业信息安全发展研究中心）

2）法律层面

《网络安全法》《数据安全法》《个人信息保护法》的正式颁布，构建了一整套数据管理规范要求，补齐了数据流通交易中所缺乏的法律依据，为数据的合规使用提供指导，建立了中国式数据安全策略。我国数据交易产业早在 2014 年开始起步，主要可分为以各地方政府为主导的大数据交易所（平台、中心）、以市场需求为导向的大数据企业和产业联盟性质的数据交易平台三大类，但各地交易机构的运营情况远低于预期，部分大数据交易平台自 2016 年后基本处于"半停滞"状态，直到 2019 年后才出现转机。大数据交易所通常可提供多种产品及服务，包括经过清洗及脱敏的原始数据、API 接口实时更新数据、数据分析报告以及数据分析挖掘等技术应用服务。在 2021 年 3 月落地的北京国际大数据交易所新增了基于多方安全计算等隐私保护计算技术的数据融合服务，为数据需求方提供更安全的多方数据融合应用解决方案。

4.5　数据确权、定价和交易技术

数据交易的顺利进行，离不开数据资产的合理定价和现代信息技术的保驾护航，因此本节将在明确我国数据交易现有模式的基础上，学习数据资产定价的模型与方法和能够保障交易安全的主要技术，包括区块链、隐私计算等，旨在让读者对数据交易过程中涉及的环节有更深入的了解，从而为数据交易的治理建立更加系统的框架。

4.5.1 数据确权

1. 数据确权的概念

数据确权是实现数据资产（产品）交易的先决条件，数据权属不清会导致数据共享难、开放难等问题，因此若想构建流动自主有序、配置高效公平的数据要素市场，数据确权是首要的任务。对于数据所有权归属问题，主要有两种观点：一是数据所有权归生产者所有；二是数据所有权归控制者所有。目前对此问题尚未达成共识，因此，需进一步解决数据要素的确权难题，充分发挥政府在数据确权中的政策性指引作用。

从经济学的角度出发，只有明确数据产权归属，才能调动各市场主体的积极性，促进数据资源的高效利用。从原始数据的资源化与价值化过程来看，杂乱零散的原始数据不具备价值形态，这些数据需要经过具有海量数据资源积累的劳动者，借助数字技术工具，进行一系列的采集、筛选、分析、计算等复杂工作流程，才能升级为具有经济价值的数据要素资源，进而作用于生产环节创造数据价值。可见，数据要素的价值创造既离不开"数据控制者"的数字劳动，也离不开"数据主体"的数据行为。数据价值分配反映生产关系特征，理应由"数据主体"与"数据控制者"共有。在数据确权中，不能忽视任何一方的权利与贡献，因此，必须改变目前只注重数据控制者而忽视数据主体的权利和贡献的现状。在具体权利分配中，针对两种不同的数据类型，"数据主体"具有原始数据所有权，"数据控制者"具有数据要素的所有权。

2. 数据确权的基础

1）数据资源的价值

毋庸置疑，数据存在着巨大的经济价值，在当今时代所有参与社会活动的个体都无法脱离数据化的过程，也难以拒绝"被数据化"。目前数据资源的开采利用已经逐步成为各阶层不同社会主体的诉求。在IDC（Internet Data Center，互联网数据中心）的一篇名为《数据时代2025》的数据报告指出，在现阶段，全球互联网在每年度生产出的数据将由2018年的33ZB开始逐年增长，预计截至2025年将会增至175ZB。现在，数据被大家称作21世纪新的"石油"，从某种程度上说，数据可以说是未来互联网行业发展的重要驱动力和互联网企业的立身之本，数据确权也显得愈发急迫。

数据的价值与我们每个人息息相关。我们生活中所使用的智能手机、办公电脑、可穿戴设备、摄像头等产品使我们生活中的大部分行为都被记录了下来并加以数据化存储。这种生活方式的转变使得个体逐渐标签化，挖掘普遍存在的特征或个体特征成为现实，进一步可以通过数据来分析个人的行为偏好，通过某种算法来预测未来的发展方向。通过数据的不断整合，社交媒体可以为每位用户提供精准的产品推送和个性化服务，拓宽自身的辐射面。线上经济与实体经济可以相互融合，扩大线上线下的各种收益。企业可以通过数据获取的收益反过来也作用于社会的每一位消费者，使其享受更加优质的服务，个体的行为又丰富了自身的数据信息，形成了良性的闭环效应。这充分体现了数据的经济价值。

2）数据资源的收益

腾讯研究院在《数据产权：互联网下半场不容回避的竞争焦点》中提出，在整条产业链中，如果可以确定数据的总体收益大于数据确权的全部成本时，数据确权也就有了可以发展的经济基础。由此可见，在当前数据确权的经济基础已经存在。从现有的数据生产环节不难发现，整个产业链条从生产、加工、使用到再生产的闭环中涉及众多的利益主体和复杂的利益关系，从不同的角度蕴含着各个利益主体的多元诉求，数据确权因此也变得更为复杂。在切实推进数据确权的过程中，需要参考不同利益主体在整个产业链条中的付出程度，并对其使用的范围和程度进行划分，明确不同主体之间的利益关系从而使各个环节的数据收益达到相对的平衡，确保数据确权的切实可行。

3. 数据确权的基本考虑因素

数据确权能有效降低数据市场交易成本，加速数据流通利用，打造更加有序的市场环境。在确定产权时，需要将数据流通共享、收益公平分配、保障数据安全作为其中考虑因素，只有兼顾三者的产权安排才能真正推动实现数据市场化配置。

1）加速数据流通实现数据价值

数据呈现非竞争性的特点。非竞争性是指数据的价值并不会因重复使用而受到减损，数据的高价值性也表明数据的价值需要通过不断使用才能被真正地挖掘出来。而且，数据的积累会使得网络的价值成倍数增长，网络的价值将取决于数据的充足和普及，数据会因为量的增多而更加具有价值。与传统物越分享越少的特征不同，数据却越共享越多，流通共享是提升数据价值最直接的方式。

数据市场化配置的目的是挖掘数据的价值，通过数据市场的发展为经济增长找到新的动力。要实现这一目的，需要把握数字社会发展的规律，并以此设计相应的规则，而数字社会的核心是共享与利他。我国作为社会主义国家，利他和共享是社会发展、实现共同富裕的要义。要通过数据市场化配置推动数字社会发展，自然应当考虑构建促进数据流通的市场规则，通过数据流通共享推动数字社会整体发展水平的上升，数据确权需要将促进数据流通共享作为重要考虑因素之一。

2）共享数据价值体现分配公平

要实现社会共享数字经济发展成果，除了通过流通真正挖掘数据价值，还需要通过分配规则将成果分发给大众。作为生产要素市场，数据要素市场同传统的要素市场一样，遵循分配理论，即生产要素的所有者凭借对要素的所有权，按照各自拥有的要素份额参与社会新创造价值的分配。

我国《个人信息保护法》规定"个人对于个人信息享有决定权"，并且赋予个人可携带权，这表明立法已明确个人对于数据信息的掌控权，也表明了对于数据背后的信息价值拥有掌控权。数据要素市场同传统市场一样，数据主体主要为个人。但到目前为止，对于个人数据而言，数据产生的收益并未分配至个人，数据要素市场并未形成合理公平的分配机制。

我国数据的市场化配置，其过程目的是促进数字经济发展，但最终目的仍应是将发展成果由全体人民共享。数据作为生产要素，将数据产生的利益分配给要素供给者（数据主体），才能真正体现数据要素市场的公平分配。

3）保障数据安全克服消极影响

个人信息的处理者对于个人信息过度使用，会使得个人的生活安宁被侵害，将个人信息主体暴露于"零隐私"的状态。此外，数据的跨国流动还可能危害到国家整体安全。此前，我国著名平台企业"滴滴出行"在赴美上市过程中，因未履行网络安全审查义务被强制下架,其中最重要的因素即是滴滴在赴美过程中将我国数据泄露至国外,对我国的国家整体安全产生了危害。

数据市场化配置会使得数据的流通更加频繁,所带来的数据安全、个人信息保护问题将会更加严峻。因此有必要在数据确权时就考虑如何通过产权设置减轻数据安全问题带来的负面影响。

4. 数据权属确定的发展方向

2022年6月,中央全面深化改革委员会第二十六次会议审议通过《关于构建数据基础制度更好发挥数据要素作用的意见》,明确提出"建立数据资源持有权、数据加工使用权、数据产品经营权等分置的产权运行机制"。这里的"数据资源持有权""数据加工使用权""数据产品经营权"是从数据所有权派生出来的数据用益权。数据采集和处理等行为,通常只涉及数据用益权,而数据所有权则归属于作为来源的用户等数据原发者。这3种新型权利搁置了"数据到底归谁所有"的争论,有利于促进数据资源的开发利用,为解决数据产权问题提供了"中国方案"。在此基础上,推进公共数据、企业数据、个人数据分类分级确权授权使用制度,建立数据资源持有权、数据加工使用权、数据产品经营权等分置的产权运行机制,健全数据要素权益保护制度,有助于激励各方在切实保护国家秘密、商业秘密和个人信息的基础上,开发数据潜能,释放数据红利,促进数字经济发展。

4.5.2 数据定价

1. 数据资产定价的原则和方法

1) 定价原则

数据资产定价的主要原则包括:价格可以真实地反映买家的效用、卖方收入最大化、收入公平分配给合作提供数据集的不同卖家、无套利、隐私保护和计算效率。具体的定价方法基本体现了以上原则的取舍和融合。例如,Koutris对查询式数据制定出一套线性规划方案,可以同时满足卖方收入最大化、无套利、公平分配原则。随机抽样拍卖定价方式能有效促进价格真实地反映买家的效用,但不一定能使得卖方整体收入最大化。而一些能最大限度满足无套利原则的定价方法可能需要较大的计算量。

2) 定价方法

(1) 传统会计学定价。收益法、成本法和市场法等适用于不同类型的数据。收益法关注商品的效用价值或现值,其收益可以依靠合同定期支付。对以原始数据直接交易的数据资产的定价,可以通过收益现值法,根据买方的实际收益所得、使用次数或时间等,按比例支付给卖方,但选择合适的折现率比较困难。收益法的典型应用场景包括基于项目数量和用户数量制定比例租赁费用的订阅方式,根据买方的质询、模型训练精度定价等方式。成本法易于操作且定价相对直观,但如果仅依靠成本法则忽略了买方异质性和数据特点所产生的价值,很可能会低估数据的价值。因此,成本法比较适用于买方差异不大、制作成本几乎是公开信息、供给竞争激烈的数据产品,同时也适用于对个人数据的隐私补偿定价。

市场法则强调数据资产的交易价格,主要考虑重置成本(用新资产替换已有资产的成本)、当前成本(用类似用途的资产替换资产的成本)或可变现净值(资产可以出售的金额减去出售成本）。大多具备类似知识产权专有特性的数据都可适用市场法，但其运用限制也较为明显，比成本法更费时和昂贵，且要求市场上已有类似的数据交易作为参照。但是，传统会计评估法可能会低估数据集的价格，这是因为拥有数据资产的企业一般会相机进行决策。如果现有数据集质量不佳或市场需求疲软等，企业可能会放弃或延迟开发数据集。这也意味着当企业计划将数据要素纳入生产环节中时，数据资产具有了隐含期权的特征。因而，可考虑将实物期权理论融入数据资产定价，但此方面的研究仍有待进一步发展。

（2）基于"信息熵"定价。根据香农的信息论，"信息熵"表示信息中排除冗余后的平均信息量，是与买家关注的某事件发生概率相关的信息相对数量。信息熵越小，事件发生的不确定性越小，正确对其进行估计的概率越高。因而，"信息熵"越大，信息内容的有效性越大，交易价格越高。"信息熵"定价在传统金融、期权领域运用广泛，主要通过不同时间的历史数据来预测未来时期的期权价值。因此，通过将数据元组（组成数据集的小单位）的隐私含量、被引用次数、供给价格、权重等因素结合在一起，可以对数据资产的信息熵进行动态定价。信息熵定价法充分考虑了数据资产的稀缺性，且相对于数据的内容和质量，更关注数据的有效数量和分布。

（3）数据资产价值的多维度定价。根据数据资产价值的多个维度进行定价可以兼顾卖方、买方和数据资产本身的核心关注点。数据资产价值的评估要素主要包括数据成本、数据质量、数据产品的层次和协同性、买方的异质性等。数据资产的采集、存储、传输、加工、营销均会产生成本。数据质量的指标主要包括完整性、独特性、时效性、有效性、准确性和一致性。数据产品的层次主要指其技术含量、稀缺性等，协同性则是指不同信息产品之间的合作产生的增量价值。一般来说，以上指标与数据价值成正比，而买方异质性则使得数据价值的方差很大。不同的买方拥有不同的风险厌恶程度、数据偏好、信息使用成本和变现能力，即便是相同的数据，价值差异也很大。因此，如果买方异质性较强，那么企业一般会先筛选买方类型，再进行价值评估和差异化定价。

2. 数据资产定价模型

数据定价模型是数据定价研究的重要组成部分，学者们从不同角度提出了多个模型，也形成了不同的划分方式。目前，主流的数据定价模型划分方法有基于经济学和博弈论的定价模型、基于学术研究和操作实践的定价模型、基于数据本体和利润最大化的定价模型。在这些模型中，基于数据质量和信息熵的定价模型侧重于反映数据本体不同维度的真实价格，基于查询和博弈论的定价模型则更侧重于特定市场场景构建下的综合因素。

1）基于数据质量的定价模型

基于数据质量的定价模型关注数据质量和价格的相关性。按质论价，讨论产品价格和质量之间的关系，同时包含主观质量评估和盈利能力。不同的机构、企业和用户对数据质量维度的标准不尽相同，最好根据实际的业务流程和用户需求来选择合适的数据质量维度。数据质量的评估方法有定量方法、定性方法和综合方法，准确性、完整性等维度可以用公式定量表示，客户诚信、维度权重的可解释性等就需要专家评估或者用户反馈。该定价模型下的价格充分体现了数据本身价值的完整性，卖家可以获取更高的收入，买家收到的产品也符合自身的偏好和预算。例如，依据准确性、完整性和冗余度提出模型，在此基

础上引入了效用公式，具体为

$$\text{WTP} = -\eta U(q_s) \tag{4.1}$$

$$\vartheta(q_s, p) = pN(F(p) + \text{WTP} - p) - cq_s \tag{4.2}$$

在式（4.1）中，WTP 为消费者愿意支付的价格；η 为消费者对质量的敏感程度，取值为 0～1；$U(q_s)$ 为数据质量的效用函数。

在式（4.2）中，p 为价格；N 为愿意购买的消费者数量；c 为数据质量的单价；$F(p)$ 为假设所有消费者支付的累积分布函数；$\vartheta(q_s, p)$ 为最终的利润函数。

而后，在得到 p 与 q_s 的关系式之后，转化为最优解问题。式（4.2）符合卡罗需-库恩-塔克（Karush-Kuhn-Tucker，KKT）条件，构造拉格朗日函数求二阶导可得最优解。并且，在同时考虑 n 个数据质量维度时，它们之间会由于总成本固定不变，各维度质量相互影响，公式具体为

$$q_{ik} = q_{i(k-1)} + q_{ik}(1 - q_{i(k-1)}), i = 1, 2, \cdots, M; k = 1, 2, \cdots, K \tag{4.3}$$

其中，q_{ik} 表示第 i 个数据在第 k 个维度上的质量。

2）基于信息熵的定价模型

1948 年，香农提出了信息熵的概念并将其作为信息量的度量。之后，熵在资产定价中的运用极为普遍，连续熵有着很好的解释力，常用来作为风险的替代度量。在信息熵的数据定价模式中，数据组的独立信息熵公式为

$$H(\text{Tup}) = -\sum_{t_i \in \text{Tup}} p(t_i) \text{lb} p(t_i) \tag{4.4}$$

其中，$H(\text{Tup})$ 表示数据组 Tup 的信息熵，$p(t_i)$ 表示 Tup 组中的第 i 个数据出现的概率。类似的公式还有联合熵、条件熵、互信息等，都是把信息论的离散型变量 X 变成了一组数据 Tup。

在私人数据定价中，可采用数据集的信息熵计算隐私度量，再用隐私度量进行定价，设定隐私级别 $L_k(0 \leqslant k \leqslant 9)$，取值越高越敏感，隐私级别约束和隐私度量公式为

$$\sum_{i=1}^{n} L_i = n \times L \tag{4.5}$$

$$\theta = L \times O_d \times \sum_{i=1}^{n} H(x_i) = -\sum_{i=1}^{n} \sum_{j=1}^{k} L \times O_d \times p(x_{ij}) \text{lb} p(x_{ij}) \tag{4.6}$$

其中，n 为数据的个数；L 为隐私级别；O_d 可根据描述对象的不同分为组织、物品和人，数值分别为 1、2 和 3；θ 为数据集的隐私含量 x_{ij} 第 i 个元组的第 j 个数据项。

3）基于查询的定价模型

2015 年，Koutris 等提出了查询市场的概念，在该市场上会自动生成视图，通过客户的查询行为进行定价。一般的数据都存储在数据库中，所以基于查询的定价模型就是从数据库中根据购买者的需要进行查询操作得到需要的数据集。此模型会让卖方在售卖前根据需要在数据集中设定一些视图的价格，然后购买者根据需求查询自己需要的数据，查询定价模型可以通过已定义的视图价格计算出其他的视图价格。这样获得的数据是根据许多已

定义视图通过组合查询后得到的最优查询结果，价格由这些视图的组合查询程度来决定。

该模型对数据定价提出了两个原则：

（1）无套利。单独购买的数据组合获得的数据集的总价格应当比已有的组合数据集的总价格高，以防止数据购买者通过购买分散的数据集并将其组合卖出而获得套利。以全国数据集举例，购买整个国家的数据价格应该要比单独购买31个省（自治区、直辖市）的数据的集合要低。

（2）无折扣。在确定每个视图价格后，整个数据库的价格应该比视图的总和价格要低。

这两个原则在元组粒度级别的操作上是普遍适用的。在实时系统中，基于查询的无套利定价有很好的发挥空间。同时，可以根据元组的重要性进行定价，接着根据数据来源对元组执行查询定价，进一步证明了模型的单调性、有界性，确保定价的公平及可行性。

4）基于博弈论的定价模型

博弈论是基于对市场主体行为的决策互动关系描述而发展起来的理论体系。基于博弈论的定价模型主要应用于拍卖定价的场景。这种场景有两种：一是某类大数据商品不能广泛传播，只能将其卖给一位或少数几位大数据买家，价高者得；二是大数据买方对需要购买的大数据产品期望值极高，可以与卖方协商进行拍卖式定价。纯粹的博弈论定价模型主要是描绘一个具体场景最后达到均衡状态的过程。在双寡头竞争模型下，数据驱动的自动定价模型可以预测竞争对手的价格反应和参考价格演变。在美国中型汽车市场的销售数据和价格数据中运用博弈论得出斯塔克尔伯格（Stackelberg）模型，可用于需求预测。同时，可以在具体定价策略下运用博弈论，比如在基于使用量的定价策略下运用博弈论得到服务产品的广义定价模型，直到纳什均衡。

5）基于机器学习的定价模型

人工智能经过多年发展，以深度学习为代表的机器学习等技术的不断发展正成为一系列科技革命的重要驱动力量，通过模拟人的思维模式，构建模型，自动完成事件活动，其在图片处理、自然语言处理和计算机视觉等方面都有卓越的应用。金融领域本来就长期存在基于机器学习的定价模型，比如将增强学习或提升法（如 Adaboost）、随机森林等经典机器学习算法运用在利率定价和信贷风险预测方面。数据定价可被看成多臂老虎机的强化学习问题或者在定价框架上采用基于贝叶斯推理的核回归算法与基于 Web 框架（如 Bootstrap）的置信区间估计算法相结合。也可以将消费者的反馈，通过机器学习在文本分析上构建顾客价值定价模型。

4.5.3 数据交易技术

视频讲解

1. 基于区块链的数据交易技术

在比特币形成过程中，区块是一个个的存储单元，记录了一定时间内各个区块节点的全部交流信息。各个区块之间通过哈希算法实现链接，后一个区块包含前一个区块的哈希值。随着信息交流的扩大，一个区块与一个区块相继接续，所形成的"链条"就叫区块链。从应用角度看，区块链就是一种存储数字记录的数据库，具有三大突出特征。

（1）泛中心化。区块链采取分布式计算和存储，不依赖中心化的管理机构，在区块链中任何参与者都是一个节点，每个节点的权利和义务是均等的，交易的行为对相关方公开透明，并且交易行为一旦取得共识记录，则在区块中很难被篡改，从而实现数据交易记录的唯一化。

（2）可追溯性。区块链是一串按照时间顺序排布"链条"，下一节"链条"记录有上一节"链条"的相关信息，以此为基础可以进行追溯。在数据交易的所有阶段都可能出现数据泄露和数据侵权现象，当用户对数据交易有疑问时，可通过区块链方便地查询某个用户、某个数据或某个时刻的交易记录。

（3）不可篡改。区块链系统中的每个节点都是系统的一部分，每个节点都有相同的数据库，如果不能掌控全部数据节点的半数以上，就无法肆意操控修改数据，这使得区块链本身变得相对安全，降低人为主观变更数据的可能性。

以上特性为数据交易过程中面临的问题和瓶颈带来了很好的解决办法。在大数据交易领域，区块链起到的作用是建立信任体系，供买卖双方在一个可信的环境中进行数据源认证、数据访问及数据安全审计。

2. 基于大数据技术的交易平台

大数据指一种规模大到在获取、存储、管理、分析方面大大超出了传统数据库软件工具能力范围的数据集合，是具有海量的数据规模、快速的数据流转、多样的数据类型和价值密度低四大特征的一种新技术。在数据交易中应用的大数据技术主要包括以下几类。

（1）大数据传输及存储技术。在数据交易的每一个步骤操作中，所涉及的环节和市场结构都拥有着海量的数据需要传输与存储，这就涉及云计算和云存储的使用。

（2）实时数据分析及处理技术。目前我国的数据交易平台交易的产品涉及范围广泛且更新频率高，这就需要实时数据分析及处理技术保证交易数据的动态性和时效性，以满足数据需求方的个性化需求。

（3）大数据展示技术。包括数据交易可视化技术、信息流展示技术、历史数据展示技术等。

大数据具有数据体量巨大、处理速度快、数据类型繁多、灵活、价值密度低和复杂的特征，而数据交易中的数据因市场结构、市场主体和业务范围等方面的广泛性也具有类似特性，故数据交易平台可以利用 Sqoop、Flume 等技术手段进行分析，根据数据交易规则和实际交易情况进行分类，从而提取出结构性、非结构性等各类交易数据，最终再按照统一数据规范进行统一关联，实现数据的有序管理和利用。

3. 隐私保护技术助力安全交易

近年来，隐私保护计算技术产业化应用发展迅速，市场局面逐步打开。在国际上与"隐私保护计算"相关的概念主要有两个：一是隐私增强技术（Privacy Enhancing Technology，PET），二是隐私保护计算（Privacy-Preserving Computation，PPC）。其中，隐私增强技术出现较早，一般涵盖的范围比较宽泛，把从系统层面实施数据保护协议的技术都囊括其中，而隐私保护计算则可定位到具体技术。例如，在欧盟网络安全局的定义中，除了隐私保护计算，隐私增强技术还可包括匿名化、假名化以及访问、通信、存储过程中各种可达隐私保护技术。而联合国大数据工作组发布的技术手册中则将两个概念合并使用。

从数据要素交易流通的角度看，隐私保护计算的内涵可包括以下几方面。

（1）多方：隐私保护计算需要始终保证一方的隐私数据对其他方"不可见"，最简单的应用场景（如匿踪查询）也至少需要两方参与。

（2）融合计算：大多数隐私保护计算的应用场景都涉及多个数据源的融合应用，这也是数据要素市场化对数据交易的重要需求。

（3）算法灵活：应用隐私保护计算，不应该带来对应用场景的局限性。除兼容所有可在单数据源上运行的算法类型以外，为满足数据要素市场的丰富需求，还应支持需求方在多个数据源上自主开发或者选择应用算法。

显而易见，隐私保护计算的实践应用，通常出于兼顾和平衡数据安全与数据融合应用的目的。关于隐私保护计算技术种类繁多，从安全信任基础的角度将隐私保护计算技术划分为基于密码学、基于统计学、基于硬件安全以及其他传统技术几大类。在实际应用中，参与方应根据数据交易流通的具体场景，从安全、性能、成本、技术成熟度等维度进行分析，灵活选择并组合不同的隐私保护计算技术，以期结合各种技术的优势，满足不同交易业务的需求，提升数据交易的安全性。

4.5.4 数据交易的收益分配机制

收益分配机制是指基于数据权利归属和定价方式的数据价值实现机制，大数据交易平台和数据卖方的价值实现是数据交易的关键。

1. 数据交易平台收益分配机制

目前我国典型的政府类大数据交易平台大多数扮演着数据交易中介的角色，主要交易来源于不同数据所有者提供的数据。我国大数据交易平台的收益分配机制主要有交易分成和保留数据增值收益权两种。

（1）交易分成收益分配机制。在数据交易完成后大数据交易平台与数据卖方按约定好的比例分成。大数据交易平台作为数据交易中介会在促成数据所有权或使用权交易后收取相应的中介费用。如贵阳大数据交易所与数据供应商4∶6分成，同时视具体数据价值，适当对数据买方进行收费。大数据交易分成机制是目前国内大数据交易平台普遍采用且符合市场规律的收益分配机制。

（2）保留数据增值收益权分配机制。即大数据交易平台对数据保留增值收益权并以此为基础收费的方式。数据包含丰富的价值，大数据交易平台作为数据中介机构需要在交易前准确预测数据交易后能否产生增值价值并保留数据增值收益权。

2. 大数据交易卖方收益分配机制

大数据交易卖方是数据所有者，根据权利归属和定价方式的不同，其收益分配机制主要包含一次性交易所有权、多次交易使用权和保留数据增值收益权3种机制。各机制之间的具体关系如图4.6所示。

（1）一次性交易所有权收益分配机制。即在数据交易中一次性转移数据占有权、使用权、处分权、收益权。这一模式主要适用于协议定价、拍卖定价方式。协议定价方式能够形成数据交易双方讨价还价的博弈，协调得出一个交易双方认同的交易价格。在拍卖定价方式下，数据卖方虽然根据自身对数据价值的评估给出了起拍价及加价幅度等相关拍卖规则，但是实际最终定价的权利属于参与竞拍的多个买家。所以面对协议定价和拍卖定价方式下的一次性交易所有权收益分配机制，数据卖方对最后定价权利很被动，相应地压缩了利润空间。

（2）多次交易使用权收益分配机制。即不将数据所有权一次性转移，只针对数据使用权进行反复多次的交易，进而带来更多的收益。数据交易双方约定只针对数据使用权进行交易，数据卖方能够反复对数据进行交易以获取更多的利益，尤其是在按次计价定价方式或 API 技术服务模式下。因此，多次交易使用权收益分配机制是目前数据服务商进行数据交易的首选。但由于数据产品的低成本可复制性、便捷可传递性，所以在该模式下，数据卖方如何对交易数据进行安全、保密、可控传递，避免数据被大规模复制使用成为这一收益分配机制实现的关键。

（3）保留数据增值收益权分配机制。数据卖方更清楚数据的来源和数据采集、处理、分析过程，因此更能直接准确地评价数据的价值，并预测数据交易后是否有增值收益的可能性。基于相关优势，数据卖方能更准确地判断是否需要保留对收益权的占有，并按多少比例进行合同约定。

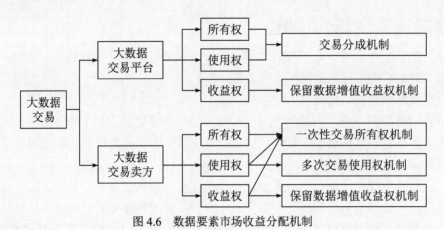

图 4.6　数据要素市场收益分配机制

案例 4.1　淘宝诉美景不正当竞争案

原告淘宝（中国）软件有限公司（以下简称淘宝公司）开发并投入市场运营的涉案数据产品"生意参谋"是一款为淘宝网或天猫网上的商家提供系统性的数据服务数据产品，该类数据主要就是反映相应类目的商品市场行情变动趋势，起到为商家在经营决策中提高决策效率的作用。而被告美景公司开发和运营"咕咕互助平台"软件和"咕咕生意参谋众筹"网站（简称"咕咕平台"），则是吸引已订购"生意参谋"产品的淘宝公司用户下载"咕咕互助平台"软件，之后可以通过"咕咕平台"分享、销售自己所购账号的子账号。该平台通过提供远程登录已经订购"生意参谋"的电脑账户，来招揽、组织、帮助他人低价获取涉案数据产品中的数据内容。

为此，淘宝公司认为，涉案数据产品是其合法取得的劳动成果而且它所包含的原始数据与衍生数据均系其无形资产，原告对此享有财产所有权。涉案数据产品系原告的核心竞争利益所在，认为美景公司通过在"咕咕平台"上对该涉案产品的分享或共用的行为实质上构成了对"生意参谋"产品的实质性替代,直接导致了大量潜在用户因其"咕咕平台"的价格低廉而不再选择"生意参谋"这款产品,导致淘宝公司数据产品订购量和销售额减少,极大地损害了淘宝公司的经济利益,同时恶意破坏了淘宝公司的商业模式,严重扰乱了大数据行业的竞争秩序。遂以"美景公司行为构成不正当竞争"为由将对方诉至法院。而美景公司辩称,原告获取、使用的用户信息具有违法性。且涉案数据产品的数据内容是网络用户提供的用户信息,对其信息享有的财产权应归属于被收集者,淘宝公司对此无权主张权利。

法院认为美景公司在经营活动中有违诚信原则和商业道德,引诱淘宝公司"生意参谋"的用户违约分享账户,由此不正当获取淘宝公司研发的大数据,进而分销牟利,其行为扰乱了市场竞争秩序,对淘宝公司的合法权益造成了损害,构成不正当竞争。

案例思考题:

1. 淘宝公司研发的大数据其产权是否有属于用户的部分?
2. 美景公司使用淘宝的数据获取利益时,其收益应该怎样分配?

4.6 数据产权保护的最佳实践

理论研究的出发点来自现实需求,因此落脚点自然也要服务于生产实践,在本节之前的学习中已经对数据产权的概念和权利体系、数据交易的过程等有了系统的了解,同时也发现了目前我国的数据要素市场中面临的困境与挑战,因此本节主要针对目前的问题从思想认知(意识路径)、法律制定(法律路径)和市场参与(市场路径)3个角度提出了解决问题的建议。

4.6.1 意识路径

1. 强化政府善治理念与大数据思维方式

政府在数据交易市场的治理中,必须把"善治"作为政府治理和要素市场化改革的重要方向,实现从单一化管理型政府到多元化治理服务型政府的转型。受传统科层制组织影响,政府在数据市场的治理更容易倾向于单枪匹马,不善于与其他非政府主体协同共治,对其他治理主体信任缺失,更多采用行政命令的方式,致使政府数据治理决策科学化程度不高,政府数据开放度不够。即使已开放的数据,也难以实现互联、互通、共享。因此在数据市场的治理过程中,一方面,需要提升政府治理能力,强化政府善治理念的植入。政府在数据交易市场治理的各个过程要坚持执政为民和以人民中心的善治理念,构建良好的政民关系和政企关系。要秉持协商、合作和伙伴关系的原则与其他行为体相互合作、平等协商、协同共治,增强企业、社会组织、民众等非政府主体与政府间的信任感,解除企业对数据开放共享的后顾之忧,使政府数据和非政府数据都能在要素市场上充分自由流通,促使数据价值得到最大化释放。另一方面,需要强化大数据理念的植入,树立政府数据交易市场治理过程中的大数据思维。"大数据不仅是一门新技术,而且是一种新模式、新战略和新思维，是人类认识客观世界、创新驱动发展的方法论"，因此应强化对数据市场主体的大数据理念的植入。

2. 提升数据安全防护技术发展力度

在数据交易流通的制度建构中，应该提升技术发展力度，不仅因为技术治理是对数据安全和质量等技术困境的直接回应，更重要的是，数据交易流通中的法律风险同样是由数据的流动性、可复制性、弱竞争性等技术特征所引发的。从"自创生复杂理论"视角观察，风险是一种自我指涉的循环结构，这意味着技术发展内在的风险首先应由技术自身的发展化解。

对克服技术困境起到重要作用的典型代表是"隐私增强技术"，其凭借数据处于加密状态或者模糊状态下的计算，实现数据保护与数据价值挖掘的双重目标。与其他信息技术相似，隐私增强技术投资大、周期长，但也具有正向网络效应、乘数效应、边际收益递增性优势。为此，激励相容的制度设计越发重要。在技术研发者层，可建立技术应用及适配验证案例库与知识库，丰富数据应用场景，提升成果转换效率；在技术使用者层，可确立统一规范的综合评价验证准则，评估技术的适配性、成熟度、投入产出比等指标，发布公信、权威的评估报告，发挥优秀隐私增强技术产品的示范效应；在政府层，可完善相关技术财税扶持政策、科技投融资体系与研发投入引导机制，推动隐私增强技术发展完善。

4.6.2 法律路径

1. 构建完备的数据产权法律体系

目前，我国还未制定出全国性统一的数据交易的法律法规，致使数据交易市场的治理面临无法可依的窘境。现有的数据交易规范主要聚焦于国家政策、地方性法规和行业规范，这些政策文件和行业规范对防控数据交易风险发挥了重要作用，但更多的是指导性的，并没有对数据交易的具体内容作出详细规定。此外，数据交易平台制定的行业规范仅适用于数据交易平台内部，约束力不够。因此，应尽快出台全国统一的数据交易法规，明确数据交易规则。一是尽快出台数据产权的相关法律规范。明确各种数据产权归属，规定可交易的数据品种与各利益主体的责任与权利边界，为数据交易扫除产权障碍，避免数据交易摩擦，使数据交易和数据保护有法可依。在数据产权法出台之前，可先制定统一的行业标准和规范，包括数据交易品质的规定、数据清洗和处理的规定、大数据交易中的产权流转和数据的安全保护标准等，以减少交易纠纷。二是制定数据交易监管法律规范。对数据交易买卖双方与数据交易平台、交易范围、交易价格和数量质量等核心内容进行法律监管，依法对数据黑市、数据窃取和侵权等不法行为进行惩戒，建立完善的监管体系，保证市场有序健康运行。三是制定数据开放相关法律。政府数据开放共享是数据市场的重要一环。政府数据的免费或低成本开放共享，能够为市场主体提供更多决策信息，消除信息不对称，可进一步降低数据交易成本，同时促进数据的开放共享规范化。

2. 严格数据事故的法律责任落实

一方面，数据提供者应对数据承担瑕疵担保责任。该责任所指向的瑕疵包括：数据效用性瑕疵，即因技术、主观过错等原因导致数据在质量、数量、类型上与通用标准或当事人约定不符的瑕疵；数据交易性瑕疵，即因时效性、完整性、连接性等原因导致减少或灭失数据交换价值的瑕疵；数据权利性瑕疵，即数据提供者无权或超越权限提供数据，或者数据交易流通导致第三方权益受损的瑕疵；数据服务性瑕疵，鉴于数据交易流通以"数据分享"为主要类型，其具有"物的交易的衍生"之服务型合同特色，数据提供者应对交易的构造（人员、设备、软件）、过程（方法、方式）和产出（效果）等承担服务瑕疵担保责任。

另一方面，数据提供者和接受者应按照数据交易流通类型和过错原则向第三方承担责任。对于数据交易流通中发生的数据侵害，数据提供者和数据接收者根据自身过错向用户独立承担责任，但在数据提供者自行决定数据接受者的情形下，其应当承担选任责任，即在数据接受者侵害用户权益之时，承担相应的补充责任，在数据提供者承担责任后，可向数据接受者追偿；在双方存在意思联络（共同的故意、共同的过失、故意过失混合）的场合，数据提供者和接受者构成故意侵权，承担连带责任；尽管双方无意思联络，但同一侵害事实是由各方分别实施侵权行为所导致，且每人的侵权行为都足以造成全部损害的，数据提供者和接受者承担连带责任，但若任何一方的行为不足以造成全部损害，则各方承担按份责任。

4.6.3 市场路径

1. 构建完善的数据交易平台及监管制度

数据交易平台首先需要完善安全技术体系，一方面使数据元件模型消除原始数据中的隐私安全风险，并作为安全流通对象在市场中进行交易流转，实现数据从生产资源向生产要素转变；另一方面保留原始数据中的"信息"，消除数据应用中的"不确定性"价值，使其成为数据元件定价的基础。基于上述两方面，数据元件作为可析权、可计量、可定价且风险可控的数据初级产品，为数据安全流通奠定了基础。在数据应用模型中，数据应用开发商应引入数据安全沙箱、多方安全计算、区块链审计等技术，使数据资源进入沙箱并经过安全计算，形成隐私计算集群，实现数据所有权和使用权的分离，做到数据可用不可见。

在保障交易安全的前提下，还需要建立健全数据市场和数据安全双线协同的监管体系，在数据安全全程受控的基础上促进数据要素流通利用。主要策略包括：

（1）明确监管主体、监管对象和监管措施，联合相关部门，采取信用监管、投诉举报、风险预警及互联网监管等措施，实施联合监管。

（2）以科技手段赋能监管创新，形成覆盖数据确权、授权、定价、流通、开发等关键环节的安全监管。

（3）对不同类别、不同等级的数据，以及不同类型的市场主体，采取分类监管，制定差异化监管制度，并在监管资源分配、现场检查和非现场检查频率等方面区别对待，避免国家核心数据、关键信息基础设施等监管不到位，或过度监管带来行政资源浪费。

（4）以监管需求为指引，划定各部门职能边界，建立跨部门协作机制并健全联合惩戒措施清单，加强跨地区监管协同。用好社会力量，推动形成企业自治、行业自律、社会监督、政府监管的社会共治机制。

2. 政企合作提升数据市场活力

政企合作，推动可持续的数据市场活力提升和产业价值增长，有利于推动数据市场有序运行，促进数字经济健康发展。发展数据资产评估、登记结算、交易撮合、争议仲裁等市场运营体系，构建有序流动的数据市场格局，建立健全数据产权交易和行业自律机制，促进数据产业发展和要素效能发挥。在这一路径下，我国数据市场以政府和企业为主要参与主体，共同施力；以需求型政策工具为主，侧重采取多方参与策略，以供给型政策工具为辅，侧重采用技术信息支持方式。

具体来说，政府方提供技术信息支持和资金支持，扶助数据研究项目和数据产业发展，提升数据收集、存储、处理、分析、交易、流转等技术能力和平台服务能力，为数据产业提供顶层指导、资源支持和价值引导。企业也在政府数据产权实践计划指导和支持下开展试点建设，在数据市场的产权治理中表达利益诉求，作为关键主体在数据产权市场建设和发展中发挥作用。

案例 4.2　成都市政府数据授权管理案例分析

有报道显示，政府部门掌握了 80% 的公众数据，其数据体量与价值远远超过各大互联网平台，但因为种种限制因素，这些数据并没有被充分利用起来，逐步沦为了市场体系中的"死数据"，只能被动调用，而不能主动挖掘，在数字经济高质量发展的背景下，数据价值无法得以体现，这显然是一种资源浪费。

基于此，成都市率先组建国资载体开展政府数据授权运营、率先出台政府数据授权运营的管理办法、率先搭建并运行专门的政府数据运营服务平台，探索形成政府数据授权运营的"成都模式"，具有示范性和典型性。

成都市大数据集团股份有限公司获得政府政务数据集中运营授权，搭建了成都市公共数据运营服务平台，随即，成都市人民政府办公厅印发《成都市公共数据运营服务管理办法》，这是国内首份关于政府数据授权运营的专门政策性文件，从制度层面明确了政府数据授权运营的实现机制。截至 2021 年 3 月，已有超 300 多类数据需求清单。

成都市政府数据授权运营机制主要包括 4 个层面、8 个机制。

（1）管理层，设有运营管理机制，负责确立政府数据授权运营的体制和权责关系。

（2）平台层，设有平台建设运营机制与网络安全保障机制，从技术上确保政府数据授权运营的有序安全。

（3）数据层，设有数据需求管理机制、数据申请与授权机制和数据交付与利用机制，通过市场收集数据需求，进而建立需求与供给联系，最终产生交付。

（4）权益层，设有利益补偿与激励机制和数据服务定价机制，确保各方参与主体的权益保障。

基于此前的市场考察数据，可知政府数据无法高效运营的本质原因在于各个部门之间的"数据孤岛"问题，而产生"数据孤岛"的原因无外乎数据标准不统一，数据安全隐私难以得到有效保障等，尽管各方都清楚数据价值，但谁也无法打破这个"囚徒困境"，此题看似无解。

而成都市的做法是市政府指定市网络理政办统筹此次创新机理建设，负责指导、监督和协调推进政府数据授权运营服务工作，负责汇聚各部门、有关单位的数据，为数据运营提供资源保障。

案例思考题：

1. 成都市政府数据授权管理为政府开放数据授权流通提供了哪些借鉴经验？
2. 结合本章所学内容，分析成都市政府数据授权管理这一机制中存在哪些问题。

4.7 思考题

1. 数据使用过程中获得的收益如何分配？
2. 政府在促进数据交易流通过程中能够扮演怎样的角色？
3. 数据要素市场交易的是数据的使用权还是所有权？

第 5 章　数据主权与跨境流动

本章内容涉及数据主权与数据的跨境流动管理。维护数据主权是数据跨境流动管理的重要目标，此外，数据跨境管理还涉及人权隐私保护、国家主权维护、国家网络博弈能力提升等。本章首先阐述数据主权和数据跨境流动的概念与发展现状，结合各国数据跨境流动政策的冲突及治理案例，对比分析各国数据跨境流动治理策略的异同，在此基础上归纳总结数据跨境流动治理的基本框架和体系，并提出实现维护数据主权和数据跨境流动两者平衡的可行路径。

【教学目标】

帮助学生充分了解本章教学目的及教学核心内容，讲授数据主权与跨境流动的基本概念、现状、政策与治理办法，通过课堂互动交流进行问题讨论与案例分析，注重数据主权概念理论与数据跨境治理实践结合，引导学生关注个人数据保护及国家数据跨境流动治理，并能辩证地看待数据主权保护与数据跨境流动管制之间的关系与动态平衡，逐渐培养数据保护意识。

【课程导入】

（1）斯诺登棱镜门事件披露后，许多国家加快数据立法，捍卫本国数据主权，那么数据主权是什么？其与国家主权是否有区别？

（2）随着数字经济的不断发展，数据跨境流动正在成为连接全球经济的纽带，大大拓宽了传统经济全球化的深度和广度，在日常生活中，大家是否经历过与数据跨境流动相关的事情？

（3）数据成为数字时代的核心要素，在此背景下，数据主权与数据跨境流动之间的冲突加剧，各国对于维护数据主权和数据跨境流动治理更加重视，那么两者之间有什么逻辑联系？

【教学重点及难点】

重点：本章学习重点是在理解数据主权与数据跨境流动的概念与发展现状的基础上，分析数据本地化与数据跨境流动的冲突与利弊权衡，进而了解各国数据跨境流动政策的冲突及治理策略，并厘清这些策略的异同。

难点：本章学习难点是如何在归纳总结数据跨境流动治理理论框架和体系的基础上，提出兼具维护数据主权和实现数据跨境流动的平衡实现路径，并在案例和实践中加以灵活运用。

5.1 数据主权与跨境流动的概念和内涵

大数据、云计算、移动互联网等通信技术的诞生使数据主权成为各国政府和学者迫切需要应对的问题。然而，已有的数据跨境流动规制仍然缺乏对"数据跨境流动"的清晰定义。基于此，本节从对数据主权以及数据跨境流动的概念和内涵辨析出发，提出数据主权的价值论证，分析数据主权和数据跨境流动的发展现状。

5.1.1 数据主权的概念和内涵

视频讲解

1. 数据主权的起源与发展

近代主权学说的创始人法国政治思想家、法学家让·博丹（Jean Bodin）在其《国家六论》（*Six Livres De La Republique*）一书中首次提出了"国家主权"的概念，提出"国家主权是一个国家的固有属性，是一种以国家为范围的对内最高统治权和对外独立权。国家主权以国家的地理疆界为界限，不可转让、不可分割、不受限制"。

之后，随着计算机的诞生与普及，人类进入信息时代。传统的信息传播渠道被打破，一个国家的信息可以借助互联网这个虚拟空间自由的跨境流动。美国依靠其先进的互联网技术和管理方法，掌握着全球绝大部分互联网的控制权，成为信息领域的霸主，这让其他国家感受到了本国国家安全与国家主权所面临的威胁。于是"信息主权"应运而生。"信息主权"由"国家主权"演化而来，是指一个国家对本国的信息传播系统和传播数据内容进行自主管理的权利。

随着大数据、互联网、物联网、云技术等网络技术的快速发展，数据的流动性不断增强，跨境的数据流量不断增长。面对如此海量的数据，一个国家已无法仅凭现有的信息主权来监管控制数据跨境流动，各国越来越关注数据的使用权、归属权的问题。尤其是棱镜门事件的揭露，更加催化了各国关于数据权属的讨论。基于这些问题，"数据主权"的概念被提出。然而迄今为止，关于数据主权的概念和内涵，各国仍未形成统一的意见。

2. 数据主权的概念辨析

迄今为止，关于数据主权的概念与内涵仍是众说纷纭，并未形成统一的定义。目前，对数据主权的界定主要从 3 个角度展开。

（1）根据国家主权的相关概念，对数据主权做出界定。有人从国家主权的"对内最高统治权"属性出发，认为数据主权的主体的国家，是一个国家独立自主对本国数据进行管理和利用的权利。有学者对其进行了补充完善，认为除了对内的管控权以外，数据主权还应包含对外的独立性，数据所在领域的特殊性也是必须考虑的因素。最终将数据主权界定为国家对数据以及数据相关的技术、设备甚至提供技术服务的主体等的管辖权和控制权，体现域内的最高管辖权和对外的独立自主权。美国学者阿德诺·阿迪斯（Adeno Addis）认为，数据主权包括"全球化"与"政治特殊性"这两种相互矛盾的国家使命。全球化代表了全球各国联系的不断加强、利益的相互牵制，是当今世界发展的重要趋势。在全球化背景下，没有哪个国家能做到在国际网络空间中完全独立自主地掌控本国数据。要保障数据主权的有效实现，离不开各类国际组织的管辖和各国商议形成的法律条约的约束。

（2）从数据主权的内容入手，对数据主权进行界定。对于数据主权包含的内容也存在两种不同的观点。一种观点将数据主权划分为个人数据主权和国家数据主权，后者是前者得以实现的基础和前提，前者又为后者的维护提供有力的支持。在这一观点下，本章讨论的"数据主权"是国家数据主权。另一种观点认为数据主权包括数据所有权和数据管辖权两部分。其中，数据所有权指主权国家对本国数据排他性占有的权利，数据管辖权指主权国家对本国数据享有的管理和利用权利。此处的"本国数据"是指该国公民或境内主体产生的数据。也就是说，即使一国公民的数据经跨境流动被存储在境外的云服务器上，根据数据主权的规定，这些数据的控制权与管理权也应该归公民所在的国家，第三方不能对其进行使用或监控。

（3）从数据主权的权责内涵进行分析而做出的界定。这种观点认为数据主权并不只是一种权利，还代表了一个国家对本国数据应尽的义务。对本国数据的支配权、使用权、所有权等是数据主权所带来的权利，而对本国数据进行安全保护以防信息泄露，对本国公民数据进行监管以防侵犯他国数据主权，则是主体国家在行使数据主权时应尽的义务。

综合国内外学者的研究，本书对数据主权的概念和内涵解释如下。数据主权是数据信息主体权益的本质属性，其产生前提是数据的跨境流通，具体包括以下3个层面。

（1）从主体方面看，处于网络空间不同行为能力层次的国家对数据主权的侧重有所不同。处于数据控制弱势的国家对数据主权更加敏感，如西方提倡数据主权的学者主要集中在欧洲而非美国，原因在于，美国在网络空间和数据控制上占有总体优势，相对而言不如欧洲敏感。与此同时，多数西方学者提到的数据主权多指个人数据主权，而中国学者更加强调国家数据主权。如有中国学者指出，数据主权的主体是国家，是一个国家独立自主对本国数据进行管理和利用的权利。

（2）从内容上看，数据主权包括数据所有权和数据管辖权两方面。数据所有权指主权国家对于本国数据排他性占有的权利。数据管辖权是主权国家对其本国数据享有的管理和利用的权利。数据主权意味着数据即使被传输到云端或远距离服务器上，仍然受其主体控制，而不会被第三方所操纵。

（3）从范畴来看，数据主权不仅是一种权利，也是一种责任。

换言之，数据主权的内涵包括两方面：

①作为权利的数据主权，如对本国数据所享有的管辖权、利用权、获取权和消除权等。

②作为责任的数据主权，如对个人隐私权和生命财产的数据保护、对企业资产的数据保护以及对国家安全的相关数据保护等。作为责任的数据主权还意味着主权国家要对本国公民和其他境内行为体在国际社会的数据行为负责。

3. 数据主权的价值

在全球化的背景下，随着现代通信和网络技术的迅速发展，一个国家已经不能完全独立自主地控制本国的所有数据。由此带来的挑战是数据安全的问题，数据主权概念的提出有其现实意义和理论价值。

网络科技的变革明显降低了企业和政府的运营成本，也使得更多私人信息能够被获取，从而创造出无边界的国家和世界。互联网技术的使用有利于通过外包降低投资资本和增强服务功能，极大地推动了商业发展。对消费者而言，互联网技术使其能够便捷地使用多种设备。数据跨境流动对国家数据安全形成了威胁，而数据主权赋予了国家监管数据的合法性。

国际秩序是国际社会中主要行为体的权利分配、利益分配和观念分配的结果。在边界模糊的虚拟空间，数据主权的提出是对大国滥用权力的有效限制，也是国际安全利益的重要体现，更是对和平共处观念的反映。因此，虚拟网络空间中的国际秩序应以数据主权为基石。

《联合国宪章》（Charter of the United Nations，UN Charter）明确了自保权是国家的"自然权利"。同时，国家体系仍处于国际体系和核心地位，国家在其领土内具有不可分割和不容拘束地制定和执行法律的权利，未通过国家认可的信息跨境流动是对特定国家事务和自决权的非法干预。因此，国家主权及派生的自保权是数据主权产生的法理基础。

此外，数据主权概念的提出丰富了主权的内涵和外延，使国家主权理论更好地适应时代的发展，为各国提供了适应时代发展的新秩序构建的理论基础。总而言之，数据主权主要基于对国家数据安全的考虑，其概念具有鲜明的时代价值。在实践中，以数据主权为基础，围绕相关数据安全问题，各国已开展对数据及相关技术、设备的管理和控制。

4. 关于数据主权的国际共识

相比网络空间主权和信息主权，数据主权更能推动国际共识的形成，因而更具有现实性。因此，尽管存在争议，但主权者对数据行使主权确实是当今的普遍做法。

在网络主权争论中，各国对网络空间的看法不一致。以美国为代表的西方国家认为网络空间治理主要是物理层面的治理，网络空间的连接自由和信息流通自由不应该受到阻碍，主张互联网自由；而以中国为代表的一些发展中国家则认为内容监管是网络空间治理的重点之一，主张互联网主权。这种争论在 2012 年年底召开的世界电信发展大会上得到了充分体现。在信息主权争论中，各国由于价值观的不同，对信息及其理解也有所差异，对特定信息的重要性及其与国家利益的关系理解也不同。而数据主权可以避免有关网络空间主权和信息主权的这些理解不同和价值观差异，因而更有助于形成国际共识并推动国际合作。所以"棱镜门"事件后，德国等欧盟国家开始重新审视数据保护相关法案的改革。德国前总理安格拉·多罗特娅·默克尔（Angela Dorothea Merkel）表示，欧洲的互联网公司应事先告知欧洲其相关数据的去向，即使与美国情报部门的数据分享是可能的一种选择，也必须事先得到欧洲人自己的同意；关于德国公民数据的行为必须遵守德国的法律，这似乎从侧面宣示了欧盟对数据主权的支持。

2013 年，爱德华·斯诺登（Edward Snowden）披露美国国家安全局在全球范围内实施非法监听的事件发生后，美国被迫做出妥协让步，以所谓的民间组织——位于爱沙尼亚首都塔林的北约合作网络防御卓越中心的名义，组织专家编纂出版了《塔林手册》（Tallinn Manual，TM）。《塔林手册 2.0 版》（Tallinn Manual 2.0，TM 2.0）虽然没有提到数据主权一词，但确认了国家主权适用于一国境内数据，承认了数据主权。

《塔林手册 2.0 版》之后，国际上对于数据主权的维护和争夺更加激烈。2018 年 3 月，美国国会通过了《澄清海外合法使用数据法》（Cloud Act），力图通过该法案获取他国数据，但又通过一定的方式阻碍他国获取位于美国的数据，以维护美国的数据主权。2020 年 7 月，欧洲议会发布了《欧洲的数字主权》（Digital Sovereignty for Europe，DSE）报告，提出了追求"数字主权"、实现"技术主权"的主要关切和采取的措施。

我国使用"数据主权"概念的最高级别的官方文件是2015年8月国务院发布的《促进大数据发展行动纲要》（以下简称《纲要》）。《纲要》指出："增强网络空间数据主权保护能力，维护国家安全，有效提升国家竞争力。"但2021年6月通过的《数据安全法》并未出现"数据主权"字样。其实，《数据安全法》第一条关于"维护国家主权"的表述即宣告了我国对数据具有主权。此外，该法还有许多条款具体维护国家数据主权。在此前的有关法律中，其实也有一些数据主权条款。例如，2018年通过的《中华人民共和国国际刑事司法协助法》第四条第三款，就是国家主权原则在刑事案件调查、侦查、起诉、审判和执行等活动中的体现。2019年年底修订的《证券法》第一百七十七条第二款，也是国家主权原则在证券跨境执法领域中的体现。

5.1.2 数据跨境流动的概念和内涵

1. 数据跨境流动的概念和基本架构

20世纪70年代，诸如"跨境数据流动""跨境个人数据流动""国际信息转移"等相关概念开始出现，彼时的焦点多放在个人数据的跨境流动上，且未对"数据"和"信息"在概念上进行区分。事实上，直到今日两者的关系仍然含混交织，以至于学术界通常将其视作同义词使用。尽管从严格意义上讲，信息是有意义的数据，数据不仅包括信息，还包括未经加工的无意义数据。早期众多国际法律文本都将跨境数据的类型集中在"个人数据"上。1980年OECD发布《隐私保护与个人数据跨国流通指南》，将"个人数据"定义为已识别或可识别的自然人（数据主体）相关的任何信息。《通用数据保护条例》也沿用了这一定义。但是随着通信技术和数字经济的发展，政务数据、自然数据以及特定行业领域的数据跨境流动规制变得同样重要。因此"数据"的涵盖范围也相应扩大。在《跨太平洋伙伴关系协定》（Trans-Pacific Partnership Agreement，TPP）中，数据是指任何以电磁方式传输的信息，包括但不限于个人数据。在2021年正式发布的《数据安全法》中，数据被定义为"任何以电子或者其他方式对信息的记录"，这一定义扩大了数据的范围，更加符合时代发展的特征。因此在本书中，数据一词沿用了这一定义，即对"数据"采取广义认定的方式，既包括个人数据，也包括政府政务数据，还包括金融、科技、医疗、生物等关键特殊行业的数据。

《隐私保护与个人数据跨国流通指南》将数据"跨境"定义为数据跨越国界传递，后续众多国内法和国际法律文本都沿用了这一解释，即都将"跨境"理解为跨越边境或者国界。

同样，对于"流动"一词，国际上大多采取扩大解释，即既包含数据单纯的流向域外，也包含在域外对本国数据的存储、使用、加工、传输等活动，我们延续了这一扩大解释。

综上，我们把"跨境数据流动"定义为以电子或其他方式记录的信息跨越国界或司法管辖域或多边条约规制域的读取、存储和处理活动。就流动方向而言，其可分为"跨境流出"和"跨境流入"；就处理主体而言，其可分为"私主体跨境处理"和"公权力机关跨境处理"，由此形成如下架构，如表5.1所示。

表 5.1　数据跨境流动架构

数据流向	私主体	公权力机关
跨境流入	数据入境	数据调取
跨境流出	数据出境	

在"数据入境"的场景中，国家管制体现在对一国之内个人、企业或其他私人组织对境外数据处理的限制上。

在"数据出境"的场景中，国家管控体现为对一国境内的数据被他国个人、企业或其他私人组织处理的限制。

在"数据调取"的场景中，国家管控呈现出一体两面的面貌，既表现为本国机关强制调取存储于外国的非公开数据（数据入境），也表现为外国机关强制调取存储于本国的非公开数据（数据出境）。

2. 数据跨境流动的管制现状

下面重点分析美国、中国和欧盟对数据跨境流动管制的差异。

美国对数据跨境流动的主张相对较为开放，对将个人数据转移至境外基本没有限制，只有个别州或对特殊企业有额外要求；对国际治理规则的探索起步也较早，初见于 2000 年生效的《美国 - 约旦自由贸易协定》（The U.S.-Jordan Free Trade Agreement, U.S.-Jordan FTA），但最能体现其政策倾向的规则体现在《跨太平洋伙伴关系协定》中。虽然美国已在 2017 年退出跨太平洋伙伴关系协定谈判，但其他 11 国达成的《全面与进步跨太平洋伙伴关系协定》（Comprehensive and Progressive Agreement for Trans-Pacific Partnership, CPTPP）（英国在 2023 年正式加入 CPTPP，目前成员国为 12 个）基本保留了跨太平洋伙伴关系协定在数据监管方面所主张的内容；《美墨加协定》则第一次以协议文本的形式，正式确认了"数字贸易"概念在国际贸易规则中的地位。其核心主张是强调自由化竞争和减少政府干预，如确保数据跨境自由流动、禁止数据本地化和强制公开源代码、提供合理的网络接入等。

相比而言，中国的数据跨境流动管制比较审慎，仍处于摸索发展阶段。中国通过一系列政策法规打造了一道较为严密的"防火墙"，着重于对个人信息与数据流动的行政监管。在贸易协定安排上也采取了较为谨慎的态度。中国在 2015 年签署的《中华人民共和国与大韩民国政府自由贸易协定》和《中华人民共和国政府和澳大利亚政府自由贸易协定》中开始对数字贸易相关内容进行规定，但只提及要加强电子商务对个人信息的保护，并未对数据跨境流动有明确安排。中国正在参与的《区域全面经济伙伴关系协定》（Regional Comprehensive Economic Partnership，RCEP）虽然涉及隐私和跨境数据流动、源代码披露等问题，但重点在于市场准入以及与货物贸易相关的数据流动，由中国首创的"eWTO"（Electronic World Trade Organization，电子世界贸易组织）的核心诉求也是推动中小企业的货物贸易便利化。

欧盟对数据跨境流动的管制比较严格，体系也相对完善。以《通用数据保护条例》为代表的欧盟的跨境流动监管强调数据主权与保护体系的完善。欧盟一贯重视个人隐私保护，早在 20 世纪 90 年代就出台了《个人数据保护指令》，这是世界上综合性最强的数据保护体系。2018年5月，《通用数据保护条例》取代《个人数据保护指令》，成为欧盟数据保护法的核心依据。该法更加强调数据主权，并对数据跨境流动提出了更严格的法律要求，如只有在满足一定条件时，才允许数据自由地流出欧洲经济区。这些条件包括接收数据的第三国是获得欧盟保护水平认定的国家或国际组织；企业要遵循"适当保障措施"，包括约束性企业规则、标准合同条款、经批准的行为准则以及认证机制等；数据主体已明确表示同意等。

3. 数据本地化概念

1）数据本地化的概念和内涵

数据本地化是指政府要求对在境内收集的个人数据的存储和处理必须在境内进行，不允许将个人数据向境外自由转移。数据本地化的政策形式有多种，包括禁止将信息向境外发送、要求在信息跨境传输之前必须征得数据主体同意、要求在境内存留信息副本、对数据输出进行征税等。

数据本地化属于一种跨境数据流动规制。基于规制基调的不同，跨境数据流动规制分为两类：

（1）倾向于确保跨境数据自由流动；

（2）倾向于对跨境数据流动进行限制。

基于规制方式的差别，第二类规制又分为两种：

① 隐私规制一般是以数据保护法（隐私法或个人信息保护法等）为基础，根据隐私保护的原则和标准对跨境数据流动进行限制。

② 数据本地化。与隐私规制不同的是，数据本地化并不考虑数据的接收、处理或存储方的隐私保护水平，往往对数据跨境转移实施绝对的限制，或者要求建立或使用本地的基础设施或服务器。

2）数据本地化的原因

随着跨境数据流动规模的迅速扩大，以及云计算、大数据、物联网等新兴信息技术产业的兴起，通过数据本地化政策可以促进国内产业发展的利益大幅增加。

美国信息技术水平较高，与欧盟等经贸伙伴相比，对于隐私保护的重视程度较低。因此，数据自由流动有利于美国的信息技术产业在全球扩张，同时还能扩大美国的贸易利益。欧盟的个人隐私保护意识较强，但信息技术水平却落后于美国，选择隐私规制或数据本地化可以保护欧盟的信息技术产业。欧盟在1995年出台《个人数据保护指令》的目的之一就是与美国进行国际竞争，特别是要限制美国在数据处理产业上的主导地位。在现实中，欧盟主要通过数据保护法规制跨境数据流动，原因可能是对于隐私保护的需求超过了数据保护法带来的成本。

对于大多数发展中国家来说，无论是信息技术水平，还是个人隐私保护意识，都落后于发达国家。因此，出台数据本地化政策，既可以保护本国信息技术产业免受发达国家产业的竞争力压力，也不会为了提高隐私保护水平而产生较高的企业成本。

4. 数据跨境流动与数据本地化对比

1）数据跨境流动

数据跨境流动带来了巨大的发展机遇，有助于增加全球经济总量，提升企业创新能力，推动国际贸易的发展。数据的跨境流动可以更有效率地整合全球要素资源，提升全社会经济总体效用，促进经济增长。跨境数据传输带动全球范围内信息、知识的共享可以提升国家和企业创新能力。云计算、大数据、物联网等新型信息技术迅速发展，深刻改变了传统国际贸易和分工机制，促进了新型国际贸易发展，数据价值不断攀升，促进了生产和交易效率的提升，为国际数字贸易的发展带来了重要机遇，促进了全球数字贸易的投资和增长。

然而，数据跨境流动也存在一些潜在的风险。由于各国数据安全和隐私保护水平不一致，当用户数据从具有一定保护水平的地区流向保护水平较低的地区时，可能会因为立法不足或保护技术及管理能力有限，导致存在数据泄露的风险，而且由于数据跨境流动使本国政府依法获取企业数据的难度增加，进而增加了执法的不确定性。此外，数据跨境流动的模式会导致数据资源集中到少数具备产业和管理优势的国家，虽然可以节约企业成本，但对于用户所在的国家而言就面临着产业发展困难的问题。

2) 数据本地化

数据本地化的目的主要是保护数据的安全。然而，严格的数据本地化措施虽然会提高本国数据安全性，使发展中国家避免来自发达国家的数据霸权影响，但也会阻碍产业数字化、经济全球的发展。与此同时，该措施对企业的竞争力和创新能力都有不利的影响，同时也会制约经济的发展，产生新的不公平。一方面，如果限制数据离境，那么跨国公司就不得不为了在本地发展业务而建立数据中心，这会创造大量的就业岗位，自己的国家便可从中获利。但实际上，由于数据工作对业务人员的数据技术水平要求较高，再加上有部分数据工作可以依靠计算机来完成，因此新的数据中心能创造的就业岗位极其有限，并不能像预计的那样为数据来源国创造大量经济价值。相反，强迫跨国公司在数据来源地建立数据中心，而不是令其在最适合开展特定业务的地方建立相应的业务中心，既会抑制潜在生产力的增长，是公司的竞争力下降，也不利于公司采取最合适的手段保护数据。而且，数据本地化也使公司获得数据进而形成新思想的过程变得更加艰难，不仅会提高开发新产品的成本，影响企业的创新能力，严重的还会对本国公民带来伤害。

5.2 数据跨境流动对数据主权维护带来的挑战

数字技术的快速发展和普及应用，使得大量有价值的数据被收集使用，并以更隐蔽的方式转移至境外，给数据跨境流动监管带来挑战。同时，境外以窃取我国敏感数据为目的的网络攻击增多，境内一些企业还违反规定向境外提供大量敏感数据，这些都使我国数据安全保障的难度增加。另外，当前国际社会还没有形成统一的数据跨境流动的法律规制，也导致因数据跨境流动产生的争议缺乏相应的法理依据。而且，数据跨境流动过程非常复杂，数据涉及的各方都可能主张本国完全的数据权利，很容易形成主权的交互重叠甚至冲突。在这个过程中，不同国家的发展水平不一样，这些都对数据主权维护带来了威胁和挑战。

5.2.1 数据跨境流动对数据主权维护带来的挑战

1. 数据安全保障难度增加

1）数字技术普及使得网络数据出境更不易被察觉

5G、大数据、人工智能、物联网、云计算等数字技术的快速发展和普及应用，使得大量有价值的数据被收集和使用，甚至存在过度采集情况，这些数据随着多主体之间的数据交互能够被更隐蔽地转移至境外，加大了数据跨境监管的难度。

数字技术在应用过程中，通过各类传感器或采集终端，采集大量的网络数据，包括人脸数据、基因数据等个人敏感信息，以及关键基础设施分布等关系国家安全的重要数据。采集的网络数据量可能非常庞大，例如，有关机构估算，一辆自动驾驶测试车辆每天产生的数据量最高可达10TB。一些机构甚至存在过度采集情况，如利用人工智能技术可以进行无差别、不定向的实时数据采集。上述数据可能在数字产业链条上的多个主体之间进行复杂、实时的交互流通，从而被隐蔽地转移至境外。例如，在跨境电商活动全生命周期流程中，境内消费者、跨境电商企业、支付机构、平台企业、物流企业等主体在线上及线下场景深度交织，形成诸多主体之间的数据交互关系，在与境外主体的数据交互中相关数据可能被转移至境外。

2）以窃取我国敏感数据为目的的境外攻击增多

近年来，境外有政治背景的黑客持续加大对我国的网络攻击力度，攻击手段更为隐蔽、持续时间更长、渠道更加多样化，试图窃取我国的个人敏感和重要数据。通过对这些数据的挖掘分析，可预测我国相关战略动作，使我国陷入政策被动并威胁我国的国家安全。

当前，境外机构针对我国敏感数据的黑客攻击高发，据《2020年中国互联网网络安全报告》，境外"白象""海莲花""毒云藤"等APT（Advanced Persistent Threat，高级持续性威胁）攻击组织以"新冠疫情""基金项目申请"等相关社会热点及工作文件为诱饵，向我国重要单位邮箱账户投递钓鱼邮件，诱导受害人点击仿冒该单位邮件服务提供商或邮件服务系统的虚假页面链接，从而盗取受害人的邮箱账号和密码。2020年1月，"白象"组织利用新冠疫情相关热点，冒充我国卫生机构对我国20余家单位发起定向攻击；2月，"海莲花"组织以"H5N1亚型高致病性禽流感疫情""冠状病毒实时更新"等时事热点为诱饵对我国部分卫生机构发起攻击；"毒云藤"组织长期利用伪造的邮箱文件共享页面实施攻击，获取了我国百余家单位的数百个邮箱的账号权限。

3）企业违规向境外提供数据带来国家安全隐患

随着"一带一路"倡议和"走出去"等战略的部署实施，境内企业海外上市、设立海外分支机构、海外并购、与境外企业合作等商务活动日益频繁，数据跨境流动需求显著增强。一些企业违反"数据本地化存储"的基本原则及相关行业数据出境规定，向境外提供大量敏感数据，给我国数据安全和国家安全带来冲击和威胁。

外资企业将我国数据传输至境外总部。例如，特斯拉（中国）通过汽车摄像头、激光雷达等传感器采集车内外环境，获得了人脸图像、个人语音、地理位置等敏感信息，并将上述信息传输至境外总部。

国内企业在海外上市、海外并购等过程中可能向境外机构披露我国相关数据。例如，

2021年3月美国发布《外国公司问责法案》（最终修正案）（Hoding Foreign Companies Accountable Act，HFCAA），要求赴美上市的外国公司提供"审计底稿"——会计师从企业原始交易数据到形成审计结论的过程中使用的数据和材料要提交给美国证监会。而根据中国证监会和财政部2013年5月7日与美国公众公司会计监督委员会（Public Company Accounting Oversight Board，PCAOB）签署的执法合作备忘录，如果美国公众公司会计监督委员会因案件调查需要，需调取中国公司的审计底稿时，可以向中国证监会和财政部提出要求，在不违反中国《保密法》等规定的情形下，获得相应的底稿。

境内机构通过合作等方式，将敏感数据传输至境外。例如，2015年科技部根据《中华人民共和国人类遗传资源管理条例》《中华人民共和国行政处罚法》等有关规定，对深圳华大基因科技服务有限公司华大基因旗下深圳华大基因科技服务有限公司实施行政处罚，该公司与华山医院未经许可与英国牛津大学开展中国人类遗传资源国际合作研究，华大科技未经许可将部分人类遗传资源信息从网上传递出境。

2. 国际上无统一的法律规制

跨境数据流动的全球属性决定其需要制定一套国际上统一的法律规制，以协调各国之间不同的法律。然而，国际上目前尚未形成这样一套统一且具权威性的跨境数据流动国际规则。由于全球性国际规则的缺失导致各国和地区的规则不断产生法律冲突，这些冲突在一定程度上还可能形成贸易壁垒，阻碍经济发展。

与此同时，国际上缺少统一的跨国数据流动的相关规则，导致数据主权纠纷频频发生。当下，国际社会并未对各国的数据主权的管控范围予以划定，国际法的空白使数据主权纠纷发生时无统一的适用规则。到目前为止，具有国际组织性质的欧盟2016年通过的《通用数据保护条例》是最严格、保护水平最高的数据保护规则，更强调的是对个人数据主权的保护。此外，关于数据跨境流动在总体上而言，目前尚且没有统一的数据跨境流动分类分级的管理制度。

虽然WTO的部分规则已经为全球跨境数据流动奠定了基本的规则框架。但是由于跨境数据流动的特殊性也对WTO的规则形成了巨大的挑战。例如，数据跨境流动的定性问题。当前WTO成员对于数字产品的定性问题尚未达成统一意见。虽然WTO框架下的《服务贸易总协定》（General Agreement on Trade in Services，GATS）与《关税及贸易总协定》（General Agreement on Tariffs and Trade，GATT）的宗旨都包括促进数字贸易自由化，但是从适用的层面上进行分析，针对数字产品（尤其是数据通过特殊形式形成的数字产品），到底应该将其视作"货物"还是"服务"，在目前的数字产品范畴很难进行区分。若二者无法界定，则会直接影响跨境交易过程中的法律适用。因此，假如要借助WTO规则对跨境数据流动进行规制，首先要对数字产品的定性问题进行明确。而要实现这一点，就需要对WTO框架下的规则进行完善，建立国际统一的法律规制。

3. 主体管辖权重叠，数据归属不明

1）跨境数据流动过程复杂

在现实生活中，数据跨境流动是一个非常复杂的过程，涉及多个主体、多个场景，至少涉及数据的所有者、接收者和使用者，数据的起源地、运送地及目的地，信息基础设施的所在地，信息服务提供商的国籍及经营者的所在地。当发生数据跨境流动行为时，数据涉及的各方都可能主张本国完全的数据权利,基于理性自保的需要,积极加强对本国数据的管控和支持本国国民在他国的数据主权主张,很容易形成主权的交互重叠甚至冲突。同时,在多重管辖权的情形下,将会出现服务提供商挑选法律的现象,致使网络服务商通过信息转移逃避对数据保护的国内规制,从而加剧数据管控的复杂性。

2)云计算、云存储使数据的主权归属争议很大

当前,数据处理和存储设备由固定的硬件系统转变为"云",即由网络为数据的计算和存储提供资源和服务,如图 5.1 所示。跨国公司,如谷歌、亚马逊、苹果、英特尔、国际商业机器公司;国内公司,如阿里巴巴和百度,都提供了云服务产品。但云物理位置的分散性,以及云存储、云计算中数据的流动性,使"国内数据"的定义越来越模糊,也为数据主权的界定带来了极大的争议。因此就这些云计算、云存储中的数据属于哪家公司或哪个国家,国际上纷争很大。同时,出于满足客户需要和降低成本的考虑,网络公司往往将其提供的服务部分外包,因此经常会出现这样的结果:不同的国家同时管控同一条数据。例如,A 国采集的数据存储在 B 国 C 公司的数据中心,B 国 C 公司又将数据服务外包给 D 国,而该数据最终被 E 国的用户使用。在如此情境下,各国的数据主权该如何主张?倘若出现纠纷,各国数据主权又当如何维护?依据哪个国家的法律进行维权?

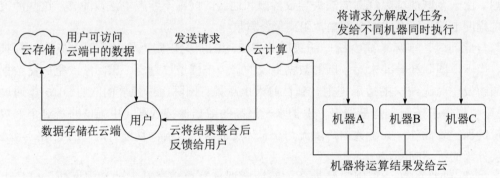

图 5.1　云计算和云存储示意图

4. 各国数据主权管辖能力不对称

1)数据霸权加剧数据强国对他国数据主权的侵犯

数据主权是理论上的平等、实际上的不平等,在信息全球化的背景下,数据强国与数据弱国之间的权力是不对等的,数据强国会通过这些不对等来谋求数据霸权,以实现数据的经济价值与政治价值。数据霸权是类似美国等数据强国假借"信息自由"的名义来实现霸权领导地位的合法性,号召网络空间无政府主义以达到目的。人工智能的出现使数据的处理、分析、提纯变得更加容易,将海量数据背后的价值变现,核心数据成为各国竞争抢夺的资源。但这隐藏的内在动力同样容易促使霸权主义国家不留余地地继续推行数据霸权政策,另外也是因为关键技术的寡头垄断为其实施数据霸权提供了技术契机。如"棱镜门"事件就是数据霸权国家凭借数据存储的特点和技术加持对他国进行监控,导致他国核心数据被盗用以及给各国安全带来威胁。

2)不同国家的数据保护水平差异较大

大数据背景下,大规模且复杂的数据跨境流动已经成为常态。然而,不同国家对于数

据保护持不同态度，也就形成了不同的数据跨境流动政策。与此同时，经济以及技术发展的不平衡，使得部分国家没有能力保护自己的数据。因此，当数据的流经国家不具备必要的数据保护手段时，流动的数据很有可能被第三方拦截、备份、修改、泄露，对数据主权的维护带来了极大挑战。

5.2.2 数据主权与数据跨境流动治理间的逻辑关系

视频讲解

数据跨境治理的目的是维护国家数据主权。数据跨境管理融合了国家保护人权隐私、维护国家主权安全、提升国家网络博弈能力等目的，即提升国家维护数据主权的综合能力。

从个人隐私方面来说，OECD《隐私保护与个人数据跨国流通指南》的序言中明确指出："自动化数据处理的发展使得大量数据瞬间传遍各国，因此必须考虑与个人数据有关的隐私保护问题"，个人隐私的保护和管制影响到数据主权的综合能力；从维护国家安全方面来说，以公共安全大数据监控驱动社会稳定已成现实，各国通过对他国原生数据和派生数据的采集研判，以维护本国国家安全亦成趋势，同时国家开展跨境数据流管理以维护数据主权，可以由此明确数据所有权、管辖权、开发等收益权；从提升国家数据博弈攻防能力方面来说，数据主权视角下美国等西方科技强国的数据跨境管理政策中都有形式不一的"长臂管辖"原则，特别是美国《澄清海外合法使用数据法》允许其在未告知数据存储国的情况下，调取存储在境外的数据进行司法取证，严重侵犯了数据存储国的司法主权，是对传统国际司法协助体系和国际法秩序的挑战，有可能引发国与国之间数据主权的冲突与博弈，不利于全球数据经济的发展。数据主权是一个国家对数据的运用能力，能使该国在国际政治上领先，也可能使其因数据跨境流动而丧失主权。

5.3 数据跨境流动的政策、法规和实践

随着各国对数据跨境流动意义和影响的认识日益深入，数据跨境流动逐步成为国家和地区间博弈的重要问题。基于国家安全、经济发展、产业能力等多方面的考量，各国确立了不同的数据跨境流动策略。本节通过介绍以欧美为首的西方国家和我国的数据跨境流动政策，分析对比政策的不同之处。

5.3.1 各国数据跨境流动政策的现状分析

在数字经济背景下，以云计算为突出代表的新技术的应用对数据主权产生了深远的影响，如分离了数据的所有权与控制权、给数据主权的界定带来挑战、引发国家之间的争端等。与此同时，各国对待数据跨境流动的态度也有所不同。欧盟各国在充分保护个人数据的前提下推动数据跨境流动，美国推行数据跨境自由流动，俄罗斯则限制数据跨境流动。而且，很多国家开始推行数据本地化政策。不过，数据本地化存储并不能百分百地保障数据安全，反而可能影响企业的创新能力，加大国家的经济损失。

1. 欧盟

在对数据跨境流动的治理上，欧盟一直强调以高标准保护为前提。同时，欧盟将个人

数据保护视为一项基本权利，一直坚持高标准保护个人数据。在消除境内数据自由流动壁垒、建立统一数据保护标准的同时，欧盟要求其他国家只有在提供与欧盟同等水平保护的情况下，才允许个人数据跨境向其进行传输。

2018年，欧盟通过了《通用数据保护条例》和《非个人数据自由流动条例》，对欧盟个人数据的跨境流动与非个人数据在欧盟境内的流动做出了有关规定，而2022年通过的《数据法案》草案则进一步对非个人数据跨境流动做出了严格限制，填补了相关规则的空白。欧盟通过对个人数据与非个人数据的严格保护，实现对美国数据长臂管辖权的制约与数据主权的维护。

对于个人数据跨境流动，欧盟通过基于充分性认定建立的数据跨境传输白名单制度，对欧盟以外国家或地区数据保护的充分性进行评估，欧盟委员会综合考虑数据保护立法实施、执法能力、救济机制、国际参与等因素，将与欧盟保护水平相当的国家或地区列入"白名单"，允许欧盟个人数据向上述国家或地区传输。对于没有获得欧盟充分性认定的国家或地区，数据控制者或处理者在提供了适当的保障措施，并且当满足数据主体能行使权利、能获得有效法律救济的条件时，也可将个人数据向上述国家或地区传输。此外，当欧盟以外国家未达到欧盟数据保护水平，且未提供适当的保障措施时，《通用数据保护条例》规定了数据跨境传输的法定例外情形，包括数据主体同意、履行合同义务、保护重要公共利益、保护数据主体及他人的重大利益、行使或抗辩法定请求权、公共注册登记机构数据传输等情形。

对于非个人数据，欧盟一方面通过限制数据本地化等促进境内非个人数据自由流动，建立欧盟内部数据跨境流动的基本规则：限制成员国的数据本地化要求，确保成员国主管部门的数据获取权限，保障"专业用户"能够自由地进行数据迁移，消除境内数据自由流动壁垒。另一方面，在2022年欧盟委员会公布的《数据法案》中第七章针对非个人数据的国际访问和传输有关问题做出了具体规定，要求数据处理服务提供者等主体落实具体的保障措施，限制欧盟境内非个人数据的跨境流动，从而实现欧盟公民、企业、公共部门对数据的控制，促进欧盟内部对数据的信任。

2. 美国

美国基于其数字技术优势和经济全球扩张的需求，对于数据跨境流动总体持积极态度，其通过制定宽松的监管政策，鼓励数据跨境流动以实现贸易利益最大化，反对对数据跨境流动进行不必要的限制。但同时，基于遏制战略竞争对手、维护技术霸权的目的，美国以国家安全为由严格限制敏感数据出口。

美国虽然没有普遍性的数据跨境流动法律，但对敏感个人数据、政府重要数据、商业数据等的大规模出境，有着严格的管控要求。在限制本国企业大规模数据出境行为的同时，美国尤其关注外国产品和服务收集、获取美国敏感数据的风险，并以国家安全为由对外国产品或服务进行严格管控。在《外国投资风险评估现代化法案》（Foreign Investment Risk Review Modernization Act，FIRRMA）中，对涉敏感个人数据交易进行外国投资安全审查，针对维护或收集敏感个人数据的美国企业的外国投资，如果该美国企业满足相应条件，且可能使外国投资者获得特定权利，则应当纳入美国外国投资委员会（The Committee on Foreign Investment in the United States，CFIUS）的安全审查范围。目前，美国已经对我国多起涉敏感个人数据交易进行了外国投资安全审查。例如，2019 年 3 月，美国外国投资委员会向我国昆仑集团发出通知，要求其出售持有的同性恋交友软件 Grindr 的股权；2019 年 4 月，美国外国投资委员会要求我国碳云智能公司出售持有的病患在线服务平台 PatientsLikeMe 的股权；2020 年 3 月，美国政府发布行政令，要求我国石基信息公司剥离酒店管理解决方案提供商 StayNTouch 相关的所有权益。此外，美国寻求对境外数据的管辖权，通过《澄清海外合法使用数据法》实现数据领域的"长臂管辖权"，扩大了美国执法机构调取境外数据的权利。

在国际层面，美国通过 APEC 跨境隐私规则体系推动成员内部的数据流动。2022 年 4 月 21 日，美国发布《全球跨境隐私规则声明》(Global Cross-Border Privacy Rules Declaration, GCBPRD)，宣布建立全球跨境隐私规则体系，进一步扩大了跨境隐私规则体系的全球影响。而美国推动跨境数据自由流动的重点在于《双边或多边自由贸易协定》(Free Trade Agreement, FTA)，2012 年，《美韩自由贸易协定》首次就跨国数据流动制定了原则性条款；2016 年，《跨太平洋伙伴关系协定》首次增加了有关跨境数据流动的约束性条款，以减少双方跨境数字贸易的壁垒。2018 年，《美墨加协定》在数据跨境流动方面与《跨太平洋伙伴关系协定》基本保持一致，主张除非为了正当公共利益外，不得对数据跨境传输进行限制。自由贸易协定拥有较强的法律约束力和执行力，双边和多边的相互交织，美国以跨境数据自由流动为核心的规则正在嵌入全球数据治理体系之中，其广度和强度也在提升。

3. 数据本地化或限制性数据跨境流动政策

除美欧提出的比较鲜明和系统化的数据跨境流动政策主张外，许多国家和地区从维护国家数据安全的角度出发，也制定了相关的数据跨境流动政策和措施。印度、巴西、越南和俄罗斯等发展中国家，从维护网络和数据安全的角度出发制定跨境数据流动政策，都在一定程度上提出了数据本地化存储或限制数据跨境流动的诉求；以澳大利亚为代表的部分发达国家，也提出了不同程度的数据本地化要求。总体来看，各国主要的数据本地化要求包括在本地建设数据中心，实现本地化处理和存储数据，最低要求在境内实现特定数据的容灾备份等。比如越南在 2013 年颁布法规，要求谷歌、脸书等所有互联网服务提供者在越南境内至少建设一个数据中心；巴西在 2013 年也开始制定相关政策，要求互联网公司在境内建立数据中心，并于 2018 年出台了《通用数据保护法》(Lei Geral de Proteção de Dados Pessoais, LGPD)，对数据跨境流动提出了新要求。限制数据跨境流动的措施可能对全球服务贸易，特别是数字贸易带来负面影响，会对外资投资本国的数字经济领域产生负面影响，但也可能为国家网络和信息安全提供一些保障。

5.3.2 我国的数据跨境流动政策的现状分析

随着互联网、电子商务、国际贸易等日渐发展，数据跨境流动的规模正在日益扩大，其对数字经济发展的驱动力也日益加强。在全球化的大背景下，无论是新兴互联网企业、跨国公司还是传统行业，其商业活动的开展都和数据跨境流动息息相关。中国在数字经济领域发展迅速，在保护数据安全的同时，大力推动数据流动、充分发挥数据价值。目前，我国的数据跨境流动政策已经形成基础性框架。这一政策框架以维护国家安全为中心，重视数据出入境的安全评估和安全审查，为跨境数据流动治理指明了原则与方向。

1. 重要数据

当前，我国的数据跨境流动治理体系初步形成。《网络安全法》和《数据安全法》确立了重要数据出境的基本框架，即重要数据原则上应当在境内存储，确需向境外提供时应当进行安全评估。并在 2022 年 7 月 7 日，国家网信办公布了《数据出境安全评估办法》，对数据出境安全评估提出了具体要求，进一步明确了重要数据的定义、数据出境安全评估的流程、重点评估事项等内容，为数据跨境流动提供了规则指引。

对于金融、卫生健康、交通运输等特定行业，很早就结合行业需求对特定数据出境提出了要求，建立健全了数据跨境流动规则和机制。一方面，明确要求数据本地化存储。例如，2016 年由交通运输部、工信部等 7 部委发布的《网络预约出租汽车经营服务管理暂行办法》第二十七条规定，网约车平台公司应当遵守国家网络和信息安全有关规定，所采集的个人信息和生成的业务数据，应当在中国内地存储和使用，保存期限不少于 2 年，除法律法规另有规定外，上述信息和数据不得外流。另一方面，明确数据出境相关要求，但这多方面是笼统性的规定，缺乏操作性。

与此同时，商务部提出了要地方加快探索数据跨境安全监管模式。2020 年 8 月，发布《关于印发全面深化服务贸易创新发展试点总体方案的通知》，提出北京、上海、海南等条件相对较好的试点地区开展数据跨境传输安全管理试点。根据北京、上海、浙江、海南等地的自贸试验区方案，各地都在加快数据跨境流动机制探索，并采取了一些创新性的举措。例如，北京明确要加强跨境数据保护规制合作，促进数字证书和电子签名的国际互认，探索制定跨境数据流动等重点领域规则，提出数据产品跨境交易模式，并设立了北京国际大数据交易所；上海明确要建立数据保护能力认证、数据流通备份审查、跨境数据流动和交易风险评估等数据安全管理机制，并提出依托国际光缆登录口构建跨境数据中心、新型互联网交换中心，建设新型数据监管关口，设立新片区跨境数据公司。

2. 个人数据

在全球经济联系日益紧密的今天，越来越多的国家和地区需要进行数据交换，个人数据跨境传输变得愈加普遍，当前迅速普及的云计算、大数据、移动互联网、智能终端等新技术也对隐私和数据安全带来了新的威胁，我国保护个人信息安全的现实需求日益强烈。

在这一背景下，《网络安全法》中规定关键信息基础设施运营者的国家安全审查义务，《数据安全法》中没有明确地写明安全审查义务，但规定了任何组织和个人的数据活动不得危害国家安全。然而，2021 年 6 月 30 日发生"滴滴事件"。"滴滴出行"作为平台用户基础信息以及敏感信息的收集者，在其上市的过程中却将此项数据进行披露以及泄露，导致对于国内用户的信息安全，以及整个国家安全造成了不可量化的威胁以及风险。在"滴滴事件"发生后，2021 年 11 月通过的《网络安全审查办法》以维护数据安全为核心，要求超过 100 万用户个人信息的网络平台运营者赴国外上市时必须向网络安全审查办公室申报网络安全审查。2021 年 8 月 20 日，我国《个人信息保护法》正式出台，进一步完善了关于个人信息出境的管理规定，确立了 3 种个人信息跨境流动机制：安全评估，由国家网信部门组织实施；个人信息保护认证，国家网信部门出台相关规定，专业机构按照规定开展认证活动；标准合同文本，由国家网信部门制定标准合同文本，数据输出方和接收方订立合同，明确双方的权利和义务，并监督接收方的个人信息活动达到法律规定的个人信息保护标准，个人信息出境的合法路径更加便利。

然而，尽管我国出台了多部与数据保护、数据安全有关的法律，对个人数据跨境流动制度提供了新的规制模式和思路，但目前对于个人数据跨境流动的法律规制仍存在不清楚、不确定的条款，一些办法、条例还处于"征求意见稿"的阶段，没有落地，相关法律条例、政策仍存在需要进一步完善的地方。

3. 数据跨境调取

在一国涉外司法或执法过程中，可能会需要调取他国境内数据或公民个人消息，这种数据跨境调取通常需要通过国际司法或执法协助进行。但美国《澄清海外合法使用数据法》法案规定，美国政府有权利调取存储于他国境内的数据，而其他国家若要调取存储在美国的数据，则必须通过美国的"符合资格的外国政府"审查。这实质上采取了双重标准，并打破了国际司法或执法协助制度。与美国不同，在数据跨境调取方面，我国《数据安全法》《个人信息保护法》奉行对等原则，明确我国根据有关法律和中华人民共和国缔结或者参加的国际条约、协定，或者按照平等互惠原则，处理外国司法或者执法机构关于提供数据的请求；非经中华人民共和国主管机关批准，境内的组织、个人不得向外国司法或者执法机构提供存储于中华人民共和国境内的数据。

同时，对于从事损害我国公民个人信息权益等活动的境外组织、个人，以及在个人信息保护方面对我国采取不合理措施的国家和地区，法律还规定我国可以采取相应的对等措施。

5.3.3 数据跨境流动政策的比较

1. 政策理念

由于各国的信息技术水平和数据产业发展阶段存在较大的差异，各国数据跨境流动政策理念和政策制定的出发点存在较大的差异。总体来看，信息技术强国（主要是指美国）在制定数据跨境流动政策时，主要以支持信息技术跨国企业和促进数字贸易发展为出发点，数据跨境自由流动可以降低数字贸易壁垒，创造巨大的发展空间，数据跨境流动政策以支持数据自由流动为主，并在全球的双边和多边的贸易谈判中主动要求增加以数据自由流动为核心诉求的电子商务章节。

欧盟、日本等发达国家和地区有重视个人数据保护的传统，既希望参与到全球数字经济发展的浪潮中，又不希望自身优质的数字市场被美国，甚至是中国互联网企业占据，因此在制定有关数据跨境流动政策时，往往会选取较高的数据保护标准，阻止数据流出本国和本地区，任何与之进行数据合法传输的国家都需要经过大量的谈判，并满足其数据保护的要求。发展中国家在双边和多边贸易谈判中普遍处于弱势地位，信息技术和数据资源开发能力有限，数字贸易需求不高，数据跨境流动更多地意味着风险，因此不约而同地选择了限制数据自由流动的政策。

中国是一个比较特殊的市场，既拥有完整的信息产业链，但信息技术基础能力又落后于美国和欧盟；既拥有全球最丰富的数据资源和应用场景，同时众多中国企业又有全球化发展的强烈需求。数据跨境流动对中国而言机遇和挑战共存。中国的数据跨境流动政策需要有效平衡发展和安全的关系，政策理念既不同于美国，也不同于欧盟，更不能选择简单的限制数据跨境流动的政策措施。

2. 实施机制

美国推崇的全球数据自由流动政策主要表现为，对内不进行单独的数据保护立法，分领域立法中除非有隐私保护需求，否则不对数据跨境流动进行明确要求，对外主张在国际上推行宽松的数据跨境流动政策，主要是通过双边和多边谈判来实现。目前，美国已经和欧盟、北美（加拿大、墨西哥）等形成了数据跨境流动的协议。

欧盟的"外严内松"数据跨境流动政策核心是构建以个人数据权利为中心的法律体系，认定欧盟数据控制者实施个人数据跨境流动活动时的 3 种合法形式：

（1）向获得数据保护"充分性认定"的地区传输数据；

（2）在获得用户同意或者根据执行活动需要的例外场景下传输数据；

（3）采取充分保障措施的数据传输。

只有满足上述 3 种方式时才可以实现数据跨境流动和传输。总体来看，通过"充分性认定"的国家和地区非常少，充分保障措施是主要的数据传输形式。其他国家提出的数据本地化或限制数据流动的政策，主要是要求涉及个人数据存储和处理的必须在境内进行，但实际数据的监控和管理比较复杂，政策落实比较困难。

3. 国际话语权的争夺

《隐私盾协议》无效案反映了欧美之间对数据治理国际话语权的争夺。欧美在各自缔结的自由贸易协定中对数据跨境流动采取了不同的规制路径：欧盟关注个人数据的保护，重在事前防范；而美国为贸易主导型，主要依赖事后问责。我国出于保护个人信息安全与网络安全的考虑，签订的自由贸易协定不在电子商务章节创设强制性义务，这符合我国个人信息保护水平不高的现状及维护国家安全利益的需要。但是，随着我国与越来越多的发达国家缔结自由贸易协定，这一模式可能将面临压力。其实，随着我国电子商务和数字经济的飞速发展，在自由贸易协定中加入强制性的电子商务规则长远来看是符合我国利益的。我国应当积极应对数据跨境流动这一问题，可在双边和多边谈判中主张按照数据类别设立宽严不同的流动标准，并根据数据安全属性构建梯度性跨境审查体系。

我国虽是互联网企业大国，但缺少在数据治理国际规制构建中的话语权，应加强国际合作以达成多边协作和共识。WTO 作为一个全球性的成员国众多的国际组织，在促进货物、服务、人员、资本的跨境流动中发挥了重要作用，也积累了不少经验。虽然 WTO 的电子商务谈判目前的成果比较有限，但其框架可以适应数字经济带来的政策挑战。而且，WTO 框架可有效应对双边条约谈判中主导市场一方轻易将其规则偏好强加于经济上处于弱势地位一方的问题，甚至可以在全球数据治理规则中为发展中国家和最不发达国家争取特殊而有区别的待遇。我国应当积极通过 WTO 机制参与全球数据治理，有针对性地提出符合包括我国在内的广大新兴国家利益的建设性主张，推动构建符合多国利益的数据跨境流动规则。

5.3.4　数据跨境流动治理理论框架

视频讲解

本节将针对数据跨境流动治理展开研究，在对经验性材料开始梳理之前，首先简单介绍数据跨境流动的一般过程，构建数据跨境流动治理的理论框架，使得数据跨境流动本身可以得到更加清晰的认知，在此基础上，构建数据跨境流动国内的治理体系，提出平衡数据跨境流动与维护数据主权的路径。

1. 数据跨境流动治理理论框架：自由与安全

在界定了数据跨境流动的相关概念之后，对数据跨境流动的过程加以描述，以便使得数据跨境流动过程更加直观，数据跨境流动治理方向更加清晰。

1）数据跨境流动过程

在数据跨境流动过程中的传出一方为数据主体，传入一方为接收方，且双方在数据跨境双向流动的不同阶段可以随时互换。同时，每一方内部都依据主体性质进行了更加细致的划分，以国家行政机关、业务部门为主体的，一般被看作公共部门；以企业、公司等营利性机构为主体的，一般被看作私人部门。公共部门与私人部门的界限随着数据跨境流动的复杂性与规模不断上升而逐渐模糊，但并不妨碍以其为基础描述数据跨境流动的一般过程。

"公共部门-私人部门"视角下的数据跨境流动过程如图5.2所示。该过程将数据跨境流动进行简化，只是限定在两个国家，或是两个国际性、区域性组织之间。只有在双方均已具备彼此认可的数据跨境流动规制水平时，跨境数据流动才具备操作的基础。当一国的数据主体希望将数据传输至另一接收国时，只需遵循双方均已认可的规制框架内的规定即可。当第三方（国家或区域性组织）加入时，一般情况下需要遵循的是同样的路径，规制水平也必须得到彼此间的承认，继续增加参与国只需依此类推。虽然数据跨境流动的规模和复杂性不断增加，在不同国家与地区、面对不同的情况时，都可能产生特定的操作路径，但图5.2中的框架性模型已经足以展现出数据跨境流动的一般过程。

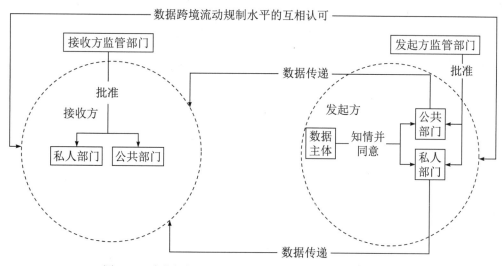

图5.2 "公共部门-私人部门"视角下的数据跨境流动过程
来源：《欧盟跨境数据流动治理——平衡自由流动与规制保护》

2）数据跨境流动治理理论框架：自由与安全

对于数据跨境流动的治理而言，关键问题是如何处理数据自由流动与数据保护的张力平衡，可以参考与借鉴现有的以网络空间治理为代表的国际关系理论相关框架，其中最热门的多利益攸关方主义（multi-stakeholderism）认为网络空间治理应该经由所有利益攸关方的参与，尤其是包括私人部门在内的行为体。同时，需要照顾并关注包括政府、商业与非政府组织的利益。姚旭在《欧盟跨境数据流动治理——平衡自由流动与规制保护》一书中建立了一个从"国家-社会-企业"的分层角度出发，以国家规制跨境数据流动的意愿强度为基础，以"公共部门-私人部门"为维度的全新数据跨境流动治理的"自由-规制"动态张力框架。

如图5.3所示，在"国家-社会-企业"的分层中，可以清晰地看到三者之间的包含与区分关系，国家注重的是安全与稳定，社会注重的是价值实现与保护，而企业则看重经济效益。在不同层面，恰好可以体现数据跨境流动治理关注的3个要点，即安全与稳定、价值实现与保护以及经济利益。但同时由于数据跨境流动的复杂性，数据跨境流动难以按照"国家-社会-企业"的分层方式严格运转，所以，在采用"国家-社会-企业"的分层方式的同时，兼用"公共部门-私人部门"的分层方式，使得数据跨境流动过程更加清晰，也使得构建数据跨境流动治理的框架更为简洁。

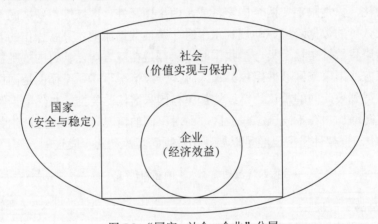

图5.3 "国家-社会-企业"分层

来源：《欧盟跨境数据流动治理——平衡自由流动与规制保护》

数据跨境流动治理的目的应该是在承认数据需要某种程度上的自由流动这一特性的基础上，打造更细致的规制，使得数据的自由流动程度与规制之间保持平衡。这样一个平衡点应该处于规制的严苛程度与数据流动自由度之间可以得到妥协的那个位置，虽然不同国家与地区对于平衡点的认识会不一样，但我们可以以国家规制跨境数据流动的意愿强度为基础去寻找那样一个平衡点。

当面对数据跨境流动这一议题时，需要以治理的思路去看待，而非简单的管理或管控，因为这不符合数据跨境流动的内在逻辑。数据跨境流动自身带有多元参与和共享共治的理念，需要最终在安全性和成长性之间寻求平衡。

2. 数据跨境流动国内治理体系建构

基于我国当前安全与发展并重的需求，亟待在已经采取的数据本地化存储的基础上适应发展需要，对我国数据跨境流动治理机制进行扩容，进一步细化实施细则。国内数据跨境流动立法及监管体系的完善是首要任务，同时需将国际规则及形势纳入考虑范畴，设置制度接口并开展区域性合作尝试。此外，还应当着力引导跨国企业进行合规运作，保障我国企业在全球经济活动中的合法权益，如图5.4所示。

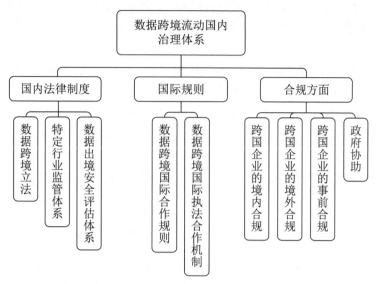

图 5.4　数据跨境流动国内治理体系

1）国内法律制度

《网络安全法》《数据安全法》《个人信息保护法》等法律对数据跨境流动作出了顶层设计，在立法的顶层设计中需要进一步明确和增加数据跨境流动的保护原则以适应当前发展需求。当前数据本地化存储的原则偏向于静态规则设计，关注重点需要转向"传输"这一动态过程。一方面，可以针对传输环节设置数据安全流动原则，强调在保障数据安全的前提下允许数据进行跨境传输，以此在立法中传递更为积极、开放的导向性信号；另一方面，针对个人数据（信息）的保护问题，在数据跨境流动的制度构建中需要相对弱化知情同意原则的严格程度，可以考虑采取宽泛同意兼赋予用户退出权的保护原则，以实现数据传输的集中式审核，提高数据传输效率，当然该原则还需要建立在数据分类分级的基础之上。

《地理管理条例》和《征信业管理条例》等行政法规对特定行业的数据管理作出了具体要求，以金融行业数据跨境流动监管体系的演进为例，数据出境规则由最初的"除法律法规及中国人民银行另有规定外不得提供"的设定，逐步转向满足了包含业务需要、明示同意、安全评估等系列硬性要求后允许数据出境的制度设置，逐渐摒弃了"一刀切"式的监管模式，明确了监管主体的监管权限，同时也为被监管方开展合规工作提供了充足的指引，降低了企业合规风险。同时，从金融行业的监管经验可知，数据跨境流动的监管重点还应当在于对事前监管规则的强化。

国家互联网信息办公室在2019年发布了《个人信息出境安全评估办法（征求意见稿）》，建立和完善了数据出境安全评估体系。该文件将是否符合国家法规政策、合同条款是否能保障个人信息主体合法权益等方面列为重点评估内容，可以此作为参照，从国家主体层面以及私人主体层面两方面着手，分别设定评估体系。此外，也需要针对个人数据、企业数据及政府数据进行分类保护；针对个人数据需要重点评估是否实现对敏感数据的脱敏保护；针对企业数据则需要考察数据是否涉及企业商业秘密、知识产权保护等内容；政府数据出境情形较少，如果涉及例如新冠疫情防控等全球突发性卫生公共事件的防控，则需要进行更严格的评估。

2）国际规则

在当前的国际形势及国际数字经贸往来背景下，我国需要积极回应国际数据安全态势和竞争格局，推动国际层面合作机制的建立。一方面，需要加紧推进国际合作渠道尤其是区域性合作渠道的建立。2020年《区域全面经济伙伴关系协定》正式签署，第十二章电子商务中制定了跨境传输数据规则，限制成员国政府对数字贸易施加各种阻碍，如数据本地化存储等。《区域全面经济伙伴关系协定》虽然展示出了搭建数据跨境传输的意向，但在具体内容中仍然采取了礼让性规定方式，表示需要尊重缔约方各自的监管要求以及公共政策等，因此效力较为有限。在2020年11月20举办的亚太经合组织第二十七次领导人非正式会议上，中国提出考虑加入《全面与进步跨太平洋伙伴关系协定》。《全面与进步跨太平洋伙伴关系协定》针对互联网规则和数字经济设定了较高标准，规定的内容较为全面，其中也涉及了数据跨境流动与数据本地化存储等问题，可能成为沟通我国与世界各国数据合作的纽带。另一方面，从当前国际实践现状来看，在此类多边贸易协定下推动数据跨境流动问题进展颇为缓慢，因此还可以考虑采取更为灵活的合作方式。从我国实践来看，可以我国在"一带一路"倡议中与沿线国家已经签订的协定等为基础，尝试将国际协定与国家治理进行衔接，率先与已经构建起良好协作关系的国家或地区进行数据跨境流通的先行先试，从而逐渐推动国内治理机制与国际规则的双重发展。

近年来，世界各个国家和主要地区在制定自身的数据跨境流动规则后都开始进一步针对执行机制展开规划，建立和完善数据跨境流动的国际执法合作机制。当前，我国数据跨境流动执法机关的职责范围存在重叠和交叉，例如，《网络安全法》中规定享有执法权的机关包括国家网信办、工业和信息化部以及公安部等多部门。在数据跨境流动的治理中，境内与境外两个环节难以割裂，因此执法机关需要对境内及境外的活动进行统筹监督管理，未来随着数据跨境流动活动的增多，多部门职责不清将降低监管效率，妨碍监管效果的实现，因此还需要指定专门的职责部门来增强我国数据跨境流动的执法能力。同时，也应当在执法环节着力推进国际合作，以此切实保障各项制度的有效实施。

3）合规方面

对于个人信息和重要数据出境合规方面，网络运营者要对数据出境进行自评估，包括出境目的的合法性、正当性，出境安全风险程度等，对于不满足合法、正当、必要这三大要求或经评估后不满足风险可控要求的数据出境计划，网络运营者可对其进行修正，或采用相关措施降低数据出境风险，并重新开展风险评估。数据出境安全风险自评估流程如图5.5所示。对于满足相应条件的数据出境，网络运营者还需要报告行业监管部门或者国家网信部门进行监管机构评估。

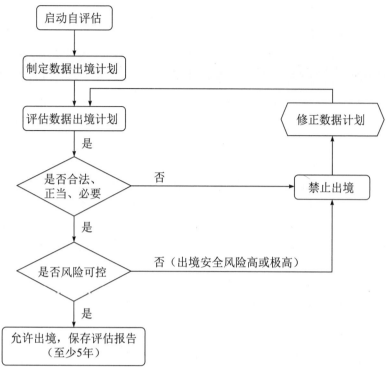

图 5.5　数据出境安全风险自评估流程

在跨国企业的境内合规方面，除了就数据跨境流动的相关规范增强普法宣传力度、积极引导企业开展合规工作外，还应开辟新的合规途径，例如，企业资质认证制度的构建。当前，我国实践中关于企业数据跨境流动资质认证的规定主要围绕数据跨境流动安全风险防控展开，集中于对数据保护能力的认证，具体指企业具备足够的管理能力及技术水平，能够满足数据保护的标准，可以避免数据盗用、信息泄露等事件的发生。除对企业数据保护能力进行审查外，对企业资质的认证还可延伸至数据跨境流动的其他方面，如企业专门从事数据跨境传递业务的资质认证，或者为了跨国贸易的展开对交易中一些环节进行事前的资质审查，避免等待审查、重复审查的情况出现，尤其是涉及跨境支付等活动，此时的数据交换集中在特定领域，可以考虑对此类活动进行统一的资质认证，而后在合理时期内对资质认证进行更新。

在境外合规方面，需要充分激活私主体层面的国际合作，如引入企业间协议以及标准合同等方式搭建合作渠道。例如，《通用数据保护条例》中实际上规定了在一国未获得充分性认定时，可以在符合标准的情况下进行数据跨境传输的情形，以"有约束力的公司规则"为代表，该规则规定了欧盟内部跨国公司在跨境传输中需要满足的条件，集团型跨国企业在遵循特定规则并获得认可之后则在集团内部形成安全港，数据可以在集团内的企业之间传递，从而降低数据传输成本。

除事前合规工作外，跨国企业可以考虑采取多种方式维护自身在境外的合法权益。在美国封禁 TikTok 的事件中，TikTok 选择起诉特朗普政府以延缓禁令的生效，无论结果如何，均为企业争取了制定对策的宝贵时间；在被印度尼西亚政府封禁后，TikTok 通过积极沟通，删除了相关信息并接受印度尼西亚当局的监管，从而妥善化解了危机。换言之，作为跨国企业，在国际冲突发生后实际上拥有比政府之间更加高效快捷的沟通渠道，跨国企业自身也应当采取积极措施进行补救。

在国际交往中，我国跨国企业在已经采取合规整改工作后如果仍遭受到歧视性待遇，则有必要由我国政府出面，采取一定的协助措施。一方面，需着重对其他国家和地区采取的长臂管辖标准进行封阻，例如，《数据安全法》第三十六条就被誉为中国版的"封阻法令"，其目的在于应对其他国家和地区所采取的长臂管辖策略。目前，封阻法的内容有待进一步充实，例如，设置报告制度、申请豁免制度以及"追回"制度等，以实现我国当事人利益最大化的目的。另一方面，也可以采取相应的反制措施，《反外国制裁法》的颁布为我国政府针对外国政府的歧视性待遇采取反制措施提供了法律依据和保障。此外，商务部在 2020 年发布《不可靠实体清单》，明确了我国法律的域外使用效力，第七条指出国外实体在对我国国家主权、安全、发展利益造成危害，或对我国企业、其他组织或者个人合法权益造成损害时，可以考虑将其列入我国不可靠实体清单，实现对我国跨国企业合法利益的保障。

5.3.5 探索维护数据主权与管制跨境流动的平衡路径

基于前面对我国跨境数据流动对数据主权维护带来的挑战分析，以国际政策制度为参照，以我国的实际需求为起点，可以从法律、制度、技术等多视角探讨维护数据主权与管制数据跨境流动的平衡路径。

1. 加强国内数据主权治理风险应对与体系化建设

1）完善数据分级分类制度体系，以场景评估规避数据主权风险

大数据时代，数据爆发性增长、数据场景更复杂，数据主权维护压力与风险剧增，数据分级分类保护应当成为数据主权保障的基本思路，并辅以场景的动态风险评估。

完善我国差异化、精细化管理的数据分级分类制度体系。根据数据使用对国家安全的不同影响后果和损害后果，结合我国国情对不同类别的数据分别采取不同监管与流动规则，并对不同级别的数据采取不同的授权和责任模式。其中，分级主要明确不同类型的数据，以及同一类型数据在不同情节下的安全等级差异，并确立相应的管理强度；分类是对数据属性与类别予以区分，重点关切个人数据、公共事务数据、行业重要数据、国家秘密等欧美施以最高管制强度的数据类型，并采取不同的安全规则。

以场景评估规避数据主权风险，实施精准化风险识别与应对方案。在我国数据主权保障中引入"场景风险管理"，基于数据具体使用目的与场景评估数据合规使用边界，并采用"场景评估"对数据使用、跨境风险予以综合评估，根据数据利用、流转等场景中的风险评估，对具体场景环节采取差异化治理措施，全面保障数据主权安全。

2）综合纳入数据实体与数据技术考量，合理扩展"长臂管辖"跨境规制

跨国科技企业成为主要数据主体，在数据主体与数据市场支撑下，全面渗透到各主权国家域内并掌握域内数据，引发国家数据主权风险。同时，适用于传统网络环境的事后补救方案弊端明显，我国需将数据实体纳入数据主权治理的核心范畴，关切实体及数据、技术、服务在出入境中的风险。

在数据风险治理全环节，我国应纳入针对数据实体与数据技术的综合考量。跨国科技

企业对数据主权的冲击曾引发我国的关注，例如，滴滴公司若要在美国上市，需呈交以审计底稿或者是用户数据和城市地图为代表的部分数据，而这些都是关乎国家数据主权的核心数据，国家网信办对滴滴等海外上市企业启动网络安全审查将对我国企业数据伦理治理与数据安全监管产生深远影响。

在准入机制上，我国可参考欧美的外国投资与网络安全审查机制，专设监管委员会，以相应的市场准入机制规范我国数据市场，完善我国在外资准入安全审查、网络安全产品认证、网络安全等级保护、政府采购等方面的规制，持续监管可能存在风险的跨国企业。在准出机制上，对于我国跨国企业的出境投资与运行，强化企业出境前的安全评估与审批程序，并设置合理的境内长臂管辖规则与跨境数据监管，在现有的制度基础上，针对相关跨国企业及重要数据的境外流动予以管辖，始终将企业作为对内联合、对外扩展的重要主体，不断发挥跨国企业的"长臂"作用以扩展域外管辖和风险抵御能力，有为而治。

3）强化数据技术攻坚与数据市场发展，加强域内数据互联互通

相关优势国家逐步针对我国互联网与科技头部企业展开"实体清单"打击，并限制高尖端技术与服务出境至我国，以在数据技术、数据市场上对我国展开遏制。面对这一风险，我国需强化数据技术，发展数据市场，强化国内数据互联互通，降低国内数据流通壁垒、发挥域内数据价值以支撑国家数据主权保障。

强化数据技术发展，突破他国对我国的技术封锁，以奠定数据主权保障技术基础。近年来，我国在核心技术层面受制于人，数据主权安全面临极大威胁，亟待加快建设网络基础设施，提升在关键基础设施研发、核心软件产品研发等方面的"硬实力"。我国应充分调研与数据主权关联的前沿技术领域，进一步强化发展5G、人工智能、区块链等核心技术，同时在国家关键基础设施、关键行业领域中采用具有自主知识产权的软硬件设备，完善主权保障的技术支撑体系。

大力发展国内数据市场，加强域内数据互联互通。欧、美、俄等国家均在主权诉求下加强本国市场内部的数据互通与壁垒破除，最大化降低本国数据流通成本、提升数据挖掘价值。数据市场与国家安全关联愈发紧密，我国可借鉴国际发展路径，形成国内"统一市场"，一方面以政策、资金等手段推动我国互联网和通信技术产业发展；另一方面降低域内数据流动壁垒与屏障，推动国内相关数据的统一治理、监管，从而进一步降低域内数据主权风险。

4）重视安全评估，加强监管执法的力度

数据分级分类要求建立完善的数据安全评估体系、数据传输安全评估机制和数据安全协议等配套措施。构建数据跨境流动的监测机制。对各类数据的跨境流动进行必要的风险评估，建立重要信息系统和关键数据目录，建设数据跨境流动监控和预警平台，保障重要信息系统和设施的数据安全。加大执法力度，有效打击地下数据交易活动和非法的数据跨境流动，对侵犯个人隐私、窃取商业数据、威胁国家网络和信息安全的行为予以严厉制裁。

欧盟新出台的《通用数据保护条例》的亮点之一就是加强执法力度，可对违反欧盟数据保护规则的企业处以最高2000万欧元或全球年营业额4%的罚款。此项规定使得数据保护成为公司董事会关注的重要议题。如有必要，可考虑要求收集和使用特定领域数据的

外资企业必须采取本地化存储或者在我国境内有实体存在,以便行使司法管辖权。

2. 强化数据控制者或处理者的义务

在我国,更多聚焦于对于国家数据主权的维护,而弱化了个人数据主权。基于我国现状,仅仅强化个人数据自决权还远远不够,从强化数据控制者或处理者义务的角度来规制个人数据处理才能从根源上维护个人数据主权。

1) 强化第三方在数据流通过程中的主体责任

我国的数据治理规则的管理对象是国内企业、国内信息运营商和国家机关,但对国外企业和信息运营商的主体责任关注不足。然而,数据跨境流动至少涉及数据的所有者、接收者和使用者,数据的起源地、运送地及目的地,信息基础设施的所在地,信息服务提供商的国籍及经营者的所在地,要确保数据的安全应该要达到事前、事中、事后的全链条监管。如果不制定连贯且可操作的规则来管理数据跨境流动,那么无论是在贸易交流中还是在政务系统中,公司和个人都不会得到数据交换的安全保障。欧美都有相关的法律法规规范了第三方企业的数据保护水平。欧美之间达成的"安全港协议"和"隐私盾"协议就是遵循这一路径,第三方的保护水平是协议成立的根基。因此,当有人质疑加入协议的美国企业所提供的数据保护不符合欧盟所要求的保护标准时,上述两项协议也随之被判定无效。我国可以借鉴美欧的实践路径,将第三方的主体责任落到实处,更好地保护数据主权。

2) 降低数据本地化存储要求,促进数据产业的发展

数据主权与数据跨境流动是信息化时代的重大现实命题。中国是全球数字经济领域具有重要影响力的大国,必然谋求全球化发展,过分主张数据主权和限制数据跨境流动可能会引起更多的国家和地区效仿和跟随,不利于"一带一路"建设,也不利于中国企业"走出去",归根结底不符合国家利益。

数据是一类特殊的资源,具有可交换性,与传统的领土、领空、领海以及网络空间都有明显的差异。数据主权概念的提出会加剧国家间的博弈,进而会产生限制数据跨境流动的诉求。然而,从已有的案例来看,主张通过数据主权概念来维护国家数据安全和相关权益的往往难以实现。"棱镜门"事件就是一个非常明显的案例,通过对网络主权的侵犯,获取他国境内的数据。中国应该摒弃零和博弈和对抗思维,在保障国家数据安全的前提下,降低数据本地化存储要求,默认支持数据跨境流动,促进数据产业和数字贸易发展。具体的实施步骤可以优先从影响力较大的区域开始,提出区域范围内数据自由流动的主张,并逐步扩大。实践证明,过度的数据本地化是实现全球贸易自由化的重大挑战之一,将会阻碍创新、限制投资,进而造成巨额经济损失。在一个信息技术落后的国家,数据本地化也不能有效保护隐私。

3. 推动国际数据治理合作,参与国际规则制定

为了推动国际数据治理达成共识,我国应致力于推动国际合作,更好地参与国际数据流通规则制定,不断促进统一的国际数据跨境流通规范标准形成,使各国尊重彼此的数据主权,共同优化国际数据主权治理体系。

1) 主动参与国际数据治理相关战略协议

主动参与到国际数据治理相关战略协议中,增强我国在国际数据流通标准建立中的话

语权。我国还应促进全球形成数据主权共识，倡导"数据命运共同体"理念，团结国际社会各主体，使各国协商和应对数据流通障碍，提升数据治理的全球参与度；并推进各国达成双边或多边合作的数据治理格局，既可按照发达国家与发展中国家划分群体，进行双边合作，也可参照地域分区开展多边合作，使国际数据标准制定更能代表大部分国家和区域的主权和利益。

2）形成国际上统一的数据主权治理法律规制

国际社会应达成一致，形成合理、相对公平且平衡多方主权利益的数据流动准则，各区域、行业应根据自身需求达成公认的数据流通标准。我国与他国合作时应通过协商以权衡利弊。既应杜绝如《APEC 隐私保护框架》的过于宽松的数据保护最低标准，也应避免《隐私保护与个人数据跨国流通指南》过度注重个人隐私而妨碍数据流通的规则；同时，在规则形成后应及时协商，修正不合理条款。鉴于美欧间《安全港协议》和《隐私盾协议》相继废除的经验，国际各方可建立动态化协议，及时根据各自主权需求和数字经济发展需求不断研讨和调整条款内容，形成更适配各方利益和主权安全的数据流通标准；还应提升国际标准的全纳性。推动从发达国家、发展中国家到落后偏远区域均能参与其中，关切各国数据主权和个人数据权利，达成统一、规范、合理、均衡的数据流通规范，推动数据资源的跨境流动和主权保障，激发数字经济发展新动能。

4. 融入国际数据治理体系与增强域外治理话语权

融入国际数据治理体系与增强域外治理话语权最重要的方式是通过多边合作参与到国际交流中。针对数据流通形势，我国应进行广泛的国际对话，通过多边合作参与到国际数据主权治理标准体系建设中，与国家和区域达成数据主权治理协议，从而融入国际数据主权治理体系，提升我国数据主权安全保障的国际话语权和影响力。一方面，在国际组织中积极参与数据主权治理标准的协商和制定。作为 APEC 成员国，我国应积极参与到其建立的跨境隐私规则体系中，使国内数据处理、传输、存储、开放等过程符合其体系规定，从而与组织内各国开展数字经济合作，达成数据流通的统一协定，推进区域数据流通和主权保障，提升数字产业合作水平；另一方面，根据自身发展需求，搭建多方合作框架。我国应重视与发达经济体合作，关注欧盟《通用数据保护条例》涉及的数据流通标准和要求，通过对话与协商达成利益均衡的双边合作，同时应积极利用我国作为"一带一路"沿线国家的优势，积极与贸易相关国家达成尊重主权基础上的数据流通战略合作，在"数字丝绸之路"建设合作的谅解备忘录及《中国 - 东盟战略伙伴关系 2030 年愿景》等协议基础上推动数据安全流动，促成沿线各国的数据流通标准和合作，保障数据主权的同时发挥数据的产业经济价值。

案例 5.1　滴滴赴美上市

2022 年 7 月 21 日，国家网信办公布对滴滴依法作出网络安全审查相关行政处罚的决定，对滴滴全球股份有限公司处以人民币 80.26 亿元的罚款，对滴滴董事长兼 CEO 程维、总裁柳青各处人民币 100 万元罚款。

据《中国证券报》2022 年 5 月 23 日晚间报道，滴滴公司正式宣布，其采取自愿退市原则，将从纽约交易所摘牌。据悉，该公司有超过96%股份数同意退市计划，滴滴将在6月2日及之后向美国证券交易所委员会提交退市申请，按照规定，在提交文件的10天后，滴滴的退市决定将正式生效。

事实上，滴滴从纽交所的退市是意料之中的事情，滴滴表面是中企，但其背后最大的股东是日本的软银和美国的优步。在2020年1月入选"2019中国企业社会责任500优榜单"的滴滴公司，到了2021年6月30日，丢下4亿中国用户和市场，连招呼都不打，一声不吭地跑去美国上市。

当时，这一消息在网上引起轩然大波，很多媒体透露消息，称滴滴为了在美国顺利上市，将中国用户出行数据和道路信息打包给了美国，但随后，滴滴总裁在网上公开"辟谣"，称这一消息是恶意造谣，滴滴公司绝无可能把用户信息交给美国，还"义正词严"地表示，将起诉造谣者进行维权。

然而，打脸来得太快，网信办发布公告称，经检测核实，滴滴出行App存在严重违法违规收集使用个人信息等问题，还下架了滴滴旗下的25款App，并进行整改，自此，滴滴股价顺势下跌。

案例思考题：

1. 滴滴公司存在哪些违法违规行为？
2. 有没有办法化解中国打算赴美上市的企业的数据管理风险呢？
3. 滴滴赴美上市事件对数据主权维护带来的启示是什么？

案例 5.2　我国 TikTok 出售谈判

据知情人士2020年8月2日透露，美国总统特朗普已经同意给字节跳动45天时间协商向微软出售TikTok事宜。另据微软官方发布声明，谈判仍在进行，并计划在9月15日前完成收购。微软称可能邀请其他美国投资者参与交易，交易还可能包括TikTok在加拿大、澳大利亚和新西兰的业务。

此后，特朗普政府一直以"国家安全"为由，对TikTok"磨刀霍霍"：8月6日签署行政令，禁止字节跳动9月20日后进行TikTok相关交易；14日签署新行政令，强令TikTok在90天内剥离相关业务……迫于美政府"制裁大棒"的压力，字节跳动已就出售TikTok一事与包括微软、甲骨文、沃尔玛等美企展开洽谈。

在美国一些政客嘴中，对TikTok指责最多的就是诸如"信息安全威胁"一类的问题。

2017年，TikTok正式出海，登陆海外市场。同年10月，字节跳动以10亿美元收购在美国开展业务的Musical.ly，Musical.ly的创始人是朱骏。

第二年8月，字节跳动关闭Musical.ly，将其与TikTok合并。2018年10月，TikTok成为美国下载量最大的应用程序。当年Facebook发布的模仿产品，运营了一段时间后，黯然下架。

按照传统的逻辑理解，字节跳动收购 Musical.ly 这起并购案因为并不涉及美国的公司，因此，字节跳动当时未向美国专门负责审查外国公司收购美国企业的 CFIUS 报备审批。

案例思考题：

1. 如何看待特朗普要求微软与我国字节跳动的 TikTok 出售谈判？
2. 字节跳动如何化解这次危机？

5.4 思考题

1. 如何建立差异化、精细化管理的数据分级分类制度体系？
2. 如何应对针对以窃取我国敏感数据为目的的境外攻击？
3. 对比分析各国数据跨境流动治理策略的异同。
4. 平衡维护数据主权和实现数据跨境流动的实现路径是什么？

第 6 章 数据隐私及其保护

在大数据时代，数据成为国家和企业的重要战略资源，为人们生产、生活的主要领域提供各种便利，创造经济效益和社会效益。与此同时，数据的安全使用和隐私保护也正面临着全新的、更大的挑战。本章主要从数据隐私的概念与内涵、数据隐私保护案例与立场、数据隐私保护政策与法规、数据隐私安全与保护技术、数据隐私治理思路5方面展开介绍。

【教学目标】

帮助学生充分了解课程整体设计、教学目的、核心内容及课程特色，讲授数据隐私及其保护的基本概念与内涵，通过课堂互动交流进行问题讨论与案例分析，引导学生关注数据隐私保护与利用的辩证关系，掌握数据隐私保护的方式和方法。

【课程导入】

（1）隐私对于人的存在具有重要意义。人类对隐私的认识与人类自我意识的成长之间存在什么关系？"隐私"从何而来？从远古时期到农业社会、工业社会，再到现如今的信息社会，"隐私"一词又经历了怎样的变迁？

（2）在当今社会，数字经济蓬勃发展，由于社会急剧变迁、技术高速迭代、经济迅猛发展等多重原因，导致人们当下对隐私、信息、数据的认识不仅不能更加清晰，甚至变得越来越杂乱无章，厘清隐私、信息和数据这三者之间的关系具有重要的现实意义，同时也是理解数据隐私的前提。那么，如何辨析"隐私""信息""数据"三者之间的关系？

（3）据法国国家信息与自由委员会（Commission Nationale de l'Informatique et des Libertés，CNIL）2019年1月21日的通告，谷歌因违反《通用数据保护条例》而被处以5000万欧元罚款。法国国家信息与自由委员会对谷歌做出处罚的主要原因有哪些？从谷歌被罚可以看出欧盟对数据隐私保护的基本立场是什么？

【教学重点及难点】

重点：本章学习的重点是在理解隐私、信息、数据的基础上，掌握数据隐私的内涵，熟悉世界主要国家数据隐私的保护立场、政策与法规。

难点：本章学习的难点是对数据隐私安全与保护技术的理解，掌握各类技术的原理、实现手段和特征等。

6.1 数据隐私的概念与内涵

了解数据隐私的概念和内涵是开展数据隐私保护的前提。有关数据隐私的定义目前在理论界和实务界并未形成共识，这不利于后续对数据隐私保护措施的制定和执行。因此，准确定义数据隐私，厘清隐私、信息和数据这三者之间的关系，不仅能够弥补理论空白，而且具有事实与规范的双重价值。

6.1.1　数据隐私的概念

在数字经济时代，数据既是重要的战略资源，也是关键的生产要素。与此同时，数据隐私侵犯时有发生，数据隐私治理成为国内外学术界和政策制定者关注的焦点。数据隐私的概念识别是数据隐私治理研究的前提，目前有关数据隐私的定义并未形成共识，存在多种观点：

（1）信息说。数据隐私是指个人、组织机构等实体不愿意被外部知道的信息，包括个人的行为模式、位置信息、兴趣爱好、健康状况、公司的财务状况等内容。

（2）权利说。数据隐私是公民控制个人信息的收集和使用方式的权利。

（3）利益说。数据隐私是指个人和组织在收集、共享、使用及披露其信息时的利益。

（4）能力说。数据隐私是指个人控制其信息与信息流的能力。

（5）信息隐私说。数据隐私即信息隐私，指在各种不同情景中提供给私人行为者的与个人信息相关的特定类型的隐私。

（6）数据安全说。数据隐私是数据安全的一个分支，涉及数据的同意、通知和监管义务，通常围绕数据如何合法共享、收集或存储以及监管限制等内容。

（7）信息技术说。数据隐私是信息技术的一部分，可帮助个人或组织确定系统中可共享与受限制的数据。

目前，国内对数据隐私概念的界定仍停留在信息或数据的从属关系层面，而国外已上升至法律与社会视角层面，对数据隐私概念属性的认识更全面，这与国外较完善的数据立法与制度创新紧密相关。

6.1.2　数据隐私的内涵

视频讲解

隐私对于人的存在具有重要意义，人类对隐私的理性认知是与人的自我意识的成长相适应的。在茹毛饮血的远古时期，人们本能地用树叶、兽皮遮挡身体私处。在聚族而居的农业文明时代，熟人社会的调节机制使彼此间既分享部分隐私信息，又使个人隐私不易受到大范围传播。在工业时代，伴随着工业化、城市化进程的加快与人的"脱域化"的加速，人们对私密空间、人格尊严、生活安宁等有着强烈的愿望，保护隐私开始从人的自我意识逐渐演化为人的自主行动。1890 年，在美国学者萨缪尔·D. 沃伦（Samuel D. Warren）和路易斯·D. 布兰迪斯（Louis D. Brandeis）的《隐私权》（*The Right to Privacy*）中第一次将隐私权界定为不受打扰或免于侵害的权利，这种独特的权利存在于私人和家庭的神圣领域。换言之，隐私是指个人不愿被他者干涉或侵入的私密领域，表现为个体不愿意或仅希望在有限范围内与他人分享的信息。这是传统意义上静态的、消极的隐私，体现信息主体的自觉性。随着现代信息科技的发展，特别是当人类迈入数字经济时代，世界范围内的数据呈裂变式增长，数据已经成为流动的商品，人们的生活越来越容易被记录和监视，隐私信息越来越被透明化，人们的隐私权常常遭受侵害。此时，隐私的内涵已超越了个人不愿被他者干涉或侵入的私密领域,拓展为收集、使用与控制数据的权益。传统的静态的身体隐私、空间隐私,逐渐转变为现代的、流动的信息隐私。大数据时代的数据挖掘、预测、监控与分享等应用使人的一切皆可数据化,公民对自身隐私信息或数据的掌控将更加困难。

与数据隐私紧密相关的几个概念是隐私、信息和数据。当今社会数字经济蓬勃发展,出于社会急剧变迁、技术迭代更新、经济迅猛发展、立法继受多元等多重原因,当下对隐私、信息、数据的认识并不清晰,甚至处于较为混乱的无序状况,厘清隐私、信息和数据这三者之间的关系具有事实与规范的双重价值,同时也是理解数据隐私的前提。在事实层面,中共中央、国务院2020年3月30日发布的《关于构建更加完善的要素市场化配置体制机制的意见》首次明确数据成为五大生产要素之一,数据的重要性已成为共识,但是围绕数据权利的制度设计却付之阙如,究其原因在于人们谈起数据,必然涉及数据所负载的信息,而由信息必然联想到隐私,最终导致数据、信息与隐私混为一谈,制约了相应制度设计的顺利进行;在规范层面,我国《民法典》第一千零三十二条第二款规定私密信息也属于隐私,因此实践中严格区分隐私与信息难度较大,特别是《民法典》第一千零三十四条第二款列举了自然人的姓名、出生日期、身份证件号码、生物识别信息、住址、电话号码、电子邮箱、健康信息、行踪信息等个人信息类型,其中哪些属于私密信息哪些属于非私密信息并无界定,至于信息和数据的关系,受欧盟《通用数据保护条例》的影响,使用者对信息和数据一般不加区分。

1. 隐私与个人信息的关系

隐私与个人信息的关系究竟如何?《民法典》第一千零三十二条第二款规定,"隐私是自然人的私人生活安宁和不愿为他人知晓的私密空间、私密活动、私密信息"。这种"私人生活安宁"和"私密空间、私密活动、私密信息"的"1+3"模式即为现行法中关于隐私的基本界定。而对于个人信息,现行法对于其定义在形式上存在显著差异。根据《立法法(2023修正)》第一百零三条确立的新法优先适用规则,应主要以《个人信息保护法》第四条第一款为准。据此,个人信息是指"以电子或者其他方式记录的与已识别或者可识别的自然人有关的各种信息",但"不包括匿名化处理后的信息"。此外,《网络安全法》第七十六条第五项和《民法典》第一千零三十四条第二项的规定也可作为重要参考,尤其是其关于个人信息的具体列举,并未超出《个人信息保护法》第四条第一款的范围,即个人信息主要包括但不限于自然人的姓名、出生日期、身份证件号码、生物识别信息、住址、电话号码、电子邮箱、健康信息、行踪信息等。

1)隐私与个人信息的一般性区分

《民法典》第一千零三十二条第二款采取"1+3"的立法模式对隐私进行界定,是一种相对抽象的列举。究其实质,"公共领域和私人领域之间的区分是构建隐私权法的核心"。私密空间也可以称为"私人领域",属于静态的隐私,是个人预先保留、与公共空间隔离的封闭、独立空间,既包括物理空间,又包括网络虚拟空间。私密活动也可以称为"私密事务",属于动态隐私的范畴,指不愿为他人所知(隐)且与他人利益、社会利益无关(私)的活动,主要包括个人的家庭生活、社会交往等事务。相较于前两者而言,私人生活安宁较为笼统、高度抽象,是一种安定宁静、不受干扰、自我决定的生活状态,属于隐私的兜底内容。由此可见，尽管在具体含义和范围上有所区别，但私密空间、私密活动以及私人生活安宁所涉事宜均属于独立的事实状态，并不依托于信息的形式存在。

如果说隐私具有不可定义性，那么对信息的界定就更加困难。在各种纷繁复杂的观念中，最基本的也是为各个学科普遍接受的信息定义是：信息作为对某个系统之状态的描述，能够减少或者消除其中的不确定性。个人信息并不等同于事实状态本身，而是以对事实进行表达的信息形式存在。再者，个人信息的重要特征是其直接或者间接的可识别性，由此决定了其功能在于为人与人之间的社会交往建立基础，因而不同于构筑私人领域的隐私。以《民法典》第一千零三十四条第二款所列举的电话号码为例，很多人担心电话号码泄露会引发骚扰，从而想当然地认为这是隐私。其实，手机号码从其设立之初的功能就是出于社会交往的需要，没有人将在电信部门申请到的手机号进行严密封存加以保护。

概言之，法律对于个人信息和隐私保护的立场完全不同。个人信息的主要价值在于社会交往的可识别性，其功能定位于正常社会活动和社会交往的基础，个人信息在社会交往中发挥着个人与他人及社会的媒介作用。隐私则不然，其目的在于保护当事人独处的生活状态，并为此划出合理界限。个人信息兼具私密性与社会性，后者在信息时代表现更为显著，而隐私只具有私密性。其实，《民法典》第一千零三十二条第二款将"私人生活安宁"作为隐私的兜底内容即已清楚表明，隐私权制度旨在保护不愿为他人知晓的私密利益，从而保障个人安定宁静、不受干扰的生活状态和精神安宁。可见，前述具有可识别性的自然人姓名、身份证件号码、家庭住址、电话号码、电子邮箱等均不构成隐私，而是纯粹的个人信息。

当然必须强调的是，主张前述个人信息不构成隐私，绝不意味着这些信息完全不受法律保护。社会大众混淆隐私和个人信息的主要原因是担心若不将手机号码、家庭地址等纳入隐私，就可能得不到法律保护。其实，将个人信息从隐私中独立出来，并不意味着不保护，只是不再按照隐私的标准去保护，同样要在个人信息自决权下得到信息主体的同意才能对个人信息进行利用。纵观《个人信息保护法》关于个人信息处理规则、信息主体的各种权利、处理者的各种义务、行政监管机关及其职权、各种不同的法律责任等规定，完全可以为信息主体提供较为周全的保护。归根结底，应当从概念上清楚区分隐私和个人信息，尽快摆脱隐私权"包打天下"的思维误区。

2）私密信息是隐私在信息上的投射

以上所论隐私与个人信息的一般性区分仅就作为事实状态的私密空间、私密活动以及私人生活安定所涉事宜而言，并不直接触及私密信息这种集隐私与个人信息于一体的混合形态。在当今自动化处理技术迅猛发展的背景下，"隐私信息化"和"信息隐私化"成为两个突出趋势，从而导致私密信息的范畴不断丰富，信息隐私化使得传统隐私的边界得以扩展。而在将私密信息以外的隐私定性为事实状态本身，并认为个人信息包括（但不限于）对事实状态的描述以后，便不难发现，隐私与个人信息并非简单的平面式交叉关系，而是在立体上处于完全不同的层次。正因如此，私密信息便不仅仅是隐私与个人信息的重合部分，而是处于事实层的隐私在信息层上的投射。换言之，私密信息是对私密空间、私密活动、私密部位等隐私事实的信息化表达。隐私、个人信息与私密信息的关系如图6.1所示。

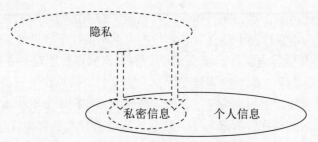

图 6.1 隐私、个人信息与私密信息的关系

那么从个人信息一端观察,便存在私密信息与非私密信息的分别。后者比如自然人的姓名、身份证件号码、家庭住址、电话号码、电子邮箱等,主要被用于满足社会交往的需要;前者比如自然人的行踪信息、健康信息、性取向信息、私密部位信息等,因其与自然人的行踪、健康状况、性取向、私密部位等隐私事实联系紧密,故而处于个人的私密领域,应受到更高程度的保护。不仅如此,私密信息还应纳入敏感信息的范围。对于后者,《个人信息保护法》第二十八条第一款规定,"敏感信息是指一旦泄露或者非法使用,容易导致自然人的人格尊严受到侵害或者人身、财产安全受到危害的个人信息",而私密信息即符合此标准。这将对私密信息的规范使用产生重要影响。

2. 个人信息与数据的关系

在词源学上,数据即存在者,据此任何客体均为数据;而所谓信息,依其字面意思是指某个客体给观察者所留下的印象。按现代符号学的理解,信息能够促进人类知识的增长,因此具有语义上的意思,而数据则是信息在符号中的句法呈现。以纸质书为例,书中印刷的文本为数据,读者通过解读文本所获得的知识是信息,书本自身则是数据的物理载体。数字化则意味着将模拟信息转化为数据形式,但并非任何形式的符号化信息存储,特指计算机系统所使用的二进制符号。由此在数字时代我们可以说,数据为机器所读取,而信息则由人来读取。

信息与数据之间彼此依存且互为依托,可谓"橘肉和橘皮"的关系,但并不因其紧密而不予区分,同样,区分也不意味着割裂。其实,《民法总则》的制定过程已表明了区分信息与数据的立场。《民法总则(草案·一次审议稿)》第一百零八条第二款笼统采取"数据信息"的表述,将其与作品、专利、商标等一并作为知识产权的客体加以规定。但严格地说,对于个人信息与数据即便应当设权,也与知识产权存在本质区别,所以将"数据信息"不加区分地作为知识产权的客体难谓妥当。《民法总则(草案·二审稿)》随即转变立场,将"数据信息"拆解为个人信息和数据,分别在第一百零九条和第一百二十四条加以专门规定。这种明确区分的立场经由正式通过的《民法总则》而进入《民法典》总则篇第一百一十一条规定的个人信息以及第一百二十七条规定的数据,清楚地表明了立法者对信息和数据从人格权和财产权进行分置的格局。以此为基础,现行法关于个人信息和数据的定义,则进一步指明了二者之间的区别所在:《个人信息保护法》第四条第一款等规定个人信息应"以电子或者其他方式记录"为形式要件,而《数据安全法》第三条第一款将数据界定为"以电子或者其他方式对信息的记录"。据此,数据与信息之间是记录与被记录的关系,或者更确切地说,二者之间是形式与内容的关系。由此,便为信息与数据的概念区分提供了坚实的规范基础。

总之，信息是内容、知识等，其作用在于解决不确定性；而数据是形式，是表现信息的载体。或者在符号学的意义上，信息处于语义（内容）层，而数据则处于句法（符号）层。就此而言，二者处于不同的层次，彼此之间的区别甚为明显。当然，信息与数据又是紧密结合的一体两面，形同"橘肉与橘皮"，我们既要区分信息与数据，又不能将它们割裂开来。区分的目的在于分类规制，赋予其不同的权利类型。同时因为二者联系紧密，所以在对数据进行利用时一定要考虑到其上负载的个人信息，只有在匿名化去除识别性信息后的数据才能进入到流通领域。负载个人信息的数据的利用，多以开放 API 等采取"可用不可见"的方式进行。

综上可见，作为信息的载体，数据反映了客观事物的某种状态，不产生联系、解释和意义。人们关注的数据也并非符号学意义上的 0、1 二进制符号，而是其上负载的个人信息。因此，就数据隐私这一概念而言，数据本身作为"橘皮"并不具备"隐私"，而其上负载的个人信息作为"橘肉"才是隐私保护相关权利指向的客体，受到法律的保护，故而在对数据进行利用时一定要考虑到其上负载的个人信息。通常来讲，这种信息也通常是一种大数据集合，往往被要求不以与信息主体直接关联的方式面世。同时，此处的"隐私"也并非前述讨论的指代"私人生活安宁和私密空间、私密活动、私密信息"等应绝对保护的狭义隐私的概念，而是指代那些没有经脱敏处理的、尚能够识别出信息主体的语义内容，其本质仍为个人信息。所以，对自然人主体来说，数据隐私应是去除狭义隐私之外的作为独立客体进行保护的个人信息。因此，在后面的描述中，对数据隐私保护与个人信息保护并未加以区分。

6.2 数据隐私保护案例与立场

近年来，数据隐私泄露事件频发，隐私泄露问题日益凸显，如何防止数据隐私泄露和保护数据隐私引起了国内外的广泛关注和重视。本节将对谷歌、Facebook、滴滴的数据隐私泄露事件进行案例分析，归纳欧盟、美国及中国的数据隐私保护立场与思路。

案例 6.1 谷歌因违反《通用数据保护条例》而被处以 5000 万欧元罚款

据法国《通用数据保护条例》执法机关法国国家信息与自由委员会（CNIL）2019 年 1 月 21 日的通告，谷歌因违反《通用数据保护条例》而被其处以 5000 万欧元罚款。本次 CNIL 对谷歌做出处罚的主要原因有两方面：一是谷歌违反了控制者的信息披露义务；二是违反了处理个人数据需要有合法基础的义务，具体而言，谷歌未有效取得用户同意而进行了信息披露。

1. 控制者的信息披露义务

控制者的信息披露义务，即处理个人数据的有关信息的提供义务，包括针对收集和处理个人数据的行为，控制者应当向数据主体提供哪些信息以及以何种方式提供这些信息。

首先，《通用数据保护条例》第十三条至第二十二条及第三十四条规定了控制者应当向数据主体提供的信息内容。例如，《通用数据保护条例》第十三条要求控制者向数据主体提供数据控制者的身份、数据保护官的联系方式、数据处理的目的和合法性基础、特定情况下控制者追求的合法利益、数据接收方的身份或种类（如有）、跨境传输的情况、数据留存的时间等确保数据主体合法权利的信息。但其中部分信息谷歌未能提供。

其次，就上述信息提供的方式，根据《通用数据保护条例》第十二条第一款的要求，数据控制者应以"简洁、透明、易懂且容易获取的形式，使用清楚且直白的语言"提供有关数据处理的信息。借助欧盟数据保护"第二十九条工作组"（Article 29 Data Protection Working Party，ADPWP 29）《关于2016/679号条例下"透明"的指导方针》（Guidelines on Transparency under Regulation 2016/679（wp260rev.01），GTR 2016/679）的解读，"简洁、透明、易懂"的核心含义是，"数据主体应当能够（通过控制者披露的信息）事先确认对其个人数据的处理的范围和后果且不应在此后对其个人数据的使用方式感到意外"；"容易获取"则是指"数据主体不应当去搜寻信息，在哪里以及如何获取信息对其而言应当是显而易见的"。

反观谷歌的做法，对于数据处理的目的和收集的个人数据类型，谷歌使用了"为了在内容上提供个性化的服务""为确保产品和服务的安全""为了提供和开发服务"等表述，CNIL 认为这种说法过于笼统。此外，有些内容的描述也过于模糊，如："我们收集信息是用于改善向所有用户提供的服务……我们收集的信息以及我们如何使用这些信息取决于您如何使用我们的服务，以及您如何管理您的隐私政策。"用户无法根据谷歌提供的信息充分理解其所执行的处理操作。而且，谷歌提供的关于数据处理的关键信息过于分散，记载于几个文档之中，以至于用户需要经过五六个步骤才能全面访问。这些都与 GDPR 第十二条第一款的要求相违背。

2. 取得数据主体同意的有效获取

根据《通用数据保护条例》的规定，取得数据主体的同意是处理个人数据的合法基础之一。在《通用数据保护条例》的定义部分（第四条第十一款），"同意"被明确定义为"数据主体通过声明或明确的肯定性行为作出的自愿、具体、知情且明确的意思表示，表明其同意处理与其有关的个人数据。"这一定义说明有效获取数据主体的同意必须同时满足"自愿""具体""知情""明确"等条件。而谷歌未能满足相关条件，其违法行为体现在以下几方面：

首先，用户给出的同意不是"具体的"。在创建账户前，用户被要求勾选"我同意谷歌的服务条款"以及"我同意按照上述方式和隐私政策中进一步解释的方式处理我的信息"。因此，用户必须给予完全的、对基于所有目的由谷歌完成的数据处理的同意（包括个性化广告、语音识别等）。但《通用数据保护条例》的要求是只有在针对每一特定目的特定地给出的同意才是"具体的"同意。根据欧盟数据保护"第二十九条工作组"在2018年4月10日发布的《关于2016/679号条例下"同意"的指导方针》对"具体的"同意的解读，数据控制者应针对每项处理目的提供单独"选择加入"选项，以确保用户能够就特定的目的给出具体的同意。

其次，用户的同意并非充分知情后给出的。谷歌为了提供个性化广告而进行的个人数据处理操作相关的告知信息散落在几份文档中，用户在"个性化广告"的设置部分不可能意识到该告知涉及谷歌提供的多重服务、网站和应用（包括谷歌搜索、Youtube、谷歌家居、谷歌地图、谷歌应用商店、谷歌图片等），也不清楚被处理的个人数据的数量。因此，消费者给出的同意不可能是"知情的"。CNIL在判罚文书中提到，《关于2016/679号条例下"同意"的指导方针》对"知情"同意所需的最基本信息水平做出了指引，亦即未提供此类信息时，用户给出的同意便不是"知情"同意。此类信息包括：控制者的身份；每个寻求同意的数据处理操作的目的；什么（何种）数据将被收集或使用；存在撤回同意的权利；在相关的情况下，根据《通用数据保护条例》第二十二条第二款（c）告知将数据用于自动化决策；以及由于缺乏《通用数据保护条例》第四十六条描述的充分性决议和适当保障措施而可能导致的数据传输的风险。此外，根据具体情况的差异，可能还需要提供更多信息，让数据主体真正理解即将发生的数据处理情况。而对于上述信息提供的方式，根据《通用数据保护条例》第七条第二款，如果数据主体的同意是以书面声明的形式给出且涉及其他事项，则要求数据主体同意的请求必须明确与其他事项区分，采用易懂且容易获取的方式，并应使用清晰直白的语言。谷歌的做法显然未能满足这一要求。

最后，谷歌收集的用户"同意"的表示也不是"明确的"。在创建账户时，用户虽然能够通过点选"更多选项"调整某些设置且可以在显著之处看到个性化广告展示的设置，但CNIL依然认为这种做法违反了《通用数据保护条例》，原因是展示个性化广告的选项是预先勾选的。而根据《通用数据保护条例》前言部分第三十二项的解释，"同意应以明确的肯定性行为表示，确立数据主体自愿、具体、知情且明确的意思表示……包括在浏览网页时勾选选项，选择信息社会服务的技术设置，或清楚地表明数据主体接受对其个人数据进行拟议处理的其他声明或行为。默认、预先勾选或无行动均不能构成同意。"值得注意的是，即便是用户在手机上创建账户时，如果没有停用个性化内容，谷歌会通过弹出通知的方式提示用户其个人设置中包含个性化内容，但是使用这种方式依然未被认为获得了明确的用户同意。

纵观全球，欧盟本次执法行动体现了对个人数据保护中信息披露和用户同意取得方面的较高要求，在全球树立了数据隐私保护的标杆。

案例思考题：

1. 综合分析谷歌的行为违反了《通用数据保护条例》中哪些关于数据隐私保护的规定。

2.《通用数据保护条例》能否对大型互联网企业侵犯用户数据隐私的行为起到足够的警示作用？

欧盟《通用数据保护条例》第二章规定，在处理个人数据时，应当遵循如下7项原则。

（1）合法、合理、透明原则。对涉及数据主体的个人数据，应当以合法的、合理的和透明的方式进行处理。

（2）目的限制原则。个人数据的收集应当具有具体的、清晰的和正当的目的，对个人数据的处理不应当违反初始目的。但满足法律相关规定的且因为公共利益、科学或历史研究或统计目的而进一步处理的数据，不应当视为和初始目的不相容。

（3）数据最小化原则。个人数据的处理应当是为了实现数据处理目的，并且是适当的、相关的和必要的。

（4）准确性原则。个人数据应当是准确的，如有必要，必须及时更新；必须采取合理措施确保不准确的个人数据（即违反初始目的的个人数据）能够及时得到删除或更正。

（5）期限存储原则。对于能够识别数据主体的个人数据，其存储时间一般不得超过实现其处理目的所必需的时间。

（6）数据的完整性与保密性原则。处理过程中应确保个人数据的安全，采取合理的技术手段、组织措施，避免数据未经授权即被处理或遭到非法处理，避免数据发生意外损毁或灭失。

（7）可问责性原则。数据控制者应当落实上述6项原则，并且有责任对此提供证明。

上述原则看似主要围绕数据控制者和处理者的行为规范展开，但个人信息主体（数据主体）的权利亦可以结合这些原则来理解。这些原则和规定在世界范围内取得了一定程度的共识，为很多国家制定个人信息保护法提供了参考。

总体来看，欧盟对数据隐私的保护具有以下特点。

（1）统一立法模式。在立法模式方面，欧盟采用统一立法模式，即制定一个综合性的个人信息保护法来规范个人信息收集使用行为，统一适用于公共部门和非公共部门，并设置一个综合监管部门进行集中监管。

（2）人格权保护模式。在权利保护方面，欧盟采取人格权保护模式，将个人信息视为公民人格和人权的一部分，上升到基本权利高度，按照一般人格权的保护路径进行严格保护，赋予用户知情权、查阅权、被遗忘权、删除权等一系列权利，严格规范网络运营者在信息收集、存储、使用、更改、流动、消灭等全生命周期的行为界限。

（3）采用公法路径。欧洲各国采取消费者法与公法规制进路为个人数据提供保护，而未创设一种私法上的个人信息权或个人数据权，更没有主张公民个体可以凭借个人信息权或个人数据权对抗不特定的第三人。从司法实践来看，欧盟也没有将个人数据得到保护的权利泛化为一般性的私法权利。例如，在2003年的一起案件中，针对奥地利立法机关做出的高级政府官员必须将其薪资告知审计机关的规定，欧盟法院并没有将高级官员的个人信息视为私法权利的客体，没有认为获取该个人信息的主体必须给予信息提供者补偿。相反，法院直接援引了《欧洲人权公约》（European Convention on Human Rights，ECHR）第八条的隐私权规定，分析了相关当事人的权利是否受到侵犯。

2018年5月25日，《通用数据保护条例》正式实施，在诸多方面做出了重大变革，如赋予个人数据删除权和携带权、限制数据分析活动等，给予公民更多对个人数据的控制权，并要求企业承担更多数据保护责任，集中体现了欧盟的最新数据保护理念。有关《通用数据保护条例》的具体特点将在6.3节详细讨论。

案例 6.2　Facebook 因触犯隐私保护相关规定而支付赔偿金 6.5 亿美元

作为当前全球最大的社交网络平台，Facebook 早在 2017 年 6 月就拥有了超 20 亿的月活跃用户，达到了全球网民数量的三分之二。然而，自 2018 年 3 月中旬以来，Facebook 陷入信息泄露丑闻，公司股价应声大跌，市值两天内蒸发近 600 亿美元，遭遇严重的信任危机。2022 年，美国得克萨斯州总检察官办公室向 Meta 公司旗下的 Facebook 提出起诉，指控这家社交媒体巨头在未经同意情况下，使用面部识别技术收集了数百万得克萨斯州民众的生物特征数据，触犯了该州的隐私保护相关规定。该诉讼指控称，Facebook 在未经同意的情况下从用户上传的照片和视频中获取其生物特征信息，并且向他人披露这些信息，并未在合理时间内将信息销毁。Facebook 这起集体诉讼还要追溯到 2015 年，由于 Facebook 在其照片标记功能中使用了面部识别技术，这项功能允许用户在其上传到 Facebook 的照片中标记好友，创建指向好友个人资料的链接，而平台未经同意扫描了用户上传的面部图像，此举违反了伊利诺伊州的《生物识别信息隐私法》（Illinois Biometric Information Privacy Act，IBIPA）。由此，160 万名受影响用户的代表向法院提起了集体诉讼，被称为"有史以来最大规模的隐私诉讼和解"。

根据美国当地法院的和解判决，法院同意 Facebook 向约 160 万名用户支付共 6.5 亿美元，约合人民币 42 亿元的赔偿费用。3 名原告代表每人将获得 5000 美元，其他原告将至少获得 345 美元的赔偿。而在 2020 年 Facebook 提出和解并愿意支付 5.5 亿美元的费用，但当地法官认为和解金额不够高，最终，Facebook 同意将金额提高到了 6.5 亿美元。当地法官表示，"无论以何种标准衡量，这项 6.5 亿美元的和解是一个里程碑式的结果，是针对隐私侵犯诉讼有史以来规模最大的和解之一。"

随着社会各界对个人数据和隐私保护的进一步关注，美国不少州已经在地方层面制定了更加严格的保护用户隐私的相关法律。伊利诺伊州是对用户隐私保护最为严格的州之一，也是美国唯一一个有法律依据允许人们就未经授权的数据寻求赔偿的州，该州制定的《生物识别信息隐私法》专门保护指纹、面部识别扫描和视网膜扫描等生物识别数据。

案例思考题：

1. Facebook 的行为除了违反《生物识别信息隐私法》外，还与哪些数据隐私保护法律规范的规定相违背？

2. Facebook 的这种侵犯用户数据隐私的行为将可能导致何种严重后果？

美国的隐私权保护是以个人自由为理论基础的。美国在建国之初就把维护个人自由确立为宪法的核心价值，其在设计隐私权制度时主要平衡的是隐私权主体的隐私利益与他人的言论表达自由、知情权等利益的冲突。调整这种利益关系的主要手段就是公共利益规则的适用：凡是不涉及公共利益的个人隐私，受到保护；凡是涉及公共利益的隐私，或者不予保护，或者受到限制。这种基于个人自由对隐私权保护的理念，使对个人信息的保护本就是各种利益之间衡量后的妥协性保护。尤其是当隐私权与自由权发生冲突时，隐私权的价值就会被抵扣，权利范围就会被缩小。

总体来看，美国对数据隐私的保护具有以下特点。

（1）采取分散的立法保护模式。美国没有制定一部统一的个人信息法律，以避免立法过于集中。相反，由于强调个人信息保护的灵活性，由此形成了三层保护策略：议会以立法的形式明确个人信息保护的基本准则和理念；不同的行政部门在执行个人信息保护法律的过程中，以制定行政规则或决定等方式解释法律所规定的准则；法院则通过个案以判例的形式，拓展个人信息保护的领域与力度。

（2）分业监管模式。根据个人信息的具体内容进行分业监管，既有专门针对隐私的法律，也有在调整某事项时涉及隐私的法律；既有规范政府行为的法律，也有调整商业主体或医疗、教育机构等特定主体的法律。所涉及的范围极广，包括金融、医疗、教育、税务及通信等多个领域。

（3）专门保护特殊数据主体。对不同的数据主体进行有针对性的法律保护，是美国个人数据保护立法的一大特色。早在20世纪90年代，美国就相继出台了《健康保险携带和责任法》（Health Insurance Portability and Accountability Act，HIPAA）（1996年）、《儿童网上隐私保护法》（Children's Online Privacy Protection Act，COPPA）（1998年）、《金融服务现代化法案》（Financial Services Modernization Act，FSMA）（1999年）等多部专门性法律，分别针对病人、儿童和金融个人数据展开全面保护。

（4）坚持以隐私权为中心的保护理念。在权利保护方面，美国以隐私权保护为基础。隐私权是宪法层面的基本权利，各类个人信息保护成文法对个人信息保护的规定也大多以隐私权的形式存在。联邦最高法院通过一系列判例确立并发展了公民隐私权，隐私权保护的权利形态与范围也在不断地扩大并发生变化；从沃伦和布兰代斯式消极的"不受干扰的权利"，逐渐演进至具有积极意义的"信息隐私权"；从强调个人信息免于不当公开，到对自身信息被收集、处理以及使用等行为进行控制的权利。

在美国的隐私权观念中，对于不能物理控制的隐私利益，如公共场合的隐私利益一直给予比较弱的保护。这个理念集中体现在被遗忘权方面。不同于被遗忘权在欧洲蓬勃发展的局面，该权利在作为互联网大国的美国却举步维艰。究其原因，欧洲普遍认为个人信息控制是基本人权，增设被遗忘权恰好是加强个人信息保护的有效手段。但在美国，被遗忘权赋予公民删除网络上个人信息的权利，被认为是与美国宪法第一修正案第一条关于"国会不得制定剥夺言论自由或出版自由的法律"相违背的。同时，美国最高法院也认为，只要某一信息是合法取得的，国家就不能通过法律限制媒体传播该信息，即使信息主体因此而不适，否则便是对言论自由与新闻自由的严重践踏。

（5）偏重对信息使用的规制。纵观美国个人信息保护法，可知美国在个人信息保护理念上更加注重对个人信息的利用，而非收集。美国的《大数据与隐私报告》（Report of Big Data and Privacy，RBDP）指出："虽然确实有一类数据信息对于社会来说是如此敏感，即使占有这些数据信息便可以构成犯罪（如儿童色情），但是大数据中所包含的信息可能引起的隐私顾虑越来越与一般商业活动、政府行政或来自公共场合的大量数据无法分开。信息的这种双重特征使规制这些信息的使用比规制收集更合适。"

案例 6.3 滴滴公司因违法遭受处罚

随着大数据时代的到来，智能手机和各种各样的生活软件，以及遍布生活周边的传感设备，正在以令人瞠目的速度和庞大的容量收集和存储用户信息。对于滴滴来说，其给用户的出行带来了很多便利，但同时也让用户失去了个人隐私。国家互联网信息办公室指出，经查明，滴滴公司共存在 16 项违法事实，且"情节严重、性质恶劣"，归纳起来主要是 8 方面，包括：

第一，违法收集用户手机相册中的截图信息 1196.39 万条；

第二，过度收集用户剪切板信息、应用列表信息 83.23 亿条；

第三，过度收集乘客人脸识别信息 1.07 亿条、年龄段信息 5350.92 万条、职业信息 1633.56 万条、亲情关系信息 138.29 万条、"家"和"公司"打车地址信息 1.53 亿条；

第四，过度收集乘客评价代驾服务时、App 后台运行时、手机连接桔视记录仪设备时的精准位置（经纬度）信息 1.67 亿条；

第五，过度收集司机学历信息 14.29 万条，以明文形式存储司机身份证号信息 5780.26 万条；

第六，在未明确告知乘客情况下分析乘客出行意图信息 539.76 亿条、常驻城市信息 15.38 亿条、异地商务/异地旅游信息 3.04 亿条；

第七，在乘客使用顺风车服务时频繁索取无关的"电话权限"；

第八，未准确、清晰说明用户设备信息等 19 项个人信息处理目的。

值得注意的是，这并不是滴滴首次违法。据悉，这个坐拥巨大用户数据存量的互联网公司，从 2015 年就开始存在相关违法行为，时间长达 7 年。这期间，滴滴持续违反 2017 年 6 月实施的《网络安全法》、2021 年 9 月实施的《数据安全法》和 2021 年 11 月实施的《个人信息保护法》，存在严重影响国家安全的数据处理活动，以及拒不履行监管部门的明确要求、逃避监管等其他违法违规问题。

2022 年 7 月 21 日，国家互联网信息办公室依据《网络安全法》《数据安全法》《个人信息保护法》《行政处罚法》等法律法规，对滴滴全球股份有限公司依法做出网络安全审查相关行政处罚的决定，对滴滴全球股份有限公司处人民币 80.26 亿元罚款，对滴滴全球股份有限公司董事长兼 CEO 程维、总裁柳青各处人民币 100 万元罚款。这也是迄今为止国内互联网公司因为安全原因被处置的最大一笔罚款。

案例思考题：

1. 国内外针对企业侵犯用户数据隐私行为的惩罚理念与方式存在哪些异同？

2. 滴滴上述 8 种"情节严重、性质恶劣"的违法事实与我国现行法律中的哪些具体条款相违背？

大数据时代，我国已经成为世界上网络数据生产量最大、类型最丰富的国家之一。与此同时，层出不穷的数据泄露和网络安全事件也给数据隐私或个人信息保护带来了新的挑战。近年来，我国加快推进个人信息保护工作，在法律、标准、监管等方面全面发力，取得了一定的成效。

第一，加快立法，为个人信息保护装上"法律盾牌"。目前，我国关于个人信息保护的相关规定分布于多部法律、行政法规、地方性法规和规章、各类规范性文件和部门规章中，逐步打造了多层次、多领域、内容分散、体系庞杂的个人信息保护模式。同时，为解决我国个人信息保护立法的碎片化问题，第十三届全国人民代表大会常务委员会第三十次会议于2021年8月20日通过了《个人信息保护法》，成为个人信息保护的专门法律。

第二，标准先行，探索个人信息保护的中国方案。网络安全标准化是网络安全保障体系建设的重要组成部分，在构建安全的网络空间和推动网络治理体系变革方面发挥了基础性、规范性、引领性的作用。随着网络信息技术的快速发展和应用，个人信息保护问题日益凸显，对我国加快制定个人信息保护相关标准提出了更高的新要求。为了适应新形势下网络安全标准工作要求，我国构建了统筹协调、分工协作的工作机制，全国信息安全标准化技术委员会在国家标准委的领导下，对网络安全国家标准进行统一技术归口，统一组织申报、送审和报批。目前，全国信息安全标准化技术委员会下设7个工作组：信息安全标准体系与协调工作组、密码技术工作组、鉴别与授权工作组、信息安全评估工作组、通信安全标准工作组、信息安全管理工作组、大数据安全标准特别工作组。

第三，强化监管，多部委组织开展专项行动。近年来，为了加强个人信息保护，保障个人合法权益，工业和信息化部、公安部持续加大监督检查力度，初步形成了常态化的监管机制。针对个人信息收集乱象，中央网信办、工业和信息化部、公安部、国家标准委等4部门于2017年7月启动"个人信息保护提升行动"之隐私条款专项工作，围绕App产品和服务广泛存在的隐私条款笼统不清、不主动向用户展示隐私条款、征求用户授权同意时未给用户足够的选择权、大量收集与提供所谓服务无直接关联的个人信息等行业痛点问题，开展对微信、新浪微博、淘宝、京东商城、支付宝、高德地图、百度地图、滴滴、航旅纵横及携程网共10款网络产品和服务的隐私条款评审工作，旨在推动互联网企业更加重视个人信息保护，形成社会引导和示范效应，带动行业个人信息保护水平的整体提升。

第四，加强宣传，提升个人信息安全意识。近年来，我国持续开展相关工作，推动个人信息安全意识提升。自2017年开始，国家网络安全宣传周设立个人信息保护日，使公众更好地了解、感知身边的网络安全风险，增强网络安全意识，提高网络安全防护技能。自2014年开始，北京市政府正式批准将每年的4月29日设为"首都网络安全日"，通过开展丰富多彩的系列宣传活动，倡导首都各界和网民群众共同提高网络安全意识、承担网络安全责任、维护网络社会秩序。这些方式已经在全社会起到了重要的宣传和引导作用，对于提升公众自我保护意识和维权意识起到了非常重要的作用。

总体而言，全球范围内个人信息或个人数据保护的相关法律存在一定的差异。欧盟地区的个人数据保护以建立丰富的个人数据权利和统一规制为主导，美国则除了加州颁布了《加利福尼亚州消费者隐私保护法案》之外，仍然采取不同领域分散规制的方式，市场自我规制仍然在其中起到重要作用。我国学界针对个人数据隐私保护规制有较大争议，但从目前的《民法典》来看，我国未来可能采取的模式会更接近于欧盟的模式，通过统一的法律，对个人信息主体进行赋权，并为数据采集者、控制者、处理者规定相应的责任。

6.3 数据隐私保护政策与法规

数据安全是贯穿在数据生命周期全过程中的一项重要原则。数据隐私保护则是数据安全的重要组成部分，关系到每一个公民和企业的利益。在个人信息收集层面，商家利用用户画像技术深度挖掘个人信息，诸多移动互联网应用利用隐私条款的默认勾选、霸王条款获取用户信息，甚至未经授权侵夺用户信息。针对这些不良行为，各个国家和组织都出台了大量的政策法规来不断完善有关领域的保护措施。本节将对一些主要国家和国际组织颁布的数据隐私保护政策法规进行梳理和介绍。

现代社会正逐渐从"身份互联"时代迈入"数据互联"时代，加强个人信息保护已成为时代关注的焦点和国内外立法的重点。目前全世界拥有全国性统一个人数据保护法律的国家和地区已达到 120 个，其中一些主要国家和国际组织颁布的数据隐私保护政策法规如表 6.1 所示。

表 6.1 部分主要国家和国际组织的数据隐私保护政策法规

国际组织和主要国家	代表性政策法规	特点
联合国	《计算机处理数据文件规范指南》	明确了计算机处理个人数据的基本原则
经合组织	《隐私保护与个人数据跨境流通指南》《OECD 个人资料保护指针》	为经合组织成员国的个人数据保护确立了基本原则
亚太经合组织	《APEC 隐私保护框架》	确立了个人数据处理与流通的指导原则
欧盟	《个人数据保护指令》《通用数据保护条例》	是国际社会有关个人数据保护最全面、最有影响的法律文件之一
美国	《隐私权法》《消费者隐私权利法案》	规定了公共机构对私人信息采纳和使用的边界
德国	《联邦数据保护法案》	对个人数据保护进行统一规范
法国	《数据保护法案》	规定个人数据使用行为的限制措施
澳大利亚	《隐私法案》	适用于所有联邦成员的个人数据保护
英国	《数据保护法案》	增加对手动和电子数据记录的保护
加拿大	《个人信息保护和电子文件法》	规范收集、使用和公开个人信息的行为
日本	《个人信息保护法》	适用于数据控制者的个人信息处理行为，是日本数据保护的核心法律
中国	《个人信息保护法》	中国第一部个人信息保护方面的专门法律，对个人信息处理规则、用户权利及个人信息处理者的义务作了系统、科学的规定

资料来源：根据相关资料整理而得。

其中，欧盟在 1995 年《个人数据保护指令》的基础上于 2016 年通过了《通用数据保护条例》，将个人数据（信息）权视为基本人权。《通用数据保护条例》被称为"史上最严个人数据保护条例"，成为数据隐私保护领域的重要里程碑。美国加利福尼亚州于 2018 年颁布了《加利福尼亚消费者隐私保护法案》，改变了美国长期以来的个人信息自律保护模式。《加利福尼亚消费者隐私保护法案》被认为是"美国国内最严格的隐私立法"。同时，我国 2021 年颁布并落地施行的《个人信息保护法》是我国第一部个人信息保护方面的专门法律，对个人信息处理规则、用户权利及个人信息处理者的义务作了系统、科学的规定。接下来，本节将对欧盟、美国、中国的相关法案进行重点介绍。

6.3.1 欧盟的数据隐私保护政策与法规

视频讲解

欧盟在数据隐私保护方面的政策脉络为：

1981年，出台《个人信息自动处理中的个人保护公约》（Convention for the Protection of Individuals with Regard to Automatic Processing of Personal Data，CPIRAPPD）；

1995年，发布《个人数据保护指令》；

2002年，发布《隐私和电子通信指令》（The Privacy and Electronic Communications，PEC）；

2016年，发布《通用数据保护条例》；

2018年，《通用数据保护条例》正式实施。

《通用数据保护条例》是欧盟通过的一项新法律，旨在遏制个人信息被滥用，保护个人隐私，其中规定了企业如何收集、使用和处理欧盟公民的个人数据。《通用数据保护条例》的主要框架如图6.2所示。

图6.2 《通用数据保护条例》框架

《通用数据保护条例》在个人数据处理和保护方面的特点如下。

（1）首次增加"域外适用"情形。与《个人数据保护指令》相比，《通用数据保护条例》首次增加了"域外适用"情形，主要体现为两种情况：

①在欧盟境内设立机构。如果数据控制者或处理者在欧盟境内存在设立机构，则无论其设立机构是数据控制者还是处理者本身，实施的任何与数据处理相关的行为都必须符合条款规定；

②为欧盟境内数据主体提供数据或服务，以及监控其行为。

这个规定又包含两层内涵：

①数据控制者或处理者为欧盟境内数据主体提供商品或服务，无论这种行为是否涉及费用问题，都将受到《通用数据保护条例》规定的约束；

②如果数据控制者的行为涉及对数据主体在欧盟境内公民行为的监控，则也须遵守《通用数据保护条例》规定。

该条款大大拓展了《通用数据保护条例》的适用范围，使《通用数据保护条例》的影响辐射全球。

（2）采用"原则指引+高额罚款"的策略。《通用数据保护条例》对个人信息的保护及监管达到了前所未有的高度，对个人信息设置了严格的保护标准。但是，《通用数据保护条例》未通过详尽的规则指南明确具体的行为标准，以实现对数据的管控，而是通过"原则指引+高额罚款"的策略促使网络运营商不断自我完善，最终真正承担起主体责任。具体表现在：

①《通用数据保护条例》的规则多以"原则、要求及其所达到的效果"为主，而非如何落实规则的详尽步骤和规范，如"采取措施确保……"，为主体完善自身数据保护体系留下了许多行动空间，企业可以根据业务特征和组织架构构建适合自身发展的数据保护体系；

②《通用数据保护条例》设置了最高处以2000万欧元或上一财年全球营业额4%的高额行政处罚，给予网络运营商以真正触及痛点甚至关乎生死存亡的强大威慑力和震慑力，增强其紧迫感。

（3）赋予公民广泛的个人信息权利，以实现数据全生命周期的可控。《通用数据保护条例》从个人权益出发，赋予用户查阅权、拒绝权、删除权、更正权、携带权及获得救济权等对数据全权控制的一系列权利，并要求各成员国将其提升到保护自然人基本人权和自由的高度，强调公民对个人信息从数据收集到删除全流程的控制权和决定权。具体表现在：

①扩展和完善原有权利，例如，扩大个人数据的范围，数据指纹也包含在内；知情同意权，"同意"必须是明确的同意，一般情况下是"声明或明确的肯定行动"，而且可随时撤销；要求数据控制者向数据主体提供更详细的与数据处理相关的信息。

②赋予了数据主体以新的权利——数据删除权和可携带权，增强数据主体对个人数据的控制。

同时，《通用数据保护条例》还赋予个人针对数据分析活动的一些特定权利，包括不受自动化数据处理结果约束的权利、反对数据分析的权利。

（4）由隐私权保护升级为个人数据保护。《个人数据保护指令》主要保护隐私权，而《通用数据保护条例》主要规制个人数据保护权，包括知情权、访问权、修正权、被遗忘权（删除权）、限制处理权、可携带权和拒绝权。其中，被遗忘权和可携带权是《个人数据保护指令》所没有的。相对于传统隐私权保护，个人数据保护权提供的保护更全面，不仅限于个人不愿公开的私密信息，还包括年龄、职业等非私密信息；对隐私权的侵害一般采取事后补救措施，而对个人数据权的保护需要采取事前事后相结合的措施。

（5）首次增设"被遗忘权"提法。《通用数据保护条例》第十七条提出了"被遗忘权"，其核心含义是指数据主体认为其个人数据没有必要被处理，或以非法的方式被处理时有权要求数据控制者删除其数据，并不得有不合理的延迟。被遗忘权赋予了数据主体更多的个人信息自决权，实实在在地扩展了数据主体的权利。这个概念最初引发了很大的争议，美国和欧盟对该权利存在严重的分歧。直到2014年，西班牙公民冈萨雷斯向谷歌西班牙公司提起公诉，要求删去谷歌搜索结果中关于自己欠钱的两篇新闻报道，理由是自己已经还清了欠款。经过多方上诉和多轮讨论后，欧盟法院最终裁决称，被遗忘权是人权的一部分，要求谷歌删除冈萨雷斯的新闻。从此，被遗忘权的重要性得到了确立。但是，删除数据不是在计算机按一下删除键那么简单，整个过程并不清晰且不易执行。尤其是对于一家大型公司来说，用户信息往往分布在营销、销售、客服乃至财务和供应链等多个系统中，甚至还会存在于一些本地文件中。要想把某个用户的数据完全删除，必须依靠一套数据同步机制以确保删除彻底。从目前来看，这是非常困难且成本高昂的操作，也是科技巨头们非常抗拒《通用数据保护条例》的原因之一。

（6）建立完善的数据保护监管机制。具体包括：

①独立的监管机构。欧盟要求每个成员国都应建立一个或多个负责监督数据保护规则执行情况的独立行政机构，以便保护数据主体在数据处理方面的基本权利和自由，并促进个人数据在欧盟内部的自由流动；如果建立多个监督机构，则应设置一个作为欧盟数据保护委员会的代表机构。每个监督机构行使权力应不受任何外界影响，保障独立的人事任命权和财产权，配备有效执行任务和行使权力所必需的人力、技术和财务资源、场地和基础设施，并有能力在本成员国的国土执行分配的任务，行使欧盟赋予的数据保护权力。

②一站式监管机制。对于向欧盟不同成员国提供业务的企业或在不同成员国设立机构的企业，主要办公机构或唯一营业机构的监管机构为主监督机构，对企业的所有数据活动负有监管责任，其效力辐射于全欧盟境内。同时，主导监管机构的监管决定要最大限度地反映其他成员国监管机构的意见。如果不能达成一致意见，则交由欧盟数据保护委员会来处理。

③组建欧盟数据保护委员会，作为具有法人资格的欧盟机构。委员会由每个成员国的一个监督机构的主管、欧盟数据保护监督组织的主管或其各自的代表构成。欧盟委员会应指定一位代表参与欧盟数据保护委员会的活动，并列席数据保护委员会会议。欧盟数据保护委员会通过明确数据保护规则的执行程序和标准、审查成员国或组织的违法违规行为、促进监管机构合作等方式，确保欧盟数据保护规则的一致性和有效执行。

（7）建立了完善的救济机制。具体包括：

①企业内部问责制度。欧盟要求企业建立内部问责机制，履行数据保护义务。

②行政投诉机制。各成员国数据监管机构建立了数据主体的投诉渠道，如果任何数据主体认为与其相关的个人数据的处理违反了该条例的规定，则该数据主体有权向其常住地、工作地或违规行为所在的成员国监督机构进行申诉。实施"一站式"投诉服务，方便处理数据主体在欧盟内的跨境投诉，欧盟数据保护委员会协调处理消费者的投诉。

③司法救济。如果不服监管机构做出的决定或对监管机构的不作为不满，数据主体可

寻求司法救济。司法救济的权力可以由消费者机构代表数据主体行使。

如果一个以上的数据控制者或处理者涉及侵权，则共同承担连带责任，除非其能证明自己对损害的产生没有责任。

6.3.2 美国的数据隐私保护政策与法规

美国在数据隐私保护方面的政策脉络为：

1966 年，发布《信息自由法》；

1974 年，发布《隐私权法》；

1986 年，发布《电子通信隐私法》（Electronic Communications Privacy Act，ECPA）；

1987 年，发布《计算机安全法》（Computer Security Act，CSA）；

1998 年，发布《儿童网上隐私保护法》；

2002 年，发布《联邦信息安全管理法》（The Federal Information Security Management Act，FISMA）；

2012 年，发布《消费者隐私权利法案》（2015 年正式生效）；

2016 年，发布《应用程序隐私保护和安全法案》；

2018 年，加利福尼亚州发布《加利福尼亚州消费者隐私保护法案》。

《加利福尼亚州消费者隐私保护法案》是继欧盟《通用数据保护条例》颁布后，全球又一部数据隐私领域的重要法律，于 2018 年 6 月 28 日正式颁布，在随后的两年内又陆续进行多次修订，2020 年 7 月 1 日开始正式执行。

《加利福尼亚州消费者隐私保护法案》是美国首部关于数据隐私的全面立法，美国目前并没有《通用数据保护条例》一类的通用数据保护法律，只在一些特殊行业或领域立法中有零星关于隐私保护的内容。例如，《健康保险携带和责任法》中提到如何保护患者隐私信息，《儿童网上隐私保护法》则是专门为保护儿童个人信息制定的联邦法律。《加利福尼亚州消费者隐私保护法案》的出台弥补了美国在数据隐私专门立法方面的空白，旨在加强加州消费者隐私权和数据安全保护，被认为是美国当前最严格的消费者数据隐私保护立法。

《加利福尼亚州消费者隐私保护法案》包括以下几方面的内容。

（1）企业必须披露收集的信息、商业目的以及共享这些信息的所有第三方。

（2）企业必须依据消费者提出的正式要求删除相关信息。

（3）消费者可选择出售他们的信息，而企业不能随意改变价格或服务水平。

（4）企业可以提供财务激励，包括向消费者支付补偿金，用于收集个人信息、出售个人信息或删除个人信息。如果商品或服务的价格与消费者数据提供给消费者的价值直接相关，企业也可以向消费者提供不同的价格、费率、水平或质量。该规定主要是在信息提供者与利用者间寻求商定利益分配的方案，并特别反对价格歧视。

（5）加州政府有权对违法企业进行罚款，而每次违法行为将被处以 7500 美元的罚款。

（6）从 2020 年开始，掌握超过 5 万人信息的公司必须允许用户查阅自己被收集的数据，要求删除数据，以及选择不将数据出售给第三方。公司必须依法为行使这种权利的用户提供平等的服务。

（7）《加利福尼亚州消费者隐私保护法案》与 GDPR 在适用对象上表现出不同的监管倾向。《加利福尼亚州消费者隐私保护法案》规定，该法案适用于在加利福尼亚州以获取利润或经济利益为目的开展经营活动的企业，其业务涉及收集或处理个人信息，且满足以下一项或多项条件：

①年收入超过 2500 万美元；

②为商业目的，每年单独或总计购买、收取、出售或共享 50 000 人及以上消费者、家庭或设备的个人信息；

③年收入中有 50% 及以上是通过销售消费者的个人信息获得。

（8）在设置适用门槛上，《加利福尼亚州消费者隐私保护法案》更聚焦于为营利目的开展数据处理活动的企业。《加利福尼亚州消费者隐私保护法案》为被管辖企业设置了"2500 万美元年收入门槛"和"5 万消费者、家庭和设备数量门槛"，更侧重于对影响范围大、风险程度高的规模企业进行管辖。需要注意的是，2500 万美元指的是该企业的全球营收总额，并不单指在加州的营收。与《加利福尼亚州消费者隐私保护法案》的"差异化对待"相比，《通用数据保护条例》的监管范围几乎涵盖任何处理欧盟公民个人数据的组织或企业，而为中小企业设置的豁免门槛又过于严格，导致中小企业很难实际享受到豁免的好处，大大加重了中小企业的合规负担。

《加利福尼亚州消费者隐私保护法案》在个人数据处理和保护方面的特点包括以下几方面。

（1）《加利福尼亚州消费者隐私保护法案》体现了美国建立个人信息保护统一标准的趋势。该法确立了适用各领域的统一规则和框架，明确了个人信息、数据主体、数据控制者等核心概念，统一授予数据主体权利，保障了数据主体对本人信息流转的控制。

（2）《加利福尼亚州消费者隐私保护法案》强调了个人对个人信息的控制权。《加利福尼亚州消费者隐私保护法案》明确指出，《加利福尼亚州宪法》将隐私权确定为全体人民"不可剥夺"的权利之一，赋予每位加利福尼亚州人法定且可执行的隐私权。个人掌握其个人信息的使用、出售的控制权利，对于保护隐私权具有基础性意义。《加利福尼亚州消费者隐私保护法案》创建了一系列消费者个人信息权利：

①访问权，即消费者有权要求企业披露其收集的信息类别和具体内容。

②删除权，即消费者有权要求企业删除其收集的任何个人信息。

③知情权，即消费者有权知道其个人信息被转移到何处，企业必须发布有关消费者的个人信息出售或披露的范围、流向、方式等。企业应尊重消费者选择不出售个人信息的权利，不得通过拒绝给消费者提供商品或服务，以及对商品或服务采取不同的价格、费率等方式歧视消费者。

（3）《加利福尼亚州消费者隐私保护法案》对违规行为设定了较重的处罚。《加利福尼亚州消费者隐私保护法案》规定，由于企业未履行个人信息保护义务，从而使个人信息遭受未经授权的访问和泄露、盗窃或披露，则消费者可以提起民事诉讼，企业会面临支付给每位消费者最高 750 美元的赔偿金，以及最高 7500 美元的损害赔偿金或实际损害赔偿金，以数额较大者为准。

6.3.3　中国的数据隐私保护政策与法规

视频讲解

近年来，我国的个人信息保护立法进程正在加快（见表6.2）。2012年通过的《全国人民代表大会常务委员会关于加强网络信息保护的决定》和2013年修正的《消费者权益保护法》率先明确规定自然人的个人信息受法律保护；2016年通过的《网络安全法》从网络安全角度对个人信息保护进行专门性规定；2018年通过的《电子商务法》对电子商务中的个人信息保护提出了明确要求；2020年通过的《民法典》在肯定《民法总则》第一百一十一条对个人信息进行保护的基础上，将人格权独立成编，扩大了个人信息保护范围；另外，2015年的《刑法修正案（九）》、2018年的《信息安全技术　个人信息安全规范》（GB/T 35273—2017）、2019年的《儿童个人信息网络保护规定》、2021年的《数据安全法》等也分别从打击侵犯公民个人信息的犯罪、严格个人信息保护标准、加强儿童个人信息保护、加强数据安全等角度对个人信息保护做出了规定。为进一步解决我国个人信息保护立法的碎片化问题，第十三届全国人民代表大会常务委员会第三十次会议于2021年8月20日通过了《个人信息保护法》，引发了社会的普遍关注和学界的广泛热议。

表6.2　中国数据隐私保护相关法律法规

公布时间	法律法规	制定机关	文件性质	相关内容
1994年2月 （2011年修订）	《计算机信息系统安全保护条例》	国务院	行政法规	等级保护制度1.0
1997年12月 （2011年修订）	《计算机信息网络国际联网安全保护管理办法》	国务院 （2011年版） 公安部 （1997年版）	行政法规	明确任何单位和个人不得违反法律规定，利用国际联网侵犯用户的通信自由和通信秘密
2000年12月 （2009年修正）	《全国人民代表大会常务委员会关于维护互联网安全的决定》	全国人民代表大会常务委员会	法律	明确提出非法截获、篡改、删除他人电子邮件或者其他数据资料，侵犯公民通信自由和通信秘密将追究刑事责任
2012年12月	《全国人民代表大会常务委员会关于加强网络信息保护的决定》	全国人民代表大会常务委员会	法律	首次以法律文件的形式对个人电子信息保护的要求做了明确规定
2013年7月	《电信和互联网用户个人信息保护规定》	工业和信息化部	部门规章	具体规定了电信业务经营者、互联网信息服务提供者收集、使用用户个人信息的规则和信息安全保障措施等要求
2015年8月	《刑法修正案九》	全国人民代表大会常务委员会	法律	对于"侵犯公民个人信息罪"进行了修订，将违法收集、提供等活动都涵盖进入了本罪
2016年11月	《网络安全法》	全国人民代表大会常务委员会	法律	将个人信息保护纳入网络安全保护的范畴，其第四章"网络信息安全"对个人信息保护作了专章规定
2017年3月	《民法总则》	全国人民代表大会	法律	在民事基本法的层面确立了个人信息保护条款

续表

公布时间	法律法规	制定机关	文件性质	相关内容
2017年5月	《关于办理侵犯公民个人信息刑事案件适用法律若干问题的解释》	最高人民法院、最高人民检察院	司法解释	对侵犯公民个人信息犯罪的定罪量刑标准和有关法律适用问题作了全面、系统的规定
2018年6月	《网络安全等级保护条例》（征求意见稿）	公安部	草案	等级保护制度2.0
2018年8月	《电子商务法》	全国人民代表大会常务委员会	法律	中国第一部全面针对电子商务的成文条款。提出电子商务经营者收集、使用其用户的个人信息，应当遵守法律、行政法规有关个人信息保护的规定，并确保交易安全
2019年8月	《儿童个人信息网络保护规定》	国家互联网信息办公室	部门规章	这是我国第一部专门针对儿童网络保护的部门规章，具有里程碑意义。《儿童个人信息网络保护规定》对儿童个人信息进行全生命周期保护，包括收集、存储、使用、转移、披露、删除等环节
2019年11月	《App违法违规收集使用个人信息行为认定方法》	国家互联网信息办公室、工业和信息化部、公安部、市场监管总局	部门规范性文件	由四部委联合发布，旨在规范监管部门对App违法收集使用个人信息行为的认定，也为企业合法收集使用个人信息提供参考
2019年10月	《密码法》	全国人民代表大会常务委员会	法律	密码领域的基本法
2020年5月	《民法典》	全国人民代表大会	法律	专章规定了隐私权和个人信息。明确强调自然人享有隐私权，自然人的个人信息受法律保护，处理个人信息的应当遵循合法、正当、必要原则
2021年6月	《数据安全法》	全国人民代表大会常务委员会	法律	确立数据分级分类管理以及风险评估，检测预警和应急处置等数据安全管理各项基本制度。明确开展数据活动的组织、个人的数据安全保护义务，落实数据安全保护责任
2021年8月	《个人信息保护法》	全国人民代表大会常务委员会	法律	明确个人信息的定义，域外使用效力，确立个人信息处理的原则，完善个人信息跨境规则，切实保护自然人在个人信息处理活动中的权益，加强个人信息处理者的义务

资料来源：根据相关资料整理而得。

《个人信息保护法》是我国第一部个人信息保护方面的专门法律,经过三次审议,于 2021 年 8 月 20 日经第十三届全国人民代表大会常务委员会第三十次会议表决通过,并于 2021 年 11 月 1 日起施行。个人信息保护法为个人信息处理活动提供了明确的法律依据,为个人维护其个人信息权益提供了充分保障,为企业合规处理提供了操作指引。从整体来看,个人信息保护法构建了完整的个人信息保护框架,其规定涵盖了个人信息的范围以及个人信息从收集、存储到使用、加工、传输、提供、公开、删除等全部处理过程;明确赋予了个人对其信息控制的相关权利,并确认与个人权利相对应的个人信息处理者的义务及法律责任;对个人信息出境问题、个人信息保护的部门职责、相关法律责任等进行了规定。

(1) 确认广义的个人信息范围。个人信息包括以电子或者其他方式记录的与已识别或可识别的自然人有关的各种信息,这意味着绝大多数与自然人相关的信息都可以纳入保护范围,体现了个人信息保护法保护范围的广泛性。

(2) 提出处理个人信息需要遵循的原则。具体包括:

①满足合法、正当、必要要求;

②有明确、合理的目的;

③必须采取对个人权益影响最小的方式,将处理行为限制在实现处理目的的最小范围;

④遵循公开、透明的原则,保证个人信息的准确、完整性;

⑤采取必要措施保障个人信息的安全。

作为个人信息处理活动最基本的要求,这些原则贯穿于个人信息的收集、存储、使用、加工、传输、提供、公开、删除等各个处理环节,在疑难情况或没有具体规定时也都应当符合上述原则的要求,任何组织、个人都不得非法买卖、提供或者公开他人个人信息;不得从事危害国家安全、公共利益的个人信息处理活动。

(3) 制定个人信息处理的规则。需要遵循的原则为个人信息的处理活动提供了方向,而处理规则则让个人信息的具体处理活动有更具体的依据。首先,为处理个人信息提供合法性基础,个人信息保护法对"知情-同意规则"提出了明确要求,必须要保证个人的知情权,明确在处理个人信息前,个人信息处理者应当以显著的方式、清晰易懂的语言真实、准确、完整地将个人信息处理的目的、处理方式等相关事项告知个人,个人在充分知情的前提下自愿、明确做出同意。其次,个人信息保护法规定利用个人信息进行自动化决策,不仅要保证决策的透明度和结果的公平、公正,还要求不得对个人在交易价格等交易条件上实行不合理的差别待遇,明确否定了"大数据杀熟"等行为。

(4) 明确个人信息处理活动过程中的权利和义务。《个人信息保护法》赋予了个人在个人信息处理活动中的权利,包括查阅复制权、可携带权、更正补充权、删除权、解释说明权等权利。其中,可携带权是指当个人请求将个人信息转移至其指定的个人信息处理者且符合国家网信部门规定条件的,个人信息处理者应当提供转移的途径。删除权的行使则需要在保存期限届满、出现违法违约等情况且个人信息处理者没有主动删除的情况下,个人才有权请求删除。与个人权利相对应的是个人信息处理者的义务,《个人信息保护法》中对个人信息处理者的职责和义务提出了严格的要求,应当根据具体的处理情形采取必要的措施,并在涉及敏感个人信息、自动化决策等情形时还需在事前进行个人信息保护影响评估。

（5）规定履行个人信息保护职责部门的职责。国家网信部门负责统筹协调个人信息保护工作和相关监督管理工作。履行个人信息保护职责的部门需要接受、处理与个人信息保护有关的投诉、举报，并调查、处理违法个人信息处理活动。对于个人信息处理活动有任何疑问的任何组织、个人都有权向履行个人信息保护职责的部门进行投诉、举报。收到投诉、举报的部门应当依法及时处理，并将处理结果告知投诉人、举报人。

（6）规定相关法律责任。《个人信息保护法》第五十四条规定，个人信息处理者应当定期对其个人信息处理活动遵守法律、行政法规的情况进行合规审计。这表明在未来对企业的合规审计将会成为常态，不仅是事后对违法的个人信息处理活动进行调查处理，更重要的是事前的预防机制，从源头阻止个人信息被侵害的情形发生。而一旦发生侵害个人信息的行为，将对个人信息处理者实行过错推定原则，不能证明自己没有过错的就应当承担损害赔偿等侵权责任，这在很大程度上减轻了个人维权的难度，也给个人信息处理者的合规审计带来了压力和动力。

6.4 数据隐私安全与保护技术

视频讲解

政策和法规的颁布实施为数据隐私保护提供了理论框架，但要真正实现有效的个人信息保护，离不开技术手段的支持。本节主要介绍了4类不同的隐私保护技术，并对不同技术实现隐私保护的方式进行探讨和分析，确保数据处理者能够根据不同数据主体的特点有针对性地使用更有效的技术进行保护。

根据实现手段的不同，隐私保护技术被分类为数据脱敏技术、数据匿名化技术、数据加密技术以及数据扰动技术。4类技术的对比参见表6.3。

表6.3 隐私保护技术分类

技术	简要描述	实现手段	特征
数据脱敏技术	对某些敏感信息通过脱敏规则进行数据的变形，实现敏感隐私数据的可靠保护	同义替换、随机替换、偏移、加密和解密、随机化、可逆脱敏等	脱敏数据仍然便于使用
数据匿名化技术	根据具体情况有条件地发布数据，如不发布某些敏感属性，或泛化某些具体值	K匿名、L多样化、T相近等	无法抵御背景知识攻击
数据加密技术	采用加密技术在数据挖掘过程中隐藏敏感数据	同态加密、安全多方计算等	运算效率低，可用于分布式环境
数据扰动技术	通过引入随机性，使敏感数据失真，但同时保持某些数据记录或属性不变	添加噪声、数据交换等	效率高，但数据失真程度大

6.4.1 数据脱敏技术

数据脱敏（data masking）又称数据漂白、数据去隐私化或数据变形。数据脱敏就是对敏感数据进行加密以防泄露。通俗地说，数据脱敏技术就是给数据打个"马赛克"。

1. 脱敏后数据的特征

数据脱敏不仅要执行数据漂白，抹去数据中的敏感内容，还要保持原有的数据特征、业务规则和数据关联性,保证开发、测试、培训等业务不会受到脱敏的影响,达成脱敏前后数据的一致性和有效性。

保持原有数据特征,即脱敏后数据的含义、数据类型等特征保持不变。例如,身份证、地址、姓名脱敏后依然是身份证、地址、姓名。

保持原有数据关系,即脱敏后数据与数据之间的关联性保持不变,例如,出生日期与年龄之间的关系。脱敏后数据的业务规则关联性保持不变,例如,主、外键关系、数据实体语义之间的关联关系等。

2. 数据脱敏过程

对于脱敏的程度,一般来说,只要处理到无法推断出原有的信息,不会造成信息泄露即可,若修改过多,则容易丢失数据原有特性。

举例:如表 6.4 所示是一个客户信息表,其中对敏感信息进行了识别,并定义了在交换过程中是否脱敏(0 代表不脱敏,1 代表脱敏)。编写数据脱敏规则引擎,通过应用程序,根据数据库字段的配置,将数据源表中的敏感信息进行脱敏处理,并将脱敏的数据输出给目的数据库,如图 6.3 所示。

表 6.4 安全审计的类型和内容示例

编号	数据项名称	业务定义	数据格式	是否脱敏	备注
1	客户编码	客户的唯一编码	文本	0	
2	客户名称	营业执照上的企业名称	文本	0	
3	统一社会信用代码	营业执照上的统一社会信用代码	文本	0	
4	联系人	客户联系人的姓名	文本	1	
5	联系人电话	客户联系人的手机号码	文本	1	
⋮					

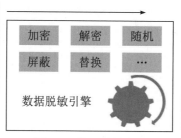

图 6.3 数据脱敏过程

使用脱敏规则引擎可以按照业务场景要求自行定义和编写脱敏规则,比如针对上例的人员信息,对姓名、手机号码等进行不落地脱敏,满足数据脱敏需要。脱敏规则引擎可以自行开发,也可以利用成熟的数据脱敏中间件工具。常见的数据脱敏规则有同义替换、随机替换、偏移、加密和解密、随机化、可逆脱敏等。

6.4.2 数据匿名化技术

基于匿名化的技术,即通过限制发布的方法,有选择地发布原始数据、不发布或者发布精度较低的敏感数据，以实现隐私保护。数据匿名化（data anonymization）在隐私披露风险和数据精度间进行折中，即有选择地发布敏感数据及可能披露敏感数据的信息，但保证对敏感数据及隐私的披露风险在可容忍范围内。数据匿名化技术属于一种对输入数据进行处理的技术，通过压缩、分组等方式，提炼数据的分组统计特征，而使单条数据隐藏于群组当中。比较常见的模式是：数据经匿名化处理并去除敏感信息后，作为挖掘算法的输入项，实现隐私保护的数据挖掘。

数据匿名化技术主要包括 K 匿名（k-anonymity）、L- 多样化（l-diversity）等，其中最早被广泛认同的隐私保护模型是 K 匿名机制，由 Samarati 和 Sweeney 在 2002 年提出。为应对去匿名化攻击，K 匿名机制要求发布的数据中每一条记录都要与其他至少 k-1 条记录不可区分，这样的一组数据被称为一个等价类。当攻击者获得 K 匿名处理后的数据时，将至少得到 k 个不同人的记录，才能进行准确的判断。K 匿名机制将原本的一对一关系，泛化成一对多的关系，从而将单个个体数据隐藏于一组数据中。参数 k 表示隐私保护的程度，k 值越大，隐私保护的强度越强，但丢失的信息更多，数据的可用性越低。

目前广泛应用的 K 匿名算法是 Incognito，该方法首先构建包含所有全域泛化（一种全局重编码技术）方案的泛化图（generation graph），然后自底向上对原始数据进行泛化，每次选取最优泛化方案前，预先对泛化图进行修剪以缩小搜索范围，不断进行以上操作，直到数据满足 K 匿名原则。该方法的一个问题是，容易过度泛化而产生大量的信息损失。

在实际的应用中，K 匿名机制基于其对背景知识的依赖性，需要被改进，以抵御不断出现的新攻击方法，这种博弈使得基于 K 匿名的传统隐私保护模型陷入"提出—攻陷—改进"的无休止循环中。

从根本上来说，匿名化隐私保护模型的缺陷在于对攻击者的背景知识和攻击模型都给出了过多的假设。但这些假设在现实中往往并不完全成立，因为攻击者总是能够找到各种各样的攻击方法，或者结合各种新的背景知识来进行攻击。

6.4.3　数据加密技术

数据加密技术是数据防窃取的一种安全防御技术，指将信息经过加密钥匙及加密函数转换，变成无意义的密文，而接收方可将此密文经过解密函数、解密钥匙还原成明文。与脱敏技术相比，加密技术的主要优点在于其可逆性，即可以通过解密方式逆向还原全部原始数据；缺点在于使用复杂。加密算法改变了数据的原始结构，使用数据的唯一方法是通过解密密钥解码数据，而脱敏数据使用相对方便。数据的加密 / 解密过程如图 6.4 所示。

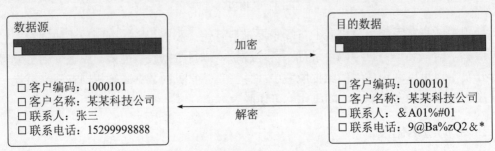

图 6.4　数据的加密 / 解密过程

按照网络分层,数据加密技术重点作用于网络层和存储层,所以数据加密又可以分为数据传输加密和数据存储加密。数据的发送方和接收方使用不同的密钥进行数据加密/解密。常用的加密技术有对称加密、非对称加密、数据证书、数字签名、数字水印等。

1. 对称加密

在对称加密算法中,加密和解密使用的是同一把钥匙,即使用相同的密钥对同一密码进行加密和解密。常用的对称加密算法有 DES(Data Encryption Standard,数据加密标准)、3DES(Triple Data Encryption Algorithm,三重数据加密算法)、AES(Advanced Encryption Standard,高级加密标准)等。

2. 非对称加密

非对称加密有两个钥匙:公钥(public key)和私钥(private key)。公钥和私钥是成对存在的,如果对原文使用公钥加密,则只能使用对应的私钥才能解密。非对称加密算法的密钥是通过一系列算法得到的一长串随机数,通常随机数的长度越长,加密信息越安全。与对称加密相比,非对称加密的优点是安全性高;缺点是加密算法复杂,加解密的效率低。

3. 数据证书

数字证书类似于现实生活中的居民身份证,是由证书颁发机构(Certificate Authority,CA)颁发的,其绑定了公钥及其持有者的真实身份,基于互联网通信用于标记通信双方身份,广泛用在电子商务和移动互联网中。

4. 数字签名

数字签名是一种类似于写在纸上的普通物理签名,与物理签名不同之处在于,数字签名使用公钥加密技术实现鉴别数字信息。数字签名能够验证所收到信息的完整性,发现中途信息被劫持、篡改或丢失。对方可以根据数字签名来判断获取到的数据是不是原始数据。

5. 数字水印

数字水印是一种特殊的数据加密方式,即为了能够追踪分发后的数据,在分发数据中掺杂不影响运算结果的数据(该数据可以标识数据的来源),使泄密源可追溯,为企业核心数据提供有效的安全保护措施。数据从源系统经过脱敏进入数据共享池,通过数据标记,对每个访问者下载的数据集打上隐形水印,在数据泄露后可精准追溯到泄密者。数字水印的加密和使用方式如下:

(1)掺杂数据,通过增加伪行、伪列、隐藏字符等形式,为数据做标记。

(2)建立数据分布项目清单,记录数据集、数据去向、水印特点。

(3)拿到泄密数据的样本,可追溯数据泄露源。

在基于数据加密的隐私保护方法中,通过密码机制实现了他方对原始数据的不可见性以及数据的无损恢复,既保证了数据的机密性,又保证了数据的隐私性。加密技术一个最大的优点就在于其能实现数据无损恢复,因此能提供很高的可用性。然而,加密运算效率低是数据加密的一个重要局限。

6.4.4 数据扰动技术

数据扰动技术是指通过添加噪声等方法使敏感数据失真,但同时保持某些数据或数据属性不变，从而实现对数据隐私的保护。例如，采用添加噪声、交换等技术对原始数据进行扰动处理。常见的几种方法包括随机扰动、随机应答和差分隐私等。

1. 随机扰动

随机扰动方法是一种对集中式数据进行隐私保护和数据挖掘的重要方法。该方法的基本思想是通过对数据增加噪声，使原数据集的分布概率能够保留下来，而每条记录信息很难被恢复，以此达到隐私保护的目的。常见的随机扰动方法有以下两种。

（1）加法策略（additive strategy）。考虑一个数据记录集 X，对于每个记录 $x_i \in X$，为其增加一个服从概率分布 $f_Y(y)$ 产生的噪声。这些噪声都是相互独立的，且被标记为 $y_1, y_2, \cdots, y_N$。因此，修改以后的记录为 $x_1+y_1, x_2+y_2, \cdots, x_N+y_N$，分别用 $z_1, z_2, \cdots, z_N$ 表示。通常来说，假设添加噪声的方差足够大，那么从修改后的数据集中很难猜测原始数据集。X 加上 Y 生成了一个新分布 Z，知道这个新分布的 N 个实例，即可大体估计出这个新分布。获取 Y 分布即可从 Z 中减去 Y 得到原记录 X 的分布。因此，原记录不能被恢复，但原记录的分布特性却能被恢复。

（2）乘法策略（multiplicative strategy）。乘法策略即在原数据上乘以随机向量（噪声）来生成最终要发布的数据，这类方法主要通过矩阵变换的形式来实现隐私保护，也被称作乘法扰动。区分乘法扰动和其他扰动的一个显著特点是：乘法扰动能够很好地保证数据分类和聚集方面的数据效用。对于利用距离或内积方式进行数据挖掘的模型，只要这些相关信息能够在扰动过程中被保留，扰动后的数据模型将与原数据的数据模型有相似的计算精确度。

2. 随机应答

不同于随机扰动技术，随机应答（random response）机制的优势在于通过设定扰动后恢复真实信息的概率使攻击者不能以高于预定阈值的概率得出获取数据是否包含真实信息的判断。虽然发布的数据不再真实，但在数据量比较大的情况下，统计信息和汇聚信息仍然可以较为精确地被估算出来。

3. 差分隐私

差分隐私（differential privacy）是微软研究院的 Dwork 在 2006 年提出的一种新型隐私保护模型。该方法能够解决传统隐私保护模型的两大缺陷问题，表现在：

（1）定义了一个相当严格的攻击模型，不关心攻击者拥有多少背景知识，即使攻击者已掌握除某一条记录之外的所有记录信息（即最大背景知识假设），该记录的隐私也无法被披露。

（2）对隐私保护水平给出了严谨的定义和量化评估方法。

正是由于差分隐私的诸多优势，故其一出现便引起了广泛关注，成为当前隐私研究的热点，在理论计算机科学、数据库、数据挖掘和机器学习等多个领域引起了极大反响。差分隐私通过扰动技术，确保数据集中删除或者添加一条记录并不会影响分析的结果。因此，即使攻击者得到了两个仅相差一条记录的数据集，也无法推断出隐藏的那一条记录的信息，因为分析两者所产生的结果大致相同。

差分隐私保护与传统隐私保护方法的不同之处在于其定义了一个极为严格的攻击模型，并对隐私泄露风险给出了严谨的、量化的表示和证明。差分隐私保护虽然基于数据扰动技术，但所加入的噪声量与数据集大小无关，对于大型数据集，仅通过添加极少量的噪声就能达到很高级别的隐私保护。因此，差分隐私保护具有很强的适用性。

为提高信息通信隐私保护质量，许多企业开始尝试应用该技术，例如，2006年克雷格·费德里吉（Craig Federighi）宣布将差分隐私保护技术应用在苹果产品iOS（iPhone Operating System，移动操作系统）系统内，旨在保护用户隐私；谷歌公司将差分隐私保护技术应用在谷歌浏览器（Chrome）浏览器内，以提高该浏览器的用户隐私保护能力。

6.5 数据隐私治理思路

随着数字经济的不断发展，数据隐私治理过程中涌现出大量的新问题和新挑战，同时也带来了新的契机。

6.5.1 实践路径

国家、企业、个人三方主体应该建立责任共担意识，无论是从优化国家制度环境出发，还是加强企业自律，抑或是提高个人信息保护意识，皆从不同层面为数据隐私治理提供了实践路径。

1. 国家层面

优化制度环境，国家要行动。尊重隐私是人类的普遍需求，对数据隐私的治理已成为普遍趋势。我国应不断推进数据隐私监管的有效进行，推动制度创新，形成良好的制度环境，不断提高对个人信息保护的监管水平。

（1）加快研究制定个人信息安全保护相关标准。我国应尽快制定个人信息分级分类标准，区分可使用、可交易的商业数据信息和不可使用、不可交易的数据信息（商业秘密等），明确界定个人一般信息和个人隐私（或敏感）信息；根据相关数据信息的属性（包括商业属性和人身属性等）、所属领域和类别、可对数据信息权利人造成的影响等多方面对其分类，再根据具体的类别给予相应的保护；尽快制定个人信息去标识化指南，提炼业内当前同行的最佳实践，规范个人信息去标识化的目标、原则、技术、模型、过程和组织措施，提出能有效抵御安全风险、符合信息化发展需要的个人信息去标识化指南。

（2）创新个人信息保护监管手段，强化执法能力建设。我国应不断创新监管手段，适当引入第三方认证监测机制，引导数据安全服务市场健全发展，提升网络运营者个人信息保护的主动性。同时，我国需要强化对数据收集、存储、使用等行为的监督检查力度，督促并指导企业加强对数据生态的管理，严厉打击违法犯罪行为；构建以风险控制为导向的监管方式，改变合规性逐项检查监管模式，采取"多元化策略＋外部认证监督"的方式，由网络运营者根据保护用户信息安全的需要设定多元化的权利保障政策或措施，由政府根据评估认证结果对内部政策、制度是否合规进行外部监督。

（3）兼顾个人权益保护与促进数据利用。个人信息兼具个人和社会两个层面的价值属性。

①个人信息上承载着人格利益，包括相关信息主体的人格尊严、人格自由，对人格尊

严、人格自由的保护在任何情况下都绝不能被忽视,对个人权益的追求是增进社会整体利益的根本。

②个人信息的流动是社会正常运作的前提与基础,数据利用牵引社会整体进步的高级需求应在大数据时代予以足够重视。

因此,大数据时代的个人信息保护与数据利用不能顾此失彼,如何使得理论指导的立法在切实保障个人权益的同时契合大数据时代发展背景和社会现实需求成为重要议题。兼顾个人权益与数据利用的均衡应成为个人信息保护相关制度的核心,在当前《个人信息保护法》已有的为保护个人信息而设计的收集、处理原则和权利设置等个人信息控制规则的基础上,应适当增加促进数据合法利用的相应规则,从而实现既控制实际上能控制的个人信息,也利用实践中需要利用的基础数据。

2. 企业层面

保护数据源头,企业要自律。在企业眼里,个人信息意味着商业开发的场景和价值;在用户眼里,个人信息意味着权益和安全。从长远来看,企业只有在保障个人信息安全的前提下开展业务经营活动,才能获得可持续性的发展。因此,企业应该主动承担起保护个人信息的责任和使命,在挖掘数据价值的同时自觉加强对个人信息的保护。

(1) 重视隐私条款政策的制定和规范性。企业设计隐私政策要符合自身的基本情况和所处行业的特征,不能生搬硬套,主要包括:

①要明确告知用户,企业收集、利用及保护个人信息的方式。

②要使用浅显易懂的表达方式,明确告知用户收集数据的类型、使用目的,并在获得用户明确同意的情况下进行相关数据操作。

③要为用户删除数据、注销账户提供渠道,明确对用户数据的共享、开放渠道,确保不会侵犯个人隐私。

④要明确告知用户发生争议时的询问和投诉渠道,以及争议解决机制等。

当然,企业也要积极探索创新的隐私条款展现方式,例如,隐私条款使用"弹窗告知"、敏感信息采集进行"即时提示"等。

(2) 承担保护用户个人信息的责任。企业应加强对处理个人信息的员工的约束,明确其安全责任,加强对员工的安全培训;对访问个人信息的内部数据操作人员进行严格的访问权限控制,确保只接触最少的个人信息;加强审计,确保数据操作"雁过留声"。企业应将个人信息保护理念融入自身的运营管理全流程,在产品及服务设计阶段进行风险预测,将必要的隐私设计纳入产品及服务的最初设计之中;定期开展个人信息安全影响评估,根据评估结果采取适当措施,降低侵害个人隐私的风险。

(3) 管理和技术手段结合,保护用户个人信息。针对云计算、大数据等新技术、新业务带来的个人信息保护挑战,企业必须与时俱进,进一步加强大数据环境下网络安全防护技术建设,推进大数据环境下防攻击、防泄露、防窃取的检测、预警、控制和应急处置能力建设,做好大数据平台的可靠性和安全性评测、应用安全评测、监测预警和风险评估,提升重大安全事件应急处理能力。

3. 个人层面

维护自身权益,个人要加强。长期以来,我国公民的个人信息保护意识相当薄弱。在大数据时代，用户个人信息的收集、使用时时刻刻都在进行，即使用户百般小心也难以阻挡企业获取用户数据。因此，每位公民都应该以更加积极主动的姿态参与到个人信息保护的活动中。

（1）认识到个人信息泄露的严重后果。较直接的个人信息泄露后果包括垃圾短信和邮件不断推送、骚扰和推销电话接二连三、被冒名办理信用卡透支消费及被诈骗团伙要求转账等。此外，还有一些不易被发现的个人信息泄露的后果。例如，大数据杀熟和动态定价导致个人利益受损；通过手机通信录匹配挖掘个人社交网络链，造成人际关系信息泄露。

（2）加强自我保护意识和提升保护技能。主要包括：

①避免个人信息被泄露。例如，尽可能少地让手机 App 访问存储照片、通信录、地理定位、消费记录和快递等信息，避免连接公共场所的 Wi-Fi（Wireless Fidelity，无线保真），考虑关闭 IMEI（International Mobile Equipment Identity，国际移动设备识别码）等手机设备标识信息，设置手机浏览器阻止第三方访问存储在用户本地终端上的数据（cookie）等。

②在消费过程中尽可能做到货比二家，选择合适的商家购买产品。这样做能够在一定程度上避免被大数据杀熟，提高自身的价格敏感程度。

（3）了解与个人信息保护相关的法律法规，做到知法懂法、守法用法。具体包括：

①注意留存大数据杀熟、动态定价、价格操纵和个人信息泄露的相关证据。

②应了解我国个人信息保护的相关法律，如《个人信息保护法》《数据安全法》《消费者权益保护法》等，一旦发现个人信息泄露和违法使用的行为，立即向监管部门举报，依法维护好自身权益。

6.5.2 伦理建设

数据隐私的治理无论是从重构科技伦理出发，还是完善制度伦理，抑或是建构责任伦理，皆从不同层面为数据隐私治理提供了社会共识基础。

1. 重构科技伦理

大数据技术给人类社会带来了前所未有的变革，成为人们开展社会治理的基本工具。然而，其发展、运用中鲜明的问题导向与不断优化的内在需求表现出了具有较强操作性的工具理性特质。当大数据技术从手段逐渐演变为目的时，就沦为物质生产快速发展的根本依赖性工具，从而"脱嵌"于本该制约它的价值理性，导致虚假数据泛滥、信息异化蔓延、信息鸿沟拉大、隐私保护困境等时代难题。由此，一个现代性悖论产生了：包括大数据技术在内的科技在给社会带来进步与便利的同时，也在不断地制造现实问题与伦理风险。这种令人不安的"人造风险"，主要是由大数据技术不受限制地推进与科技伦理的失衡造成的，而"科技伦理的表现形式是科技与人的相互作用这一内在本质的外化形式"。

因此，大数据技术的发展需要促进工具理性与价值理性的统一。具体指：

（1）国家应当大力推进大数据安全保障技术的研发，通过互联网企业、科研院所合作攻关，推进产学研成果转化与应用，从科技层面提升大数据技术的运行安全。

（2）在大数据的生产与收集、识别与加工、挖掘与分析等过程中，必须坚持以人为本的原则，确立人在科技发展中的全面价值，以提升人类幸福指数与美好生活质量为要旨。

简言之,"是人,而不是技术,必须成为价值的最终根源;是人的全面发展,而不是生产的最大化,成为所有发展的标准"。正如芒福德指出的,"人类要获得救赎,需要经历一场类似自发皈依宗教的历程:以有机生命世界观替代机械论世界观,将现在给予机器和计算机的最高地位赋予人"。

重构大数据科技伦理,正是基于平衡大数据工具理性与价值理性、数据自由与技术向善的关系,进而维护人的自由与尊严。

2. 完善制度伦理

随着数据化世界的逐渐成形,人类社会已悄然迈入数字经济时代。许多传统的隐私保护、信息安全、数据主权、资源开放等方面的法律法规显得不合时宜,甚至已沦为推进大数据产业健康发展的桎梏。破解数字经济时代数据隐私保护伦理困境,需要完善数字制度伦理,促进法治他律与行业自律的统一,具体包括以下3点。

(1)要注重大数据产业发展的顶层设计,政府要推动资源整合,制定大数据发展战略及其体系,并由国家统筹规划,协调推进。2015年,《促进大数据发展行动纲要》出台。基于这一行动纲要,我们尚需厘清产业发展目标、制定行业标准、健全市场发展机制、瞄准核心技术突破、培育新兴业态、涵养产业生态等问题,以顺应数据科技革命与数字产业变革的发展浪潮。

(2)要启动数字经济治理立法,从政策和法律层面调整社会资源配置、平衡利益冲突、保障数据安全与公民隐私权等。当前,还需在确立共享价值准则与伦理底线的基础上,明晰大数据拥有者、使用者与管理者等利益相关方的责、权、利,并完善行业伦理规范。尤其是,要建构惩罚性赔偿、行政处罚乃至刑事制裁制度,以惩治非法采用数据或恶意泄露隐私的组织或个人,为数据隐私保护提供强大的法律保障和伦理辩护。

(3)互联网运营企业及人员必须强化行业自律,大数据搜集者、大数据使用者必须坚持伦理准则与道德底线。当前的数据搜集者、使用者、生产者等群体,形成了一座数据"金字塔"的知识权力结构,即数据搜集者、使用者等数据挖掘专家位于塔顶,而广大数据生产者居于底部。在大数据技术应用中,互联网组织及人员掌握遗传算法、神经网络方法、聚类分析等技术,与财富创造的关联性最强,获利最多,作为数据生产者的普通用户成为"数据化生存"时代的"最少受惠者"。大数据利益相关者之间的利益分配要合乎正义,尤其是政府有责任帮助"最少受惠者"获得更多利益。

3. 建构责任伦理

事物发展都具有两面性。任何技术系统的力量强大到一定限度时,都可能引起某种系统的反弹甚至出现一种自我毁灭的动向,进而导致科技生态系统的失衡,其主要肇因在于人们未能意识到或者根本不愿意承担技术系统整体运行中的相应责任。诚然,大数据技术在给社会提供生活便利、创造商业价值、重塑思维方式、提升决策能力等方面带来积极变化的同时,其野蛮生长与广泛运用也使公民数据隐私保护陷入了伦理困境。追根溯源,隐私保护伦理困境主要源于参与大数据生命周期的利益相关者过于陶醉于技术变革带来的生活便捷、财富创造等,而忽视了技术系统整体运行中所需要的责任担当。因此,我们需要破解大数据时代隐私保护伦理困境,还需平衡利益相关者的责任伦理,促进权利与义务的统一。

责任伦理是人们共同承担人类共生共存责任的伦理，是面向人类整体、面向未来的高科技时代的伦理。在构建隐私保护责任伦理准则的过程中，各个利益相关者都要体现权利、义务的对等与平衡。所有参与数据生命周期的行动者，既享有大数据技术发展带来的权益，又必须承担保护数据安全、公民隐私等方面的义务。具体包括以下几点：

（1）作为数据信息"金字塔"坚实基座的大数据生产者，既可以享有大数据技术带来的生活、工作便利与利益增进，又必须承担为大数据发展提供基础数据源的义务。

（2）在实际生活中，"人们一般都愿意牺牲一部分隐私以换取在便利或服务方面相对较小的改进"，因此，大数据生产者要避免以自身隐私信息泄露来交换便捷或优惠服务等。

（3）作为数据生产周期重要中介的大数据搜集者，既可以享有在网络空间通过定位跟踪系统、数据共享应用程序等多种途径搜集用户数据信息以获得各种利益的权利，又必须积极履行不泄露和不滥用数据生产者隐私的义务。

（4）作为数据生命周期利益链条顶端的大数据使用者，既可以使用数据挖掘、数据分析等复杂的统计算法从海量数据中推导出新关联、新知识以创造财富，又必须承担保护公民隐私、提升决策能力、推动社会发展、增进人类福祉等方面的责任。

在数据"金字塔"结构中建构责任伦理、促进权利与义务统一的关键，在于把大数据的利益链条转化为责任链条，将"谁搜集使用谁担责"的伦理精神铸入大数据搜集者、使用者的具体行动中。

6.6 思考题

1. 隐私、个人信息、数据之间的关系是什么？
2. 世界主要国家的数据隐私保护的立场、观点和方法有何区别？
3. 数据隐私保护相关技术的要点是什么？
4. 试分析数据隐私治理思路的要义。

第 7 章 数据安全

数据作为我国新发展阶段的重要生产要素，在推动构建新发展格局、实现高质量发展的同时，也带来了数据安全新挑战。《中华人民共和国国民经济和社会发展第十四个五年规划和 2035 年远景目标纲要》提出，要"强化数据资源全生命周期安全防护"，与此同时，维护我国数据安全已成为实现"两个强国"建设目标、推进国家大数据发展战略、推动经济高质量转型发展、提升国家治理现代化水平的重要保障。本章从数据安全的概念出发，结合数据安全的背景与案例，阐述数据安全涉及的数据安全治理框架，介绍数据分类分级、数据安全应急处理以及数据安全监督管理的方法。

【教学目标】

帮助学生充分了解课程整体设计、教学目的、核心内容及课程特色；引导学生查阅资料，了解国内外数据安全的概念与现状；总结归纳国内外数据安全治理体系框架；提出数据安全的监督管理方案以及数据安全治理策略和前景。

【课程导入】

（1）2022 年 7 月 21 日，国家互联网信息办公室依据《网络安全法》《数据安全法》《个人信息保护法》《行政处罚法》等法律法规，对滴滴全球股份有限公司处以人民币 80.26 亿元罚款。为什么滴滴出行会收到巨额罚单？

（2）2021 年 9 月 1 日《数据安全法》正式实施，是我国数据安全领域的一部重要基础性法律。《数据安全法》的颁布，使全社会聚焦数据安全领域的突出问题。为什么国家重视并强调数据安全？

（3）数据与国家经济运行、社会治理、公共服务、国防安全等方面密切相关，数据泄露、丢失和滥用将直接威胁国家安全和社会稳定。那么，应该如何保障"数据安全"？

【教学重点及难点】

重点：本章的学习重点是在理解数据安全概念基础上，掌握数据安全治理框架，熟悉数据分类分级方法，熟悉数据安全法律法规等监管体系。

难点：本章的学习难点是理解安全概念的变迁，数据安全治理框架及现阶段数据安全监管体系，并提出数据安全治理策略和建议。

7.1 数据安全的概念

视频讲解

安全是发展的前提，发展是安全的保障。数据治理要以发展为导向，也要坚持安全底线，保障国家安全和个人隐私。随着经济社会的数字化程度不断加深，多维应用场景不断开发产生新的数据,在提高生产效率的同时,也带来了难以控制的未知风险,数据安全作为一个重要课题日益得到重视。本节首先明确数据安全的概念范围,为进一步的数据安全治理工作奠定基础。

7.1.1 安全概念的变迁

在安全领域的发展历程中,先后出现并使用了信息安全、网络安全、数据安全等概念。本节将分别阐述信息安全、网络安全、数据安全的起源与概念,并将3个概念结合起来对比三者之间的异同,阐述概念的变迁。

1. 信息安全

"信息安全"一词在中文学术、技术和政策领域的出现可追溯至20世纪70年代。随着这一时期全球非传统安全的实践与理论研究的发展,"信息安全"一词开始受到国外信息安全概念的影响并逐步出现于国内翻译的学术文献之中,如图7.1所示。根据文献搜索整理可发现,早在1974年苏运林在对狄奥尼修斯(Dionysios C. Tsichritzis)编写的操作系统讲义进行翻译时就提到了"信息安全"。《世界科学》杂志在1985年刊载了娄承肇翻译的《信息安全》一文,文中提出了在信息时代需要有安全防护的新方法,指出信息安全具体可分为6种功能,即避免、制止、预防、发现、复原、补偿等,并从根源、动机、行动、后果、损失等维度对以上功能进行分析研究,文章还指出,信息安全的研究将带来刑法的变化。随着信息安全产业市场逐步形成并且规模不断扩大,学术领域与"信息安全"相关的研究成果不断增加。由知网数据可知,"信息安全"相关论文发文量从1995年100篇迅速增长到2000年750余篇,并开始逐年攀升。归属中国电子科技集团的杂志《通信保密》从2001年起更名为《信息安全与通信保密》,增加了"信息安全"4个字,与时代发展紧密结合的信息安全研究领域应运而生。

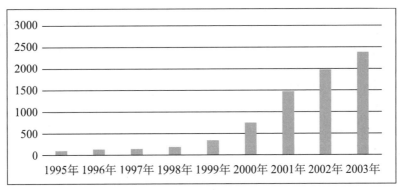

图 7.1 "信息安全"学术论文发文量

数据来源:知网

在国内学术领域引入了国外的信息安全概念之后,信息安全相关政策在国内也开始出现。中国信息安全测评中心在1998年创立后,开始依照国家法律法规和标准在信息安全领域为国家提供技术保障,并向社会提供信息安全培训等公共服务,成为中国专门从事信息安全漏洞分析和风险评估的政府权威部门。2001年,胡锦涛同志在国家信息化工作领导小组成立的第一次会议上指出:"信息安全要放在至关重要的地位。"2002年4月3日,国家有关部门召开国家信息安全测评认证体系工作组成立暨第一次工作会议，来自国务院各有关部、委、局的代表参加了会议，同时参加会议的还有若干信息安全测评认证方面的专家。为加快推进信息安全等级保护，规范信息安全等级保护管理，提高信息安全保障能力和水平，维护国家安全、社会稳定和公共利益，保障和促进信息化建设，公安部、国家保密局、国家密码管理局和国务院信息化工作办公室联合制定了《信息安全等级保护管理办法》，并于2007年6月22日颁布实施。

以上是在学术文献、机构名称、期刊名称、国家政策文件中较早使用"信息安全"一词的例子。关于信息安全的概念，国家标准GB/T 29246—2017《信息技术 安全技术 信息安全管理体系 概述和词汇》（Information Technology-Security Techniques-Information Security Management Systems-Overview and Vocabulary，ITSTISMSOV）中提到，信息安全是为数据处理系统建立和采用的技术及管理上的安全保护，目的是保护计算机硬件、软件、数据不因偶然和恶意的原因而遭到破坏、更改和泄露。在2018年修订稿中提到"信息安全是对信息的保密性、完整性和可用性的保全"。对于信息安全管理系统（Information Security Management System，ISMS），国际标准化组织认为其包括了用来保护可信信息资产的政策、过程、规程、组织结构、软件和硬件等，用于保护已识别的信息资产。美国国家安全委员会（National Security Council，NSC）将信息定义为：任何介质或形式（包括文本、数字、图形、地图和说明等）的任何知识的交流和表示，如事实、数据或意见。将信息安全定义为：保护信息和信息系统不被未经授权地访问、使用、披露、中断、修改或破坏，以保障其保密性、完整性和可用性。其他文献中也提到了信息安全相关的概念。例如，信息安全就是保护以不同形式存在和流动于计算机、磁带、磁盘、光盘和网络上的各种信息不受威胁和侵害。又例如，所谓信息安全，是指国家、机构、个人的信息空间、信息载体和信息资源不受来自内外各种形式的危险、威胁、侵害和误导的外在状态和方式及内在主体感受。

从以上信息安全的概念中，我们可以把握两个关键之处：

（1）信息安全所涉信息包含了现实物理形式呈现的信息和电子虚拟形式呈现的信息，即信息安全涉及领域已经从线下发展到线上；

（2）信息安全的本质特征表现在保密性、可用性和完整性3方面。

2. 网络安全

网络就是由计算机、服务器、网线及其他载体构成的信息存储和流动体系。关于网络安全的概念，狭义地讲，就是作为信息存在和流动载体的计算机、服务器、网线及其他物理设施的安全。我们现在所说的一般是指广义的网络安全（cyber security），即基于"安全体系以网络为中心"的立场，泛指整个安全体系，侧重于网络空间安全、网络访问控制、安全通信、防御网络攻击或入侵等。

"网络安全"一词是随着20世纪90年代中期互联网在中国的兴起而出现的。在美国相继提出"网络安全"和"网络空间安全"等概念后，陆海空天（外空）网五大空间安全保障成为非传统安全领域的重要概念。受此影响，"网络安全"和"网络空间安全"也开始出现，并从一开始就呈现出与信息安全交汇融合的现象。1997年6月3日，受国务院原信息化工作领导小组办公室的委托，中国科学院组建中国互联网络信息中心（China

Internet Network Information Center，CNNIC），行使国家互联网络信息中心的职责。中国互联网络信息中心先后围绕网络域名、知识产权、技术标准、文字转换、管理规范、网络统计、热点调查、对外合作、信誉评级等展开多项工作与研讨，是中国早期集学术、技术和政策于一体的"网络安全"领域的重要事件。2001年8月，国家计算机网络应急技术处理协调中心成立，其主要职责是：按照"积极预防、及时发现、快速响应、力保恢复"的方针，开展互联网网络安全事件的预防、发现、预警和协调处置等工作，运行和管理国家信息安全漏洞共享平台，维护公共互联网安全，保障关键信息基础设施的安全运行。2008年7月，中国互联网络信息中心牵头成立"中国反钓鱼网站联盟"，建立停止钓鱼网站CN域名解析的快速解决机制，构建可信网络，推进了网络安全在中国的理论发展与实践创新。2010年1月30日，中华人民共和国工业和信息化部下达《关于加强互联网域名系统安全保障工作的通知》，指出域名系统是互联网的重要组成部分。保障域名系统的安全，对维护互联网安全、促进互联网健康发展具有重要意义。这是国家部委专门针对网络安全问题发布的早期文件。2016年11月，全国人民代表大会常务委员会发布了《网络安全法》，旨在保障网络安全，维护网络空间主权和国家安全、社会公共利益，保护公民、法人和其他组织的合法权益，促进经济社会信息化健康发展。2016年12月，国家互联网信息办公室发布《国家网络空间安全战略》，明确提出建立大数据安全管理制度、推动新型信息技术的创新应用等，以推动实施国家大数据战略、保障国家网络安全等目标。从总体上说，自20世纪90年代以来，信息安全开始向网络安全聚焦，经历了一个逐步发展和逐步强化的过程。

3. 数据安全

数据安全起初作为信息安全中的一个分支出现。后随着数字经济的发展，数据作为信息的载体，成为了现阶段重要的生产要素之一。2015年8月，《促进大数据发展行动纲要》提出，加快建设数据强国和释放数据红利，加快政府数据开放共享以提升治理能力；并提出网络空间数据主权保护是国家安全的重要组成部分，要求不断完善安全保密管理规范措施，提高管理水平，切实保障数据安全。2017年6月1日开始施行的《网络安全法》在网络安全体系框架内提到了"网络数据安全"。同时，《网络安全法》第十八条规定了"国家鼓励开发网络数据安全保护和利用技术，促进公共数据资源开放，推动技术创新和经济社会发展。"

狭义的数据安全，往往是指保护静态的存储级数据，以及数据泄露防护等。广义的数据安全泛指"以数据为中心"的安全体系，侧重于数据分级及敏感数据全生命周期的保护，以数据的安全收集（或生成）、安全使用、安全传输、安全存储、安全披露、安全转移与跟踪、安全销毁为目标，涵盖整个安全体系。《信息安全技术 数据安全能力成熟度模型》（GB/T 37988—2019）中提到，数据安全是以数据为中心的安全，即保护数据的可用性、完整性、机密性。《数据安全法》中提到，数据安全是通过采取必要措施，保证数据得到有效保护和合法利用，并持续处于安全状态的能力。所以，数据安全与信息安全一样，具有以下3个特性：

（1）机密性（confidentiality），保障数据不被未授权的用户访问或泄露。

（2）完整性（integrity），保障数据不被未授权的篡改。

（3）可用性（availability），保障已授权用户合法访问数据的权利。

4. 对比与变迁

20世纪90年代广泛使用的"信息安全"一词，在进入21世纪后，已逐步与"网络安全"和"网络空间安全"并用，并且网络安全与网络空间安全的使用频度不断增加。随着信息技术的发展，先后出现了物联网、智慧城市、云计算、大数据、移动互联网、智能制造、空间地理信息集成等新一代信息技术和载体，这些新技术和新载体都与网络紧密相连。进入数字经济时代，数据又成为重要的生产要素。新技术、新载体与新生产要素带来了新的安全问题——数据安全。

信息安全作为非传统安全的重要领域，以往较多地注重信息系统的物理安全和技术安全。在网络空间，安全主体易受攻击，安全威胁不可预知，易形成群体极化，安全防范具有非技术性特点。如大数据在云端汇聚之后，就给网络安全带来了信息大量泄露的新威胁；物联网、智慧城市、移动互联网在提供高效、泛在和便捷服务的同时，也使巨量的个人信息和机构数据在线上不时地处于裸露状态，为网络犯罪提供了可能。不仅如此，网络涉及政治、经济、文化、社会、外交、军事等诸多领域，使信息安全形成了综合性和全球性的新特点。

数据安全本质上属于信息安全范畴，或者是信息安全在大数据时代的延伸。不过，传统意义上的信息安全特指信息保持机密性、完整性和可用性。进入到大数据时代，仍然需要数据的基础功能和作用，因而传统"三性"仍然是数据（信息）安全应有之义。《网络安全法》中将数据安全从属于网络数据安全。但随着跨境数据流动的增加，网络安全已无法覆盖数据安全，比如数据安全中的长臂管辖权等已不仅限于网络安全领域，也涉及国家主权等问题。

上述术语的使用，既有历史的因素，体现了人们对安全认知的演变历程，也体现出使用者所在企业安全工作的侧重点或立足点的不同。信息安全使用范围最广，可以指线下和线上的信息安全，既可以指传统的信息系统安全和计算机安全等类型的信息安全，也可以指网络安全和网络空间安全，但无法完全替代网络安全与网络空间安全的内涵。网络安全可以指信息安全或网络空间安全，但侧重点是线上安全和网络社会安全。数据安全更接近安全的目标，随着数据流动，数据流到哪里，安全就覆盖到哪里。随着信息时代向数据时代的转变，数据安全这个概念更适应业务发展的需要。数据不仅包括静态的、存储层面的数据，也包括流动的、使用中的数据。我们需要在使用数据的过程中保护数据，在数据的全生命周期中保护数据，特别是涉及个人隐私的数据。也就是说，数据安全这个词，可以将信息安全、网络安全以及隐私保护的目标统一起来。

随着新技术的发展，数据安全的含义和内容逐步扩大，演变为数据本身的安全控制并具有了社会安全（社会稳定）和国家安全（国家政治、经济和军事安全）的内涵。此时的数据安全已经不是数据本身的安全问题了，而是数据上承载的社会活动的安全。下面将继续探讨新时代和新技术赋予数据安全的新含义。

7.1.2 数据安全的新含义

在大数据时代，传统的信息安全仍然是数据安全的基石。虽然数据安全"三性"

其含义和内容可能也有扩展，但并没有更改其机密性、完整性和可用性的内涵。在大数据背景下，数据安全的含义被逐步扩展到企业安全、社会安全和国家安全范畴，数据利用秩序安全成为数据安全的新内涵。这个意义上的数据安全可以从以下 4 方面得到诠释。

1. 数据安全关系企业安全和国家安全

在大数据时代，无论是人类加工的科学技术、文化艺术成果，还是散落于各处的行为轨迹、地理空间、机器产生的数据都均蕴藏着巨大的价值，这些数据成为科学技术创新、社会治理和企业创新发展的新资源。数据就是资源，这使数据的安全上升为资源安全，而资源安全关系着经济安全和企业安全，决定其生死存亡。数据不仅承载经济使命，也关系着社会安全和国家安全，影响着政治安全。这是大数据时代赋予数据安全的重大意义。

数据安全已经不再是"三性"意义上的信息安全，不再是解决数据本身的可用性或法律上的有效性问题，而是具有法律之外的含义。数据安全的重要性远超信息安全，已经上升到国家安全的高度。倪光南院士指出："当大数据大到一定程度，其价值会随之增大，以至于达到影响国家安全的程度。在这个时候，人们如果要对大数据安全进行自主可控或者安全可控的评估，显然需要考虑更多的因素。例如，需要评估的对象可能包括：进行大数据处理的数据中心采用的技术设备和基础设施、各种信息终端和物联网终端、数据本身的安全和处理的合规合法性、数据通信安全以及能否保证数据留存在境内、管理制度等等。"

同样，在大数据时代，数据不仅关系一个组织的生存，而且关系一个国家经济运行、社会稳定、政治安全，因而成为影响国家安全的重要因素。此外，个人信息跨境流动不仅影响国家之间的经济贸易，而且影响一个国家对另一个国家国民情况的掌握程度，数据在被不当利用时可能威胁到另一国的社会和政治稳定。正如在大数据时代个人无隐私一样，一个国家也无秘密。一个国家的地理空间数据（位置数据）、国防建设数据、技术研发数据、经济运行数据、政治决策信息等都能够很容易地被其他国家收集和分析，从而对这个国家的某个行为决策、行动作出预判并采取应对策略，从而危及国家政治、经济、军事安全。大数据时代需要开放数据，让数据流通，发挥数据的社会效用，但也使数据跨越地理疆域的收集和流动成为轻而易举的事情。特别是美国凭借其强大的技术和资源优势，实现了对中央处理器、根服务器、搜索引擎、操作系统等的垄断，肆意搜集、存取全球数据并监控数据传输，操纵网上的内容，控制数据的流动方向和传输速度，进行信息围攻。斯诺登所曝光的"棱镜门"事件折射出了国家安全问题正经历着大数据的严峻考验。

大数据正在改变人们学习和工作的方式，改变着人们接受知识和新事物的能力，对国民的思想观念亦产生着越来越大的影响。当数据进行跨国流通时，数据输出国必然会以其特有的价值观念主导和影响数据输入国，从而威胁到该国文化主权和国家主权。因此，数据安全关系国家安全，保障国家安全成为数据安全治理的重要内容。从国家层面看，保障数据安全是一项系统工程，需要经济发展与安全管理并重，要积极发挥政府机关、行业主管部门、组织和企业、个人等多元主体的作用，依据《国家安全法》《网络安全法》《数据安全法》等法律法规等要求，做到知法守法，认真履行数据安全风险控制有关义务和职责，增强数据安全可控意识，共同维护国家安全秩序。

2. 空间数据安全的重要性凸显

地理空间的数字化形成了大量的水文、地理等自然信息和空间位置信息，形成位置大数据。位置大数据，包括卫星测绘数据、空间媒体数据、用户轨迹数据等。随着互联网、物联网、人工智能、大数据存储和分析等技术的发展，建立完整的、高精度的、室内外一体的位置大数据传感网络，综合利用自然语言处理、图像处理、信息检索等方法，提取互联网多媒体中的位置信息，建立其与互联网媒体的内在关联，在经济建设、国防安全建设上都具有重要作用。

人类在日常生活中经常需要回答"你在哪儿""你想去哪里""如何去那里"这些最基本的问题，这就需要位置服务。"位置服务"包括定位、导航、授时3项服务，是通过卫星导航系统实现的。当前世界上有四大导航系统，包括美国的全球定位系统（Global Positioning System，GPS）、欧洲的伽利略卫星导航系统（Galileo Satellite Navigation System，GSNS）、俄罗斯的格洛纳斯系统（Global Navigation Satellite System，GNSS）、我国的北斗系统。位置服务内容非常广泛，涵盖空、天、地一体化时空基准基础设施。时空位置大数据为智慧城市、智能交通、智能物流、精准农业的实现提供了实时、精准、智慧的保障。天地一体化网络通过卫星和地面互联网互联，实现互联互通。位置服务产生了大量数据，这就是位置大数据。位置服务集社交网络、云计算和移动互联应用于一体，造就广泛存在的位置服务大系统、大产业，改变了人的生活和生存方式。

人类活动的信息是与空间信息密切相关的。位置轨迹和网络轨迹（行为信息）配合起来，不仅可以准确定位用户的位置，而且可以分析出用户的偏好、需求等个性特征，在为精准营销提供便利的同时也对个人隐私安全带来了新挑战。当位置数据与国家经济、政治和军事生活结合在一起时，还会引发国家安全问题。位置数据将个人、组织和国家网络行为轨迹与现实物理世界空间位置连接起来，将地理空间逐渐地发展到网络空间，再将网络空间连接到地理空间。网络空间已成为继领土、领空、领海和太空之后的第五大空间，是国家主权在网络上的自然延伸。因此，位置数据安全不仅关系互联网空间安全，也关系国家空间安全。因此，数据安全具有重要意义。

3. 网络安全关系数据安全

从互联网到物联网，无处不在的智能终端和传感器将人、物、自然界和组织互联（万物互联），源源不断地产生各种各样的数据，形成大数据。于是，网络是数据产生、处理、演变、传输的环境，各种计算机站点、网络媒体和交易平台、数据汇集存储平台等就成为数据寄居地。各种网络服务平台、网站等在支撑政府、企业和社会组织运行的同时，也承载了巨大数据资源，互联网基础设施的安全问题自然成为数据安全的重要组成部分。于是，数据与网络的共生性决定了数据安全与网络安全存在共生关系。数据安全依赖网络安全，没有网络安全就没有数据安全。

在大数据时代，每个智能终端都成为信息或数据源头，不断制造和传播碎片化的信息，一些热点事件出现多个版本或被"扭曲"的现象频频发生，不真实的负面数据产生聚集效应，极有可能导致社会矛盾丛生，引发群体事件和公共危机，增大社会维稳压力。传统的网络舆情被进一步放大，网络内容控制、舆论监控和危机应对的难度也在增加。

通常情况下，网络基础设施及基础软硬件系统受制于人，大数据平台的基础软硬件系统也未完全实现自主控制。在能源、金融、电信等重要信息系统的核心软硬件设施上，服务器、数据库等相关产品皆由国外企业占据市场垄断地位，这导致各种平台、网站及应用系统存在技术漏洞，成为大数据平台面临的最大威胁之一。在大数据时代，以操作系统等基础软硬件的国产化和自主知识产权化，仍然需要政府的推动、企业的投入和科研院校的参与，更有必要依托大数据技术实现研发数据的共享。

网络的特点是无边界、虚拟性，而各种网络行为仍然是由现实世界的人实施的，因而存在许多不可控的因素。网络攻击、侵入等网络犯罪也成为威胁网络安全、数据安全的因素。终端恶意软件、恶意代码是黑客或敌对势力攻击大数据平台、窃取数据的主要手段之一。针对大数据平台的高级持续性威胁成为网络空间安全危害最大的一种攻击。从各种终端发起的攻击也已成为国家间网络战的主要方式。

4. 数据合规成为安全重要因素

作为企业运营发展的一种资源，数据安全不仅是技术安全，而且还有法律上的安全。数据的收集和使用必须遵循法律规范，不侵害他人的合法权益是数据利用的底线，否则企业将面临被诉讼或被处罚甚至刑罚的风险，进而对企业的健康发展带来危害。因此，数据合规管理成为数据安全管理（数据治理）的重要内容。大数据有很多格式，如数码、文字、图像、音频、视频，也有很多来源，如政府运作数据、企业交易数据、移动互联数据、社交媒体数据、物联网和车联网数据等，当把这些不同类型的庞大数据融合在一起进行实时处理时，对数据合规就形成了一种挑战。

隐私保护、网络安全、数据主权等方面的法律法规成为数据收集和利用必须遵循的基本规则，其他相关法律对网络的监管、对商业活动的监管、对社会稳定等方面的要求也是数据合规管理必须遵循的规则。因此，数据合规成为大数据时代数据安全的重要内容。企业是如此，政府机构和社会组织也是如此。任何一个组织都必须重视数据收集和使用的合规性，以避免危及组织的稳定和发展。显然，这种意义上的安全已经超越了数据本身的安全，而是一个组织运行的安全。

通过对传统意义上信息安全、网络安全、数据安全3个概念的对比分析，并结合上述数据安全在企业安全、社会安全和国家安全背景下的新内涵，可以总结出数据安全的概念。数据安全是指以数据为中心的安全，通过采取必要措施，保证数据的可用性、完整性、机密性，使得数据能够被有效保护和合法利用，并持续处于安全状态的能力。数据安全包含企业安全、社会安全、国家安全、网络空间安全、数据利用秩序安全等内容，涉及技术安全与法律安全等多个领域。

7.2 数据安全的背景和案例

随着各个行业对数据资源价值的分析和挖掘力度不断加深，数据安全问题也越发突出。数据安全问题的产生归根结底是通过技术手段对数据进行非法操作引发的，本节将通过3个数据安全事件的案例，敲响数据安全的警钟，并从数据安全问题的发生角度，为数据安全治理框架的提出指明方向。

7.2.1 数据安全的背景

数据安全与网络安全密切相关，是国家主权、国家安全的重要组成部分。习近平总书记指出，数据作为新型生产要素，对传统生产方式变革具有重大影响。习近平总书记强调："要切实保障国家数据安全。要加强关键信息基础设施安全保护，强化国家关键数据资源保护能力，增强数据安全预警和溯源能力。"

2016年3月，《关于国民经济和社会发展第十三个五年规划纲要》中提出，要通过建立大数据安全管理制度、实施数据资源分类分级管理等措施加强数据资源的安全保护。2016年11月，全国人民代表大会常务委员会发布了《网络安全法》，明确了网络数据的概念，鼓励网络数据安全技术的发展和公共数据资源的进一步开放，同时强调了加强公民个人信息的保护、跨境数据的安全评估和审核等。2016年12月，国家互联网信息办公室发布《国家网络空间安全战略》，明确提出建立大数据安全管理制度、推动新型信息技术的创新应用等，以推动国家大数据战略的实施、保障国家网络安全等目标。2017年，习近平总书记在中共中央政治局就实施国家大数据战略进行第二次集体学习时提出要求：要运用大数据提升国家治理现代化水平；要运用大数据促进保障和改善民生；要切实保障国家数据安全。考虑到加密作为解决数据安全的核心技术，全国人民代表大会常务委员会于2019年10月26日颁布《密码法》，为利用密码保护数据安全提供了法律依据。

2021年6月10日，第十三届全国人民代表大会常务委员会第二十九次会议审议通过《数据安全法》，并决定自2021年9月1日起正式施行。此举标志着我国首次以专门法的形式推进数据安全保护，数据安全领域终于有法可依。《数据安全法》分别从贯彻数据安全与发展原则、建立数据安全制度、明晰数据安全保护义务、重视政务数据安全与开放等角度确立了数据安全的法律屏障，我国各行业的数据安全建设工作及监管工作进入有章可循、有法可依的新时代。在2021年7月16日国务院新闻办公室举行的发布会上，工信部信息通信管理局负责人回答一财记者提问时表示，工信部将加快制定工业和信息化领域数据安全管理政策，更好地承接《数据安全法》在行业的实施落地。

7.2.2 数据安全的案例

数据安全是网络安全的延伸，需要利用技术、工具等确保数据全生命周期的安全性。近年来，国家安全机关坚持以总体国家安全观为指导，统筹传统与非传统安全，陆续破获了一批非传统领域案件，消除了许多现实和潜在的危机。接下来将用3个实际案例，阐述以核心敏感数据泄露为代表的数据安全问题是如何影响国家安全的。

案例7.1 某航空公司数据被境外间谍情报机关网络攻击窃取案

2020年1月，某航空公司向国家安全机关报告，该公司信息系统出现异常，怀疑遭到网络攻击。国家安全机关立即进行技术检查，确认相关信息系统遭到网络武器攻击，多台重要服务器和网络设备被植入特种木马程序，部分乘客出行记录等数据被窃取。

国家安全机关经过进一步排查发现，另有多家航空公司信息系统遭到同一类型的网络攻击和数据窃取。经深入调查，确认相关攻击活动是由某境外间谍情报机关精心谋划、秘密实施的，攻击中利用了多个技术漏洞，并利用多个网络设备进行跳转，以隐匿踪迹。

针对这一情况，国家安全机关及时协助有关航空公司全面清除被植入的特种木马程序，调整技术安全防范策略，强化防范措施，制止了危害的进一步扩大。

案例 7.2　某境外咨询调查公司秘密搜集窃取航运数据案

2021 年 5 月，国家安全机关工作发现，某境外咨询调查公司通过网络、电话等方式，频繁联系我大型航运企业、代理服务公司的管理人员，以高额报酬聘请行业咨询专家之名，与我境内数十名人员建立"合作"，指使其广泛搜集提供我航运基础数据、特定船只载物信息等。办案人员进一步调查掌握，相关境外咨询调查公司与所在国间谍情报机关关系密切，承接了大量情报搜集和分析业务，通过我境内人员获取的航运数据，都被提供给该国间谍情报机关。

为防范相关危害持续发生，国家安全机关及时对有关境内人员进行警示教育，并责令所在公司加强内部人员管理和数据安全保护措施。同时，依法对该境外咨询调查公司有关活动进行了查处。

案例 7.3　李某等人私自架设气象观测设备，采集并向境外传送敏感气象数据案

2021 年 3 月，国家安全机关工作发现，国家某重要军事基地周边建有一可疑气象观测设备，该设备具备采集精确位置信息和多类型气象数据的功能，所采集数据可直接传送至境外。

国家安全机关调查掌握，有关气象观测设备由李某网上购买并私自架设，类似设备已向全国多地售出 100 余套，部分被架设在我重要区域周边，有关设备所采集的数据被传送到境外某气象观测组织的网站。该境外气象观测组织实际上由某国政府部门以科研之名发起成立，而该部门的一项重要任务就是搜集分析全球气象数据信息，为其军方提供服务。

案例思考题：

1. 上述 3 个案例中，均存在哪些危害国家信息安全的行为？
2. 在处理类似上述案例中所出现的数据安全问题时，可以参照我国哪些现行的法律规范？

从以上 3 个案例可知，数据安全关乎国家安全和公共利益，是非传统安全的重要方面。加强数据治理，保护数据安全，为国家社会安定及数据经济健康发展筑牢安全屏障是时代发展的客观需要。

7.3 数据安全治理

随着全球数字经济的高速发展，数据安全治理也面临着新形势、新要求。本节从国内外数据安全模型框架出发，结合我国《数据安全法》中对数据分类分级、数据安全应急处置两方面内容的具体要求，介绍数据安全治理的基本方法。

7.3.1 数据安全治理框架

数据安全治理的核心在于如何管控数据全生命周期各个阶段（采集、传输、存储、处理、应用和销毁）以及数据的硬件设备和物理环境存在的潜在风险。现阶段，国内外均采用数据安全治理框架模型，规范数据全生命周期的安全合规操作。

1. 国外数据安全治理框架

随着企业不断扩大数据使用的范围，数据安全不再是一个技术问题。数据安全不能完全通过工具来实现目标。高德纳（Gartner）提出可以通过数据安全治理框架（Data Security Governance Framework，DSGF）的方法来实现数据安全（如图 7.2 所示）。数据安全治理框架提供了一个以数据为中心的蓝图，可以识别和分类企业的结构化和非结构化数据集，并定义其数据安全策略。

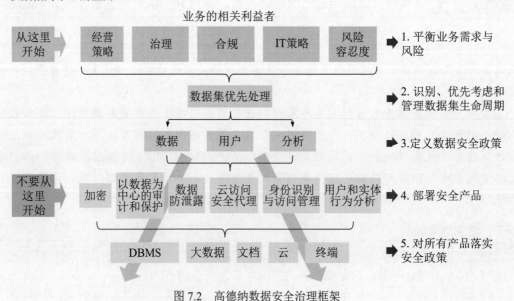

图 7.2 高德纳数据安全治理框架

DSGF 分为以下 5 个阶段：

（1）识别组织中相关利益人并平衡业务需求与风险。治理团队开展工作前需要确定 5

个要素，分别为：

①经营战略——经营策略的制定和实施；

②治理——数据安全治理，包括资源、授权、监督和管理架构；

③合规——企业和组织面临的合规要求；

④IT策略——企业的整体IT策略；

⑤风险容忍度——企业对安全风险的容忍度。

企业需要全方面考量经营策略、治理、合规、IT策略、风险容忍度5个维度的内容，并找到业务需求与风险之间的平衡。

（2）发现、识别、优先处理并管理数据集的生命周期。企业拥有庞大的数据资产，本着高效原则，高德纳建议，应当优先对重要数据实施安全治理工作，将"数据分级分类"作为整体计划的第一环，这将大大提高治理的效率和投入产出比。通过对全部数据资产进行梳理，明确数据类型、属性、分布、访问对象、访问方式、使用频率等，绘制"数据地图"，以此为依据进行数据分级分类，并对不同级别数据实行差异性的合理安全手段。发现、识别需要优先处理的数据，会为每一步治理技术的实施提供策略支撑。

（3）定义数据安全政策。安全政策的内容包括：

①明确数据的访问者（应用用户/数据管理人员）、访问对象、访问行为；

②基于这些信息分析制定不同的、有针对性的数据安全策略。

这一步的实施需要将数据资产梳理的结果作为依据，然后提出数据在访问、存储、分发、共享等不同场景下，满足业务需求、保障数据安全的保护策略。

（4）部署相应的数据安全产品。需要采用多种安全产品支撑安全策略的实施。高德纳在数据安全治理框架中提出了实现安全和风险控制的6个产品。实际上这6个产品是指6个安全领域，其中可能包含多个具体的技术手段。

①加密：包括对数据库中结构化数据的加密，对数据落地存储之前传输层或应用端的加密，以及加密相关的密钥管理、密文访问控制等多种技术。

②以数据为中心的审计和保护：可以集中管理数据安全策略，统一控制结构化、半结构化和非结构化的数据库或"数据竖井"（data silos）。这些产品可以报告和取证分析审计日志记录的异常行为，同时使用访问控制、脱敏、加密、令牌化等技术划分应用用户和管理员间的职责权限。

③数据防泄露：企业可以实时保护从端点或电子邮件中提取的非结构化数据。数据审计和保护与数据防泄露之间的根本区别在于数据审计和保护工具更侧重于组织内用户访问的数据，而数据防泄露工具更侧重于将离开组织的数据。

④身份识别与访问管理：一种通过建立和维护数字身份，提供有效安全的IT资源访问，从而实现身份认证、授权以及数据集中管理与审计的技术手段。身份和访问管理是一套业务处理流程，也是一个用于创建、维护和使用数字身份的技术方法。

⑤云访问安全代理：介于组织的内部基础设施和云提供商的基础设施之间的软件工具或服务。云访问安全代理充当一个"看门人"，允许组织将其安全策略的范围扩展到自己的基础设施之外。云访问安全代理通常提供以下服务：防火墙，即识别恶意软件并阻止其进入企业网络；认证，即检查用户的凭证，确保他们只访问适当的企业资源；Web应用程

序防火墙,即用于阻止旨在破坏应用程序级别(而不是网络级别)安全性的恶意软件,防止数据丢失,确保用户不能在公司外部传输敏感数据。

⑥用户和实体行为分析:防御内部和外部攻击的主要方法之一,用来持续监视用户和设备活动。通过了解用户行为,分析测算用户和实体正常模式下的常规活动。所以,用户和实体行为分析会检测到任何偏离"正常"模式的异常行为,显示哪些异常行为可能导致潜在威胁。

(5)通过安全产品落实安全政策以及管控相应业务和系统。集中管理数据安全策略是以数据为中心的审计和保护的核心功能,但不管是使用访问控制、脱敏、加密还是令牌化等手段,都必须注意对数据访问和使用的安全策略保持同步下发。策略执行对象应包括关系数据库、大数据类型、文档文件、云端数据等数据类型。

不同于以往任何一种安全解决方案,数据安全治理是一个更大的工程。组织决策、制度、评估和稽核超越技术和产品层面,成为数据安全治理框架中的主体。整个框架实现了一个从公司战略到管理政策、最后落实到技术解决方案的自上而下的治理过程。

除此之外,高德纳公司还对数据安全治理提出了以下建议:
(1)使用数据安全治理框架对需要降低风险的业务流程进行优先级排序。
(2)选择适当的安全策略规则降低关键业务的风险。
(3)将数据安全规划与整体企业数据治理相结合。在确定具体治理措施之前应全面评估治理规则,并将数据分类。
(4)提升识别敏感或关键数据集的能力。
(5)关注技术工具间的联动工作。因为单个工具或控件基本无法解决企业所有的数据安全风险。
(6)定期进行差距分析以应对不断变化的业务目标和动态数据安全威胁。

视频讲解

2. 国内数据安全治理框架

《信息安全技术 数据安全能力成熟度模型》(Data Security Capability Maturity Model,DSMM)(GB/T 37988—2019)是一项自2020年3月1日起实施的国家标准。数据安全能力成熟度模型以数据为中心,重点围绕大数据环境下的数据生存周期安全(数据采集安全、数据传输安全、数据存储安全、数据处理安全、数据交换安全、数据销毁安全),并从组织建设、制度流程、技术工具以及人员能力4个方面构建安全能力维度。根据组织机构数据安全建设情况,数据安全能力成熟度模型将能力成熟度分为5个等级,依次为非正式执行级、计划跟踪级、充分定义级、量化控制级、持续优化级。目的是提供一个组织机构衡量当前数据安全实践、流程、方法等能力水平的基准,评估本行业组织机构的安全成熟度(如图7.3所示)。

1)数据安全过程维度

数据生存周期分为以下6个阶段:
(1)数据采集——组织内部系统中产生数据以及从外部系统收集数据的阶段;
(2)数据传输——数据从一个实体传输到另一个实体的阶段;
(3)数据存储——数据以任何数字格式进行存储的阶段;
(4)数据处理——组织在内部对数据进行计算、分析、可视化等操作的阶段;

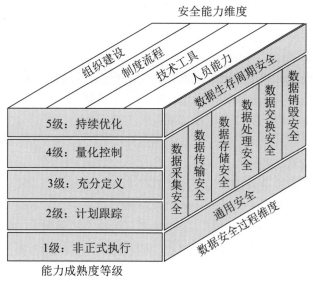

图 7.3 数据安全能力成熟度模型

（5）数据交换——组织与组织或个人进行数据交换的阶段；

（6）数据销毁——对数据及数据存储介质使用相应的操作方法，使数据彻底删除且无法通过任何手段恢复的过程。

数据所经历的生存周期由实际的业务所决定，可为完整的 6 个阶段或是其中的几个阶段。过程域（process area）是实现同一安全目标的相关数据安全基本实践的集合。基本实践（base practice）是实现某一安全目标的数据安全相关活动。

过程域体系分为数据生存周期安全过程和通用安全过程两部分。共包含 30 个过程域，如图 7.4 所示。

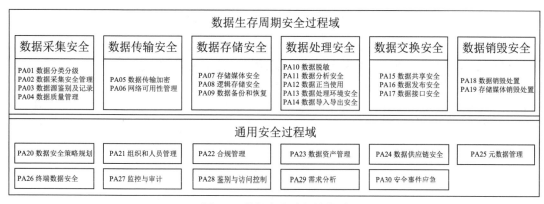

图 7.4 数据安全过程域体系

2）安全能力维度

通过对组织各数据安全过程应具备安全能力的量化，进而评估每项安全过程的实现能力。安全能力分为以下 4 方面。

（1）组织建设：数据安全组织的设立、职责分配和沟通协作。从承担数据安全工作的组织应具备的组织建设能力角度，根据以下方面进行能力等级区分：

①数据安全组织架构对组织业务的适用性；
②数据安全组织承担的工作职责的明确性；
③数据安全组织运作、沟通协调的有效性。

（2）制度流程：组织数据安全领域的制度和流程执行。从组织在数据安全制度流程的建设以及执行情况角度，根据以下方面进行能力等级区分：

①数据生存周期关键控制节点授权审批流程的明确性；
②相关流程制度的制定、发布、修订的规范性；
③制度流程实施的一致性和有效性。

（3）技术工具：通过技术手段和产品工具落实安全要求或自动化实现安全工作。从组织用于开展数据安全工作的安全技术、应用系统和工具出发，根据以下方面进行能力等级区分：

①数据安全技术在数据全生存周期过程中的利用情况，应对数据全生存周期安全风险的能力；
②利用技术工具对数据安全工作的自动化支持能力，对数据安全制度流程固化执行的实现能力。

（4）人员能力：执行数据安全工作的人员的安全意识及相关专业能力。从组织承担数据安全工作的人员应具备的能力出发，根据以下方面进行能力等级区分：

①数据安全人员所具备的数据安全技能是否能够满足实现安全目标的能力要求（对数据相关业务的理解程度以及数据安全专业能力）；
②数据安全人员的数据安全意识以及对关键数据安全岗位员工数据安全能力的培养。

3）能力成熟度等级维度

一个过程域中包含一个或多个基本实践。能力成熟度等级与过程域、基本实践、安全能力的关系如下：

过程域体系分为数据生存周期安全过程与通用安全过程两部分，共包含30个过程域，576个基本实践。数据安全生存周期过程代表着数据从产生到销毁的6个阶段，分别是数据采集、传输、存储、处理、交换、销毁，组织特定的生命周期由实际业务决定，无须经历完整的6个阶段。每个过程域都划分为5个级别，1～5级分别是非正式执行级、计划跟踪级、充分定义级、量化控制级、持续优化级。等级越高，要求越高。

组织的数据安全能力成熟度等级共性特征如表7.1所示。每级从4个安全能力维度提出具体要求，分别是组织建设、制度流程、技术工具、人员能力。

表7.1 组织的数据安全能力成熟度等级共性特征

数据安全能力成熟度等级	共性特征	说明
等级1：非正式执行	执行基本实践：组织在数据安全过程中不能有效地执行相关工作，仅在部分业务执行过程中根据临时的需求执行了相关工作，未形成成熟的机制保证相关工作的持续有效进行，执行相关工作的人员未达到相应能力。所执行的过程称为"非正式过程"	随机、无序、被动地执行安全过程，依赖个人经验，无法复制

续表

数据安全能力成熟度等级	共性特征	说明
等级2：计划跟踪	（1）规划执行：对安全过程进行规划，提前分配资源和责任。 （2）规范执行：对安全过程进行控制，使用执行计划、执行基于标准和程序的过程，对数据安全过程实施配置管理。 （3）验证执行：确认过程按预定的方式执行，验证过程的执行与计划是一致的。 （4）跟踪执行：控制数据安全过程执行的进展，通过可测量的计划跟踪过程的执行，当过程实践与计划产生重大偏离时采取修正行动	在业务系统级别主动地实现了安全过程的计划与执行，但没有形成体系化
等级3：充分定义	（1）定义标准过程：组织对标准过程进行制度化，为组织定义标准化的过程文档，为满足特定用途对标准过程进行裁剪。 （2）执行已定义的过程：充分定义的过程是可重复执行的，并使用过程执行的结果数据，对有缺陷的过程结果和安全实践进行核查。 （3）协调安全实践：确定业务系统内、各业务系统之间、组织外部活动的协调机制	在组织级别实现了安全过程的规范执行
等级4：量化控制	（1）建立可测的安全目标：为组织的数据安全建立可测量目标。 （2）客观地管理执行：确定过程能力的量化测量，使用量化测量管理安全过程，并以量化测量作为修正行动的基础	建立了量化目标，安全过程可度量
等级5：持续优化	（1）改进组织能力：在整个组织范围内对过程的使用进行比较，寻找改进过程的机会，并进行改进。 （2）改进过程有效性：制定处于持续改进状态下的过程，对过程的缺陷进行消除，并对过程进行持续改进	根据组织的整体目标，不断改进和优化安全过程

并非每个安全过程域的能力成熟度等级都包含完整的4个数据安全关键能力。3级要求应包含全部4个安全能力，其他等级要求可不包含完整的4个数据安全关键能力。比如过程域01数据分类分级，如图7.5所示，其中1级只对企业制度流程有要求，仅3级对全部4个安全能力有要求。

对于每个数据安全过程域，高等级能力要求包括所有低等级能力要求。针对某一具体的数据安全过程域，如果5级的能力要求中未涉及某一关键能力的内容，则默认应达到在4级的能力要求中的该关键能力的标准；如果4级的能力要求中依然未涉及该关键能力，则默认应达到在3级的能力要求中该关键能力的标准，以此类推。

数据安全能力成熟度模型关注组织机构开展数据安全工作时应具备的数据安全能力，提出对组织机构的数据安全能力成熟度的分级评估方法，衡量组织机构的数据安全能力，促进组织机构了解并提升自身的数据安全水平，同时促进数据在组织机构之间的交换与共享。数据安全能力成熟度模型评估的是整个组织机构的数据安全能力成熟度，不局限于某一系统。作为推荐执行的国家标准，其具备合规、完备的特点，在促进我国数据安全评估规范方面具有重大意义。

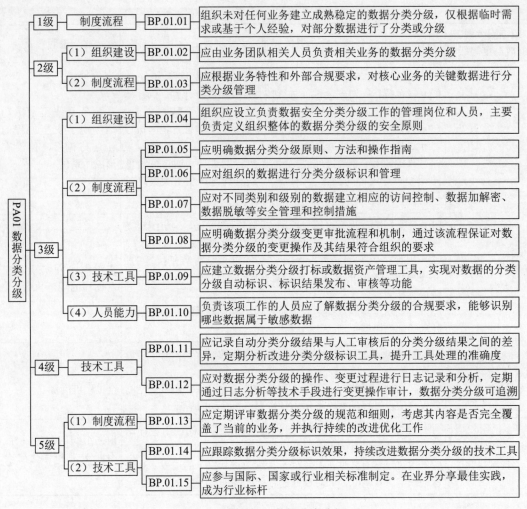

图 7.5 过程域 01 数据分类分级

7.3.2 数据分类分级

数据分类分级保护制度是数据安全工作的基础制度。国家根据数据在经济社会发展中的重要程度,以及一旦遭到篡改、破坏、泄露或者非法获取、非法利用,对国家安全、公共利益或者个人、组织合法权益造成的危害程度,对数据实行分类分级保护。我国对于数据分类分级保护的关注早就有迹可循。在《数据安全法》实施之前,对于数据分类分级保护的要求就散见于一系列的法律规范中。国务院办公厅 2016 年 7 月印发的《国家信息化发展战略纲要》明确提出"探索建立信息资产权益保护制度,实施分类分级管理,形成重点信息资源全过程管理体系"。中共中央、国务院 2020 年 4 月印发的《关于构建更加完善的要素市场化配置体制机制的意见》明确提出"要推动完善适用于大数据环境下的数据分类分级安全保护制度"。2021 年 6 月 10 日发布的《数据安全法》明确提出由国家对数据实行分类分级保护。对数据进行分类分级保护成为维护数据安全、促进数据高效合理利用的有力保证和必要手段。2021 年 11 月 14 日,国家网信办发布关于《网络数据安全管理条例（征求意见稿）》，明确指出国家需建立数据分类分级保护制度。

对数据进行分类分级保护，意味着对数据的收集、储存、加工、使用、披露或以其他方式传播全过程、多方位的保护。与传统的数据安全侧重静态保护不同，数据分类是为了规范化关联。分级作为安全防护的基础，不同安全级别的数据在不同的活动场景下，安全防护的手段和措施也不同。比如关系国家安全、国民经济命脉、重要民生、重大公共利益等的数据属于国家核心数据，将实行更加严格的管理制度。

《数据安全法》的第二十一条第一款提到"国家建立数据分类分级保护制度，根据数据在经济社会发展中的重要程度，以及一旦遭到篡改、破坏、泄露或者非法获取、非法利用，对国家安全、公共利益或者个人、组织合法权益造成的危害程度，对数据实行分类分级保护。国家数据安全工作协调机制统筹协调有关部门制定重要数据目录，加强对重要数据的保护。"从文义理解，"实行分类分级保护"是"根据数据……重要程度"以及"根据……危害程度"进行的。由此可见，分类分级保护的本质为"分程度"保护：其一是按类型"分程度"，即数据分类；其二是同类型的"分程度"，即数据分级。

数据分类分级按照数据分类管理、分级保护的思路，依据以下原则进行划分：

（1）合法合规原则。数据分类分级应遵循有关法律法规及部门规定要求，优先对国家或行业有专门管理要求的数据进行识别和管理，满足相应的数据安全管理要求。

（2）分类多维原则。数据分类具有多种视角和维度，可从便于数据管理和使用角度，考虑国家、行业、组织等多个视角的数据分类。

（3）分级明确原则。数据分级的目的是保护数据安全，数据分级的各级别应界限明确，不同级别的数据应采取不同的保护措施。

（4）就高从严原则。数据分级时采用就高不就低的原则进行定级，例如，数据集包含多个级别的数据项，按照数据项的最高级别对数据集进行定级。

（5）动态调整原则。数据的类别级别可能因时间变化、政策变化、安全事件发生、不同业务场景的敏感性变化或相关行业规则不同而发生改变，因此需要对数据的分类分级进行定期审核并及时调整。

1. 数据分类

为贯彻落实《数据安全法》提出的"国家建立数据分类分级保护制度"要求，指导数据处理者开展数据分类分级工作，全国信息安全标准化技术委员会秘书处组织编制了《网络安全标准实践指南——网络数据分类分级指引》（以下简称《指引》）。其中提出了"分类多维原则"，即按照公民个人维度将数据分为个人信息和非个人信息，按照公共管理维度将数据分为公共数据与社会数据，按照信息传播维度将数据分为公共传播信息和非公共传播信息，在行业领域维度将数据分为工业数据、电信数据、金融数据、交通数据、自然资源数据、卫生健康数据、教育数据、科技数据等，在组织经营维度将数据分为用户数据、业务数据、经营管理数据、系统运行和安全数据。

《指引》中明确数据处理者进行数据分类时，应优先遵循国家、行业的数据分类要求，如果所在行业没有行业数据分类规则，则可从组织经营维度进行数据分类，数据分类流程如图 7.6 所示。

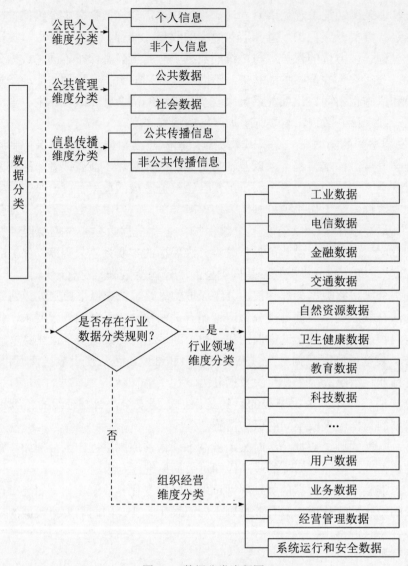

图 7.6 数据分类流程图

【例 7.1】《工业数据分类分级指南(试行)》中的分类细则。

第二条 本指南所指工业数据是工业领域产品和服务全生命周期产生和应用的数据,包括但不限于工业企业在研发设计、生产制造、经营管理、运维服务等环节中生成和使用的数据,以及工业互联网平台企业(以下简称平台企业)在设备接入、平台运行、工业APP 应用等过程中生成和使用的数据。

第五条 工业企业结合生产制造模式、平台企业结合服务运营模式,分析梳理业务流程和系统设备,考虑行业要求、业务规模、数据复杂程度等实际情况,对工业数据进行分类梳理和标识,形成企业工业数据分类清单。

第六条 工业企业工业数据分类维度包括但不限于研发数据域(研发设计数据、开发测试数据等)、生产数据域(控制信息、工况状态、工艺参数、系统日志等)、运维数据域(物流数据、产品售后服务数据等)、管理数据域(系统设备资产信息、客户与产品信息、产品供应链数据、业务统计数据等)、外部数据域(与其他主体共享的数据等)。

第七条 平台企业工业数据分类维度包括但不限于平台运营数据域(物联采集数据、知识库模型库数据、研发数据等)和企业管理数据域(客户数据、业务合作数据、人事财务数据等)。

2. 数据分级

数据分级是将同类型的数据按照重要及影响危害程度划分,实行差异化的保护制度。《数据安全法》中明确指出,"关系国家安全、国民经济命脉、重要民生、重大公共利益等数据属于国家核心数据,实行更加严格的管理制度。各地区、各部门应当按照数据分类分级保护制度,确定本地区、本部门以及相关行业、领域的重要数据具体目录,对列入目录的数据进行重点保护。"

《网络数据安全管理条例(征求意见稿)》中提到,按照数据对国家安全、公共利益或者个人、组织合法权益的影响和重要程度,将数据分为一般数据、重要数据、核心数据,对不同级别的数据采取不同的保护措施。国家对个人信息和重要数据进行重点保护,对核心数据实行严格保护。《网络安全标准实践指南——网络数据分类分级指引》中指出,按照《数据安全法》要求,根据数据一旦遭到篡改、破坏、泄露或者非法获取、非法利用,对国家安全、公共利益或者个人、组织合法权益造成的危害程度,将数据从低到高分成一般数据、重要数据、核心数据共 3 个级别。上述 3 个级别是从国家数据安全角度给出的数据分级基本框架。由于一般数据涵盖数据范围较广,采用同一安全级别保护可能无法满足不同数据的安全需求。因此建议数据处理者优先按照基本框架进行定级,在基本框架定级的基础上也可结合行业数据分类分级规则或组织生产经营需求,对一般数据进行细化分级。核心数据、重要数据的识别和划分,按照国家和行业的核心数据目录、重要数据目录执行,目录不明确时可参考有关规定或标准。

【例 7.2】《网络安全标准实践指南——网络数据分类分级指引》中的数据分级。

数据分级主要从数据安全保护的角度,考虑影响对象、影响程度两个要素进行分级。

(a)影响对象:是指数据一旦遭到篡改、破坏、泄露或者非法获取、非法利用后受到危害影响的对象,包括国家安全、公共利益、个人合法权益、组织合法权益四个对象。

(b)影响程度:是指数据一旦遭到篡改、破坏、泄露或者非法获取、非法利用后,所造成的危害影响大小。危害程度从低到高可分为轻微危害、一般危害、严重危害。

【例 7.3】《工业和信息化领域数据安全管理办法(试行)》中的数据分级。

【一般数据】第九条 危害程度符合下列条件之一的数据为一般数据:

(一)对公共利益或者个人、组织合法权益造成较小影响,社会负面影响小;

(二)受影响的用户和企业数量较少、生产生活区域范围较小、持续时间较短,对企业经营、行业发展、技术进步和产业生态等影响较小;

(三)其他未纳入重要数据、核心数据目录的数据。

【重要数据】第十条 危害程度符合下列条件之一的数据为重要数据:

（一）对政治、国土、军事、经济、文化、社会、科技、电磁、网络、生态、资源、核安全等构成威胁，影响海外利益、生物、太空、极地、深海、人工智能等与国家安全相关的重点领域；

（二）对工业和信息化领域发展、生产、运行和经济利益等造成严重影响；

（三）造成重大数据安全事件或生产安全事故，对公共利益或者个人、组织合法权益造成严重影响，社会负面影响大；

（四）引发的级联效应明显，影响范围涉及多个行业、区域或者行业内多个企业，或者影响持续时间长，对行业发展、技术进步和产业生态等造成严重影响；

（五）经工业和信息化部评估确定的其他重要数据。

【核心数据】第十一条　危害程度符合下列条件之一的数据为核心数据：

（一）对政治、国土、军事、经济、文化、社会、科技、电磁、网络、生态、资源、核安全等构成严重威胁，严重影响海外利益、生物、太空、极地、深海、人工智能等与国家安全相关的重点领域；

（二）对工业和信息化领域及其重要骨干企业、关键信息基础设施、重要资源等造成重大影响；

（三）对工业生产运营、电信网络和互联网运行和服务、无线电业务开展等造成重大损害，导致大范围停工停产、大面积无线电业务中断、大规模网络与服务瘫痪、大量业务处理能力丧失等；

（四）经工业和信息化部评估确定的其他核心数据。

【重要数据和核心数据目录备案】第十二条　工业和信息化领域数据处理者应当将本单位重要数据和核心数据目录向本地区行业监管部备案。备案内容包括但不限于数据来源、类别、级别、规模、载体、处理目的和方式、使用范围、责任主体、对外共享、跨境传输、安全保护措施等基本情况，不包括数据内容本身。

【例7.4】个人信息分级标准体系。

个人信息保护制度的核心目的在于对信息主体权益的保护，对于自然人相关信息的等级保护，当前行业实践中存在的分级标准体系参见表7.2。

表7.2　个人信息分级标准体系

敏感度分级	级别标识	级别说明
一级（S1）	极敏感	涉及个人隐私，一旦泄露可直接导致个人财产、个人名誉、身心健康受到损害或歧视性待遇等的个人信息
二级（S2）	敏感	可单独识别个人信息主体的字段信息；儿童信息
三级（S3）	较敏感	在特定环境下可以单独识别个人信息主体，以及结合其他较少的属性可唯一识别个人信息主体的字段
四级（S4）	低敏感	可定位特定群体，但群体数量相对较大，结合其他同级别及以下属性较难识别个人信息主体的字段
五级（S5）	非敏感	可完全公开，字段泄露对个人基本无影响，与其他S级的信息组合几乎不可能定位到个人信息主体

结合该实践标准，从学理上来说，个人信息保护等级可划分为如下几个级别：一级主要指向个人隐私信息、生物识别信息，处理时的法益保护基础要出于自身利益或公共利益；二级主要指向隐私信息、生物识别信息之外的敏感信息，包括财产信息、健康生理信息、身份信息、精准定位信息、行踪轨迹信息等；三级主要指向数字痕迹信息，如网页浏览记录、消费记录等；四级主要指向与个体相关的物联网信息，例如，智能穿戴设备收集的身体体征信息数据、系统错误报告、用户改善计划等；五级主要指向去识别性的个人信息。对于上述不同级别的个人信息，按照信息安全法益的重要程度选择不同的保护模式。根据《民法典》《个人信息保护法》《个人信息告知同意指南》《个人信息安全规范》等相关规范性文件的规定，对于一级与二级保护要求，数据控制者收集该类数据时必须获得数据主体的明示同意，同时，数据控制者要遵循合法收集、目的限制、最小够用等原则，数据主体享有查询、更正、删除、撤回同意等权利。对于三级、四级、五级的保护要求则相对宽松一些，在符合个人信息保护的一般性规定之外，针对各级别指向的分类信息，按照行业规范标准制定适合其特定使用场景的个性化保护方案。例如，在各行业的实际操作中，用户数据项的组成非常复杂，由于不同数据项的安全等级不同，各行业应设计相应的规则模型，进而在应用的过程中对数据集进行分级。

7.3.3 数据安全应急处置

本节首先介绍数据安全应急处置基本原则，然后以《安徽省安庆市望江县政务数据安全应急预案》为例介绍数据安全应急处置机制。

1. 应急处置原则

数据安全应急处置可以借鉴我国特色防灾防疫应急管理体系的成功经验，在协同理论指导下数据安全工作组应构建一个覆盖"点（个体）、线（各行业各领域）、面（政府）"、分类管理和分级负责、流程标准化的高效工作机制。"点线面"全覆盖即在数据安全工作组统一领导下建立面向各级政府、各行业各领域、个体的数据应急分管点，通过应用大数据监控、区块链等技术形成一个纵横联动配合、条块结合、全过程管理的三级数据安全应急处置网络平台，具体包括以下两点。

（1）构建基于分类分级、纵向联动、横向协同的应急处置体系。分类分级管理的职责是专业应对，借鉴《信息安全技术 网络安全事件分类分级指南》（GB/T 20986—2023）注意数据安全风险具有发生发展迅速、不易觉察、专业性强、危害性高的特点，确定不同级别的数据风险并由不同级别的政府启动应急措施。根据数据处理活动特性，相关负责数据安全的政府机关应将风险应急流程标准化、精细化和规范化，同时针对高频数据安全风险事件设置专项预案。这一切都必须建立在"安全平台"上，比如某领域中心数据泄露被数据安全平台的大数据监控分析到之后迅速逐级上报，根据风险等级启动专项应急预案。

（2）研发基于数据标识与监测管控的应急处置技术。协同多方力量，共同创建以数据分类分级标识为核心抓手的应急处置技术支撑体系，对数据泄露事件进行监测识别、事件响应、应急处置和追责评估等工作，为各类数据泄露事件应急处置提供技术手段。同时，开展数据标识技术研究，包括标识生成、敏感隔离、分发控制、监测统计、网络标识、设备标识、应用标识、用户标识。此外，还需开展标识监测管控技术研究。其中，监测鉴别技术的对象包括黑客攻击、数据窃取、内部人员泄露等；事件定位技术的对象包括应用定位、存储定位、网络定位等；处置控制技术的对象包括范围控制、渠道阻断、漏洞修复等；评估追责技术的对象包括风险评估、渗透模拟、责任追溯等。最终实现数据有其身份，资产有其归属。

【例7.5】 美国"爱因斯坦计划"。

2003年12月17日，美国国土安全总统令（HSPD 7）中正式提出"爱因斯坦计划"。"爱因斯坦计划"旨在建立一个入侵检测系统，以便监视美国政府机关各部门网络关口的非授权流量。该计划可发挥出"国家网络空间安全保护系统"（NCPS）的作用，一旦根据特征检测到已知或受质疑的网络攻击威胁，能够阻止网络威胁并防止破坏攻击目标，也可以借助来自企业和政府的资源为所有联邦机构提供在线防护措施。对美国"爱因斯坦计划"的描述如表7.3所示。

表7.3 美国"爱因斯坦计划"描述

代号	部署时间	目标	描述
EINSTEIN 1	2003年	入侵检测	通过在政府机构的互联网出口部署传感器，形成一套自动化采集、关联和分析传感器抓取网络流量信息的流程
EINSTEIN 2	2009年	入侵检测	对联邦政府机构互联网连接进行监测，与预置的特定已知恶意行为的签名进行对比，一般一旦匹配即向US-CERT发出预警
E3A	2013年	入侵检测和入侵防御	自动对进出联邦政府机构的恶意流量进行阻断。这是依靠ISP来实现的。ISP部署了入侵防御和威胁感知的决策判定机制，并使用DHS开发的恶意网络行为指示器（Indicator）对恶意行为进行识别

2. 应急处置机制

本部分以安徽省安庆市望江县政务数据安全应急预案为例，介绍数据安全应急处置机制。

《安徽省大数据发展条例》第四十四条规定开展数据活动的单位应当履行下列安全保护义务：

（1）建立健全数据安全防护管理制度；

（2）制定数据安全应急预案，定期开展安全评测、风险评估和应急演练；

（3）采取安全保护技术措施，防止数据丢失、毁损、泄露和篡改，保障数据安全；

（4）发生重大数据安全事件时，立即启动应急预案，及时采取补救措施，告知可能受到影响的用户，并按照规定向有关主管部门报告；

（5）法律、法规规定的其他安全保护义务。

依据《安徽省大数据发展条例》，为提高处置政务数据安全突发公共事件的能力，形成科学、有效、反应迅速的应急工作机制，确保重要计算机信息系统的实体安全、运行安全和数据安全，保障国家和人民生命财产的安全，保护公众利益，维护正常的政治、经济和社会秩序，并妥善应对和处置可能发生的政务数据安全事件，最大限度地减轻或消除政务数据安全事件的危害，结合实际情况，安徽省安庆市望江县数据资源管理局（望江县政务服务管理局）制定《望江县政务数据安全应急预案（试行）》。

【例 7.6】《望江县政务数据安全应急预案（试行）》主要内容。

1. 基本原则

（1）统一领导、规范管理。在政务数据安全事件出现后，实行局应急工作领导小组统一领导下各部门相互配合、快速联动、分级响应的应急工作责任制。

（2）明确责任，分级负责。保证对政务数据安全事件做到快速觉察、快速反应、及时处理、及时恢复。

（3）预防为主，加强监控。积极做好日常安全工作，提高应对政务数据安全突发公共事件的能力。建立和完善政务数据安全监控体系，加强对政务数据安全隐患的日常监测、排查，对重点区域、重点设施、重点信息系统采取重点监控。

2. 应急事件分类

（1）自然灾害。指地震、台风、雷电、火灾、洪水等引起的政务数据系统的损坏。

（2）事故灾难。指电力中断、网络损坏或是软件、硬件设备故障等引起的政务数据系统的损坏。

（3）人为破坏。指人为破坏基础设施、网络线路，黑客攻击、病毒攻击、恐怖袭击等引起的政务数据系统的损坏。

3. 应急事件分级

根据政务数据安全事件的可控性、严重程度和影响范围，分为四级：Ⅰ级（特别重大）、Ⅱ级（重大）、Ⅲ级（较大）、Ⅳ级（一般）。

（1）符合下列情形之一的，为Ⅰ级（特别重大）政务数据安全事件：

①重要基础设施与信息系统遭受特别严重的系统损失，造成系统全县性大面积瘫痪，丧失业务处理能力，事态发展可能超出本县范围的控制能力的突发事件。

②重要敏感信息和关键数据丢失或被窃取、篡改、假冒，造成严重社会影响或巨大经济损失。

（2）符合下列情形之一的，为Ⅱ级（重大）政务数据安全事件：

①重要基础设施与信息系统遭受严重的系统损失，造成系统全县性长时间中断或局部瘫痪，业务处理能力受到极大影响，可能需要市、县跨部门协同处置的突发事件。

②重要敏感信息和关键数据丢失或被窃取、篡改、假冒，造成较大社会影响或较大经济损失。

（3）符合下列情形之一的，为Ⅲ级（较大）政务数据安全事件：

①某区域重要基础设施与信息系统遭受较大的系统损失，造成系统中断，明显影响系统效率，业务处理能力受到极大影响，不需要市、县跨部门协同处置的突发事件。

②重要敏感信息和关键数据丢失或被窃取、篡改、假冒，可能造成社会影响或一定经济损失。

（4）除上述情形外，造成一定影响的政务数据安全事件，为Ⅳ级（一般）政务数据安全事件，如：

①重要基础设施与信息系统小范围遭受一定损失，影响系统效率，业务处理能力受到一定影响。

②重要敏感信息和关键数据丢失或被窃取、篡改、假冒，可能造成经济损失。

4. 安全监测与报告

（1）完善政务数据安全突发事件监测、预测和预警制度。落实工作责任制，按照"早发现、早报告、早处置"的原则，加强对各类政务数据安全突发事件和可能引起突发事件的有关信息的收集、分析、判断和持续监测，同时定期递交政务数据安全报告。当发现有政务数据安全突发事件发生时，立即在第一时间向领导小组办公室报告，做到秒级响应。报告内容主要包括信息来源、影响范围、事件性质、事件发展趋势和采取的措施建议等。

（2）发现下列情况应及时向领导小组办公室报告：利用网络从事违法犯罪活动；网络或信息系统通信和资源使用异常；网络或信息系统瘫痪，应用服务中断或数据篡改、丢失；网络恐怖活动的嫌疑和预警信息；其他影响政务数据安全的情况。

5. 预警发布与处理

（1）对于可能发生或已经发生的政务数据安全事件，事发科室应立即采取措施控制事态，判定事件等级并进行风险评估，必要时启动相应预案，同时向局领导小组办公室报告。

（2）局领导小组办公室接到报告后，对可能发生或已经发生的政务数据安全突发事件，迅速召开局领导小组办公室会议，启动本预案，研究确定处置意见。

（3）对需要向上级相关部门通报的，要及时通报，并争取支援。

6. 应急响应及处置

局领导小组办公室根据我县责任范围内政务数据系统的故障情况，启动相应级别的政务数据安全事件应急处置工作，并根据政务数据安全事件的技术保障要求和事态进展情况，及时调整应急响应级别。

本预案启动后，局领导小组办公室要抓紧收集相关信息，掌握现场处置工作状态，分析事件发展态势，研究提出处置方案，统一指挥政务数据安全应急处置工作。根据事件性质组建各类应急工作小组，开展应急处置工作，必要时，向相关部门申请应急支援。

步骤一：信息处理

（1）现场信息收集、分析和上报。应急工作小组应对事件进行动态监测、评估，不得隐瞒、缓报、谎报。及时将事件性质、危害程度、损失情况及处置工作等情况上报局领导小组办公室研究决策。

（2）信息发布。局领导小组办公室明确信息采集、编辑、分析、审核、签发的责任人，做好信息分析、报告和发布工作。出现政务数据安全事件影响到其他单位的情况，及时做好联系沟通。

（3）信息编发和研判。要及时编发事件动态信息供局领导小组参阅。要组织专家和有关人员研判各类信息，研究提出对策措施，完善应急处置计划方案。

（4）信息报告。对于发生或可能发生Ⅱ级及以上政务数据安全事件，经局领导小组同意后，报市数据资源管理局，同时根据有关规定做好向县委、县政府等上报工作。

步骤二：后期处置

（1）善后处理。在应急处置工作结束后，因重点基础设施故障、信息系统故障引发的次生、衍生后果基本消除，经过事故态势判断，近期无再次发生的可能性，各项业务应尽快恢复正常工作。处理后，应对政务数据系统进行安全隐患排查，梳理安全事件发生原因。做好数据统计工作，对事件造成的损失和影响以及恢复重建所需的时间、费用等进行分析评估，认真制定恢复重建计划，并迅速组织实施。最后，要将善后处置的有关情况报局领导小组办公室。

（2）调查评估。应急处置工作结束后，局领导小组办公室应立即组织有关人员和专家组成事件调查组，对事件发生及其处置过程进行全面的调查，查清事件发生的原因及损失情况，总结经验教训，写出调查评估报告，报局领导小组。

7. 保障措施

有效的保障措施是顺利开展应急响应工作的前提，保障措施主要包括制度保障、人员保障、设备与技术保障、数据保障、经费保障等。

1）制度保障

重要基础设施、各信息系统的责任科室（单位）应建立健全值班、巡检、报告、人员登记等管理制度，同时根据实际情况，建立健全各应急处置手册，并认真落实。

2）人员保障

局领导小组办公室组织各科室（单位）开展业务培训、岗位教育和素质教育，建立纪律严明、应急执行能力强的应急队伍。要求重要基础设施的服务提供单位及各信息系统的建设维护单位必须建立相应的应急机制，设置应急处置专员，并加强应急处置能力。

3）设备与技术保障

重要基础设施责任科室和服务提供单位要建立备品、备件库，各信息系统责任科室和建设维护单位要建立备份机制，提高备品、备件库、平台备份等资源的管理能力。同时，建立健全全网运行和设备运行日志库，为应急处置提供全面的数据分析支撑。

保持与重要基础设施服务提供单位、信息系统的建设维护单位的沟通渠道畅通，确保在平日运行正常稳定，在应急处理过程中及时获得足够的技术支持。

4）数据保障

重要基础设施和信息系统均应建立容灾备份机制，保证重要数据在遭到破坏后，可紧急恢复。

5）经费保障

政务数据系统安全处置的应急费用应纳入政务信息系统的运维费中统筹考虑。

8. 培训和演练

各相关业务科室、下属单位应加强应急队伍培训，落实岗位责任，熟悉应急工作程序；每年至少组织一次应急演练，通过演练发现问题，并完善应急预案，以提高整体应急能力。

7.4 数据安全监督管理

业务数字化、信息系统云化、安全边界模糊化等众多因素正在加速推进数字经济的发展。企业或组织面临的数据安全威胁也在相应发生变化。在数据时代，通过漏洞利用、防护绕过等手段侵入企业或组织的内部网络实现数据窃取的安全事件仍时常发生。近年来，面对严峻的数据安全风险态势，为推动数据依法合理的有效利用，保障数据依法有序的自由流动，我国数据安全相关法律法规正在密集发布，中央网信部门统筹协调、行业及地方主管部门各司其职的数据安全监管模式正在逐步形成。数据安全的监督管理不仅涉及企业或者组织内部，同样也关乎国家层面的监管部署。本节将从内部数据安全审查和外部数据安全监管两个层面入手，介绍数据安全的监督管理。

7.4.1 内部数据安全审查

根据《数据安全法》第二十九条、第三十条规定，开展数据处理活动应加强风险监测，重要数据的处理者应定期开展风险评估及报告制度。所以，企业应尽早对内部的数据管理现状进行梳理，找出潜在的风险点，区分数据安全治理事项的优先级别，构建自身合规体系，落地内部合规制度。

企业内部的数据安全审查在整个数据安全治理框架下可分成治理和管理两部分。第一个层面的审查在于企业治理层，关注企业的商业战略和对应的数据管理能力及数据保护能力的匹配。第二个层面的审查在于管理执行层，关注数据保护政策、管理制度、流程等在执行过程中是否得到充分的执行。

企业内部数据安全审查小组负责定期审核数据管理小组、执行小组，以及员工和合作伙伴对数据安全政策和管理要求的执行情况，并且向决策层进行汇报。审查小组人员必须具备独立性，不能与其他管理小组、执行小组等人员共同兼任，建议由组织内部的审计部门人员担任。

1. 治理层面的审查

对于治理层面的审查一般2~3年进行一次，审查小组的主要职责包括以下几点。

（1）理解企业商业战略规划，审核企业是否建立了对应的数据安全负责人和管理机构。

（2）审核企业数据安全管理机构的建设规划和实际的建设进展情况。

（3）审查重大数据保护项目的实施落地情况。

2. 管理执行层的审查

对于管理执行层的审查，各企业根据实际情况，可以定期（月或季）进行，也可随着具体产品或项目进度进行安排，审查小组的主要职责包括以下几点。

（1）对数据安全制度在日常商业活动、具体产品和项目中落地执行情况进行监督。

（2）对数据安全工具执行的有效性进行监督。

（3）对数据安全风险开展监控与审计。

（4）对于数据出境情况进行安全评估。

安全风险控制点主要涉及以下几方面。

(1)强化安全意识,建立数据安全审查实施细则和开展全员安全教育培训。

(2)结合行业特点,建立行业的数据安全技术标准、数据安全应急处置方案,容灾备份方案。

(3)信息系统建设在设计、施工和验收使用时,需要有配套的保证数据安全加密校验机制,严格执行等级保护以及测评的相关要求。

(4)利用 IT 技术手段,对业务数据系统相关的软硬件设施进行严密的监控管理。实时监控网络设备、应用和数据库服务器、操作系统、数据库服务、应用系统、存储系统的异常情况并及时进行整改。

(5)委托数据安全管理专业机构或企业进行数据安全维护服务,要严格审查其资质、信誉和同行业服务水平,签订正式服务合同和保密协议。

(6)积极开展数据安全风险评估工作,定期对数据相关软硬件设施和配套资源进行安全评估,发现问题,及时整改。

(7)对数据操作人员、查询人员、使用人员和运维服务人员签订保密协议,实行严格的保密管理制度,对关键岗位采用"双人在岗制"。

(8)结合数据安全技术如密码技术、访问控制和鉴权、环境安全、设备安全、防火墙、VPN、入侵检测/入侵防御、安全网关、容灾与数据备份等,进行多层次、全方位安全防护和加固。

7.4.2 外部数据安全审查

视频讲解

《数据安全法》第二十四条规定,"国家建立数据安全审查制度,对影响或者可能影响国家安全的数据处理活动进行国家安全审查。"随着相关配套法律法规的进一步出台,数据国家安全审查将成为合规工作需要重点关注和落实的一项义务。本节从数据安全监管机构、激励制度、数据泄露披露 3 方面介绍外部数据安全审查。

1. 数据安全监管机构

数据保护监管机构是指负责统筹数据保护工作、履行数据保护职责、对个人信息与数据安全等有关事项进行监督、管理的负责部门,有权对违反法律规定的数据处理活动进行调查、监督、采取措施、处理投诉/举报、对违法数据处理活动进行处罚等。

以欧盟为例,数据安全监管组织结构可以分为 3 层。

第一层为欧盟数据保护委员会。作为欧盟的独立监管机构,欧洲数据保护委员会也于欧盟《通用数据保护条例》正式生效同一天正式成立。其主要职责是保障《通用数据保护条例》在所有欧盟成员国的一致执行,以及在数据保护相关问题上向欧盟委员会提出建议。除此之外,委员会的职责还包括促进各成员国国家监管机构之间的合作,协助国家监管机构之间的争议调解,并提出指导方针和建议。

第二层是成员国监管机构,负责统筹管理本国内部的数据保护工作。欧盟各成员国根据国内法的相关规定,设立了数据保护机构(表 7.4)。欧盟各成员国的数据保护机构数量有所不同,大多数国家仅设立了一个数据保护机构,而有些国家则设立了多个(例如德国)。德国具有独特的数据保护机构系统,数据保护是德国联邦政府和州政府的共同责任。因此德国的 16 个州分别出台了《数据保护法》,并设有各自的数据保护机构,且每个数据保护机构都有州管辖权。虽然欧盟各成员国数据保护机构的名称不同，但其共同特点是它们都是权力机关，具有执法职能。数据保护机构作为拥有相关监督权、调查权、干预权和诉讼权的独立监管机构，执行其任务和行使其权力时完全独立，不受任何直接或间接的外部影响，且不得寻求或接受任何人的指示，其工作人员在任职期间不得采取任何与其职责不符的行动。根据《个人数据保护指令》，数据保护机构在国家法律和欧盟法律之间具有混合的地位，数据保护机构既是欧盟各成员国的机构，也是欧盟的组成部分。《通用数据保护条例》第六章专门对数据保护机构的设置、责任、职权进行了规定，使其变得更加"欧盟化"。

表7.4 欧盟各成员国的数据保护机构

国家	数据保护机构名称	国内相关法规
奥地利	数据保护机构	《奥地利数据保护法》
比利时	数据隐私委员会	《个人隐私法》
保加利亚	个人数据保护委员会	《个人数据保护法》
克罗地亚	个人数据保护机构	《个人数据保护法》
塞浦路斯	个人数据保护委员会	《个人数据处理和自由流动保护法》
捷克	个人数据保护办公室	《个人数据处理法》
丹麦	数据保护机构	《数据保护法》
爱沙尼亚	数据保护监察局	《公共信息法》《个人数据保护法》《电子通信法》
芬兰	数据监察员保护办公室	《数据保护法》
法国	国家信息和自由委员会	《数据保护法》
德国	联邦数据保护和信息自由委员会	《数据保护法》
希腊	数据保护机构	《数据保护法》
匈牙利	国家数据保护和信息自由机构	《隐私法》
爱尔兰	数据保护委员会	《数据保护法》
意大利	数据保护机构	《个人数据保护法》
拉脱维亚	国家数据监察局	《个人数据处理法》《电子通信法》
立陶宛	国家数据保护监察局	《个人数据保护法》《网络安全法》
卢森堡	国家数据保护委员会	《数据保护法》《电子通信法》
马耳他	信息和数据保护委员会	《数据保护法》
荷兰	荷兰数据保护机构	《数据保护法》《隐私法》
波兰	个人数据保护办公室	《乘客姓名记录(PNR)数据处理法》《个人数据保护法》
葡萄牙	国家数据保护委员会	《个人数据保护法》
罗马尼亚	个人数据处理国家监管机构	《电子通信部分个人数据处理和隐私保护法》
斯洛伐克	个人数据保护办公室	《个人数据保护法》
斯洛文尼亚	信息专员	《信息专员法》《数据保护法》
西班牙	数据保护机构	《数据保护法》
瑞典	隐私保护机构	《刑事数据法》

第三层为数据保护官（Data Protection Officer，DPO），负责专门处理企业、集团、机关、组织等单位内与个人数据处理相关的问题。《通用数据保护条例》第三十七（1）条，规定了3种强制要求设立数据保护官的情形：

（1）数据处理活动由公共机关或机构进行；

（2）数据控制人或处理人的核心活动包含了需要对大规模个人数据进行规律和系统化监控的数据处理作业；

（3）数据控制人或处理人的核心活动包含对大规模特殊种类的个人数据或与刑事判决和违法行为有关的个人数据的处理。

可见，在公共组织范围内，《通用数据保护条例》一律强制要求设立数据保护官。在非公共组织范围内，则条件放宽，仅在同时满足"核心活动"包含"大规模"数据处理时，才是强制的。《通用数据保护条例》规定了数据保护官任职的专业能力要求，包括数据保护法律专业知识、数据保护的实务能力以及能够履行《通用数据保护条例》规定的职责。鉴于欧盟各成员国在数据保护领域的法律存在差异，各成员国可以采用《通用数据保护条例》中的条款，或者自行出台法律规定数据保护官的专业能力要求。

2. 激励制度

由于数据处理活动的高技术性，如何发现专业、隐蔽的违法活动是数据安全监督面临的难题。这时可以发挥群众作用，设置合理合法的信息提供激励机制（如举报奖励机制），借助行业内部人员的"传递"作用摆脱监管困境。例如，美国《多德-弗兰克华尔街改革和消费者保护法》（Dodd-Frank Wall Street Reform and Consumer Protection Act，D-FWSRCPA）第748条和第922条专门规定了"举报者激励与保护"条款，引入了向合格举报者提供10%～30%罚没所得的激励机制，建立了"公私协同，罚没款分成"的违法查处模式。据《华尔街日报》2021年10月21日报道，德意志银行被前员工举报不当操纵了伦敦银行同业拆借利率（libor）。因其举报真实可信，美国商品期货交易委员会（Commodity Futures Trading Commission，CFTC）宣布，将依照《多德-弗兰克华尔街改革和消费者保护法》的"举报人计划"，向该名举报人发放创纪录的2亿美元奖金奖励。

我国也积极探索信息提供激励机制，大范围接收个人举报信息投诉，保障数据安全。例如，2022年4月20日至12月31日，中国互联网协会根据《电信和互联网行业数据安全举报投诉处理工作规则》（试行），依托12321网络不良与垃圾信息举报受理中心试行开展电信和互联网行业数据安全举报投诉处理工作。目的是贯彻落实《数据安全法》，发挥公众监督作用，强化行业自律，督促电信和互联网企业落实数据安全保护责任，加强数据安全管理，保障数据安全，保护个人、组织的合法权益，维护国家安全和发展利益。

举报投诉受理范围如下：

（1）企业未落实国家有关法律法规要求，数据安全管理和技术保护手段不到位导致的数据安全风险隐患；

（2）发生非法操作、网络攻击、盗窃勒索等导致的数据安全事件；

（3）数据安全违法行为；

（4）其他涉及数据安全的事项。

举报投诉渠道如下：

（1）12321举报受理中心网站：www.12321.cn；

（2）工业和信息化部微信公众号：工信微报→我要投诉→数据安全；

（3）12321举报助手App（目前仅支持Android手机，下载地址：http://jbzs.12321.cn）；

（4）电话：010-12321（主要受理咨询）。

3. 数据泄露披露

随着云计算、大数据等信息通信技术的发展引发的公众对数据安全的担忧，数据泄露通知制度被引入线上数据保护领域。其主要目的是确保权利人在发生或可能发生损害权利人利益的数据泄露事件时得到及时的通知，使有关人士能够采取措施降低数据泄露带来的损害。通过对数据泄露通知制度溯源可知，数据泄露通知制度起源于美国，在一定程度上可以认为是美国隐私权立法的产物。美国首部数据泄露通知法案即《加州数据安全泄露通知法案》（California Data Security Breach Notification Law，CDSBNL）于2003年正式生效，该法要求所有加州的企业将现有或潜在的数据泄露通知到加州居民。在美国立法的影响下，欧盟、澳大利亚等国家和地区也纷纷引入该项制度。欧盟2011年修订《电子通信行业隐私保护指令》（E-Privacy Directive，EPD）时引入了数据泄露通知制度，规定了欧盟层面公共电子通信服务提供者数据泄露通知的义务，要求一旦发生安全侵害事件或者个人数据丢失或被盗，运营商应及时向数据保护机构和用户报告。随后一些欧盟成员也制定了其数据泄露通知制度。

数据泄露通知制度主要内容应包括以下3点。

（1）数据泄露通知的时间。数据一旦遭遇泄露，将造成数据扩散范围及用途的不可控，且时间越久不确定性将越大。所以应该在制度中明确数据泄露通知的反应时间。

（2）数据泄露通知的触发条件。并非所有的数据泄露都必须在规定时间内进行报告通知，如果义务人迅速采取行动，使得数据泄露不会造成严重损害，则不需要通知任何个人或专员。触发条件应当是数据泄露达到"严重损害"的程度，因此，理解何为严重损害是把握该条规定的核心。严重损害的形式应不仅包括经济的损失或对被害人基本权利的严重侵害，还应包括身体或精神的伤害等。应纳入考虑的因素有信息的种类或数量、信息的敏感性、信息是否设有安全措施、该安全措施被破解的可能性大小、获得或能够获得该信息的人员/人员类型、数据泄露的性质等。

（3）数据泄露通知报告内容。通常包含以下4方面：

①义务人的名称与联系方式；

②有关数据泄露情况的整体描述；

③泄露的数据类型和数量规模；

④对个人应对数据泄露可以采取的措施的合理建议。

【例7.7】 中国《个人信息保护法》与欧盟《通用数据保护条例》。

欧盟《通用数据保护条例》第三十三条和第三十四条规定了在发生个人数据泄露的情形时，数据控制者应通知监管机构和受影响数据主体的要求。其强制要求数据控制者应当在发现数据泄露72小时内将个人数据泄露的情况报告监管机构，除非个人数据泄露不太可能会对自然人的权利和自由造成风险。如果数据泄露可能对自然人的权利和自由产生较高风险，数据控制者还应当立即将个人数据泄露的情况通知数据主体。

我国《个人信息保护法》在参考和借鉴国外数据保护立法的基础上，亦通过明确的法律规定，对数据泄露通知作出具体要求。第五十七条明确规定了"发生或者可能发生个人信息泄露、篡改、丢失的，个人信息处理者应当立即采取补救措施，并通知履行个人信息保护职责的部门和个人。通知应当包括下列事项：

（一）发生或者可能发生个人信息泄露、篡改、丢失的信息种类、原因和可能造成的危害；

（二）个人信息处理者采取的补救措施和个人可以采取的减轻危害的措施；

（三）个人信息处理者的联系方式。

个人信息处理者采取措施能够有效避免信息泄露、篡改、丢失造成危害的，个人信息处理者可以不通知个人；履行个人信息保护职责的部门认为可能造成危害的，有权要求个人信息处理者通知个人。"

《个人信息保护法》第五十七条明确了以下5条内容：

（1）明确了需要执行数据泄露通知义务的情况。

我国《个人信息保护法》要求，个人信息处理者在发生或者可能发生①个人信息泄露；②个人信息被篡改；以及③个人信息丢失的情况下，需要履行数据泄露通知的义务。

从目前的规定来看，触发数据泄露通知的情形主要有两点。

一是，只要是个人信息遭受了泄露等情形，不管该个人信息是敏感类型的个人信息，还是一般的个人信息，都可能需要启动到数据泄露通知制度。

二是，明确了触发通知的具体场景，包括遭遇泄露、被篡改以及丢失的情况。《个人信息保护法》没有就具体遭遇泄露的个人信息的数量进行规定。其不以"数量的多少"来判定是否需要启动数据泄露通知制度，而是以是否确实"发生了泄露、篡改和丢失"的实质情况，以及是否"对数据主体造成危害的"定性作为启动数据泄露通知制度的主要判定基准。

（2）明确了履行数据泄露通知义务的主体。

与《通用数据保护条例》类似，在我国《个人信息保护法》的立法语境下，要求"个人信息处理者"承担数据泄露通知的义务，即有权并能自主决定个人数据处理的目的、方式的企业、组织和个人都会成为履行数据泄露通知的义务主体。

（3）明确了数据泄露需要通知的对象。

参考国外数据立法经验，我国《个人信息保护法》也对被通知的对象分为两类主体：

①数据监管部门：履行个人信息保护职责的部门；

②数据主体本身：个人用户。

但是，我国《个人信息保护法》没有像部分国外数据法律的规定一样，以数据泄露事件的数量与规模作为是否通知数据监管部门的判断基础，而是明确规定了，只要发生或可能发生个人信息泄露、篡改、丢失，个人信息处理者都应当通知履行个人信息保护职责的监管部门。鉴于我国目前在个人信息监管方面仍处于多头监管的状态，在通知数据安全监管部门的要求及范围等方面，仍期待接下来的司法解释、政策指南给出更多的指导规定。

（4）明确数据泄露通知中应该包含的内容。

确认了是否启动数据泄露通知后,关于通知中应当包含哪些具体的内容,也是通知制度中的关键部分。我国《个人信息保护法》对此也作出了明确的规定,通知应当包括:

①发生或者可能发生个人信息泄露、篡改、丢失的信息种类;
②发生的原因;
③本事件可能造成的危害;
④个人信息处理者采取的补救措施;
⑤个人可以采取的减轻危害的措施;
⑥个人信息处理者的联系方式。

(5)通知时间的限制要求。

部分较发达国家的数据保护法律对数据泄露通知的形式、时间以及通知程序作出明确的规定。目前,我国《个人信息保护法》中并没有例如"72小时"或者"两个工作日"的时间规定,而是采取"立即采取补救措施"与"及时通知"的要求。企业在发生数据泄露事件后,在执行通知的形式、时间和流程上的具体要求,也需要接下来进一步的司法解释、指南和标准来进行阐明,为企业提供更加具体的实操指示。

中国《个人信息保护法》与欧盟《通用数据保护条例》要求对比情况如表7.5所示。

表7.5 中国《个人信息保护法》与欧盟《通用数据保护条例》要求对比

国家/地区 类目	是否要求通知	是否需要通知数据、监管机构	是否需要通知数据主体	是否有具体的通知要求	时间限制	是否存在豁免情况
中国《个人信息保护法》	是	是	是	1. 发生或者可能发生个人信息泄露、篡改、丢失的信息种类、原因和可能造成的危害; 2. 个人信息处理者采取的补救措施和个人可以采取的减轻危害的措施; 3. 个人信息处理者的联系方式	无明确时间要求,但需要立即	1. 采取措施能够有效避免信息泄露、篡改、丢失造成危害的,个人信息处理者可以不通知个人; 2. 履行个人信息保护职责的部门认为可能造成危害的,有权要求个人信息处理者通知个人
欧盟《通用数据保护条例》	是	需要满足触发条件	需要满足触发条件	在通知的内容、形式上都有具体的要求,且在向监管机构进行通知与在向数据主体进行通知方面的要求也会有不同	通知监管机构不得"无故拖延,并在可行的情况下,在意识到违规后的72小时内"	1. 通知监管机构:如果违规行为"不太可能对自然人的权利和自由构成风险",则可以免除通知; 2. 通知数据主体:满足第三十四条第三款的情形下可以免于通知

7.4.3 数据安全监督总体思路

完善数据安全监管是数据要素得以充分有效利用的前提,也是落实党中央、国务院决策部署，履行国家总体安全战略任务的保障。目前，我国初步建立了数据安全监管的政策框架和法律体系，涵盖了数据监管机制、个人数据保护、跨境流动等多方面内容。面对数字经济快速发展和数据安全博弈加剧的新形势，数据安全监督管理要从维护我国数据安全和国家安全的长远大局出发，结合当前数据安全监管现状和不足，明确我国数据安全监管的工作思路。数据安全监管应更加注重监管的体系化与国际化，进一步完善数据安全监管法治制度。具体可从以下几方面入手。

（1）加强数据安全法治建设，建立数据安全监管体系。加强数据安全法治建设是规范数据处理活动的必然要求。加强数据安全法治建设，首先要确保所有数据处理活动有法可依。《数据安全法》的实施为支持数据流动和利用、数据安全治理提供了法律依据。加强数据安全法治建设是保护个人、组织合法权益的重要保障，更是维护国家安全的有力基础。数据安全不仅包括公民个人的数据安全，还包括企业和政府的数据安全。公民数据安全涉及个人隐私和生命安全，企业数据安全涉及商业秘密和企业权益，政府数据安全涉及国家秘密和公共利益，任何一方面的数据安全问题都会影响到政治安全、社会稳定和国家兴衰。在数据安全治理领域，必须将数据安全治理问题同总体国家安全观的要求结合起来，建立健全数据安全法治治理体系，提高数据安全保障能力，使大数据和大数据技术真正服务于国家治理，为人类社会创造出更多的价值。

加强统筹协调，更加注重监管的体系化。2021年9月1日，《数据安全法》正式实施，我国数据安全监管也迈入了一个新的阶段。面对数据安全问题的复杂性，其监管问题不是一部《数据安全法》就能全部解决的。数据安全监管的目标应当是建立一个以《数据安全法》《网络安全法》《个人信息保护法》等为基础，包括《密码法》《关键信息基础设施安全保护条例》等数据安全领域相关法律、行政法规、部门规章和规范性文件各层级法律规定，将综合性立法和专门性立法相结合，涵盖数据安全监管机制、个人信息保护、数据分级分类管理、数据跨境流动、数据泄露通知制度等内容的数据安全监管体系。要建立完善这个监管体系，需要国家有关部门强化立法统筹协调，必要时可研究制定"数据安全监管规划"，从事前、事中、事后环节健全完善数据保护监管机制，形成数据安全监管闭环，充分调动各部门积极性，形成监管合力。

（2）促进数据安全国际合作，增强数据跨境流动安全。数据治理是全球数字经济发展和社会治理的新兴领域，数据安全问题突破了传统的物理国界，正在成为世界各国共同关注的重要话题以及维护国家安全和拓展国家利益的新领域。"世界各国虽然国情不同、互联网发展阶段不同、面临的现实挑战不同，但推动数字经济发展的愿望相同，应对网络安全挑战的利益相同，加强网络空间治理的需求相同。"习近平总书记在第二届世界互联网大会开幕式上的讲话中指出，"网络安全是全球性挑战，没有哪个国家能够置身事外、独善其身，维护网络安全是国际社会的共同责任"。习近平总书记提出构建网络空间命运共同体的重要主张，体现了中国对网络空间全球治理的担当，成为指引我国推进网络空间国际合作和全球数据治理的核心理念。《数据安全法》第十一条也规定，"国家积极开展数据安全治理、数据开发利用等领域的国际交流与合作，参与数据安全相关国际规则和标准的制定，促进数据跨境安全、自由流动。"数据安全监管工作要统筹国内、国际两个大局，立足国内，面向国际，更加关注和参与数据安全领域国际规则的制定，积极宣扬我国在数据安全保护领域的有益经验和主张，为推动构建人类网络空间命运共同体、共同对抗数字霸权发挥积极作用与主张。

随着数字经济的快速发展，国际交流与合作日益频繁，数据跨境流动成为大势所趋，这给数据主权维护与数据安全治理带来了诸多挑战。当前，国际社会在数据跨境流动方面尚未形成相关的法律与国际准则，各国对是否应当限制以及在何种程度上限制数据流动的态度也各不相同。数据的价值在于流动和利用，如果禁止数据流动和利用，那么自然不会产生数据安全问题，但禁止数据流动和利用也会遏制科学技术的发展。因此，亟须确立我国数据跨境流动原则，进一步完善我国数据跨境流动的规则。《数据安全法》第三十一条规定，"关键信息基础设施的运营者在中华人民共和国境内运营中收集和产生的重要数据的出境安全管理，适用《中华人民共和国网络安全法》的规定"。《网络安全法》第三十七条规定，"关键信息基础设施的运营者在中华人民共和国境内运营中收集和产生的个人信息和重要数据应当在境内存储。因业务需要，确需向境外提供的，应当按照国家网信部门会同国务院有关部门制定的办法进行安全评估；法律、行政法规另有规定的，依照其规定。"对于涉及国家安全和社会稳定的数据提出本地化要求是一个趋势，也符合国际上的立法惯例。但是，如果数据本地化要求过于泛化，会对企业（尤其是跨国企业）的业务带来负担。因此，数据共享原则、数据共享平台、数据跨境流动等环节的安全管理制度需进一步完善。有关部门在制定对关键信息基础设施认定和数据跨境传输的安全评估办法时，如何把握数据安全和商业便利两者的平衡关系至关重要。可以建立集中统一、高效权威的数据安全风险评估、报告等机制，实施跨境数据流动安全风险评估，建立技术检测手段。鼓励电信、金融、石油、电力、水利、智能制造等相关企业进行数据跨境流动的安全风险评估，支持第三方机构建立数据跨境流动安全风险评估机制，对提供云计算、大数据业务的服务商、境外智能制造企业进行安全资质信用评级，为境内企业选择合作方提供参考。同时，鼓励数据安全技术的创新与应用。数据安全相关实践经验可以从单一领域试点出发，然后逐步推广到其他领域以及各个行业，从而实现新技术与实践的有效融合。

（3）加强数据安全技术突破，以技术防护做好安全保障。数据安全在安全技术方面的保障要结合数据安全的特殊需求，利用技术防护做好数据安全保障。目前需要突破的关键技术包括安全监测、数据脱敏、访问控制、追根溯源等，以达到对数据安全可监测、可管控、可追溯的目的。各部分具体而言：

①安全监测。随着数字经济发展水平的加深，数据的体量和价值都在不断扩大和集中，针对海量异构数据的融合、存储和运维管理，需要采取有效的针对性技术手段强化网络安全监测，通过对流量、日志、配置文件等进行监测，对数据存储平台及系统进行网络安全的深度监测和分析，对网络安全事件进行预警与协同防御处置，提升对安全风险的监测预警和感知能力。

②数据脱敏。在数据流通过程中存在大量的敏感数据，如个人信息数据、交易数据等。对于这些敏感数据，需要依据相关的法律法规、数据分类分级的安全需求以及数据流通的安全管理要求，定义数据脱敏的安全方法和评估标准，针对数据开放、交换、交易等应用场景对数据进行脱敏。

③访问控制。有效的身份认证与访问控制是确保数据不被非授权访问的关键。针对应

用场景、业务需求等划分用户，通过统一的身份认证和单点登录，为系统用户访问数据资源提供集中、唯一的访问入口，禁止用户非法访问和使用数据资源，通过统一的账号、授权管理，对用户能够在被管资源中使用的权限进行分配，实现用户对资源的访问控制，对用户访问资源的行为进行记录，以便事后追根溯源。

④追根溯源。安全事件追根溯源要求对用户的操作行为进行审计，对违规操作能够进行溯源。对流量信息、日志信息以及告警信息等进行关联分析，有效地追溯网络攻击行为，关联行为主体的 IP 地址等信息，追溯到行为主体的所在单位、具体操作人。强化共享数据流转审计，对数据的流转过程进行管控，对共享数据在采集、存储、传输、共享、使用等环节的流转过程加强监控，使数据"留存在哪里""流转到哪里"全程可见，通过对数据开放共享全过程进行不可抵赖和修改的记录，提升对安全责任的确责和追责能力。

7.5 思考题

1. 信息安全、网络安全、数据安全之间的区别是什么？
2. 数据安全治理的途径有哪些？
3. 简述我国《数据安全法》的主要内容。
4. 简述我国《个人信息保护法》与欧盟《通用数据保护条例》在数据泄露披露方面的异同。

第8章 企业的数据治理实践

数字经济的核心要素是数据，数据作为新的生产要素有着边际成本低、价值空间大和基于数据服务的商业模式多等特点，企业内的数据资产也应运而生，并作为一种生产资料进行市场交易。企业在进行数字化建设的过程中，记录了单位规模、运营活动、产品信息等数据轨迹，而由于各系统、各部门间普遍存在的数据标准和规范不同、信息相互不通等"数据孤岛"和"数据烟囱"问题，致使数据利用的协同性较差，极大地制约了企业管理效率的提升。本章从企业数据治理（微观层面的数据治理）面临的现状及挑战入手，分析不同类型的数据价值并搭建科学的数据治理架构，而后通过分析数据治理实施流程、方法论与技术工具，多维度探究实现数据治理质量优化的关键措施。

【教学目标】

帮助学生充分明晰现阶段企业数据治理所需解决的问题，以及未来将面临的挑战，同时让学生了解企业内部的数据类型与价值潜力，学习借鉴国际社会不同机构对企业数据治理架构的设计经验，引导学生针对不同类型企业制定出完备的数据治理实施流程，并掌握治理过程中所涉及的方法论与技术工具，进而能够提出实现企业数据治理质量不断优化的关键措施。

【课程导入】

（1）在全球数字经济发展的时代背景下，企业的生产体系、运作方式、竞争格局与客户关系等各方面都在向数字化方向发展，传统模式已经无法通过优化改进来适应数字经济时代企业发展的运行规律，数字化转型迫在眉睫。那么，企业如何实现数字化转型呢？

（2）企业在日常经营活动过程中将产生大量数据，每个岗位的人员都在进行着与企业相关的经营和管理活动，都掌握企业相关资源，并拥有这些资源的信息，也就形成了企业庞大的数据资源池。那么，企业如何对这些海量的数据资源进行统一管理呢？

（3）有了数据，企业就可以进行预测，提前布局和规划；有了数据，企业就可以更好地了解用户，根据用户喜好进行推荐和定制；有了数据，企业就可以更加精准地分析、规避、防范风险。那么，企业如何充分释放数据的价值呢？

【教学重点及难点】

重点：本章的学习重点是了解企业内部不同数据资产的价值，对企业数据治理的类型进行区别分析，厘清企业数据治理的架构设计及工作实施流程，掌握不同技术工具在企业数据治理过程中的应用，明确企业数据治理的关键点与优化措施。

难点：本章的学习难点是理解企业数据资产构成的划分方法，企业数据治理框架不同层级的功能与联系，企业数据治理实施过程中各环节的要点。

8.1 企业数据治理的现状及挑战

数据作为数字经济时代新型生产要素,是企业的重要资产,也是赋能企业数字化转型的基石。企业在向着数字化快速迈进的同时,大都面临数据种类繁杂、数据价值难以释放等诸多挑战和不足。企业规模越大,需要和产生的数据就越多,数据治理的重要性也愈加凸显。本节从企业数据治理的概念与范围入手,明晰企业在数据治理过程中的现状及挑战,以帮助企业定制适合自己企业的有效数据治理策略。

8.1.1 企业数据治理的概念与范围

视频讲解

1. 企业数据治理的概念

随着企业信息化进程的推进,数据资产的构成越来越复杂,跨部门、跨系统的协同对数据质量提出了越来越高的要求。因此,数据治理的话题也越来越多地被提及和讨论,只有建立了一定的数据治理体系,才可能系统性地改善数据质量,用户才能真正地进入商业智能时代。目前,数据治理和众多的新兴学科一样,在不同的机构有不同的定义。

- 国际标准化组织的ISO/IEC TR 38505-2:2018对数据治理的定义:数据治理是关于数据采集、存储、利用、分发、销毁过程的集合。
- 国家标准GB/T 29246—2017对数据治理的定义:数据治理就是对数据进行处置、格式化和规范化的过程。
- 国际数据管理协会对数据治理的定义:数据治理是指对数据资产管理行使权利和控制的活动集合(规划、监督和执行)。
- 国际数据治理研究所对数据治理的定义:数据治理是一个通过一系列信息相关的过程来实现决策权和职责分工的系统,该模型描述了谁能根据什么信息,在什么时间和情况下,用什么方法采取什么行动。数据治理包含数据管理和数据价值"变现",具体包含数据架构、主数据、数据指标、时序数据、数据质量、数据安全等一系列数据管理活动的集合。
- 根据IBM(International Business Machines Corporation,国际商业机器公司)的定义,数据治理是根据企业的数据管控政策,利用组织人员、流程和技术的相互协作,使企业能将"数据作为资产"(data as enterprise asset)来管理和应用。
- 根据伯森(Berson)和杜波夫(Dubov)的定义,数据治理是一个关注于管理信息的质量(quality)、一致性(consistency)、可用性(usability)、安全性(security)和可得性(availability)的过程。这个过程与数据的拥有(ownership)和管理职责(stewardship)紧密相关。

一般地,我们认为企业数据治理是企业围绕数据资产展开的系列工作,以服务组织各层决策为目标,是数据管理技术、过程、标准和政策的集合,通过数据治理过程提升数据质量、一致性、可得性、可用性和安全性,并最终使企业能将数据作为核心资产来管理和应用。同时,也是从使用零散数据变为使用统一规范数据、从具有很少或没有组织和流程治理到企业范围内的综合数据治理、从尝试处理数据混乱状况到数据井井有条的一个过程。

数据治理是一种完整的体系，企业通过数据标准的制定、数据组织和数据管控流程的建立健全，对数据进行全面、统一、高效的管理。数据治理正是通过将流程、策略、标准和组织的有效组合，才能实现对企业的信息化建设进行全方位的监管。因此，数据治理项目的实施需要企业内部一次全面的变革，需要企业高层的授权和业务部门与IT部门的密切合作。

数据治理覆盖了企业内几乎所有的信息化建设相关工作，不仅包含各类核心业务系统，也包括数据存储、数据仓库、数据分析以及其他相关的系统，最终实现数据的全方位监管，实现数据全生命周期的梳理和管理，保证了数据的有效性、可访问性、高质量、一致性、可审计性和安全性。从技术支持范围来讲，数据治理涵盖了从前端事务处理系统、后端业务数据库到终端的数据分析，从源头到终端再回到源头，形成一个闭环的负反馈系统；从业务范围来讲，数据治理就是要对数据的产生、处置、使用进行监管；从控制范围来讲，数据治理必须通过对人员、流程和系统的整体设计和调整，满足数据与业务的全面结合。目前较被认可的数据治理工作通常包括数据标准的定义、数据质量管控、数据安全管理、数据架构规划等内容，以及建立包括政策制度、组织架构、管理流程、技术支撑等方面在内的数据治理保障体系。

2. 企业数据治理类别

1）源端数据治理模式

源端数据治理是指通过解决业务系统源头数据质量的问题，实现提高数据分析的准确率。

针对源端的数据治理是企业内主流的数据治理模式，目前行业内80%以上的方案都采用此模式。如静态数据治理、主数据管理、编码管理等，都是属于针对业务系统的直接影响实现数据质量的改造，最终达到支撑数据应用分析的目的。

源端数据治理模式适用的企业包括生产型企业、大型集团本部、运营管控型集团等，不涉及数据改造后无法返回到对应业务系统的情况。

源端数据治理支撑的数据分析及业务管理架构如图8.1所示。

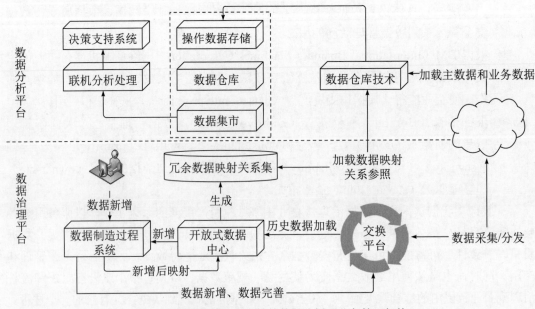

图 8.1 源端数据治理支撑的数据分析及业务管理架构

由图 8.1 可以看出，数据治理平台在直接对新增数据或者通过数据交换平台（exchange）从业务系统采集的新增数据进行规范、改造后，一方面冗余数据自动进入冗余数据映射关系库，另一方面改造后的数据回传到对应业务系统，实现对业务系统数据质量的改造（在业务系统运行的前提下）。

当 ETL（Extract Transform Load，抽取、转换和加载，又称数据仓库技术）从业务系统中抽取数据的时候，同时从冗余数据映射关系库中抽取冗余数据的关系参照，在加载到数据仓库时会注明某些编码（数据）对应的业务实体对象其实是一个，这样在未来进行数据分析时就可以实现同一业务实体对象不同编码的业务数据的累加，从而实现数据分析的精确度最大化。

2）末端数据治理模式

末端数据治理是指针对解决数据全生命周期的末端（数据仓库层）数据质量的问题，实现提高数据分析的精确度。

企业末端数据治理技术架构如图 8.2 所示。可以看出，所谓末端数据治理，是指数据被集成到原业务系统外的某个区域（一般指数据仓库的 ODS 层，即数据仓库的操作数据存储层）后集中进行质量识别、处理的过程。此模式适用于战略管控型或者财务管控型的大型企业集团（央企或者大型国企）的顶层数据分析，大部分数据来源于二级和三级单位上报的数据，本部系统比较简单，数据量较少、较单一。

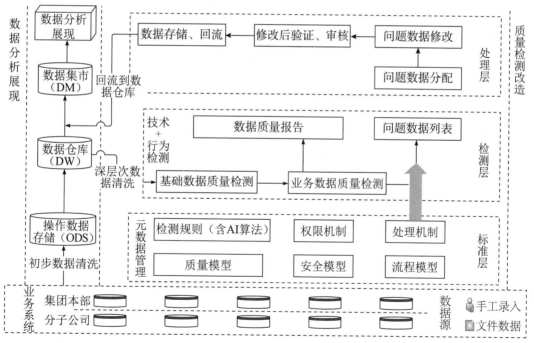

图 8.2　企业末端数据治理技术架构

通过末端数据治理对 ODS 层的数据质量干预，可以解决深层次数据质量问题，最大化支撑数据分析的准确率。目前此方案已经比较成熟。

当然，随着技术、理念的成熟，下一步还可以继续深入到 DW、DM 层进一步提高数据质量，让数据分析的精确度接近完美。

3. 企业数据治理内容

在当前的企业数据治理实践中,很多企业都在做涉及数据治理相关的项目,只不过可能是以其他项目的形式出现,如数据集成、ETL、元数据等项目,这些都是数据治理的组成部分。数据治理涉及管理方法与技术工作的综合运用,完整的数据治理项目通常包括目标、组织、制度、工具、标准5个关键要素,这5个要素缺一不可,如图8.3所示。同时,在数据治理项目的外部,需要通过有效的培训手段提升相关人员的数据管理意识,并配合规范的管理制度建设和企业文化建设,为数据治理项目的实施提供保障。

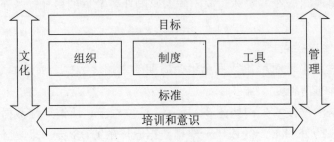

图8.3 数据治理管理框架

1)目标

伴随着企业的做大做强,信息化程度不断深化,企业对数据的要求持续提升,数据治理成为一个长期的过程,需要持续不懈地推进,持续培养数据治理的组织文化,使数据治理成为组织中基因的一部分。

在这样一个持续性的管理升级过程中,数据治理需要与企业战略相契合。因此,制定企业信息化战略,明确数据治理的目标是成功完成数据治理任务的基础。

目前国内大多数企业的数据治理仍然停留在技术层面,其目标集中在解决分散于各个业务及管理环节已有数据的问题,以及如何进行现有数据的清洗、映射、整合、应用等内容。而对更深层次的数据治理目标,如数据资产规划、数据架构设计、数据价值挖掘、数据管控制度等方面关注不够,导致数据治理任务与业务脱节,如与企业整体IT规划脱节。在未来的几年中,构建全方位的数据治理体系,提升企业数据治理能力,仍然将是企业信息化工作的重点,为企业提高核心竞争力夯实基础。

2)组织

组织机构在数据治理过程中的重要性逐渐被企业认知,组织机构是数据治理的关键。数据治理组织要实现由无组织向临时组织、由临时组织向实体与虚拟结合的组织发展,最终发展到专业的实体组织,企业必须建立数据治理的组织机构,设立各类的职能部门,加强数据治理的专业化管理,并建立起专业化数据治理团队。

目前,数据治理组织多以临时组织的方式存在,这样的组织类似于项目部。对企业来说,在组织构建和培养上没有连续性,缺少数据管理经验和知识的有效传递,而当前世界经济的发展要求在数据治理中建立有权威性、以实体方式存在的组织机构,且要求能够在企业中一直存在并持续发展壮大。数据治理是一项系统的,涉及多部门的复杂工作,因此,实施数据治理的第一步就是要找到一位精通业务、有威望的负责人,协调多个部门的工作,统筹安排数据治理战略和重要计划,并具体实施数据治理的政策和策略。

组建数据治理组织机构一般包括定义数据治理规章制度、定义数据治理的组织结构、建立数据治理委员会、建立数据治理工作组、确定数据专责人等内容。同时，由于数据治理过程涉及企业运营管理、人力资源分配等发展过程中的各个环节，数据治理组织的机构设计应与企业的治理机制形成有机嵌套，具体涵盖监督、激励、外部接管等多方面的作用体系，进而改善和提升企业的数据治理环境，并最终实现数据治理效果的优化。

伴随着组织机构的发展，岗位的专业化是数据治理发展的必然趋势。在数据治理的各个要素中，人是数据治理工作的执行者，即使组织机构设立得再合理，如果人的岗位职责不明确，那么也会造成职责混乱、工作者无所适从、工作效率低下的状况。数据治理需要治理团队的协同工作，每个岗位在统一领导之下，按照数据治理"源头负责制"分工协作，既要完成自己职责范围内的工作，又需要与其他岗位进行良好的沟通和配合，努力提高数据治理的效率和效果。

3）制度

数据治理需要建立数据管控制度，从而确定哪些数据可以被使用，数据可以被哪些人访问、可以被哪些人维护、需要由谁来审批。要对这些方面进行制度规范和数据控制，以便能够安全、顺利、规范地使用数据。

在数据治理的过程中，企业越来越清晰地意识到，要想提高数据的质量，数据管控制度是必不可少的。数据管控制度发展到现在，逐步形成了多重控制相互作用、共同管控的状况。数据管控制度主要包括以下内容：

（1）流程化控制。数据的流程化控制是最普遍的控制方式。经过多年的理念和技术进步，流程化的控制已经发展为全方位的流程。要加强数据的流程化管控，不仅需要进行数据业务上的控制，也要有数据技术上的控制，还要有数据逻辑上的控制。

（2）合规性控制。当今世界已进入了经济全球化时代，企业的数据不仅要能为我所用，也需要考虑数据是否符合国际、国家的法规，是否满足行业的标准，是否满足跨国度、跨行业的经济行为的需要。数据合规性的控制是现代企业非常重视的控制方法。加强合规性控制是企业提高自身竞争力的必要手段之一。

（3）工具化控制。随着信息化技术飞速发展，数据管理工具不断涌现，通过工具进行管理控制也是数据控制的方法之一。这种控制方法对既定的控制要求能够实现完全严格的执行。

4）工具

随着IT技术的迅速发展，数据管理工具的功能越来越强大，使用越来越方便，并且持续有先进的管理思想融入其中。数据管理工具对数据治理是有效的支撑和辅助，采用一个成熟、先进、科学的数据管理工具也是提升数据管理水平、实现成功数据治理工作的关键要素。

通过数据管理信息化工具的应用，可以辅助完成组织机构和岗位职责的定义，数据标准规范的应用，实现数据管控流程、规则，完成数据访问授权控制，提高数据的安全性，管理数据的生产、审核、使用、修订直至消亡的全生命周期。

5）标准

数据标准的制定是实现数据标准化、规范化，实现数据整合的前提，是保证数据质量的主要条件。标准不是一成不变的，它会因企业管理要求、业务需求的变化而变化，也会因社会的发展、科学的进步而不断地变化和发展,这就要求企业对标准进行持续的改进和维护。

数据治理标准的制定包括数据标准的制定和度量标准的制定两方面。

(1)数据标准制定是数据标准化工作的核心。国外企业在进行数据治理时大多从数据标准的管理入手,按照既定的目标,根据数据标准化、规范化的要求,整合离散的数据,定义科学的数据标准。

(2)数据治理执行过程中的度量标准也是十分重要的,可以用来检查执行过程中各项指标是否偏离既定目标,度量过程的成本以及进度。度量标准的制定是评估原有数据的价值、度量和监控组织的数据治理执行、有效度量数据治理效果的关键因素。原有数据的价值如何,企业需要花费多大的成本去做数据治理,这些问题都需要有能够度量的标准,按照度量后的原有数据的价值,确定数据的重要性优先级,以决策对数据治理的投入成本。同时,数据治理效果如何也需要度量效果的标准来衡量。通过对治理效果的度量、分析,主动地采取措施去纠正,改善数据治理的工作。

8.1.2 现阶段企业数据治理遇到的问题

1. 数据种类繁杂

由于企业日常经营管理和业务管理的需要,建立了功能各异的应用系统或信息化管理平台,在这些管理系统和平台中生成了形式多样的非结构化文档数据,用以支撑企业的各类管理工作。除此之外,还有大量与管理相关的非结构化文档数据散存在员工个人工作电脑中。这些数据种类繁杂,有的来源于外部,有的是经过内部整理编研形成的,有的则是完全产生于内部,涵盖了不同格式、不同存储载体、不同管理阶段的非结构化文档数据。企业拥有形式多样的存储设备,包括个人工作电脑以及信息化管理平台中管理的设备,且归属于不同的专业领域,业务活动中产生的非结构化文档数据除了常见的与办公活动相关的非结构化文档数据外,还包括如照片、视频、设计图纸等多种形式。目前,这些不同种类的非结构化文档数据基本处于分散状态,很难进行有效的关联和整合。

2. 数据多头管理

缺少专门对数据管理进行监督和控制的组织。信息系统的建设和管理分散在各部门,导致数据管理职责分散,权责不明确。企业内各个组织与部门关注数据的维度不统一,缺少一个组织从集团(或子单位)全局视角对数据进行管理,导致无法建立统一的数据管理章程与标准,相应的数据管理监督措施无法得到落实,企业内各个组织与部门的数据考核体系自然很难落实,无法保障数据管理相关标准得到有效执行。

3. 系统分散

没有规范统一的数据标准与数据模型。企业内各个组织与部门为应对迅速变化的市场和业务需求,逐步建立了各自的信息系统,各部门站在各自的视角使用和管理数据,使得数据分散在不同的信息系统中,缺乏统一的数据规划、可信的数据来源和数据标准,导致数据不规范、不一致、冗余、无法共享的孤岛式弊病。企业内各个组织与部门对数据难以采用相同的维度与语言来描述,从而导致对数据的理解无法产生有效的沟通效果。

4. 缺少统一的数据治理框架

缺少统一的数据治理框架,尤其是在数据质量管理流程体系方面,当前的数据质量管理主要由各组织、各部门分头进行。跨部门的数据质量沟通机制不完善，缺乏清晰的跨部门数据质量管控规范和标准，数据分析随机性强，存在业务需求不清楚的现象，影响数据质量。数据的自动采集尚未全面实现，处理过程存在人为干预的问题。很多部门存在数据质量管理人员不足、经验缺乏、监管方式不全面、考核方式不严格的问题，缺乏完善的数据管控体制与能力。

5. 缺乏统一的主数据

主数据是核心业务的载体，是能被企业共享复用于多个业务流程的关键数据，也是数据治理和企业信息、数字战略的基础。很多企业缺少全局视角的主数据标准，组织机构核心系统间的人员、组织、物料等主要信息并不是存储在一个独立的系统中，或者不是通过统一的业务管理流程在系统间维护的。由于缺乏一体化的主数据管理，无法使主数据在整个业务范围内保持一致、完整和可控，所以全局视角的主数据可信度不高，进而导致业务数据的正确性无法得到保障。

6. 数据生命周期管理不完整

数据从产生、使用、维护、备份到失效的生命周期管理规范和流程不完善，缺乏过期与无效数据的识别条件，且非结构化数据尚未纳入数据生命周期的管理范畴，无信息化工具与平台支撑数据生命周期状态查询，未有效利用元数据管理。

8.1.3 未来企业数据治理面对的挑战

实施数据治理的企业普遍认为跨组织的协调是治理过程中最大的挑战，如何处理跨组织的数据不一致问题是数据治理项目规划和实施所需要解决的关键问题。此外，从数据治理的全过程来看，挑战还主要集中表现在以下3方面：

（1）数据治理项目的规划。在规划阶段，企业往往在确定目标（治理哪些数据）和工具选择（购买哪些工具）上存在困难，因为难以界定数据治理的边界，导致投资规划困难。

（2）组织和制度建设。企业不了解如何组织数据治理团队，如何激发业务部门参与的积极性，如何创建适当的规则和制度。

（3）数据治理项目的执行。在执行过程中，如何有效地评估进度和保证数据治理的效果长期存在是企业经常遇到的问题。同时，也有企业反映数据治理过程太过刻板、不够灵活。

可见，数据治理不仅仅是技术问题，更是管理问题。企业主要决策者和业务主管对数据治理的目标、内容和过程的正确理解是治理的基础。同时，成功的数据治理项目往往需要外部专业机构的辅助，在规划和实施过程中提供咨询服务和技术支持。

案例 8.1　多元化集团：数据治理助力多元化企业集团管控

1. 背景介绍

1.1　公司介绍

新兴际华集团有限公司（以下简称"新兴际华"）是集资产管理、资本运营和生产经营于一体的大型国有独资公司及世界500强企业。其下属的百余家企业遍布于全国30个省（自治区、直辖市），业务聚焦冶金、轻纺、装备、医药、应急、服务6大板块。新兴际华采取"战略管控＋财务管控"的管控模式，集团被定位于战略投资中心，二级公司被定位于经营管理中心，三级公司被定位于成本利润中心。

1.2 信息化现状

新兴际华是集团型多元化企业，在带领下属企业完成集团的战略目标时，面临着管控难度大、信息化建设难度大等很多问题，具体介绍如下。

（1）集团管控方面：集团高层领导缺少可以辅助管理决策的信息系统。

（2）数据治理方面：在数据治理工作启动前，缺乏统一的数据标准，数据纵向贯通及横向共享缓慢、数据质量差；缺乏集团统一管控的数据治理环境，缺乏数据安全保障环境；缺乏统一规划的数据传递路径，数据的安全性、及时性难以保障；缺乏异构系统之间的数据集成共享手段，早期各企业建设的应用系统之间相互独立，信息数据相对分散。

如今，不断推进制造企业走向智能化是企业发展的必然方面。数字化、网络化、智能化日益成为未来制造业发展的主要趋势，而数字化和网络化是基础，是制造业向智能化发展的前提。新形势带来好机遇，新兴际华积极寻求解决问题的路径，将信息化建设规划上升为集团公司战略规划之一，用以支撑集团管控及公司决策。

1.3 数据治理背景

早期基于业务需求的推动，集团公司、新兴铸管、际华集团均建设了一些业务管理系统。各系统内部形成了局部、独立的数据标准。但是，不同业务系统之间的基础数据未能形成统一的数据标准，难以实现各系统之间的数据共享和集成应用，并且存在多头管理、资源分散、编码不统一、信息整合难度大等问题。经过梳理和总结，新兴际华亟待建设主数据管理系统，主要用于解决以下问题。

（1）在定义方面，没有统一的标准，没有明确的定义和范围；

（2）在流程方面，数据的创建、维护等管理流程不一致；

（3）在质量方面，缺乏完整性、一致性、准确性，难以管理；

（4）在共享方面，缺乏源头，缺乏标准。

针对以上问题，在制定信息化总体规划时，新兴际华非常重视主数据的统一管理和建设。在总体规划中，新兴际华将信息资源体系作为其信息化五大体系之一，并明确提出主数据管理建设目标：在设计主数据编码体系的基础上，主导建设主数据管理系统，通过主数据管理系统，统一管理新兴际华集团公司内部主数据，支撑集团公司主数据的编码规范，实现未来各种信息系统之间数据的统一和连贯，确保重要数据信息在跨板块、跨部门、跨区域、跨业务系统中的共享和应用，落实及完善主数据的申请、审核、批复、退出等信息化管理流程，保障信息编码规范和管理流程在集团公司信息化建设中发挥长效作用。

集团公司牵头组织了两次主数据治理项目。

第一次在2013年，启动"新兴际华集团公司主数据系统建设项目"。

第二次在2018年，新兴际华集团公司启动资金统一支付系统、统一核算系统建设，对主数据中的会计核算科目、物料大类和明细分类、财务组织架构提出进一步深化应用的需求。集团公司及时牵头启动"新兴际华集团公司主数据深化应用建设项目"，支撑业务系统落地。

2. 数据治理概况

按照集团公司的战略部署，2012年年底，新兴际华完成了《新兴际华集团公司信息化总体规划》（以下简称"规划"），并将其作为集团公司战略规划的重要组成部分。规划中明确了信息化建设要以"打造以有质量、有效益、可持续发展为特征的国际一流强企"为指导思想，以"四五三四"信息化工程建设（"四"指管控集中化、平台集成化、应用弹性化、运维标准化；"五"指构建应用、IT技术、信息资源、信息安全、IT管理五大体系；"三"指集团公司主导的三大纵向平台建设；"四"指推动四大板块横向一体化平台建设）为主要任务，按照"夯实基础，深化应用，管理创新"三大步骤有序开展，初步建成管控集中、决策智能、产业链协同、服务敏捷的"智慧新兴际华"。

2.1 数据治理历程

新兴际华的数据治理工作经历了3个阶段。

第一阶段，电算化代替手工化，实现数据入库。

1994—1999年，新兴铸管（新兴际华冶金板块）启动了以计算机管理代替手工管理的信息系统建设，相继完成大宗原燃料检验化验系统、磅房称量检斤系统、生产调度管理系统、库存管理系统。当时，存入数据库中的物料并未进行统一编码，数据标准不统一。

第二阶段，单一企业多系统数据共享，实现成本、利润日核算。

2000年，新兴铸管启动计算机辅助管理信息化建设项目，拟建设日成本、日利润管理信息系统和采购管理信息系统等。冶金制造企业是长流程企业，成本核算要素涉及指标多、工序多，其中的数据均取自生产现场源头。而采购成本是产品成本的主要组成部分，因此，采购管理信息系统要求以工段采购需求计划为源头，以合同为主线，包含采购计划管理、供应商管理、合同管理、库房管理、大宗原燃料结算等模块。

在项目启动前，考虑到数据编码不统一，无法实现共享的情况，项目组决定优先启动统一分类编码工作。项目组首先成立编码小组，编制编码手册，形成企业数据标准（以下简称"编码标准"）从而支持新兴铸管武安工业区的计算机辅助管理信息化建设的顺利开展。

新兴铸管（即冶金板块）有6个大工业区，编码标准在武安工业区成功应用后，在其他工业区也获得认可并得到应用。虽然编码标准被推广至新兴铸管的各大工业区中，但均在各工业区局域网内应用，并未实现冶金板块类企业统一共享编码资源。

新兴际华的轻纺板块由30多家制造企业组成，包括服装、皮革皮鞋、纺织品、染整、橡胶制品、装具等主营业务。其中管理基础好的企业较早就开展了本企业的信息化建设，有直接置于应用系统的编码，但此时企业之间没有制约管理，未形成统一的数据标准体系。

第三阶段，多板块中的基础数据高质量汇聚应用，支撑集团公司的数据管控。

新兴际华集团公司的成立晚于其旗下的大多数制造企业，信息化建设起步也较晚。集团公司要实现数据管控目标，需要将多板块中的基础数据（大多来源工业数据）高质量地汇聚应用，形成可信赖的指导决策的数据。

2.2 数据治理框架

2012年年底，新兴际华集团公司总部牵头制定《新兴际华集团信息化总体规划》（其信息化建设总体框架如图8.4所示）。此规划经董事会审批，得到了集团公司高层领导的支持与认可。新兴际华集团公司的信息化建设以规划为指引,实现了数据的高质量采集、传递、存储、共享、应用,从而提高了数据资产的价值。在规划中提出了"四五三四"信息化工程建设,要实现集团信息化建设,这五大体系的建设是重要任务。

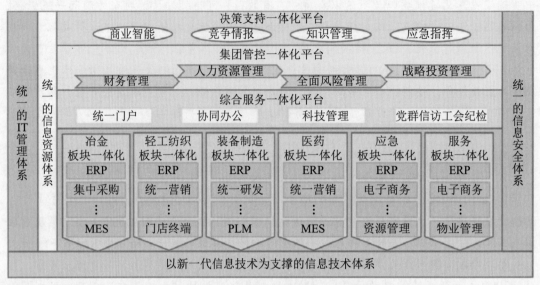

图 8.4　新兴际华集团信息化建设总体框架

其中,集团公司牵头建设三纵平台(集团管控、综合服务、决策支持一体化平台)及数据来源各板块,组织高质量的数据采集,并在规划中提出了数据资源技术体系建设框架,如图 8.5 所示。

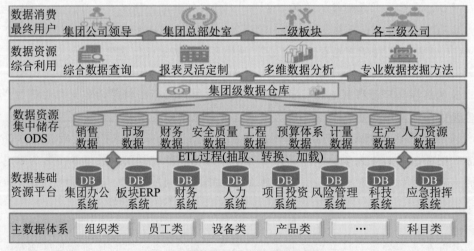

图 8.5　数据资源技术体系建设框架

2.3　数据治理目标

新兴际华启动了主数据、云数据中心、数据通道(集团公司广域网)、数据交换服务(企业信息系统集成)项目,以主数据管理系统建设为抓手,实现集团公司的数据标准落地和信息资源整合。其具体建设目标如下。

(1) 编码体系：实现信息编码的集中管控。

统一全集团公司的公共基础数据代码，构建覆盖通用基础、物料、内部单位（组织结构）、外部单位（客户、供应商）、人事（人员、组织机构）、财务（会计科目、固定资产、指标）六大类的编码体系。此编码体系对集团公司所涉及的主要公共基础数据予以定义、命名、确定内容、范围、表示方法等，从而实现对编码的集中管控。

(2) 主数据：实现集团公司的编码落地和信息资源整合。

新兴际华通过建设主数据管理系统，更好地发挥信息资源的作用：通过主数据管理系统打通各系统之间的壁垒，实现数据连贯和协同，确保重要数据在跨部门、跨区域、跨业务系统中的一致性和共享应用；建立完善的编码体系和保障机制，实现集团公司编码落地和信息资源整合。

(3) 信息资源：分析企业信息资源，为业务系统整合与集成提供支撑。

新兴际华全面分析企业在战略管控及财务、生产和业务管理过程中所需的人、财、物等信息资源，结合集团公司信息化总体规划建设，构建了信息资源部署模式；通过建设与完善人力资源管理系统、财务管理系统、项目管理系统、ERP系统等，逐步提高集团公司信息资源的完整性、真实性、及时性；建立一体化数据资源管理平台，对数据进行统一管理，满足企业横、纵价值网络中的数据共享、信息交互的要求，为业务系统整合与信息集成应用提供支撑。

2.4 实施方法

其实施方法是规范项目组织过程并辅以体系建设，具体介绍如下。

(1) 规范组织。

新兴际华的主数据项目建设主要分为以下3个阶段，如图8.6所示。

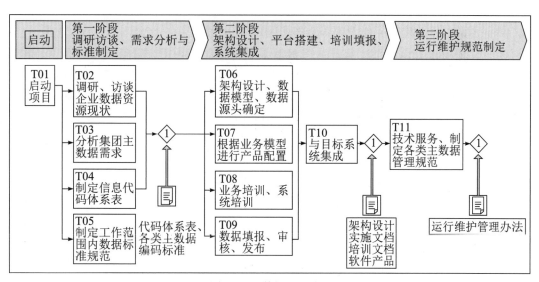

图 8.6 主数据项目建设

第一阶段：调研访谈、需求分析与标准制定。在本阶段全面调研、访谈各企业的数据资源现状，分析集团公司的主数据需求，制定信息代码体系表和数据标准规范。

第二阶段：架构设计、平台搭建、培训填报、系统集成。在本阶段开展主数据系统架构设计，确定数据模型和数据源头，根据业务模型和产品配置，组织业务培训和系统培训。

第三阶段：运行维护规范制定。在本阶段制定和完善主数据运维管理体系，梳理业务流程，明确工作职责，制定考核标准和制度。

（2）启动云数据中心项目，建立数据存储计算中心。

启动云数据中心项目，建立数据存储计算中心，可以在集团公司（包括集团总部、二级公司、三级公司）范围内，提高全集团数据资源的完整性、真实性、及时性，实现对人、财、物、产、供、销等所有经营信息的全面记录和及时汇总、整理，为分析集团公司及下属的二级和三级公司开展财务、人力资源、贸易采购等专项业务活动，以及辅助各级领导决策支持，奠定数据资源基础。

利用数据集成技术，新兴际华完成了统一的信息资源技术框架的构建，支持信息资源的综合利用与统一管理；在集团公司建立统一的数据平台，可以对集团公司的管理决策、二级板块主营业务中涉及的业务管理数据进行统一管理，为信息资源的集成与应用提供强力的支持。具体包括以下两项工作：

①基础设施建设。

2015年，新兴际华完成云数据中心建设，实现了数据存储、计算及网络基础环境的搭建任务。数据中心是实现大数据应用的硬件支撑，建立集团统一的硬件基础设施，可以实现各系统之间的资源共享和动态调配等。

②数据安全建设。

在云数据中心，服务器、存储、网络等资源虚拟化，增强了机房资源的可靠性、安全性。

考虑到数据集中度的增加，必须要加强数据安全。在这个项目中，新兴际华同时进行了数据灾备建设，防止数据中心发生意外，造成数据丢失。

同时，建立信息安全体系，提高数据安全性。

（3）启动广域网建设项目，建立数据传递通道。

新兴际华基于IPSec VPN及广域网加速技术，建设了集团公司通信网络体系，覆盖集团总部、二级公司、三级公司，成为连接集团公司与下属公司的"数据信息数据高速公路"，从而实现了集团公司的信息数据传输高效、稳定、安全，支撑了集团公司应用系统的正常运行，以及广域网络的统一建设与集中运维管理。

（4）启动信息集成平台项目，建立数据交互服务。

为解决新兴际华所属的二级和三级公司信息系统底层技术的异构性，使新兴际华的信息系统互通，打通集团二级公司与三级公司的信息系统之间的数据交换与共享，实现将三级公司的已有系统、在建系统、待建系统中的信息能够及时、准确地传回二级公司并进行数据的汇总与合并等功能需求，新兴际华建立了集团两级信息集成平台体系，实现三级公司信息系统与二级公司和集团公司之间的纵向数据整合通道。

新兴际华集团公司的信息集成平台采用"松耦合"的集成模式，引入面向服务框架（SOA）的设计理念，对集团核心业务系统（包括集团管控平台、综合服务平台、决策支持平台）、二级公司一体化平台、外部信息系统（包括上级主管企业的业务系统）的相关对外接口模块进行基于Web Service的"服务"封装，通过适配器挂接到业务服务总线上，在业务流程引擎的驱动下，利用消息传输机制，完成系统之间数据的实时（同步）或批处理（异步）传递，实现跨系统业务处理的自动完成，如图8.7所示。

第 8 章 企业的数据治理实践

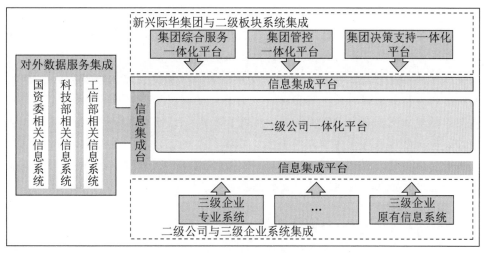

图 8.7　信息集成平台框架

案例 8.2 汽车行业：数据驱动长安汽车数字化转型

1. 背景介绍

1.1　公司介绍

重庆长安汽车股份有限公司（以下简称"长安汽车"）在全球拥有 16 个生产基地、35 个整车及发动机工厂，并与 41 个国家和地区有合作关系。长安汽车以数字化、信息化、自动化为基础，以平台化、轻量化、精益化为抓手，集成大数据、云计算、人工智能、物联网技术，以实现高质量、柔性制造，快速满足客户个性化定制需求。

1.2　长安汽车数字化发展历程

汽车行业的数字化建设历程分为信息化、数字化、智能化 3 个阶段，其中数字化建设阶段可被细分为数字化转型、数字化重塑两个阶段。长安汽车从 2001 年开始信息化建设，通过数字化战略尝试进行数字化转型，在 2010 年开始进入数字化转型阶段，从 2019 年开始进入数字化重塑阶段。图 8.8 所示的是长安汽车数字化建设历程。

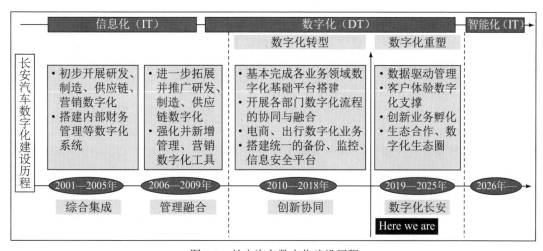

图 8.8　长安汽车数字化建设历程

2000年是长安汽车信息化建设的一个分水岭。因为业务战略的转变，长安汽车此前建立的分布在各部门、各领域的信息系统已经无法满足新的业务发展的需要。为了长远发展，长安汽车随后成立了专门的信息公司，开始全面推进信息化建设。

长安汽车的信息化建设经过十余年的发展，基础数据建设依靠内部系统已建设完成，但各系统中的数据如何保持统一的源头并成为公司的数据资产，成为当务之急。2011年，长安汽车开始建立汽车超级BOM平台，实现了产品策划部、产品部、制造中心、生产工厂、销售公司、售后服务部等全环节覆盖，以及汽车的产、供、销全链条的数据化连通，并以此展开主数据管理建设。2016年，为实现价值链升级，以及从制造型企业向制造服务型企业转型，长安汽车规划了"以大数据推动第三次创业"的宏伟目标。

1.3 数据治理背景

（1）汽车消费市场基于环境发生了巨大的变化。

如今，汽车消费市场已进入中低迷增长阶段，并且逐步进入刚性消费与消费升级并行发展阶段，汽车消费者更加注重品牌、舒适性和操纵便利性。在这样的背景下，汽车消费市场的几个主要特征发生了明显变化，主要表现在以下3方面。

一是客户变了。"80后""90后"用户逐渐成为中国汽车消费市场的主力军，他们更关注产品的个性化和产品的使用体验。

二是产品变了。电动化、智能化、互联化、共享化逐渐成为汽车产业技术和商业模式进化的新方向。

三是技术变了。人工智能、3D打印、物联网、区块链等新技术正在颠覆一切，包括汽车产业。

因此，作为汽车制造厂商，想要在日益激烈的市场竞争中占得一席之地，就必须提高对外部市场的反应能力，提高对消费者的服务能力，而其根本则是提高企业内部的运营效率。

（2）传统汽车行业迎来由IT向DT转型的机遇。

自进入21世纪以来，以云计算、大数据、人工智能等为代表的前沿新技术掀起了一股技术浪潮，并在各大领域中得到了广泛的应用。在此背景下，传统制造行业的"以客户为中心"的新营销模式优势日益突出，"以产品为中心"的营销模式已不再具备竞争力。此时，企业迎来由IT时代向DT时代转型的机遇。企业的"以流程为核心"也开始向"以数据为核心"转变，以及"从业务到数据，功能是价值"的传统理念也开始向"从数据到业务，数据是价值"的理念转变。数据已成为企业重要的战略资源和核心竞争力，也是驱动行业和企业转型升级的重要引擎。

（3）借助"互联网+"推动第三次创新创业。在国家大力推动"大数据战略"等背景下，长安汽车启动"第三次创业——创新创业计划"，并制定数字化转型战略，建立大数据云通过数据驱动管理提升、产品升级和构建生态圈。

2. 工作概况

2.1 建立数据治理架构

2017年6月，长安汽车启动数据治理项目，成立CA-DDM（长安-数据驱动管理）项目团队，并确定长安汽车的数据治理框架（见图8.9）以及数据治理目标，以保障公司数据的安全和质量，提高数据的使用价值，真正实现数据是企业的核心资产。长安汽车数据治理的总体目标如下：

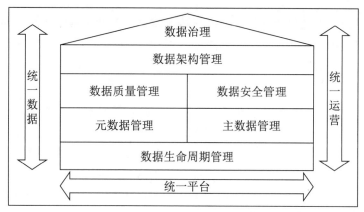

图8.9　长安汽车的数据治理框架

（1）满足并超越公司和所有利益相关者的信息需求，提高数据的使用价值。
（2）确保数据资产的安全性。
（3）持续提高数据和信息的质量（准确、及时、一致、完整、关联、实用）。
（4）对数据资产价值有更广泛和更深入的理解，保持信息管理的一致性。

2.2　明确运营工作思路

长安汽车通过统一平台、统一数据、统一运营的数字化管理手段，将数据治理的成果应用于生产实践中，实现基础管理标准化、业务数据财务化、经营成果指标化，具体介绍如下。

通过统一平台，打通数据孤岛，实现数据的全面、正式、透明、共享。通过统一数据，统一数据标准，建立指标体系，规范业务行为。通过统一运营，强化数据应用、创新业务运营模式，支撑运营分析科学化，业务改善持续化。

（1）统一平台。

长安汽车建立了大数据分析平台，为公司决策提供数据支撑。大数据分析平台的价值具体体现在以下两方面。

①融合外部数据，精准营销。对市场进行全局掌控，把握客户、产品及市场变化，实时采集主流汽车网站、论坛等数据，及时掌控行业市场格局，为改进产品、优化服务和提升销量提供全方位的决策支持；整合用户数据进行用户画像，构建用户全景视图，形成识别客户的量化指标，为营销活动提供精准支持。

②运营车联网数据，提升用户体验。实时采集车联网数据，通过分析用户评价等，促进产品改进；通过分析用户操作数据、车辆故障信息、车辆运行状态，为用户提供贴心的服务。

（2）统一数据。

统一数据旨在整合并完善公司数据体系，即对标最佳实践，建立数据管理体系，从而推进企业价值链全面数字化，实现数据资产的有效利用和价值挖掘。

建立数据指标体系，即结合市场洞察和创新需要，对公司战略进行拆解，构建数据指标体系，促进以客户为中心的数据驱动管理；从服务、质量、效率、效益、成长5方面建立相应指标，促进企业成长。

统一数据标准、口径和计算逻辑，重点对数据指标和主数据开展治理和重新审视并发布相关标准，以规范业务行为，提升数据质量。

（3）统一运营。

实现数据运营，用数据说话，建立"实体+虚拟"的运营组织，制定运营机制，开展全价值链的数据运营：通过数据运营发现问题，持续推动管理提升；逐步将运营结构化、自动化、智能化，提高整体运营效率。

开展大数据场景建设，为精准营销、产品策划、电商应用、客户运营等应用场景，提供精准"炮弹"：以数据中台为核心架构，对数据进行组件化、服务化，推进自助分析能力建设，全面提升员工的数据分析能力，为业务赋能。

按"看数据—信数据—用数据—数据文化"的思路，建立数据文化氛围：在全公司范围内推广通过大数据平台进行用户运营；综合运用培训、宣传、竞赛、抽查、指标评价等多种方式，建立数据文化氛围，推动以数据分析手段改善公司业务运营质量、洞察客户及市场机会，鼓励员工掌握数据分析技能。

2.3 建立数据管理标准体系

长安汽车通过建立数据管理体系框架，确定了数据治理的范围，规划了长安汽车数据治理的提升路径；通过建立数据管理标准，把数据治理工作落到实处。

（1）建立数据管理体系框架。

建立数据管理体系框架，以数据治理为核心展开各项工作，将数据治理作为规划、控制和提高数据及信息资产的一个业务职能，是有效利用数据开展运营的基础保障。为推动基于大数据平台开展业务运营，长安汽车创建了数据管理体系框架，其中涵盖了数据架构管理、数据安全管理、数据质量管理、主数据管理、元数据管理、数据生命周期管理等领域，如图8.10所示。

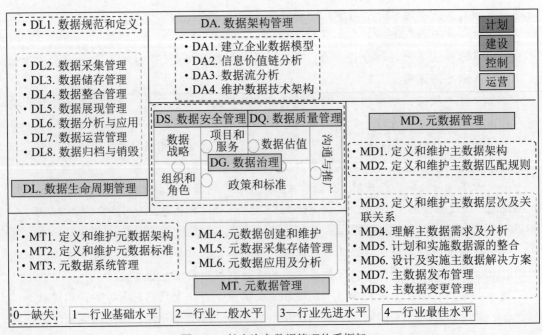

图8.10 长安汽车数据管理体系框架

（2）建立数据管理标准。

①基于长安汽车的数据治理项目的总体规划与体系框架，长安汽车累计制定并发布了25项数据管理标准，包括《数据质量管理规范》《数据展现标准管理程序》《指标通用技术规范》《指标评价管理程序》《指标建设流程规范》等，有效地指导长安数据管理体系建设、数据治理及后续推广等工作的开展。

②长安汽车根据数据管理标准，完善了数据管理成熟度评估标准（见图8.11），持续按季度对各业务领域开展数据管理成熟度评估，以提升数据管理成熟度。

评估等级	初始级	受管理级	稳健级	量化管理级	优化级
分值区间	1.00~1.99	2.00~2.99	3.00~3.99	4.00~4.99	5
等级特征	以项目集体现，缺乏统一的被动式管理	意识到数据的重要性，要求制定相关流程	数据反映组织绩效目标，制定管理体系	数据作为竞争优势的来源，量化分析、监控	数据作为竞争生成的基础，持续改进和提升

图8.11　长安汽车数据管理成熟度评估标准

③长安汽车依据数据管理成熟度评估结果，推动各业务部门开展主数据治理，明确数据责任部门。

④长安汽车建立了数据运营机制，定期发布运营分析报告。

2.4　数据管理实施方法和路径

长安汽车以数据架构管理、数据安全管理、数据质量管理、主数据管理、元数据管理和数据生命周期管理为中心，并结合业务应用的具体情况，采用PDCA循环（计划、执行、检查、处理）模式进行测量和改进。长安汽车数据管理实施方法和路径如图8.12所示。

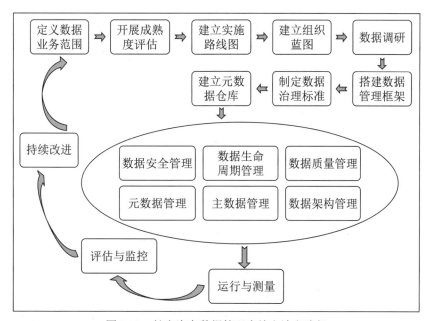

图8.12　长安汽车数据管理实施方法和路径

案例思考题:

1. 上述两家企业在数据治理方面均存在哪些问题与挑战?
2. 不同类型企业针对数据治理问题所制定的数据治理方案存在哪些异同?

8.2 企业的数据类型与核心价值

数据作为一种资产,不同类型的数据作用必然不同,自然就会产生不同的价值。而且,就同一组数据而言,在不同的环境下价值可能不同。数据分类的目的是对其有更好的认知和管理,并实现对不同类型数据的更好的应用与价值释放。因此,清晰地划分企业的数据类型,并掌握不同类型数据资源的价值至关重要。本节将从企业数据资产的含义与特性入手,分析企业数据资产的构成,并提出不同的数据资产评估方式,以帮助企业明晰数据在企业发展过程中的价值。

8.2.1 企业数据资产的含义与特性

视频讲解

1. 企业数据资产的含义

根据维基百科的解释,数据也可以理解为"事实",是反映客观事物未经加工的原始素材,是对客观事物的真实表达。数据形态多样,最简单的是数字,也可以是文字、图像、声音等。数据是对客观事物的描述,可以记录、分析和重组。IASB(International Accounting Standards Board,国际会计准则理事会)指出:"资产是一种有潜力产生经济利益权利的经济资源,是企业由于过去事项而控制的现时经济资源。"在资产概念中,"控制"产生经济利益,"权利"是核心内涵。

"数据资产"这一概念最早由理查德·彼得斯(Richard Peters)于1974年提出。理查德认为,数据资产是指企业持有的政府债券、公司债券和实物债券等资产。理查德提出的数据资产概念与如今的数据资产概念存在较大差别,其更接近于现在的金融资产,而不是现在以数据要素为主构成的数据资产。随着时间的推移,人们对数据资产的认识在不断深入,其内涵和范围也在不断扩展。

其中,李雅雄等(2017)认为,数据资产是指经过加工后能实现企业特定的商业目的并给企业带来经济利益流入的可计量的数据化资源。朱扬勇等(2018)认为,数据资产是拥有数据权属、有价值、可计量、可读取的网络空间中的数据资源,数据资产兼有无形资产和有形资产、流动资产和长期资产的特征,是一种新的资产类别。

目前,关于数据资产的定义学界尚未有定论,但以上学者们的观点基本趋同,也即是:数据资产是一种数据资源并可以为企业带来经济利益;数据资产具有资产的基本属性,但又具有数据的某些特性,是一种新型资产;并非所有的数据资源都是数据资产,数据资产是那些可计量、可读取、有价值的数据资源。由此可知,数据资产是企业由于过去事项而控制的现时数据资源,并且有潜力为企业产生经济利益。数据资产是企业生产经营中每天都会碰到的资源,是科学研究的基础和经济决策的依据。

因此，本书认为数据资产是指由企业拥有或控制的、预期能为企业带来经济利益的可计量、可读取、有价值的各种数据资源。

2. 企业数据资产的特性

数据资产首先应当符合资产的定义，具有资产的特定属性，即数据资产预期可为企业带来经济利益的流入。同时，数据资产来源于数据的加工和整理，具有数据的某些特性，与传统资产的定义有所区别。因此，数据资产兼具资产与数据的双重属性。具体来说，数据资产具有业务附着性、技术依赖性、可复制性、非排他性、时效性、价值不确定性等突出特性。

1）业务附着性

数据源自业务，每一项原始经济业务的发生都会产生相应的数据，从某种角度上说，这些数据是原始经济业务的映射产品。企业对这些数据经过加工、整理形成了对企业经营决策和运营管理具有参考价值的高质量数据，此时的数据可称为数据资产。尽管数据资产具有了资产的属性，但其依然是原始经济业务的映射产品，并不能单独为企业创造价值。数据资产价值的实现必须依附于业务，即通过对数据资产的管理促使业务端的整合与创新，从而增强业务为企业创造价值的能力。

2）技术依赖性

数据资产的价值大小，取决于数据资产分析、加工、整理的质量。面对海量的数据源，并非所有数据都具有价值，数据获取与加工同样需要各种成本，只有经过专业的技术处理后，数据资源才转化为有价值的数据资产。因此，数据资产质量的高低在很大程度上依赖于数据处理技术的好坏，而且即便是相同的数据资源，采用的技术处理角度与方法不同也会形成不同价值的数据资产。

3）可复制性

不同于其他资产，数据资产是可复制的，而且复制成本较低。使用数字资产时，可以获取任意数量的副本，而不会降低数据资产的价值和质量。使用数据资产时也不会发生腐蚀或磨损等自然消耗现象。当然，数据资产的相关性可能会随着时间的流逝而降低，但不会磨损或减少。

4）非排他性

数据资产是一种特殊的资产。与实物资产相比而言，数据资产不具有排他性，即同一数据资产可以被多次使用，也可以被多个对象共同使用。因而数据资产在物理上可以共享和多次使用，并由此而产生巨大的经济效益与社会效益。

5）时效性

在企业核算中，固定资产折扣、无形资产摊销都是有固定年限的，可按其原始成本进行折旧或摊销。与之相比较，数据资产的价值更容易受到时间的影响，尤其是一些经营数据资产具有较强的时效性，企业收集整理这些数据耗费大量的人力、物力，一旦某些数据被公开或者过时，其能为企业带来价值的潜力也将消失，数据资产的价值不复存在。

6）价值不确定性

在数据资产的加工和价值发现过程中，最典型的特性是价值不确定性。数据资产的价值不一定因为加工而增加，也随着访问用户角色的不同和应用场景的不同而有大的差异。

同一数据资产对于不同的使用者来说，所能产生的价值是不同的。例如，网站上的服装消费数据对于服装企业来说要比食品企业更具价值。

8.2.2 企业数据的构成

对于企业数据的划分，可根据层级模型与域模型进行区别。

1. 企业数据的层次模型

根据企业中数据的特征、作用以及管理需求的不同，可根据马尔科姆·奇泽姆（Malcolm Chisholm）的分类方法，将企业数据分为 6 个层次，分别为元数据、引用数据、企业结构数据、业务结构数据、业务活动数据和业务审计数据，如图 8.13 所示。

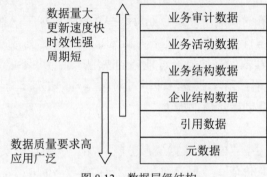

图 8.13　数据层级结构

1）元数据

元数据是系统中最基础的数据，是关于数据的数据，或者说是用于描述其他数据的结构数据。元数据描述数据定义、数据约束、数据关系等。在物理模型中，元数据定义了表和属性字段的性质。

由于元数据是其他数据依存的基础，因此元数据管理在企业数据管理中起关键性的作用。元数据描述了系统中的表和属性字段的性质，所以应该在数据库设计阶段进行准确的定义，并在数据库的整个运行过程中保持不变。元数据的改变将从底层改变其他数据的结构，对整个系统带来广泛的影响。例如，如果将系统中客户信息的姓氏字段从 20 字节增长为 40 字节，则系统中对客户信息以及客户信息相关的业务信息、财务信息的查询、显示以及报表等诸多功能都将随之发生变化。

2）引用数据

引用数据定义了元数据的可能取值范围，也被称为属性值域。例如，月份的引用数据为 12 个属性值（1～12 月），国家的引用数据为世界上现有的 200 多个国家和地区。引用数据的正确、完备和统一是其他数据质量的保证，可大大提升业务流程和数据分析的准确性和效率。引用数据的使用贯穿于企业的各类 IT 应用，是提供集成、共享、全面和准确的信息服务的重要支持。除此之外，引用数据是对数据分类的主要标准。例如，电子商务平台的订单状态可以分为待付款、待发货、已收货和已撤销等，不同状态的订单将进入相应的业务流程。

在企业的长期运营过程中，时常会面临引用数据的变化。例如，公司合并会使相关的股票代码发生变化，如果没有对股票代码的引用数据进行及时修改，则可能造成相应的业务信息发生错误，甚至为企业带来直接的经济损失。

引用数据的使用能够满足各类系统对相同信息的不同粒度或不同形式的应用需求。将国内客户按照收货地址的省份进行分类，而省份属性的引用数据即为我国 34 个省级行政区域。但实际应用会根据输出格式的要求显示省份的全称或简称，或者按照数据分析的需求，将省份进一步按照华东、华北、华南、华中等大区进行划分。分散的企业 IT 应用很难实现引用数据的统一，冗余或冲突的引用数据阻碍了信息的共享，使得管理者无法看到企业数据的全貌。因此，引用数据的管理是主数据管理中的重要环节，需要予以充分的重视。

3）企业结构数据

企业结构数据描述了企业数据之间的关系，反映了现实世界中的实体间的关系或流程，如会计科目、组织架构和产品线等。这些数据是多条数据的集合，共同描述了企业中的层次结构关系，是企业开展业务和进行管理的依据。例如，企业组织结构由组织机构、人员、岗位等主数据组成，但在不同行业之间，企业结构化数据的结构和内容都有很大差异。

4）业务结构数据

业务结构数据描述了业务的直接参与者，产品数据和客户数据都是典型的业务结构数据。掌握业务结构数据是业务发生的必要条件。显然，当向客户出售产品时，需要提前了解产品和客户；在系统中录入产品销售记录时，系统中也必须存在对应的产品和客户数据。

业务结构数据描述的数据实体通常由一个唯一的数据编码以及大量的属性信息构成，因此，数据编码的生成规则成为此类数据管理的关键。客户的姓名可能会改变，产品名称在其生产流程中也在不断变化，这些都对数据编码工作带来了挑战。业务结构数据应用于系统的一系列业务流程，不同的业务部门所使用的数据属性也不尽相同，因此，针对业务内容产生不同的数据视图（见图 8.14）是业务结构数据管理的另一个重点。

类别编码	物料编码	类别名称	长描述	物料类型	物料组	外部物料组
0901001	090100100020	聚氯乙烯绝缘电线	聚氯乙烯绝缘电线 BVR-2300/5001*0.5	ZSNG	0901001	01

采购视图　　　　　　　　　　　财务视图

图 8.14　不同业务的数据视图

5）业务活动数据

业务活动数据记录了企业运营过程中产生的业务数据，其实质是主数据之间活动产生的数据，如客户购买产品的业务记录、工厂生产产品的生产记录。业务活动数据是企业日常经营活动的直接体现，也是早期企业自动化的关注重点。如前所述，业务活动数据大大依赖前几层数据的质量。如果企业只关注于对业务活动进行记录，而忽略了基础数据的维护，将造成系统内数据的混乱，从而影响整个企业的生产运营。业务活动数据存储于企业的联机事务处理系统（On-Line Transaction Processing，OLTP），这些系统应用提供了业务活动数据高容量、低延迟的访问和维护服务。

6）业务审计数据

业务审计数据记录了数据的活动。例如，对客户信息进行修改、对业务进行删除，这些变化都将被记录在系统中，以便日后追溯。利用业务审计数据可以对数据按照时间维度进行分析，把握企业运营的趋势。同时，一些法律法规也对业务审计数据做出了要求，特别是对银行等关键行业。

2. 企业数据的域模型

数据层次模型抓住了不同层次数据量、变化频度和生命周期的差异，对数据管理有一定的指导意义。但该模型提出较早，面对当前企业数据管理的具体要求，存在以下不足：

（1）随着大数据和商务智能（Business Intelligence，BI）的发展，由基础的业务数据衍生出大量的分析数据，该数据层级未能在原始的数据层次模型中有效表达。

（2）在实际的数据管理系统中，相对慢变的元数据、引用数据、企业结构数据、业务结构数据通常作为主数据来管理；业务活动数据和业务审计数据通常属于在线事务处理的范畴；分析数据则和在线分析处理关系紧密。数据的层次模型未能对上述数据与信息系统之间的对应关系进行表达。

因此，在数据层次模型的基础上，提出数据的域模型，根据企业中数据的特征、作用以及隶属关系的不同，将数据资产划分成主数据、业务数据、分析数据3个主要的数据域，如图8.15所示。

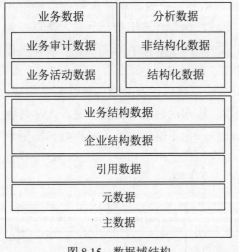

图8.15 数据域结构

1）主数据域

主数据域是指具有高业务价值的、可以在企业内跨越各个业务部门被重复使用的数据，是单一、准确、权威的数据来源。主数据域包含元数据、引用数据、企业结构数据、业务结构数据等内容。主数据依赖静态的关键基础数据，关键基础数据往往是标准的、公开的，如关于国家、地区、货币等的数据。这些数据的变化相对较慢，但对企业具有全局的重要作用。

2）业务数据域

业务数据域包含业务活动数据和业务审计数据，业务数据是在交易和企业活动过程中动态产生的，通常具有实时性的要求。

3）分析数据域

分析数据域是对业务数据梳理和加工的产物，相对业务数据而言，实时性的要求较低，通常按照分析的主题进行组织和管理。同时随着大数据技术的发展，在分析数据域中除了传统的结构化数据之外，还引入了大量半结构化和非结构化数据。

在上述数据资产之中，主数据是上层业务数据、分析数据组织和管理的基础，相对于上层数据具有稳定、数量少的特点，但这些关键数据的影响范围广泛。业务数据和分析数据与企业的运营决策直接相关，其数据质量严重依赖底层主数据的质量。

8.2.3 企业数据资产的估值与计量

1. 企业数据资产的估值

数据资产的估值是数据资产管理的一个难点。当前，常用的资产估值方法主要有 3 类：

（1）成本法，是指对资产价值的确认需要以其形成过程中耗费各项历史成本总和进行估值；

（2）收益法，是指对资产价值的确认需要以其预期为企业带来经济利益流入总量进行估值；

（3）市场法，是指对资产的确认需要以其在市场交易日买卖双方认可的价值进行估量。

3 种估值方法都有其合理性，可应用于不同类型资产的估值。

但由于数据资产的特殊属性，其价值评估很难用某一常规方法进行准确衡量，应采用综合估值的方法。同时，在数据资产进行估值时，除了要考虑数据资产形成过程中耗费的历史成本，也应对其预期带来的经济利益流入以及在交易市场上的公允价值进行估计。此外，对数据资产进行估值时需要考虑更多方面的因素，数据质量水平、不同应用场景和特定法律道德限制均对数据资产的价值有所影响。除了采用传统估值方法外，还应从质量、应用、风险 3 个维度来综合评估数据资产的价值（见表 8.1）。

表 8.1 数据资产价值的影响因素

主要维度	要点
质量维度	真实性：表示数据的真实程度； 完整性：表示数据对被记录对象的多种相关指标的完整程度； 准确性：表示数据被记录的准确性； 数据成本：在数据交易市场不活跃的情况下，数据价值没有明确的计算方式，卖方出售数据会首先考虑获取数据时的成本； 安全性：表示数据不被窃取或破坏的能力
应用维度	稀缺性：表示数据资产拥有者对数据的独占程度； 时效性：决定依据数据做出的决策在特定时间内是否有效； 多维性：表示数据涵盖范围的多样性； 场景经济性：指在不同应用场景下，数据所贡献的经济价值也有所不同
风险维度	法律限制：在法律尚未明确规定的情况下，哪些数据绝对不能交易，哪些数据可以通过设计合法后才能交易，这些问题在限制数据交易的同时也影响着数据资产的价值； 道德约束：部分数据交易存在一定程度的道德风险

2. 企业数据资产的计量

资产的计量是指量化资产的过程和具体方法，涉及资产计量属性和度量单位的选择。数据资产是企业资产的组成部分，与其他资产一样也应该进行计量。数据资产的计量既要考虑数据资产的初始计量，又要考虑数据资产的后续计量。

1）企业数据资产的初始计量

企业应当结合自身业务特点和风险管理要求，将取得的数据资产在初始确认时采用以下方法进行计量：

(1) 历史成本法。

历史成本法是指数据资产的入账价值以取得数据资产时实际发生的成本为依据。数据资产的历史成本法计量主要是对企业取得数据资产的各种耗费进行计量，主要包括采集、挖掘、分析、传输数据和数据库建设的各种软件、硬件和人工支出，也包括应支付给数据所有者的数据使用转让费。在计量数据使用转让费时，应区分资产的所有者、管理者和使用者。数据所有者是产生数据的用户；数据管理者是对用户数据进行采集、挖掘、存储等的企业；数据使用者是使用数据的企业，也是数据的受益者，既可以是与数据管理者合二为一的企业，也可以是向数据管理者购买数据的企业。只要企业使用了用户数据，就应向用户或数据管理者支付转让费。如果数据使用者向数据管理者支付了数据转让费，则数据管理者也应向数据所有者支付数据转让费。此时，数据管理者承担的是数据银行的角色。

数据资产计量的历史成本法在实际工作中简单易行，各种支付的凭证容易取得，是计量数据资产的基础方法。历史成本法以交易事实为依据，交易的行为和金额是客观、可验证的，以此计算的成本和利润也是客观、可验证的。因此，历史成本法反映了企业取得数据资产的结果，是一种较为可靠的计量模式，这也是历史成本法在会计实践中被广泛应用的原因。

(2) 公允价值法。

用公允价值法计量数据资产是指数据资产按照公开市场参与者在公平交易中出售数据资产的价格进行计量。数据资产的公允价值法适用于通过交换而获取的数据资产，也就是数据使用企业向数据管理企业购买数据所实际支付的价格。如国外很多公司向EBSCO（E. B. Stephens Company，E. B. 公司）等数据公司、壳牌等公司的财务共享中心、路透社等新闻通信公司购买数据支付的价格，国内一些公司向万方等数据公司、同花顺等证券数据公司购买数据支付的价格。

数据资产计量的公允价值法通常包括市价法、类比项目法和估价法。

①市价法是指将数据资产的市场交易价格作为其公允价值的方法。

②类比项目法是指在无法获得数据资产市场交易价格的情况下，通过参考类似项目的市场价格来比较和确定数据资产公允价值的方法。

③估价法是指当数据资产不存在或只有很少的市场交易价格信息时，采用一定的估价技术对数据资产的公允价值做出估计的方法。

通常情况下，在确定数据资产的公允价值时，需要从市价法、类比项目法和估价法中选择一种方法。确定数据资产的公允价值时，首选方法是市价法，因为公开、透明的市场交易价格通常易被人接受，也是最公允的；在无法获得数据资产市场交易价格的情况下，可以采用类比项目法，按照严格的条件选取类比项目的市场交易价格来确定数据资产的公允价值；而当数据资产不存在或只有很少的市场交易价格信息，无法运用市价法和类比项目法时，则采用估价法对数据资产的公允价值做出估计。数据资产计量的公允价值法是市场经济条件下维护产权秩序的必要手段，也是提高财务信息质量的重要途径。

(3) 评估法。

数据资产计量的评估法是对企业的数据资产进行价值评估时所采用的计量方法。在资本市场，互联网企业备受关注，而这类企业最重要的资产就是数据资产。数据资产如何估值？价值几何？这些都是实务中迫切需要解决的问题。如果这些数据资产管理企业自身使用了数据且在生产经营活动中产生了商业价值，那么这些商业价值应该反映在企业运营的收入、成本和利润等指标中，从而在企业市值中体现数据资产的价值。而在企业估值过程中，这些指标已经被充分考虑。因此，对这样的数据资产似乎没有单独评估的必要。但是，企业常常关注的是能否对数据资产本身进行评估。这背后的逻辑是，数据资产本身（即使脱离企业的生产经营活动）也应该具有价值，可以被评估。

数据资产计量的评估法通常包括收益现值法、重置成本法、现行市价法、清算价格法等。

①收益现值法是指将被评估的数据资产未来预期收益按合理的折算率计算出的现值作为估算数据资产现值标准的评估方法；

②重置成本法是指以重新购置被评估数据资产可能花费的成本作为估算数据资产现值标准的评估方法；

③现行市价法是指以被评估数据资产的现行市价作为估算数据资产现值标准的评估方法；

④清算价格法是指以企业清算时数据资产的可变现价值为标准，对被评估数据资产的价值进行评估的方法。

2）企业数据资产的后续计量

数据资产的后续计量是指对经初始计量后的数据资产在每一会计期末发生价值变动时进行新的计量，既要对数据资产的价值变动进行连续、系统的反映，又要对因价值变动而引起的损益变动进行连续、系统的反映。对于数据资产的后续计量，企业通常采用历史成本法，在特殊条件下，也可以采用公允价值法。

（1）历史成本后续计量。

在互联网企业中，耗费大量资金采集的数据最终可能会被发现没有任何用处，也无法给企业未来带来经济利益的流入。但采集、挖掘数据消耗了服务器资源、带宽资源、人力资源等，企业是否应将这些资源消耗计入数据资产的价格？答案是否定的。数据资产的价格，与其他普通实物商品的价格一样只能由其创造的价值来衡量。因此，采用历史成本模式进行后续计量的数据资产，应当按照数据资产是否有潜力给企业带来经济利益流入的程度，对数据资产计提折旧或进行摊销。值得关注的是，数据资产的生产成本与其对应的市场价格并没有必然联系，价格是价值的体现。明显存在减值的数据资产应当进行减值测试，根据减值程度计提减值准备，并计入当期损益。

（2）公允价值后续计量。

企业只有取得确凿证据证明数据资产的公允价值能更好地反映价值时，方可对数据资产采用公允价值法进行后续计量。企业如果选择公允价值法对数据资产进行后续计量，则应在每一会计期末对该数据资产进行减值测试，根据测试结果调整数据资产期末价值，并将数据资产的公允价值与账面价值的差额计入当期损益（公允价值变动损益）。同时，如果企业对数据资产的后续计量采用公允价值模式，则在每一会计期末无须对数据资产计提折旧或进行摊销。

8.2.4 企业数据资产的重要价值及实现方式

1. 企业数据资产的价值

（1）参与企业生产经营活动。数据是一种参与企业生产经营活动的经济资源。有效地管理和使用数据可以减少或消除企业经济活动中的风险，为企业管理控制和科学决策提供合理依据，给企业带来相关的经济效益。

（2）支持企业发展战略。数据是支持企业发展战略的重要资源，是企业进行分析和决策的重要基础。有效地挖掘和利用海量数据已经成为企业高效发展的关键推动力，如何利用数据创造价值，实现决策分析，对提升企业业务效率、综合竞争实力以及加速企业发展具有重要的意义。

（3）最大的价值来源。数据是现代企业最大的价值来源，数据资产具有较高附加值。有效应用数据资产往往能创造出巨大的潜在价值，其所带来的经济效益不可预估。利用规范的、真实的数据有助于企业进行业务创新，提供更优质的服务，提升客户忠诚度，减少决策分析和报表统计所需的工作，提升企业整体价值。

2. 企业数据资产价值的实现方式

（1）运用数据资产打造企业核心竞争力。在数字经济时代，企业如何利用数据资产进行合理的数据布局，打造企业未来的核心竞争力，占领未来的数据高地，将是各企业在未来的重中之重。企业可基于海量数据分析，深度挖掘数据背后的信息，统筹数据分析整理，并制定企业深度信息化产品的应用解决方案，全方位、多角度助力企业发展。企业应充分运用数据资产，对企业内外部环境进行分析，精准把握产业发展动向，不断整合与创新业务端，优化资本结构，建立适应动态发展的战略体系，不断强化自身优势，打造品牌、管理与文化的核心竞争力。

（2）运用数据资产组织智能化生产。企业可将生产加工形成的数据资产用于改善生产环节设置、降低成本，从而为企业创造更大的利润空间。在对整个生产过程进行数据采集的基础上，使主数据流和工业网络、智能装备、智能仓库、智能系统等方面系统集成，实现数据流的贯通与共享。通过生产工艺数字化信息平台建设，打通设计、工艺、制造之间的数据流，实现上下游高效协同，可以在较大程度上提高生产效率，降低生产成本。

（3）运用数据资产精准定位客户价值。企业可通过数据分析定位现有客户与潜在客户未来的价值。企业在商业活动中产生了大量的数据，包括商业数据、交互数据和传感数据等。商业数据主要来自企业的交易系统，包括企业与供应商、客户的各种交易信息和收付记录等。交互数据主要来自客户的业务咨询、市场问卷调查，各种社交媒体的消费意向等。传感数据主要来自 GPS 设备、无线网络、视频监控设备等。通过对产生的各类数据进行归集、分析，可掌握客户的背景、消费心理、行为习惯、购买期望等相关信息。基于数据分析，企业可将客户及潜在客户划分为不同消费群体采用精准推送、个性化定制、市场细分等销售策略提升客户的满意度和忠诚度，创造更多价值。

（4）运用数据资产优化财务管理。由于财务管理对信息数据的高度敏感，数据的完整性、准确性和及时性，以及如何挖掘数据资产价值并为公司决策提供科学依据已成为财务管理由会计核算型向价值创造型转变的重要途径。企业可通过打造一体化财务信息工作平台，持续提升数据资产质量，运用构建仿真分析预测模型，有力支撑财务辅助决策智能化。企业可通过大数据、互联网等技术，将数据资产全部进行指标化管理，实现重要指标展示、专业业务分析、多维数据搜索。充分利用资金数据资产，积极开展资金监控研究和探索，涵盖资金收、支、余及资金预测，为企业科学决策提供可靠准确的财务支撑。

（5）运用数据资产提高产品研发质量。面对不确定的市场发展趋势，企业产品研发存在较高风险。企业可以运用数据资产精确分析客户需求，降低风险，提高研发成功率。产品研发的主要环节是消费者需求分析，产品研发数据化的关键环节是数据收集、分类整理和分析利用。

8.3 企业数据治理的顶层架构设计

在目前数字化转型大趋势的推动下，企业开展数据治理的需求迫在眉睫。数据治理体系架构的搭建涉及管理、技术等多个学科领域，是一个非常复杂的系统工程，如何全面而系统地构建较为完整的数据治理顶层架构，是企业实施数据治理的关键课题。本节通过明晰企业数据架构的设计原则、目标，梳理国际社会主要的数据治理框架，构建合理的企业数据治理顶层架构，并分别从基础数据层、业务数据层、基础指标层等多个数据架构层级加以分析。

8.3.1 企业数据治理架构的设计原则

（1）遵守法规，保障安全。数据作为重要的生产要素，确保数据安全应是始终遵守的底线。企业应建立健全数据安全管理长效机制和防护措施，严防数据泄露、篡改、损毁与不当使用，依法依规保护数据主体隐私权在数据治理过程中不受侵害。

（2）物理分散，逻辑集中。由于历史原因，部分企业中存在很多体量大的部门或分公司，甚至存在多个数据中心（数据源），呈现出数据分散存储、分散运行的局面，若采用"推倒重来"的方式显然成本太高、阻力太大。因此，应在保持现有数据中心职能不变的前提下，维持当前数据物理存放位置和运行主体不变，充分利用各数据中心的 IT 设施和人才资源，构建"1 个数据交换管理平台 +N 个数据中心（数据源）"的数据架构。在此基础上，制定、实施统一的数据管理规则，实现数据的集中管理。

8.3.2 企业数据治理架构的设计目标

（1）完善数据管控体系。通过对数据管控组织、流程、标准和技术支持的统一规划设计，实现数据管控过程的高效运行和持续优化，建立数据治理的长效机制。

（2）统一数据来源。通过对关键共享数据进行集中管理，确保关键共享数据的一致性，构建企业层面的统一数据视图。

（3）标准规范数据。数据清理将实现现有数据的标准化，数据申请和数据审批等业务流程将控制新增数据的标准化，从而彻底改善数据不完整、冗余、错误等质量问题。

（4）健全数据治理组织。有效的数据治理需要跨越企业不同组织和部门，因此，需要建立企业内数据治理组织架构，有效地管理和控制数据治理的各项任务。数据治理的组织

结构分为决策层、管理层和执行层 3 层:

①决策层负责制定数据治理的愿景和目标,掌控数据治理计划的总方向,负责牵头数据治理工作,包括决定数据治理的政策、标准、规则、流程等,保证数据的质量和隐私;在数据出现质量、安全和共享问题时负责仲裁工作,并协调各部门利益冲突。

②管理层负责组织制定企业级数据治理措施、数据能力建设规划、数据治理实施路径、资源投入方案,保证数据治理成效,对发挥数据价值负领导责任。

③执行层负责数据治理具体实施工作,结合数据应用需求,开展数据采集、处理和共享等工作,执行元数据标准,从技术角度解决数据质量问题,明确数据名称、定义和数据质量要求,进行数据治理技术平台的部署和维护,保证平台安全稳定运行。

(5)完善数据治理流程。企业数据治理的流程面向数据和服务,以职责清晰、流程简化、安全合规为原则,构建覆盖数据服务全生命周期的高效、安全、简单易用流程体系,确保工作流程横向协同、纵向贯通,保障数据使用效率,具体的数据治理流程如表 8.2 所示。

表 8.2 数据治理流程表

服务内容	服务说明
数据服务请求	响应和处理数据服务请求的管理流程,目的是统筹数据服务需求,快速并有效地处理,提升服务质量,提高用户满意度,主要包括数据服务需求申请、方案交付、方案确认、服务交付、服务评价 5 个环节
数据授权申请	业务数据从源端系统接入数据仓库贴源层授权管理流程,目的是实现公司数据资产汇聚,主要包括授权申请、授权审批 2 个环节
数据采集管理申请	处理源业务系统接入贴源层的接入操作管理流程,主要包括接入申请、接入实施方案编制、方案审核、数据接入 4 个环节
数据共享管理	处理公司跨部门、跨单位数据使用请求的管理流程,目的是快速、有效地处理数据共享使用请求,确保数据共享安全合规,主要包括需求受理、数据共享方案制定、共享需求审批 3 个环节
数据处理变更	处理数据服务变更的管理流程,目的是快速、有效地处理服务需求部门的数据服务变更申请,主要包括需求变更受理、服务变更审核、变更服务确认交付 3 个环节
数据质量管理	处理数据中台数据质量问题的管理流程,目的是推进源端业务系统数据和质量治理,保证数据中台数据质量,主要包括数据质量问题发现、数据质量核查、数据质量治理 3 个环节
数据服务下线	处理无业务调用的数据服务申请下线的管理流程,目的是强化数据服务统筹管理,确保资源充分高效利用,主要包括下线申请、下线审核、服务下线、确认结果 4 个环节

8.3.3 国际社会主要企业数据治理框架梳理

1. 国际标准化组织

国际标准化组织提出的数据治理框架是建立在 IT 治理的基础之上的。2015 年,国际标准化组织 IT 服务管理与 IT 治理分技术委员会制定了 ISO/IEC 38505 系列标准,提出了 IT 治理的通用模型和方法论,并认为该模型同样适用于数据治理领域。

在数据治理规范相关的 ISO/IEC 38505 标准中，制定者阐述了基于原则驱动的数据治理方法论，提出通过评估现在和将来的数据利用情况，指导数据治理准备及实施，并监督数据治理实施的符合性等。

ISO/IEC 38505 为组织的治理主体提供了数据治理指南，组织的数据治理主体可以应用基于该标准的方法来开展数据治理活动，在减少数据风险的同时提升数据的价值。如图 8.16 所示，该标准主要关注治理主体评估、指导和监督数据利用的过程，而不关注数据存储结构等数据管理活动。该标准强调数据治理的责任主体在治理层，治理层在开展数据治理的过程中主要通过制定数据战略来主导数据管理活动，而管理层需要通过管理活动来实现战略目标。同时，治理主体需要通过建立数据策略来保障数据管理活动符合数据战略的需要，进而满足组织的战略目标。

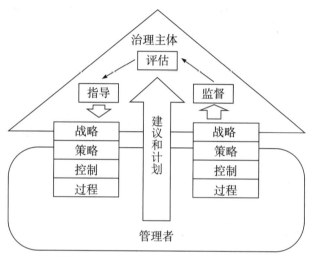

图 8.16 ISO/IEC 38505 数据治理框架

该标准实际上是对 IT 治理方法论的进一步扩展，并未对数据治理的实施和落地提供有效的手段。在实践中，数据治理虽根植于 IT 治理，但二者之间又有明显的区别，IT 治理的对象是 IT 系统、设备和相关基础设施，而数据治理的对象是可记录的数据。因此，IT 治理过程更强调 IT 投资和系统实施，而忽视了商业价值增长中的数据创建、处理、消耗和交换方式。

2. 国际数据管理协会

国际数据管理协会提出的 DAMA-DMBOK 数据管理框架以数据管理为中心，认为数据治理是数据管理的组成部分，是数据管理的核心功能。该框架包括两个子框架：功能子框架和环境要素子框架（见图 8.17 和图 8.18）。功能子框架总结了数据管理的 10 个功能，并将数据治理置于核心位置。环境要素子框架提出了数据管理的 7 个环境要素，同时，该框架中数据治理的核心工作就是解决数据管理的 10 个功能与 7 个要素之间的匹配关系问题。

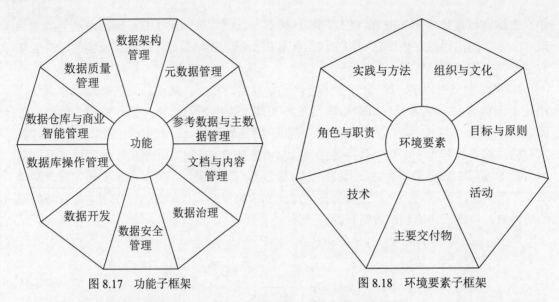

图 8.17 功能子框架　　　　　图 8.18 环境要素子框架

DAMA-DMBOK 数据管理框架对数据治理和数据管理的界定扩大了数据管理的范畴。一般情况下，我们更倾向于数据治理是为了确保有效管理而做的决策，强调决策制定的责任路径，而数据管理仅仅涉及决策的执行。同时，DAMA-DMBOK 数据管理框架更强调数据管理的各项职能以及关键活动，而对于实施数据治理的过程、评估的准则等未能给予清晰而系统的指导。

3. 国际数据治理研究所

国际数据治理研究所从组织、规划、过程 3 个层面，提炼出数据治理的 10 个基本组件，并在此基础上提出了 DGI 数据治理框架（简称 DGI 框架），如图 8.19 所示。该框架既包含从管理角度提出的促成因素（如目标、数据利益相关者和组织结构等），也包含项目管理的相关内容（如数据治理生命周期）。

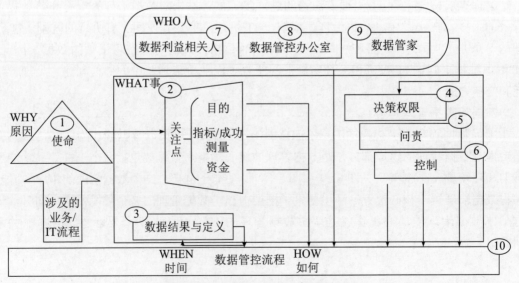

图 8.19 DGI 框架中数据治理基本组件

DGI 框架以访问路径的形式，非常直观地展示了 10 个基本组件之间的逻辑关系，形成了一个从方法到实施的自成一体的完整系统。

国际数据治理研究所与国际数据管理协会不同，认为治理和管理是完全不同的活动，治理是有关管理活动的指导、监督和评估，而管理则是根据治理制定的决策来完成具体的计划、建设和运营活动。因此，数据治理独立于数据管理，前者负责决策，后者负责执行和反馈，前者对后者负有领导职能。因此，相比 DAMA-DMBOK 数据管理框架，DGI 框架的设计完全从数据治理角度出发，是一个更加独立、完整、系统的数据治理框架。

4. IBM 数据治理委员会

IBM 数据治理委员会通过结合数据特性和实践经验，有针对性地提出了数据治理的成熟度模型，将数据治理分为 5 级，即初始阶段、基本管理、主动管理、量化管理和持续优化。同时在构建数据治理统一框架方面，提出了数据治理的要素模型，将数据治理要素划分为支持规程、核心规程、支持条件和目标 4 个层级，如图 8.20 所示。

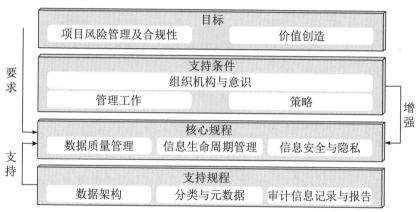

图 8.20　IBM 数据治理要素模型

IBM 数据治理委员会重点关注治理过程的可操作性，认为业务目标或成果是数据治理的最关键命题，在支持规程、核心规程、支持条件作用下，组织最终可以获得业务目标或成果，实现数据价值。

5. 中国电子工业标准化技术协会信息技术服务分会

在积极参与并辅助国际标准化组织推进 ISO/IEC 38505 系列标准的同时，中国电子工业标准化技术协会信息技术服务分会（以下简称为 ITSS）带领国内近百家机构开展了《信息技术服务 治理 第 5 部分：数据治理规范》（GB/T 34960.5—2018）国家标准的制定，并于 2019 年 1 月 1 日起实施。

ITSS 服务管控工作组是国内信息技术服务领域的信息技术治理和数据治理的标准制定和研究机构。ITSS 结合国际数据治理标准的研制思路，遵循"理论性和实践性相结合、国内与国际同步推进、通用性与开放性相结合、前瞻性和适用性相结合"的原则，明确了数据治理规范实施的方法和过程，旨在评估组织数据管理能力的成熟度，指导组织建立数据治理体系，并监督数据管理体系的建设和完善。

ITSS 数据治理框架包含顶层设计、数据治理环境、数据治理域、数据治理过程 4 部分，如图 8.21 所示。

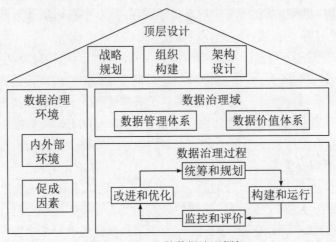

图 8.21 ITSS 的数据治理框架

（1）顶层设计包含数据相关的战略规划、组织构建和架构设计，是数据治理实施的基础。数据战略规划应保持与业务规划、信息技术规划的一致性，并明确战略规划实施的策略；组织构建应聚焦责任主体的职责权利，通过完善组织机制，获得利益相关方的理解和支持，制定数据管理的流程和制度，以支撑数据治理的实施；架构设计应关注技术架构、应用架构和管理体系架构等，通过持续的评估、改进和优化，支撑数据的应用和服务。

（2）数据治理环境包含内外部环境及促成因素，是数据治理实施的保障。治理机构应分析业务、市场、利益相关方的需求，适应内外部环境变化。同时，还应关注决策层对治理工作的支持程度、相关人员的职业技能、内部治理文化等，以支撑数据治理的实施。

（3）数据治理域包含数据管理体系和数据价值体系，描述了数据治理实施的对象。其中数据管理体系包括数据标准、数据质量、数据安全、元数据管理、数据生存周期 5 个治理域。

（4）数据治理过程包含统筹和规划、构建和运行、监控和评价、改进和优化 4 个步骤：

①在统筹和规划阶段，应明确数据治理目标和任务，营造必要的治理环境，做好数据治理实施的准备；

②在构建和运行阶段，应构建数据治理实施的机制和路径，确保数据治理实施的有序运行；

③在监控和评价阶段，应监控数据治理的过程，评价数据治理的绩效、风险及合规，保障数据治理目标的实现；

④在改进和优化阶段，应改进数据治理方案，优化数据治理实施策略、方法和流程，促进数据治理体系的完善。

8.3.4　企业数据治理框架设计

视频讲解

企业数据与数据平台、集成平台的整体数据治理架构设计如图 8.22 所示。

企业数据库的建立是为了建立一种数据的"公约机制"，企业数据库是集成平台的一部分，其中的数据来源于集成平台下的各专业系统；数据平台的基础数据层由数据库和从其他外部业务系统抽取出来的数据构成。企业数据库中的数据可作为数据平台主数据的一部分进行管理。架构内主要包括基础数据层、业务数据层、指标数据层等多个层级功能分区，分别发挥作用，共同实现对企业数据的搜集、分类、治理与利用的全周期流程。

第 8 章 企业的数据治理实践

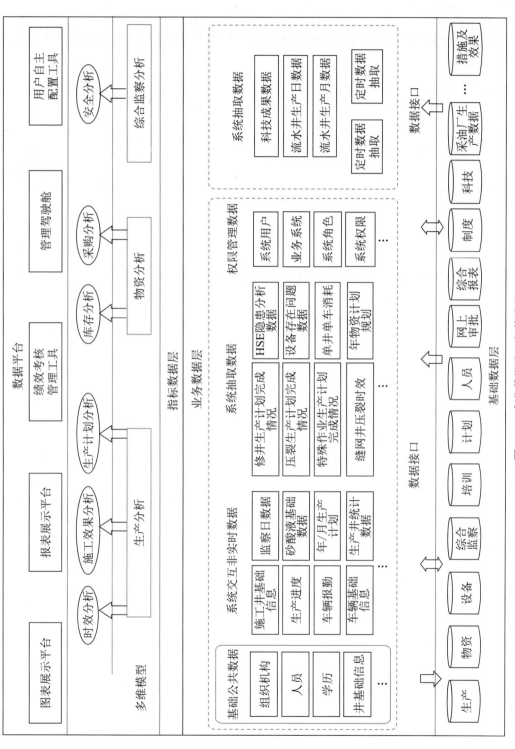

图 8.22 企业数据治理架构设计

1. 基础数据层

第一层是基础数据层。该层偏向于维持源系统原貌，有可能会存在一些数据的抽取转换工作，但不影响维持源系统的数据模型；根据业务使用中的需要或数据加载测试的需要，有可能会改变某些源系统表，同时将其按照历史表的形式存放，但不会影响到其包含的业务信息含义，具体分为两方面：

（1）对数据只进行简单的处理；

（2）对于来自不同数据源的整合不用加以考虑。

2. 业务数据层

第二层是业务数据层。该层整合基础数据层，为各个源系统提供一套完善、全面的业务数据信息。按照各个源系统的系统逻辑提供规范和共享的数据。该数据层并不是侧重于面向某个应用进行开发设计，而是站在企业角度上统筹全局，按照业务的主题进行划分，能够解决多个系统之间跨系统数据的整合问题。

3. 指标数据层

第三层是指标数据层。该层按照未来指标分析的需求，把指标数据从业务数据层提炼到本层，对源系统的业务数据层进行提炼，形成应用需要的指标数据。对源系统的业务数据层的数据进行数据加工和处理，以此来完成指标逻辑计算的基础。指标数据层数据的建立方法如图 8.23 所示。

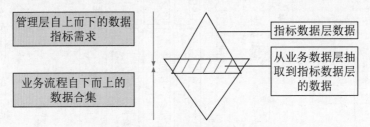

图 8.23 指标数据层数据的建立方法

4. 业务分析层

第四层是业务分析层。该层按照具体应用展现的需求，把指标数据等应用展现需求从下层模型提炼到本层内。对业务数据层和基础指标层的数据进行提炼，按照应用展现的需求综合处理，从而形成应用展现需要的数据。

5. 业务主题层

第五层是业务主题层。该层按照具体应用展现的需求，把业务分析层的数据通过报表或者图表等形式做一个简单的处理并展现出来。在针对业务分析层的数据进行处理时，要按照具体应用展现的需求形成应用展现需要的数据，然后再完成具体主题的应用需求。

6. 权限管理层

权限模型由一级实体（矩形）、衍生实体（圆角矩形）和实体之间的关系（多边形）构成，一级实体为应用系统、角色、菜单、资源、组织机构、账户，衍生实体由用户、账户、组织机构等部分共同确定，实体之间大都存在着关联关系，因此该模型的设计具有较大的灵活性。权限管理数据模型如图 8.24 所示。

第 8 章 企业的数据治理实践

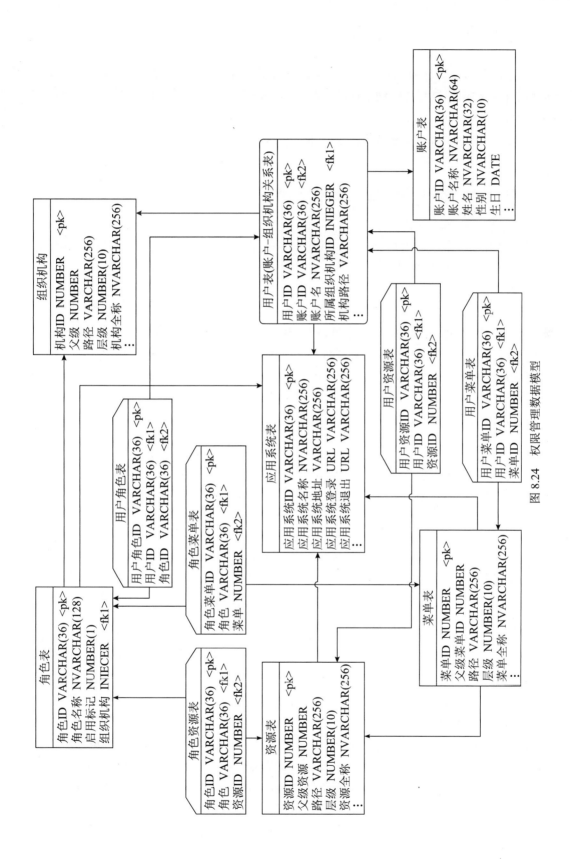

图 8.24 权限管理数据模型

243

8.4 企业数据治理的实施流程

企业数据治理涉及内部众多部门，数据来源广、数据格式多等问题均将在很大程度上影响企业数据治理过程的顺利进行，因此科学、合理的企业数据治理实施流程方案设计是保障企业数据治理效果的关键。本节将数据治理流程按照关键时间节点进行分类，并据此详细介绍企业数据治理实施前及实施中各环节的工作重点内容，帮助企业顺利实现数据治理。

8.4.1 企业数据治理实施前的启动工作

视频讲解

1. 把握企业数据治理启动时机

根据国内外众多企业的数据治理实践经验，数据治理项目的启动包括 6 类启动时机，分别代表了企业的不同发展阶段，也是企业发展机遇的一个窗口期。

1）根据企业数据应用的情况把握启动时机

（1）企业由于数据质量问题导致分析出来的结果不合理，能直接看出数据分析结果有问题，从而反过头来进行数据治理，彻底改善数据质量。

（2）信息化建设到了一定程度，准备开始通过数据分析来提高企业的决策能力，但是发现企业数据质量存在很大问题，担心后期数据分析的结果不理想，此时应该考虑启动数据治理项目。

（3）企业已经开展了数据分析应用项目，但是在实施的过程中发现数据质量存在较多问题，此时便需要考虑启动数据治理项目。

2）根据数据质量的优劣程度把握启动时机

（1）数据不一致问题严重。企业信息化系统是逐步迭代建设起来的，各系统建设的时间拉得较长，系统各组成部分的数据管理标准不一；另外，各系统孤立使用，无法及时更新信息。各种原因造成的各系统间的数据严重不一致，严重影响了各系统间的数据交互和统一识别。

（2）数据不完整问题严重。企业信息系统的孤立使用，造成了各业务板块按照自己的需要进行数据的录入，也就是不需要的信息就不再录入了，最终造成数据的不完整性严重。

（3）数据不合规问题严重。企业各系统的数据录入环节过于简单，且手工录入方式较多，缺少对数据准确率的必要验证，导致录入系统的数据形式、格式千差万别。

（4）数据冗余问题严重。各系统针对数据的查重标准不一，且数据验证标准严重缺失，造成了顶层视角的数据的"一物多码、一码多物"等现象。

3）根据数据架构设计规划把握启动时机

当企业开展顶层设计（包括企业的架构设计）时，咨询公司会主动提出数据架构设计的问题，数据架构需求的提出预示着数据的标准规范在专门的数据治理平台上落地的诉求应运而生，此时咨询公司通常会主动承担数据架构的设计工作，当项目咨询结束后，"数据治理平台"项目就可以启动了。

4）根据大型业务系统实施的时间点把握启动时机

如果企业准备实施 ERP（Enterprise Resource Planning，企业资源计划）等大型企业信息化系统，则需要在 ERP 等系统上线前实施数据治理项目，具体原因如下。

（1）ERP 实施时要进行数据规范、数据模型（含编码部分和非编码部分）、数据验证、数据管理制度和流程等的规范化和标准化，这个工作可以合并在数据治理项目中一并进行，这样可以缩短周期，同时提高效率。

（2）ERP 实施前要进行数据清洗工作，这个工作比较烦琐且工作量很大。借用乙方数据治理平台中专业的数据清洗工具来进行数据清洗工作，可以实现数据清洗工作的合理分工，在短期内即可达到理想的数据清洗效果。数据清洗后，规范、标准、干净的数据可以改善 ERP 的实施效果。

（3）ERP 实施时要进行统一的数据初期工作，这个工作需要将数据一次性整理好统一导入到 ERP 系统中，并且会经常出现由于某个数据错误时的反复重新导入的情况，费时费力。如果前期先实施数据治理项目，实现了数据规范落地、数据清洗、自动编码，并且将数据自动传输到 ERP 系统中，即可在短期内快速实现 ERP 系统数据的期初工作，且可以实现灵活的数据变更后分发等操作，省时省力。

（4）数据治理的引入可以节省 ERP 等的许可证数量，从而节省大量的资金投入。因为数据治理平台实现的是静态数据中心的管理，可以标准化管理各业务系统中全部的静态数据，并且数据治理平台可以实现字段级的授权管理，数据录入人员可以按照事先预定的流程串行或者并行数据录入操作，不再需要在 ERP 等系统中单独维护相关基础数据，从而节省 ERP 系统的许可证数量。

5）根据企业外部因素把握启动时机

此类情况也比较简单，企业一般是受到上一级单位或者主管单位的相关管理要求而开展数据治理工作，且紧急程度较高。信息部门应该冷静慎重，杜绝应付，建议引导企业从内部管理的角度出发重新审视数据治理的重要性，否则项目实施起来难度很大。

6）根据以往治理的效果把握再次治理的启动时机

很多企业几年前部署了传统的主数据管理平台，但是在使用过程中发现了大量的数据质量问题，通过主数据管理平台或者传统手段已经无法解决了。这类企业目前越来越多，大多数实施了传统主数据管理平台的企业在 1～2 年后都会面临这个问题，还没有好好享受数据治理的红利就"重蹈覆辙"，需要再次治理。

在考虑再次实施数据治理项目前，应首先核实，数据质量问题的严重程度如何？出现数据质量问题的数据所占比例是多少？一般比例达到 20% 左右就应该考虑再次治理的工作了。

另外，应从彻底解决数据质量问题的角度出发，评判更换平台的风险大小，如果风险较高，建议采用"亡羊补牢"的方式处理——构建数据评估监测平台以弥补主数据管理后产生的问题。

2. 明确企业数据治理原则和目标

抓住了启动时机，接下来要尽快明确数据治理项目的原则和目标，从而使未来数据治理项目工作的开展有的放矢。确定数据治理项目的原则和目标，要具备前瞻性、全面性、长久性、先进性、统一性、可扩展性、安全性等方面的考虑。

1）前瞻性、全面性

在该原则和目标下应具体考虑的问题包括：

（1）数据质量问题会反复出现；

（2）数据质量不可能100%优良；

（3）数据管理体系需要不断地扩展、完善；

（4）主数据的动态特性；

（5）未来运维人员可能有离职、调岗等情况出现；

（6）现在实施的项目未来要支撑数据中心、数据中台、大数据分析；

（7）数据治理涉及的数据类型要全面；

（8）数据治理的范围要包括相对静态数据的全部（除交易数据外）；

（9）要涉及业务场景的数据治理。

2）长久性、先进性

在该原则和目标下应具体考虑的问题包括：

（1）数据质量的长久；

（2）数据治理能力的长久；

（3）应采用市场领先的技术，使数据治理项目的技术水平居于国内外同业领先的地位，能顺应IT技术的发展趋势。

3）统一性、可扩展性

在该原则和目标下应具体考虑的问题包括：

（1）统一的标准体系规划（特别是编码、模型、质量、安全、交换标准等的规划、设计）；

（2）统一的访问控制策略，统一的数据服务机制；

（3）满足企业现有项目的需求基础上，要充分考虑到标准体系或平台的可扩展性以及业务或数据管理不断扩展的要求，以形成一个易于管理、可持续发展的体系结构。未来需求的扩展只需在现有机制的基础上，增加新的标准或服务模块。

4）安全性、稳定性

在该原则和目标下应具体考虑的问题包括：

（1）全面考虑系统安全的多个方面，通过网络安全、系统平台安全、应用安全的各项设计，保证重要的、不宜公开的数据的安全；

（2）采用市场当前已经成熟的技术，保证系统具有高可用性和高稳定性。

5）实用性、经济性

在该原则和目标下应具体考虑的问题包括：

（1）解决实际的业务问题；

（2）提高数据分析准确率；

（3）减少数据冗余；

（4）提高数据一致性；

（5）提高数据治理能力；

（6）从经济成本与效益角度考虑，应简单快速地开展项目，充分利用现有的 IT 资源，尽快为企业提供回报；

（7）随着业务的发展与扩充，数据治理项目中的任何一部分均可相对独立地扩充，未来应用的扩展将是叠加式的，而不是取代式的。

6）合规性、可审计

数据治理项目要符合相关法规对 IT 方面的规定，满足相应的安全标准，并符合审计方面的要求。

3. 合理搭建企业数据治理项目团队

企业数据治理项目需要搭建专门的项目实施团队，除了合理组织自身的团队外，还可以借助外部数据厂商的参与。选择外部厂商，首先要明确选择的各种前提条件，如对方的行业知名度、业务咨询能力、技术平台先进性、实用性等都要考量。同时，由于数据治理过程将涉及对企业经营发展战略的决策调整，并且数据治理的效果直接影响企业营收状况，因此企业数据治理项目团队的搭建还应充分考虑企业股东、董事会及监事会等公司运作机制架构，实现企业数据治理体系与企业公司治理机制的有效协同，避免由于二者治理目标的冲突给企业发展带来人力、治理资源的损耗浪费等负面影响。

（1）团队组建原则具体包括：

①信息部门主导，业务部门辅助；

②信息部门领导亲自挂帅；

③包含重要部门一把手或者核心数据管理人员。

（2）项目基础团队职责具体包括：

①选择外部合作厂商；

②协助组建项目联合实施团队；

③协助组建项目后期运维管理团队。

（3）项目基础团队分工需要注意以下两方面问题：

①信息部门负责信息技术以及选型过程中的工作协调；

②重要部门相关人员负责本业务域内的数据管理的前期需求提供、方案审核，积极配合组建项目联合实施团队以及积极参与项目后期运维团队建立。

（4）成立项目联合实施团队的原则包括：

①业务部门、外部厂商主导，信息部门辅助支持；

②业务部门或者信息部门分管领导挂帅；

③外部厂商委派经验丰富的项目经理；

④企业选择有数据管理经验的资源人员做项目经理；

⑤各业务部门、信息部门领导全程跟踪、参与；

⑥各业务部门核心数据管理人员全程参与。

项目联合实施团队的组织架构如图 8.25 所示。其中，在数据治理项目团队各层级应依照企业人员组织架构，分别穿插各级部门负责人员，实现公司管理与数据治理在企业精进效率、提升营收等商业性目标上的一致性，保障企业数据治理过程顺利进行。

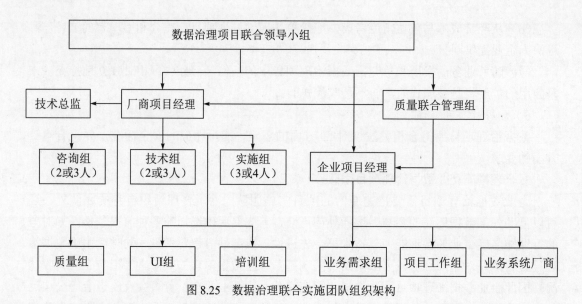

图 8.25　数据治理联合实施团队组织架构

8.4.2　企业数据治理的实施过程

数据治理是一套完整的体系，企业通过数据标准的制定、数据组织和数据管控流程的建立健全，对数据进行全面、统一、高效的管理。数据治理正是通过将流程、策略、标准和组织的有效结合，才能实现对企业的信息化建设进行全方位的监管。因此，数据治理项目的实施需要在企业内部进行一次全面的变革，需要企业高层的授权和业务部门与IT部门的密切协作。除了最开始的项目调研分析之外，一个完整的数据治理流程还应该包含如图 8.26 所示的基本过程。

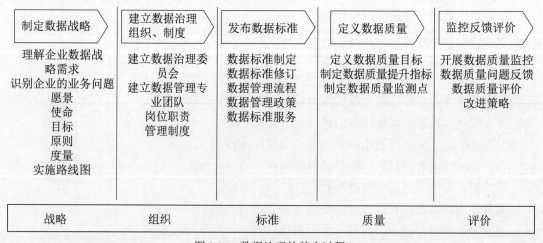

图 8.26　数据治理的基本过程

1. 项目调研分析

项目调研阶段如表 8.3 所示。

第8章 企业的数据治理实践

表8.3 项目调研阶段

工作项目	工作内容	乙方工作职责	甲方工作职责
资料收集	为保证数据治理项目工作的后续进行,需要企业提供相关历史数据资料。 收集的资料内容包括历史数据、数据分类、编码结构、管理制度、流程、属性组成等	整理收集的相关资料	组织相关部门、人员配合提供相关资料
相关资料处理办法讨论	为了后期形成统一的数据信息、编码库,需要分阶段地进行数据的整理、分析工作,包括每阶段具体执行的内容及需实现的目标	提供相关资料处理思路	组织相关部门、人员参与细节讨论
确定处理目标范围及执行方法	1. 收集、分析数据以评估工作量; 2. 收集整理现有类别结构树或者新建多个类别结构树(不参与编码); 3. 确立数据模型; 4. 整理历史数据; 5. 数据审验; 6. 历史数据清洗(完善、映射); 7. 数据分发,确定与其他IT系统的传输内容、接口规则	提供方法建议	
确定项目调研方案及走访相关部门	根据项目需求,讨论确定项目调研方案、提纲等,依据调研方案和提纲走访各相关部门、人员	走访各部门、人员,召开项目调研会议	组织相关部门和人员参与调研、会议等
出具项目详细实施方案	根据调研内容和调研过程中收集的资料分析,出具《项目需求分析报告》和《项目详细实施方案》	出具方案	

项目调研是项目实施的正式起点,调研工作是否全面、深入、细致直接决定了项目是否能顺利启动,决定了整个项目的进度,甚至决定了项目的成败。因此,要明确调研的原则,框定调研范围,收集相关资料后进行全面的调研分析。

1)明确调研原则

项目调研分析的原则包括:

(1)严格遵循数据治理方法论——三驱动因素(业务驱动因素、分析驱动因素、规划驱动因素);

(2)以数据管理为核心,杜绝被业务管理错误引导;

(3)以部门核心数据管理人员和部门经理为主要调研对象;

(4)选择数据治理经验丰富的人员开展调研工作,切忌应用模式化的调研问卷。

2)框定调研范围

根据不同的数据类型,明确调研所涉及的部门,如表8.4所示。

表8.4 框架调研相应部门

数据类型	调研所涉及的部门
物资数据(原料、设备、产品、备品备件)	采购部、仓储部、销售部、设备管理部、技术部、生产部等
人员、组织结构数据	人力资源部、企管部、集团办公室等
供应商数据	采购部

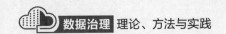

续表

数据类型	调研所涉及的部门
客户数据	销售部
科目数据	财务部
合同数据	采购部、销售部、商务部（市场部）
项目数据	项目管理部
银行数据	财务部
成本数据	财务部、成本管理部
固定资产数据	财务部
BOM数据	设计部、工艺中心、生产部等
参考数据（数据字典）	信息部等
⋮	⋮

3）收集整理相关资料

收集相关资料在数据治理项目调研阶段非常重要，资料收集得是否齐全且有代表性决定了调研结果的准确率。

数据治理项目不同于纯业务管理的项目，调研对象对于自己的业务最为熟悉，可以提出很多的建设性意见；但调研对象针对数据治理的相关内容通常都是初次接触，根本不知道从哪里说起，所以需要有经验的专业顾问进行引导才可以。

另外，有一些调研对象也无法提供有价值的资料，这时就需要由专业的调研咨询顾问通过查阅相关的资料进行调研工作了。因此，这些相关资料的收集、整理工作的重要性就体现出来了。

收集、整理相关资料的原则包括：

（1）收集的资料要尽量全面、细致，以防漏掉重要信息；

（2）收集的资料不限于电子版；

（3）收集的资料要不限于数据相关的内容，如核心的业务流程也要涉及；

（4）整理资料要有足够的专业性，要有足够的耐心；

（5）资料整理分析后的成果要通过足够清晰直观的形式展现出来；

（6）对资料的整理要附带专业咨询顾问的建议和意见。

4）针对调研结果进行集中讨论

针对调研结果的讨论是为下一步数据管理体系的咨询奠定基础，目的是更清晰地定位、诊断现有管理的各种问题，讨论的结果也决定了未来体系咨询的结果，所以重要性不言而喻。

针对调研结果讨论的原则包括：

（1）可以采用线上讨论的形式，从而节省集中讨论或者视频会议的相关成本；

（2）保留讨论过程形成的知识，以便将来项目实施时可追溯缘由，减少不必要的反复；

（3）多听取数据使用者、管理者的声音；

（4）乙方要有经验丰富的高级咨询顾问参与。

5）明确数据治理项目实施策略

数据治理项目的实施，应明确项目实施组织的范围和数据类型的范围，以及要分层级地处理每一类数据质量问题，是从编码的角度处理，还是从主数据的角度处理，又或者是全部从静态数据的角度处理，应通盘考虑。

（1）确定数据治理的先后顺序。

首先应梳理出项目实施的轻重缓急，明确治理的先后顺序。先从人员和组织机构开始着手，等项目进展到一定程度再逐步拓展实施；把范围适当扩展到物资数据、客商数据、人员数据、组织机构等；一次性进行企业相关数据的全部治理。这需要企业的管理力度够大，执行力够强，毕竟数据质量问题的解决是刻不容缓的。

（2）明确数据治理项目实施层级。

要想比较彻底地解决数据质量问题，还是建议全部从静态数据处理角度着手，否则如编码管理的局限性、主数据的动态性等问题有可能无法得到彻底解决。表8.5是一个比较通用的、企业通过建立静态数据中心进行全部静态数据处理的范例，供读者参考。

表8.5 企业静态数据处理范例

数据类型	静态数据中心数据包含信息
物资	用于描述物资实体的静态信息，如编码、规格型号、技术参数，物资包括备品备件、消耗性材料、劳保用品等
供应商	用于描述自治评价合格的供应商及财务专用供应商相关数据属性信息，如编码、名称、业务能力、联系方式
客户	用于描述资质评价合格的客户相关数据属性信息，如编码、名称、业务能力、联系方式、信贷信息
固定资产	用于定义并描述电站离线固定资产和在线固定资产的属性信息，如编码、规格型号、技术参数、原值
员工	员工信息是指员工本人的自然属性与社会属性信息，如员工自然信息、组织分配信息、资格技能信息
组织机构	用于描述公司及组织机构的属性信息，如代码、名称、编制人数
岗位	用于描述处室职责及承担任务的属性信息，如岗位代码、岗位名称、编制人数、人员资格
项目	用于描述项目的名称、性质、状态、管理按合同、项目负责人、负责部门
设备	用于描述设备实体的静态信息，如编码、规格型号、技术参数
销售BOM	用于描述销售品的信息，如产品的名称、规格型号、技术参数、组成数量、计量单位
生产BOM	用于描述产品组成的基本元素的名称、规格型号、技术参数、组成数量、计量单位
工艺BOM及工作中心	用于描述产品加工过程和工作中心的详细信息
采购清单	含采购货源清单和信息记录等信息
QM	用于描述质量管理过程的明细信息
财务类数据	利润中心、成本中心、财务科目、银行等信息
⋮	⋮

2. 制定数据战略

数据战略的制定需要两方面的努力：

（1）理解企业的战略需求。数据战略必须与企业战略相契合，并纳入到企业信息战略的框架之中。因此，理解企业的战略需求是制定合理的数据战略的基础。这需要在深入调查的基础上进行业务分析，理解企业的现行业务的逻辑关系及其后续规划，建立企业业务模型。进而围绕核心业务环节进行数据分析，清理企业数据资产，并明确数据治理的重点。

（2）识别企业的业务问题。根据数据治理的现有实践，得出治理计划失败的主要原因，譬如，无法识别实际的业务问题。因此，企业急需识别一个特定的业务问题（如失败的审计、数据破坏或出于风险管理用途对改进的数据质量的需要）来定义数据治理计划的初始范围。一旦数据治理计划开始解决已识别的问题，业务职能部门将支持把范围扩展到更多区域。

3. 建立数据治理组织、制度

在这一阶段将完成数据治理委员会和数据管理专业团队的搭建，明确相应的岗位职责和管理制度。

组织和制度的建立手段需要得到企业高层对数据治理计划的支持，可通过具体的业务案例揭示关键业务环节中存在的数据质量问题，展示数据治理的价值。

与任何重要的计划一样，组织需要任命数据治理的整体负责人。过去，大型企业一般将首席信息安全官视为数据治理的负责人。此外，首席信息官也常常承担数据治理的领导职责。近年，越来越多的企业意识到数据资产对企业的重要性，正在以全职形式安排数据治理角色，如使用"数据照管人"等头衔。无论角色名称如何，数据治理的整体负责人必须在企业高层有足够的影响力，以确保数据治理计划能顺利展开。

除此之外，数据治理需要建立合适的组织架构。数据治理组织一般采用三层结构。顶层是数据治理委员会，由关键职能主管和业务领导组成；中间层是数据治理工作组，由经常会面的中层经理组成；最后一层由数据管理员和IT技术支持人员组成，负责日常的数据管理工作。

4. 发布数据标准

数据治理的首要任务是要制定企业统一的数据标准和规范，开发共用的、标准的数据集成规则，并定义企业的数据模型，为实现企业的信息集成、数据共享、业务协同和一体化运营做好信息化的基础保障。

数据标准的发布有赖于对企业数据的完整理解。如今很少有应用和数据是独立存在的，数据往往散落在企业的各个角落，但彼此间存在相互关联。数据治理团队需要发现整个企业中关键的数据关系，以及企业IT系统内敏感数据的位置，通过数据标准对关键数据的形态及其关系进行规范。

5. 定义数据质量

数据治理需要拥有可靠的度量指标来度量和跟踪进度。数据治理团队必须认识到具有可度量的过程才可能进行管理、改进。因此，数据治理团队必须挑选一些KPI（Key Performance Indicator，关键性能指标）来度量计划的持续性能。例如，一家银行希望评估行业的整体信贷风险，数据治理计划可以选择标准行业分类代码的完整性作为 KPI，跟踪风险管理信息的质量。

6. 监控反馈评价

监控反馈评价包括数据管理成熟度的评估和治理效果的评价。

实施数据治理的组织需要定期对其数据管理的成熟度进行评估，一般每年执行一次。评估包括组织当前的成熟度水平（当前状态），以及在当前数据战略下未来期待达到的成熟度水平（未来状态），并开发一个路线图来填补当前状态与想要的未来状态之间的空白。例如，数据治理组织可以检查"组织"的成熟度空白，确定企业需要任命数据照管人来专门负责目标主题数据的管理，如客户、供应商和产品。路线图一般涵盖后续 12～18 个月的治理工作，这段时间必须长到足够生成结果，短到确保得到关键利益相关者的持续支持。

数据管理成熟度评估是一种整体评价，而治理效果评价则是对一个数据治理流程更加全面细致的评估、检查、测试和分析，包括实际指标和计划指标对比，以确定系统目标的实现程度，未完成指标的具体情况和原因，同时对系统建成后产生的效益进行全面评估。

8.5 企业数据治理中的方法论与技术工具

数据在企业中流动时经常根据业务逻辑发生变化，可能被复制和分片，这使得企业难以针对业务变化而快速提供决策和反应处置。数据治理工具则有助于保护数据资产的完整性，并优化主数据管理和产品信息等业务数据。同时，有效的数据治理工具对于确保企业的数据完整性，以及应对不断变化的合规标准和安全要求至关重要。本节对企业数据治理过程中普遍采用的方法论与技术工具进行详细介绍，帮助企业对日常数据治理工作进行不同工具的选择与应用。

8.5.1 企业实施数据治理的方法论

1. "双 311"数据治理方法论

数据治理的成败取决于过程控制得是否合理、科学，因此，根据国内外多家企业的数据治理经验，提出一套成熟、科学的企业数据治理方法论——"双 311"数据治理方法论，其内涵包括：

（1）三大驱动因素。3 个驱动因素为调研和咨询的主线，即业务驱动因素、分析驱动因素、规划驱动因素。

（2）一个标准体系。建立一个以数据管理体系（含数据管理制度、流程、组织、分类、编码、模型）为核心，以数据质量管理标准、数据安全管理标准、数据交换规范标准、数据运维管理体系为辅助的一整套数据管控体系。

（3）一个平台。实现一个企业数据治理平台（静态数据中心管理平台）的落地。

（4）3 种清洗策略。针对历史数据依据 3 种不同的清洗策略进行清洗，彻底解决历史数据的质量问题。

（5）统一数据交换。构建一个开放的数据交换（采集、分发）平台，实现企业静态数据治理平台和其他业务系统的数据双向传输畅通。

(6)一套知识体系。构建一套完整的数据治理过程知识体系,实现数据治理能力的快速、有效转移。

具体内容如图 8.27 所示。

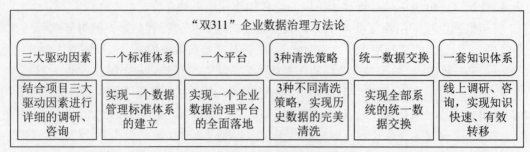

图 8.27　企业数据治理方法论

"双 311"数据治理方法论从调研、咨询开始,到体系的落地、历史数据清洗、数据交换对接,全面、深入地解决了项目整个过程的管控问题,为项目实施工作的有效开展提供了方向、策略,并且通过贯穿项目实施过程始终的知识收集和转移体系实现了数据治理能力的科学化转移,有力地保障了数据运维管理的顺畅开展。

2. 明确数据治理项目路线图

在严格遵循"双 311"企业数据治理方法论的基础上可以清晰地梳理出数据治理路线图,具体包括数据环境治理(见图 8.28)和数据管理体系落地(见图 8.29)两个阶段的路线图。

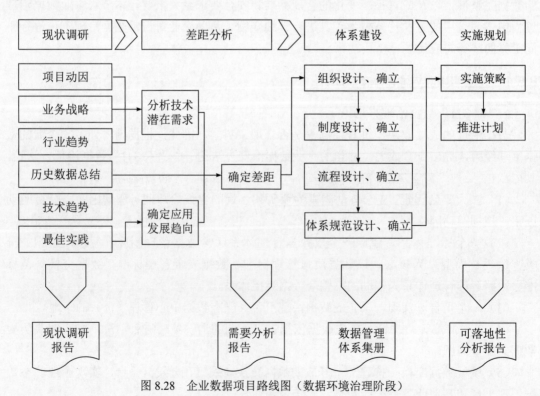

图 8.28　企业数据项目路线图(数据环境治理阶段)

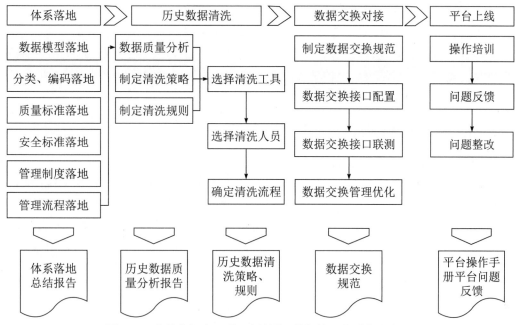

图 8.29 企业数据治理项目路线图（数据管理体系落地阶段）

从图 8.28 和图 8.29 可以看出，企业数据治理可以划分为两部分，即数据环境治理和数据管理体系落地（含落地后）两大部分。数据环境治理是数据治理项目很重要的一部分，到了项目落地实施时，项目已经进展了近 70%。数据质量出现问题的主要原因是数据管理体系的不规范甚至是混乱，导致数据管理过程中的具体操作不可控，因此数据环境治理工作是数据治理的核心工作。

3. 确定数据治理项目里程碑

好的项目从好的计划开始，科学、合理的项目主计划可以让项目的成功率大幅提升。数据治理项目主计划如图 8.30 所示。

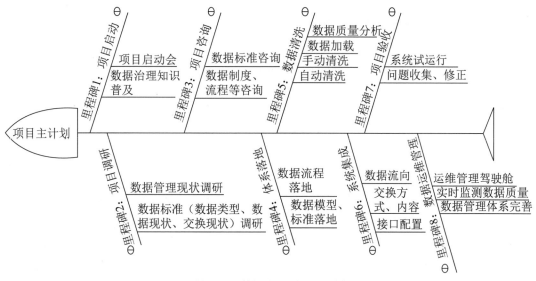

图 8.30 数据治理项目主计划

根据经验,数据治理项目的整个计划包括 8 个里程碑(也就是 8 个阶段),包括项目启动、项目调研、项目咨询、体系落地、数据清洗、系统集成、项目验收和数据运维管理。

其中,数据运维管理是数据治理项目中很重要的一部分,因为数据治理工作是由数据治理项目驱动的,项目结束后由数据运维管理作为数据治理工作的延续来承接数据治理项目的各项后续日常工作。

8.5.2 企业实施数据治理的技术工具

1. 基于 ETL 工具的主数据应用

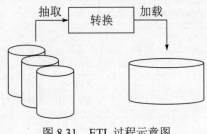

图 8.31 ETL 过程示意图

ETL 指数据抽取(extract)、转换(transform)、加载(load)的过程,是构建数据仓库的重要环节。用户利用 ETL 工具从数据源抽取出所需的数据,经过数据清洗,最终按照预先定义好的数据仓库模型,将数据加载到数据仓库中,如图 8.31 所示。当前许多软件厂商都拥有自己的 ETL 工具,如 Informatica 公司的 PowerCenter、IBM 公司的 Datastage 等。

大部分 ETL 工具本身就具有连接各种异构数据源和变化捕捉的能力,利用这些功能可以实现主数据管理系统中异构系统的数据触发、整合和发布。变化数据捕捉(Changed Data Capture,CDC)只捕捉数据源中变化的记录,而不是整个数据集,从而降低了数据集成时间和资源的消耗,让实时数据满足数据集成方案的要求。目前,IBM、Informatica 等许多具有自己 ETL 工具的厂商都推出了基于 ETL 工具的主数据管理解决方案。这种方案的基本思路如下:

(1)数据抽取。当某个主数据的源发生变化时,ETL 的 CDC 功能就会捕捉到变化,进而将变化的数据传输到主数据管理系统的临时存储区。

(2)数据清洗。ETL 工具根据用户定义的数据转化规则对数据进行清洗转化,形成高质量的主数据。

(3)数据审批。ETL 调用审批流程,对数据进行审批。

(4)数据存储。一旦获得审批,ETL 即可将主数据同步到主数据存储系统。

(5)数据分发。同步数据库的同时,将变化后的主数据分发给各个订阅该主数据的业务系统。

并不是所有 ETL 工具都具备能够支撑流程设计、运行和监控的流程引擎,必要时,需要调用其他的工作流引擎进行主数据的审批监管。当前,主流的 ETL 工具一般都可以实现与 SOA(Service-Oriented Architecture,面向服务的架构)的无缝集成,既可以将自身的数据清洗功能封装为 Web 服务,也可以便捷地调用外部的 Web 服务。因此,ETL 工具更多地被集成在基于 SOA 架构平台类产品中,提供变化数据捕捉、数据清洗等支持。

以 ODI(Oracle Data Integrator,Oracle 的数据集成类工具)为例,ODI 为主数据管理提供的功能主要包括元数据管理、创新数据流程、变化数据捕获、规范并清洗数据、发布和共享主数据,如图 8.32 所示。在基于 ETL 工具的架构中,主数据管理应用需要企业自定义开发或者集成第三方产品,从而形成统一的界面和操作流程。

ETL 工具的优势在于处理数据的能力强，因此基于 ETL 工具的架构效率高，能够实现实时双向的主数据同步。同时，ETL 工具与平台式系统相比，成本较低，对企业的 IT 架构没有特殊的要求。但是，对于已经采用企业服务总线或者 SOA 架构的大型集团企业，ETL 架构反而会造成资源的冗余和浪费。此外，由于 ETL 普遍在局域网内部使用，这种架构同样只适用于局域网。在广域网中，网络的不稳定有可能造成数据的不一致。

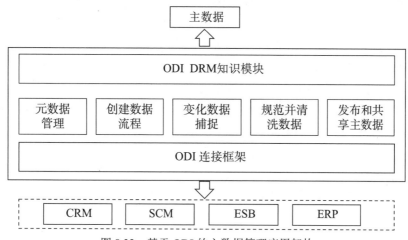

图 8.32 基于 ODI 的主数据管理应用架构

2. 基于 SOA 的主数据管理平台

SOA 强调灵活、复用和松耦合性，注重接口及标准描述，这些都为企业应用集成规划了非常好的框架体系架构。SOA 可以将企业分布在多种平台和系统环境上的应用系统划分为一系列服务，企业可以按照模块化的方式添加新服务或更新现有服务，以满足新的业务需要，并且可以把企业现有的或已有的应用作为服务，直接提高了企业应用的重用程度，加快了产品面市的速度，保护了现有的 IT 基础建设投资，降低了系统的总体拥有成本。

基于 SOA 的主数据管理类平台解决方案采用企业服务总线技术构建应用集成平台，采用 Web Service 的方式实现在多个系统之间的应用集成或互联互通，如图 8.33 所示。应用集成平台是数据采集、数据清洗、数据分发等服务的直接提供者。在平台中，数据的采集和分发采用各种应用适配器实现，数据审批采用 SOA 中的工作流引擎来实现，同时，SOA 中的流程监控系统可以对全部主数据的收集、转化、审批和分发提供端到端的监控。

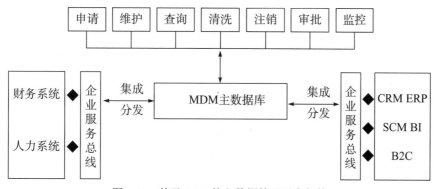

图 8.33 基于 SOA 的主数据管理平台架构

另外，主数据管理对企业 SOA 架构也有着至关重要的作用。SOA 被设计为可灵活添加 IT 基础架构，创建新的业务流程或修改现有的流程，但是背后的数据质量问题往往会阻碍新的业务流程的实现。有两种基本类型的 SOA 服务：以流程为中心的服务和以数据为中心的服务。以流程为中心的服务主要为商务流程，如批准信用卡、处理订单、发送账单等。以数据为中心的服务管理流程需要数据的属性和关系。这两种服务都能够由一个以数据为中心的平台提供。这个平台保证了在一个独立的地方管理企业最关键的基础数据的正确性、唯一性、完整性和相互的关系，这正是主数据管理平台需要提供的功能。

采用 SOA 架构设计的主数据管理架构一般基于 Java 2 平台企业版（Java 2 Platform Enterprise Edition，J2EE）的开放架构，具有灵活性高、集成便捷、扩展性好的特点。然而，与基于 ETL 工具的解决方案相比，当主数据同步的量非常大时，该架构可能存在效率方面的问题。但是由于企业主数据一般情况下稳定性高，变动频率低，因此效率并不会成为主数据管理的瓶颈。相比之下，SOA 是目前企业应用集成领域最先进的体系架构，受到众多厂商和企业的追捧。基于 SOA 的主数据管理平台也成为主数据管理产品的主流模式。

企业数据治理平台的建设过程中采用的技术包括：基于 Hadoop 的分布式数据库 HBase、数据仓库 Hive、数据库技术中的 MySQL、消息系统 Kafka 以及系统搭建采用的 Spring 框架体系。

1）Apache HBase

Apache HBase 是运行在 Hadoop 分布式文件系统（Hadoop Distributed File System，HDFS）之上的列式非关系数据库（Not Only SQL，NoSQL），是一种低成本的海量数据存储解决方案。HBase 可以支持非常大的数据库表，提供高效的表更新速率，并可在分布式计算集群中横向扩展。与传统的关系数据库（如 Oracle、PostgreSQL、MySQL 等）相比，HBase 这种列式非关系数据库在海量数据的增、删、改、查方面表现得更为突出，可以轻松实现对大数据的维护，但由于仅支持单行事务，所以效率高但安全性有所缺失。关系数据库每一行的列都是相同的，即使某一列没有数据，也要占用内存空间。HBase 先有列簇再有列，列可以随意添加，HBase 列的灵活定义减少了空间浪费。和其他列式非关系数据库相比，HBase 的优势在于能实现强大的读写数据一致性。

HBase 读写数据时，客户端接收用户读取数据的请求，并发送给 Zookeeper（分布式应用程序协调服务软件），Zookeeper 返回 RegionServer（域服务器）的地址，客户将处理请求发送给该 RegionServer 上进行处理。RegionServer 是具体工作的节点，HMaster（主服务器）对 HRegion（数据分布式存储单元）进行分配，对 RegionServer 的状态进行监控。HBase 写数据时会首先将数据写入缓存 MemStore（内存），并在 HLog（日态信息）中记录数据，最后将 MemStore 中的数据持久化进 HFile（数据底层存储文件）格式的文件。HBase 数据删除时并不是将这条数据删除了，而是增添一条新数据，并将原来数据的 KeyType（键类型）更改为 Delete（删除），不同版本的数据采用不同的时间戳进行维护。

HBase 的行键如同 MySQL 的主键，是由设计者设计的不重复的、可唯一标识行的字符串。行键的字典顺序决定了数据的持久化文件 HFile 以及 MemStore 中数据的顺序，可通过行键定位对应的 Region（区域）。行键设计得不合理不仅会影响查询，并且会导致 Region 间数据的不均衡分布，进而导致数据热点问题。因而行键的设计对于 HBase 的设计来说至关重要。为了减少行键在 HFile 和 MemStore 空间中的占比，提升存储效率以及内存利用率，行键的长度不能超过 64KB。为了避免热点问题的产生，通常采用 Salting（加盐）、Hashing（散列）以及 Reversing（反转）这 3 种方式。Salting 方式即在行键前添加一个随机前缀，使得原本被划分在同一 Region 下的 RowKey 划分到不同的 Region 之下。这种方式可以提高 HBase 的写吞吐量，但由于前缀分配的随机性，用户在按照字典顺序读数据时需要付出额外的代价。Hashing 方法即采用哈希算法计算行键的哈希值，并取出哈希值的一部分与原行键进行拼接。Reversing 是将行键的某一段或者全部进行顺序的反转。

2）Apache Hive

Apache Hive 是 Facebook 为解决海量日志数据分析开发的在 Hadoop（分布式系统基础架构）之上且适合离线分析的数据仓库，是一个开源项目。Hive（数据仓库平台）可用来管理分布式系统上的大数据，使用类 SQL（Structured Query Language，结构化查询语言）的语言去生成 MapReduce（分布式运算程序编程框架）任务，可以省去编写程序的工作，使得分析数据更加便捷。Hive 作为一个数据仓库并没有存储数据，而是采用 HDFS（分布式文件系统）进行数据存储。Hive 中的表有内部表和外部表的区分，一般默认创建的都是内部表，外部表删除时仅仅删除元数据信息。Hive 中采用分区以及更细粒度的分桶优化了 Hive 表的查询性能。

Hive 的元数据（即 Metadata）与主数据不同，元数据是数据的数据，保存了 Hive 数据库以及表的元信息。例如，Hive 表的元信息可以包括表的名称、创建时间、创建用户、列名等信息。这里将 Hive 的主数据称为 Hive 数据，以便与 Hive 元数据进行区分。Hive 的 Metastore（元存储）服务提供了连接元数据库的服务，并向上屏蔽了数据库的连接信息。Hive 提供了 3 种方式来存储其元数据。通过修改 Hive 的配置文件的对应项，可对这 3 种方式进行选择。这 3 种方式分别是内嵌模式、本地模式以及远程模式。内嵌模式采用本地的 Derby 数据库，简单但不支持会话的多连接，且不稳定。本地模式和远程模式都采用了独立的数据库进行元数据的存储，两者的区别在于一个部署在本地，另一个部署在远程。

Hive 的 Hook（拦截消息或函数调用的机制）提供了一种消息和事件机制，可以在不重新编译 Hive 的情况下，把消息和 Hive 的执行流程进行绑定。可以通过实现 Hook，获取 Hive 中的事件，例如元数据信息的更改等，在 Hive 的执行过程中，可以有不同类型的 Hook。通过 Hook 捕获到的元数据一般需要对其进行解析。Hive 的 Metastore Listeners（元存储侦听器）可以监听 Hive 数据库中的操作，通过与元数据服务进行交互完成监听任务。而 Hook 直接与 HiveServer（配置单元服务器）交互。由于在 Metastore Listeners 中元数据已经解析完成，因此在理解上更加方便，但只可用于当前事件对象的访问。

3）关系数据库 MySQL

MySQL 是由瑞典 MySQL AB 公司采用 C 与 C++ 语言开发的、现在是 Oracle（甲骨文）公司的开源的一个关系数据库管理系统（Relational Database Management System，RDBMS）。MySQL 使用 SQL（结构化查询语言）进行查询，并通过对 SQL 的查询优化提升了查询的效率。通过不同的 API（应用程序编程接口），可以使用多种编程语言对 MySQL 进行连接，继而使用 MySQL 提供的服务。MySQL 同样支持多种存储引擎来满足不同存储场景的需要。MySQL 通过 MySQL 服务器端程序和 MySQL 客户端程序组成了客户/服务器（C/S）体系结构。

对 MySQL 来说，表的设计至关重要，好的设计一方面可以减少数据的冗余，增加易读性和可维护性；另一方面可以提升数据库的读写效率。作为数据库表的主键，推荐设计为无意义的自增主键，MySQL 提供了一种排他自增锁，即使在插入并行数据的情况下，也可以保证主键的正确性。出于对性能的考虑，当表中字段数较多时，推荐对表进行合理的拆分，将较为详细的表的描述另存入一张表中。

InnoDB 引擎和 MyISAM 引擎是 MySQL 常用的两种存储引擎。InnoDB 更适用于在并行的大数据量下的存储，相比于 MyISAM 引擎，多了对事务的支持，以及行级锁和外键约束，行级锁的粒度较小，可以提升数据库的并行效率，但需要占用更多内存来存储数据。利用 MyISAM 可以更加方便地获取表的行数，当表中读多写少，且对事务无要求时，可以首先考虑使用 MyISAM 引擎。

4）Apache Kafka

Apache Kafka 用 Scale 和 Java 语言编写，适用于大规模消息处理场景，现在是 Apache（阿帕奇）的一个发布订阅消息系统。最初，Kafka 是为了弥补 Linkedin（领英）使用 ActiveMQ（开源消息总线）时的缺陷而设计的，可以将消息在不同端点间进行传递。Kafka 采用了 $O(1)$ 的磁盘数据结构使得能够更加稳定地存储 TB 级别的消息。Kafka 即使在硬件条件不理想的情况下也能保持发布以及订阅消息的高吞吐量。Kafka 同样可以将消息保存到数据库，并设置备份，提升数据的安全性。作为一个分布式流媒体平台，Kafka 同时涵盖了消息队列的功能和数据处理的功能，Kafka 可以像消息队列一样传输实时数据，对消息流进行发布和订阅，消息流可以处理并可以以容错的方式进行存储。

与点对点的消息系统不同，Kafka 这种发布-订阅（pub-sub）消息系统中的订阅者可以消费其订阅主题内的所有消息，而点对点的消息系统中的消息不能被多个消费者消费。

主题（Topic）的作用是对 Kafka 中的消息进行分类，是可以拥有副本的互相之间独立的 Kafka 写数据的基本单元。一般一个消息对应一个主题，每个主题可根据需要分成多个分区（partition），同样每个分区可以有多个 Segment（字符分段）。每个分区作为一个不可拆分的整体存储在一个缓存代理（broker）上。主题的生产者称为 Producer，通过一些算法 Producer 可以指定消息的分区。Producer 可以将消息先缓存到内存，然后以异步地将消息批量发送出去的方式提升发送的效率。

消费者可以消费自己订阅的消息。分区与消费者之间是多对一的关系，因此为了保证组中的每个消费者都能消费到消息，该主题的分区数不能少于对应的组内的消费者数量。由于缓存代理是无状态的，所以消费者必须依靠 Zookeeper 提供的分区偏移值来确定已消费的消息。

5）Spring 框架

Spring 框架是由 interface21 框架演化升级而来的，由 Rod Jahnson 于 2004 年正式推出。Spring 是一个轻量级、非侵入式的开源框架，可以帮助企业降低开发的复杂性，更好地完成敏捷开发的目的。作为一个开源容器，可以集成多种工具，利用其核心的 Bean factory（IoC 容器或对象工厂）进行 Bean（计算机自动生成的类）的生产和生命周期的管理。在 Spring 中，功能是可以被独自抽象为 Bean 的，通过面向切面以及动态式加载对这些功能进行管理。Spring 在没有应用服务器协助的情况下也可以提供类似声明式事务等相关的功能。

本着降低 Java 开发的复杂性的目的，Spring 采用了一些策略。具体包括：
（1）减少应用与框架之间的耦合性；
（2）实现类与类之间的松耦合；
（3）利用声明式编程提升功能模块的可重复利用性；
（4）通过模板封装减少代码的开发量。

Spring 采用 IoC（Inversion of Control，控制反转）在对象进行初始化时将其所依赖的其他对象传递给该对象，不需要该对象进行多余操作，进一步实现了低耦合的目标。底层使用的工厂模式将所有的 Bean 放在工厂里进行统一管理，只要用 XML 文件对 Bean 进行相关的配置，全程的生成与监控就不用调用者进行操作，平台会帮助完成一切。

Spring 的 AOP（Aspect Oriented Programming，面向切面编程）底层采用了动态代理的方式，可以将公共部分的代码与核心的代码结合起来，在核心代码的部分加入公共的代码，使得公共代码的可重复利用性提升，也使得开发者能够将更多的精力放在核心代码上。利用 AOP 的声明式事务可解决原始的编程式事务管理需要将事务管理代码手动放入核心代码的问题。原始的编程式事务管理不仅麻烦，代码更加庞杂冗余，而且增加了阅读的难度，而声明式事务管理可以通过声明来将两者分离。

案例 8.3　能源化工行业：数据治理助百年油企数字化转型

1. 背景介绍

1.1　公司简介

陕西延长石油（集团）有限责任公司（以下简称"延长石油"是集石油、天然气、煤炭等多种资源高效开发、综合利用、深度转化于一体的大型能源化工企业，其产业主要覆盖油气探采、加工、储运、销售、石油炼制、煤炭与电力、工程设计与施工、新能源、装备制造、金融服务等领域。

1.2　信息化现状

延长石油围绕自身的发展战略和主营业务开展信息化工作，坚持"五统两分"原则，积极推进以生产、经营为主线的信息化建设与深化应用工作，其信息化现状如下。

（1）在"十二五"期间基本建成总部统一的生产经营平台。

（2）稳步推进总部和下属企业两个层面的信息系统建设，部分实现了总部层面信息系统的集成和下属企业生产层面信息系统的集成。

（3）完善了计算机网络及信息安全系统，强化了信息标准化工作，初步建立了信息安全和信息化标准两个体系。

（4）ERP、生产营运指挥、油藏描述与模拟、加油 IC 卡等系统的建设和应用达到行业领先水平。

（5）成品油物流配送、智能制造与集成应用等方面取得了突飞猛进的进展。

延长石油信息化总体架构包括四大应用平台、三大体系、两大支撑（见图 8.34），具体介绍如下。

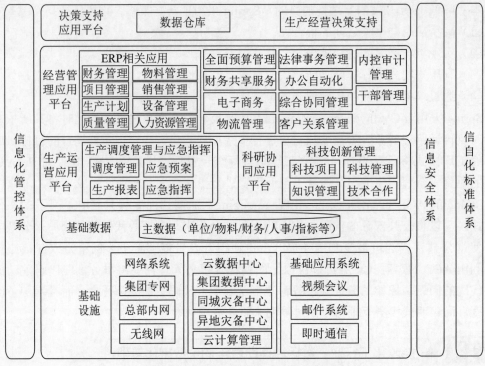

图8.34 延长石油信息化总体架构图

（1）四大应用平台：包括决策支持应用平台、经营管理应用平台、生产运营应用平台、科研协同应用平台，涵盖所有支持生产、经营和科研业务的应用系统，具体介绍如下。

决策支持应用平台为企业的生产经营综合分析、预测预警、决策支持业务提供支持。

经营管理应用平台以ERP系统为核心，汇集全面预算管理、法律事务管理等应用系统，全面支持企业的财务、采购、物流、销售、投资、人力资源、行政办公等各项经营管理业务，推进企业各项业务的协同发展。

生产运营应用平台面向延长石油的核心价值链，集合生产调度管理与应急指挥管理等应用系统，支持油气勘探开发、油气储运、炼油化工、产品销售等领域的各项生产管理业务。

科研协同应用平台涵盖科技管理、知识管理等应用系统，支持企业的科技项目、科技管理、知识管理技术合作等各类科研业务。

（2）三大体系：包括信息化管控体系、信息化标准体系、信息安全体系，从组织管理、标准规范、信息安全3方面为信息化建设提供整体保障。

（3）两大支撑：包括基础数据支撑和基础设施支撑，从源头数据、基础建设等方面为延长石油信息化建设提供稳固的支撑。

基础数据涵盖勘探开发源头数据、炼油化工生产实时数据、地理信息数据等，为多个应用系统提供基础数据支撑。

基础设施是服务于信息系统运行和信息交互的公共物理设施，涵盖网络系统、云数据中心、基础应用系统等内容。

1.3 数据标准化及治理背景

为促进业务发展，多年来，延长石油总部及各级企业建立了多个信息系统，覆盖了大多数生产经营业务。但是，集团总部和各级企业的协同工作始终难以实现，如系统无法集成、业务无法互通，造成这种问题的根本原因是缺乏各业务层面的信息数据标准。

因此，做好数据治理、统一管理数据源头成为实现各信息系统集成的基础。而实现跨业务、跨二级企业、跨应用系统统一对数据进行组织和规划，提高数据集中存储和跨系统之间数据共享的效率，是延长石油信息化工作的迫切要求。

2. 工作概况

2.1 建设历程

延长石油特别重视信息标准化建设工作，并于2015年开始进行数据标准化建设。其数据标准化建设工作按照"业务部门专业牵头，信息部门综合管理，IT队伍技术支持"的模式，共建立了10大类信息标准代码，广泛应用于ERP及相关信息系统中，为信息系统的建设、集成和信息共享打下了坚实基础，也在油气勘探开发、工程建设、物资采购、炼化生产、销售等企业管理、经营活动中发挥着越来越重要的作用。在2016年和2017年，延长石油分别在下属单位（炼化公司和榆林能源化工有限公司）建设专业主数据标准，同期启动数据仓库的一期建设工作。2019年，延长石油启动大数据服务平台项目建设。

2.2 信息化标准体系框架

延长石油的数据标准体系框架由技术标准、数据标准、应用标准、信息化标准管理规范和信息化标准管理系统5部分组成，如图8.35所示。

图 8.35 延长石油的数据标准体系架构图

（1）技术标准由基础设施标准、信息安全标准、软件技术标准、SOA标准、大数据标准共5部分组成，主要采用国家标准（包括网络、硬件、软件、系统集成、数据处理等一系列标准），其属于规范指导集团信息化建设的基础性、全局性、总纲性的信息技术标准。

（2）数据标准由9类集团通用标准、5类板块专用标准和数据指标标准共15类标准组成。

- 集团通用标准包含通用基础、单位、人事、财务、项目、物料、合同、文档、安全环保共9大类数据标准，主要包含的内容有编码规则、分类规则、数据模型。
- 板块专用标准包含销售采购、勘探开发、管道运输、炼油及化工（简称"炼化"）、工程共5大类数据标准，主要包含的内容有专业数据的编码规则、分类规则、数据模型（以下称"数据结构表"，包含属性定义和描述模板）。
- 数据指标标准主要包含各类统计数据的指标主题、指标名称、指标定义、指标单位、计算方法、数据来源、分析维度、提报频度等。

（3）应用标准是信息系统中的业务流程模板和模型，涉及集团通用、油气勘探开发、炼油及化工、管道运输、销售、矿业、工程装备、科研创新共8大类业务，主要包含数据及表单格式、信息系统中业务流程和信息系统的部署及使用规范。

（4）信息化标准管理规范是信息化标准管理各项制度的集合，其中规定了信息化标准工作的组织机制和管理制度、规范、办法和细则，用于对信息化标准的各项工作进行指导和规范。

（5）信息化标准管理系统是发布信息化相关标准文本、数据全生命周期管理的重要平台，用于实现企业内部标准数据资源共享服务，为信息化标准工作提供重要支撑。

2.3 工作目标

延长石油的工作目标是构建以云技术架构为支撑，以共享服务为建设方向的数据标准化管理平台，为企业的信息系统建设和深入应用提供标准和规范保障，为集团各部门、各企业、各系统提供高质量的标准数据，推动标杆企业信息系统的深度集成、数据共享和深化应用，具体包括如下内容。

数据标准化共享服务为集团ERP系统、预算系统、人力资源系统等多个核心系统提供了基础数据共享服务，为用户提供随时随地、唯一源头的数据资源共享服务，实现核心主数据的在线管理维护。

延长石油通过完善供应链管理等核心业务模板，以及建立资产、设备、物料、内部单位、外部单位等标准代码实现了以下目标：

- 建立炼化企业生产物流、能源和主要生产运行单元的数据模型；
- 参照国家信息安全标准和相关国际标准，完善信息系统安全等级保护、身份认证及IT基础设施相关标准；
- 建成和完善经营管理平台、生产营运平台主要信息系统的核心业务模板；
- 建成以信息标准代码、数据模型为代表的信息资源类标准；
- 建立信息标准管理与应用规范，以及统一的信息化标准管理平台，实现了信息标准的统一管理，支撑各个层面的应用集成和信息共享。

延长石油采用先进的信息技术，实现企业的经营管理、生产执行、操作控制各层面的信息系统集成，以及集团公司和下属各单位重要信息系统的全面集成，从而实现以数据源头一次采集、统一处理、按需共享，全面支撑集团的业务协同和一体化发展战略。

2.4 实施方法

通过多年的项目实践，延长石油形成了一套全面、行之有效的企业数据治理体系框架，如图8.36所示。延长石油的数据治理体系框架以数据治理组织架构为引领，以数据管控内容为支柱，以数据管理办法、流程和系统为基础，立体化地指导企业开展数据治理工作。

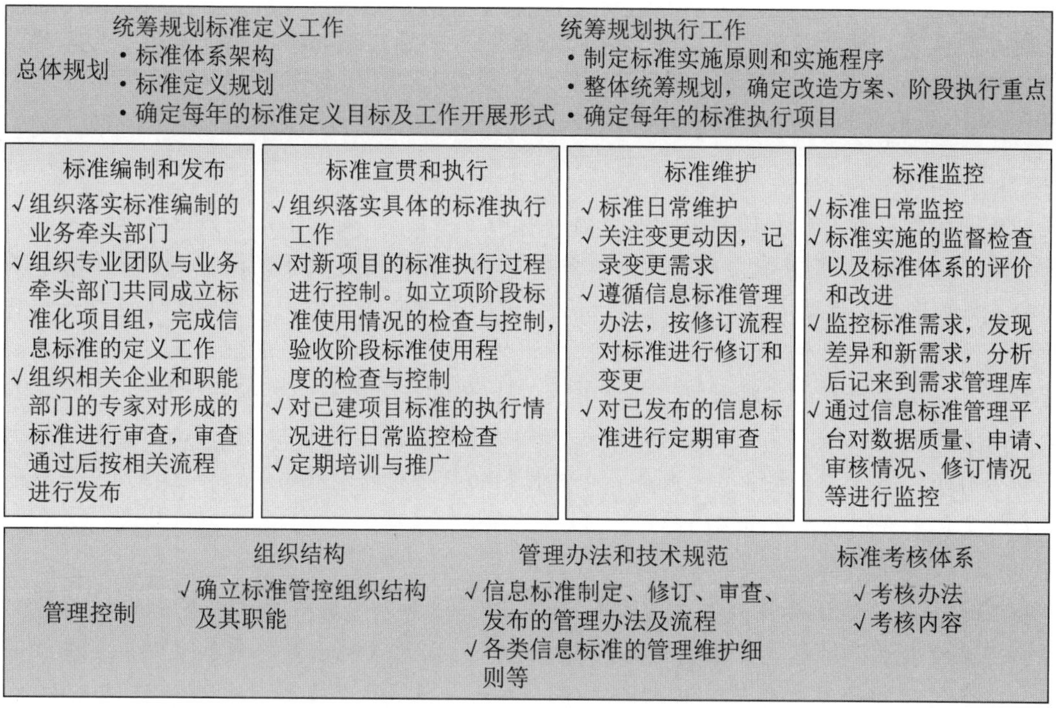

第8章 企业的数据治理实践

总体规划	**统筹规划标准定义工作** • 标准体系架构 • 标准定义规划 • 确定每年的标准定义目标及工作开展形式		**统筹规划执行工作** • 制定标准实施原则和实施程序 • 整体统筹规划,确定改造方案、阶段执行重点 • 确定每年的标准执行项目	
	标准编制和发布	标准宣贯和执行	标准维护	标准监控
	√ 组织落实标准编制的业务牵头部门 √ 组织专业团队与业务牵头部门共同成立标准化项目组,完成信息标准的定义工作 √ 组织相关企业和职能部门的专家对形成的标准进行审查,审查通过后按相关流程进行发布	√ 组织落实具体的标准执行工作 √ 对新项目的标准执行过程进行控制。如立项阶段标准使用情况的检查与控制,验收阶段标准使用程度的检查与控制 √ 对已建项目标准的执行情况进行日常监控检查 √ 定期培训与推广	√ 标准日常维护 √ 关注变更动因,记录变更需求 √ 遵循信息标准管理办法,按修订流程对标准进行修订和变更 √ 对已发布的信息标准进行定期审查	√ 标准日常监控 √ 标准实施的监督检查以及标准体系的评价和改进 √ 监控标准需求,发现差异和新需求,分析后记来到需求管理库 √ 通过信息标准管理平台对数据质量、申请、审核情况、修订情况等进行监控
管理控制	**组织结构** √ 确立标准管控组织结构及其职能	**管理办法和技术规范** √ 信息标准制定、修订、审查、发布的管理办法及流程 √ 各类信息标准的管理维护细则等		**标准考核体系** √ 考核办法 √ 考核内容

图 8.36 延长石油数据治理体系框架

同时,延长石油也形成了数据治理方法论,并得到延长石油集团内部领导的一致认同,取得了不错效果,如图 8.37 所示。

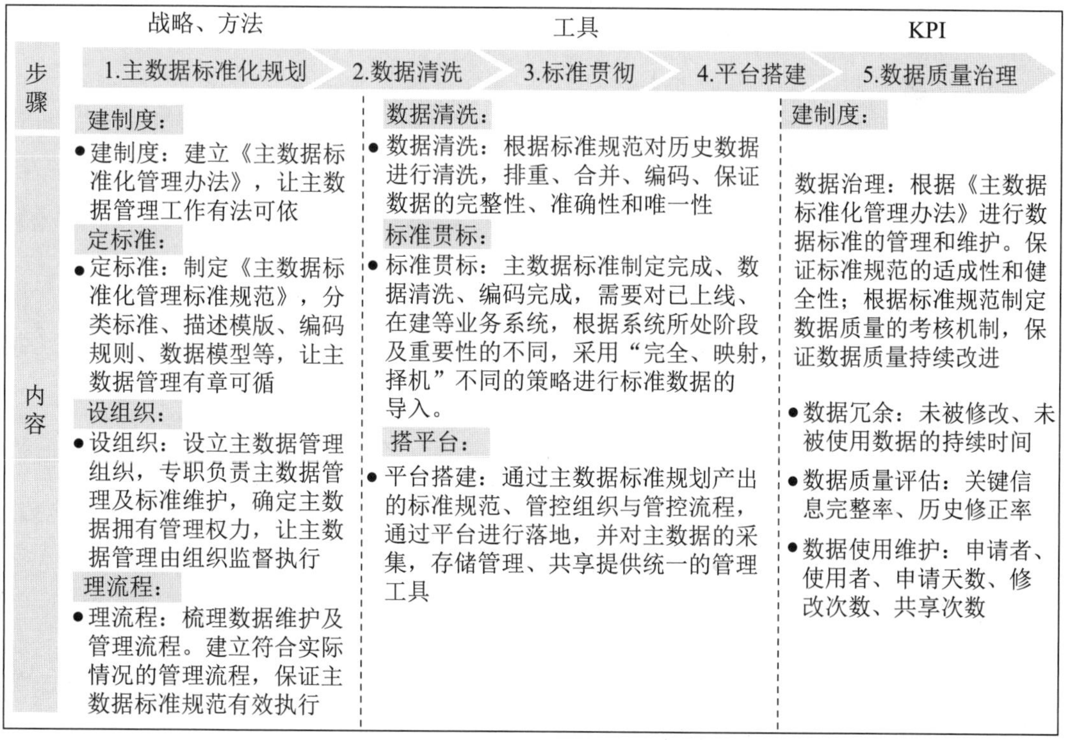

步骤	战略、方法		工具		KPI
	1.主数据标准化规划	2.数据清洗	3.标准贯彻	4.平台搭建	5.数据质量治理
内容	**建制度:** • 建制度:建立《主数据标准化管理办法》,让主数据管理工作有法可依 **定标准:** • 定标准:制定《主数据标准化管理标准规范》,分类标准、描述模版、编码规则、数据模型等,让主数据管理有章可循 **设组织:** • 设组织:设立主数据管理组织,专职负责主数据管理及标准维护,确定主数据拥有管理权力,让主数据管理由组织监督执行 **理流程:** • 理流程:梳理数据维护及管理流程。建立符合实际情况的管理流程,保证主数据标准规范有效执行	**数据清洗:** • 数据清洗:根据标准规范对历史数据进行清洗,排重、合并、编码、保证数据的完整性、准确性和唯一性 **标准贯标:** • 标准贯标:主数据标准制定完成、数据清洗、编码完成,需要对已上线、在建等业务系统,根据系统所处阶段及重要性的不同,采用"完全、映射、择机"不同的策略进行标准数据的导入。 **搭平台:** • 平台搭建:通过主数据标准规划产出的标准规范、管控组织与管控流程,通过平台进行落地,并对主数据的采集,存储管理、共享提供统一的管理工具			**建制度:** 数据治理:根据《主数据标准化管理办法》进行数据标准的管理和维护。保证标准规范的适成性和健全性;根据标准规范制定数据质量的考核机制,保证数据质量持续改进 • 数据冗余:未被修改、未被使用数据的持续时间 • 数据质量评估:关键信息完整率、历史修正率 • 数据使用维护:申请者、使用者、申请天数、修改次数、共享次数

图 8.37 延长石油数据治理方法论

案例8.4 电力行业：夯实数字化转型基础——南方电网数据资产管理行动实践

1. 背景介绍

1.1 公司介绍

中国南方电网有限责任公司（以下简称"南方电网"）是大型国有供电企业，负责南方五省（自治区）（广东、广西、云南、贵州、海南）的电网投资建设、运营管理及相关的输/配电业务。在日常的生产经营管理过程中，南方电网产生了大量数据（包括一体化管理系统数据、电网生产运行数据，以及引用的部分外部数据）。这里面既有周期性的统计数据，也有大规模的实时数据。据测算，整个南方电网拥有的数据量已经超过了5PB。这些海量的用电数据、跨行业数据和客户数据都蕴藏着巨大的商业价值。南方电网以创新驱动为引领，通过"全要素、全业务、全流程"的数字化转型战略要求，在推动全社会能源资源优化配置中发挥着积极的作用。

1.2 信息化现状

经过多年的建设和实践，南方电网开拓出了一条"信息与技术深度融合、自主可控、可持续发展"的信息化创新之路。南方电网的信息系统已基本覆盖生产、运营、管理、服务等领域的核心环节，基本建成了一体化、现代化、智能化的企业级信息平台，实现了数据全覆盖、全网异地数据灾备，以及以主数据为核心的数据资源管理、以人为本的多渠道用户交互等，进一步夯实了信息化基础，加强了应用系统之间的信息共享与集成。

在数据标准化及治理方面，南方电网主要取得了以下成果。

（1）构建和完善数据管理制度体系。

南方电网编制了《中国南方电网有限责任公司数据资源管理办法》《中国南方电网有限责任公司数据质量管理办法》并正式下发执行，初步构建了"五横三纵"的管理体系，从主数据管理、数据质量管理、数据编码管理等方面明确了数据资源管控的要求。

（2）数据治理管控能力实现初步落地。

在数据治理方面，南方电网依据《中国南方电网有限责任公司数据质量管理办法》中的要求，以质量提升指标为具体导向，将数据质量作为一项常态化的工作开展，这对提升南方电网整体的数据质量起到了重要的推动作用。

（3）数据管理技术支撑能力初步建立。

南方电网建设了数据资源管理平台，其中具备了数据标准（编码）管理、数据质量管理和主数据管理等主要功能，并在数据管理的几个重要领域中初步建立了技术支撑能力，为南方电网开展数据治理工作和提升数据质量提供了重要保障，也是后续向数据资产管理平台演进的基础。

（4）数据协同和数据应用得到提升。

南方电网的数据治理初见成效，数据质量有所提升，从而为上层的业务应用提供了更优质的数据基础，为客户提供了更好的服务。

在取得成绩的同时,南方电网的数据资产管理工作仍然需要持续改进和提升,主要体现在以下6方面。

(1)整体工作长远规划需要改进。

南方电网的数据资产管理战略规划工作的统一性和长效性还需要提升,虽然在其信息化整体规划中有数据资产管理相关的内容,但篇幅较少,数据资产管理战略规划内容尚待逐层细化,连续性和一贯性还需要提升,战略目标还需要进一步明确和清晰。

(2)组织人员专业化程度有待提升。

尽管部分子公司设立了独立的数据资产管理部门,但南方电网全集团专业化组织体系尚待完善,由上至下的领导力和执行力需要强化,数据资产管理工作开展的效率需要进一步提升。同时,数据资产管理人员的专业能力有待增强。

(3)制度规范覆盖领域有待完善。

南方电网的数据资产管理制度规范体系还在逐步构建中,尚有多个领域的管理办法和相关细则亟待补充,而且在省公司、地市公司层面的指导规范需要进一步补充和完善,相应体系需要进一步健全。

(4)数据质量需要进一步提升。

南方电网的数据资产管控机制的长效性和闭环管理仍需完善,数据质量发现及评估的时效性仍有待提高,数据管控工作仍然存在"边污染,边治理"的问题,数据的供给能力亟待提升,以便满足数据业务的发展需求。

(5)数据协同能力还需增强,数据价值还需充分释放。

数据资产需要在充分流通、融合之后才能产生更大的价值,"闭门造车"必然会造成机制的僵化和价值的流失。南方电网当前数据资产价值的实现方式还需要多元化,信息和业务部门的协同机制还需要健全,体系化的数据运营手段还需要进一步增强。

(6)数据安全保障能力有待完善。

数据安全是信息安全的重要组成部分,且其重要性日益凸显。但目前南方电网的数据安全防护体系尚处在初级阶段,数据安全保障能力尚有较大的提升空间。

综上所述,虽然南方电网在数据资产管理方面取得了一定的成果,但是还存在需要进一步改进的地方,尤其是基础数据治理,需要完善长期性、连续性的工作规划和科学合理的工作流程。这些问题制约和影响了南方电网的数据资产管理工作健康、有序地发展。因此,为了有效维护和整合数据管理已有成果,明确南方电网的数据资产管理的整体战略规划,计划和组织数据资产管理的各项工作,南方电网数字化部制定了周期为两年的南方电网数据资产管理行动计划,全面部署数据资产管理工作,全方位地保障相关工作有序推进。

2. 项目实施

2.1 工作目标

南方电网的数据资产管理行动计划依据南方电网的"十三五"规划并结合公司数字化转型的战略要求,建立了以下工作目标。

(1)构建覆盖全面、职能完备的数据资产管理体系框架。

(2)全面提升数据质量,优化数据服务,促进数据的共享和流通,加速跨专业的数据融合,强化数据的安全保障,推动数据的对外开放,探索数据的合作运营。

(3)实现全公司、全业务、全领域数据资产的可见、可用、可管,对内支撑公司业务的协同和高质量发展,对外培育电力数据生态环境,促进数据价值的全面释放,推动"数字南网"建设,支撑公司向智能电网运营商、能源产业价值链整合商和能源生态系统服务商转型。

2.2 工作框架

南方电网数据资产管理行动计划的总体思路是:以价值为导向,做好顶层设计;从易到难,夯实高质量数据基础;勇于探索数据价值变现模式,确保公司数据资产"看得见,管得住,用得着"。

南方电网在充分借鉴国内外数据资产管理先进理论的基础上,结合公司发展现状及面临的实际问题,提出"南方电网数据资产管理总体框架"(以下简称"数据资产管理总体框架")。此数据资产管理总体框架(见图8.38)明确了数据资产管理工作在公司数字化转型进程中的价值定位和支撑作用,针对公司数据资产管理体制的构建,提出了包括职能活动和保障手段在内的一整套运作体系。

图 8.38 数据资产管理总体框架

数据资产管理总体框架以数据资产化管理的理念为核心,以保障数据安全为前提,紧紧围绕数据价值最大化的业务目标,着眼于多元数据融合,重点建设"运营保障、数据供给、价值创造、治理管控和技术支撑"五大能力,打造先进的数据资产管理体系,最终通过数据和服务的良性循环,实现数据资产的"内增效"和"外增值"。

2.3 工作内容

南方电网的数据资产管理行动计划主体内容包括"搭框架、重治理、夯基础"三大类工作。

(1)搭框架:构建完善的数据资产管理体系。

①开展数据资产管理专项规划,指导整体工作的有序开展。

南方电网通过开展数据资产管理专项规划,紧扣公司数字化转型的战略要求,充分考虑公司现状,又提出了具有南方电网特色的数据资产管理框架,如图8.39所示。

第 8 章 企业的数据治理实践

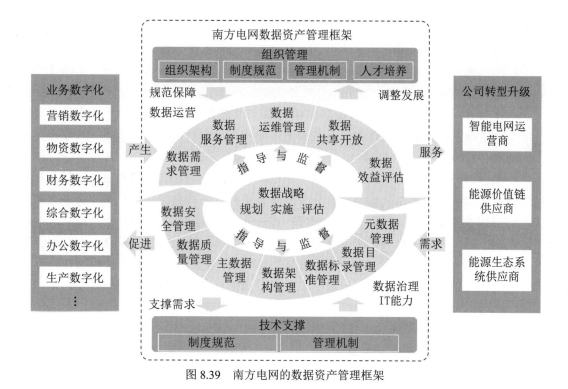

图 8.39　南方电网的数据资产管理框架

南方电网的数据资产管理框架定义了一套环环相扣、务实可行的管理体系,其主要由职能活动和保障手段两部分构成。

- 职能活动描述了数据资产管理的具体工作,包括数据战略、数据治理和数据运营3个领域,通过界定各项活动的职能和内在联系,相对完整地覆盖了公司在规划期内要实现的数据资产管理工作方向。
- 保障手段则定义了确保职能活动有效开展所应具备的前提条件和支撑能力,包括组织管理和技术支撑两个领域,通过与职能活动相结合,能够有针对性地提出各种细化管理要求,确保执行过程准确到位。

②优化数据管理组织,建立协同联动机制。

为加强对公司数据资产管理的集中领导和统筹组织,进一步优化数据资产管理组织体系,南方电网成立了由首席信息官"挂帅"的数据治理和跨业务协同专项工作组,各业务部门、分/子公司的主要负责人为小组成员,负责推动公司数据资产管理的重大事项,协调部门之间、分/子公司之间的数据资产管理工作的有序推进,具体包括以下工作。

- 构建专业的数据资产管理组织体系。在现有的基础上,完善和优化数据资产管理组织体系,有序推进"网—省—地"三级专业数据资产管理组织的改革,统筹管理、执行、落实全网数据资产的规划、治理和运营工作,初步形成组织紧密、运行高效、技术过硬的专业团队。
- 加强数据资产管理落地工作的网络建设。南方电网数字化部加强对总部数据资产管理执行工作的监督和管理力度;分/子公司信息中心负责全面落实本单位数据资产管理的具体执行工作。同时，南方电网积极探索构建数据资产管理虚拟化团队，盘活现有信息化团队力量，一方面培养一批既懂业务又懂技术的综合数据人才，操作和管理一线数据，对接和落实省级公司的工作要求；另一方面强化与业务部门的沟通和联系，提升工作执行效率。

- 深化数据资产管理工作的组织协调机制，形成企业级数据资产管理协同工作机制，推动数据资产管理各项工作的高效开展。南方电网在横向上建立业务部门与数字化部门的协同联动机制，在业务部门设置专业接口人员（充当业务部门与数字化部门之间沟通的"桥梁"），以及建立包含数字化部门和业务部门数据接口的虚拟工作团队，明确职责分工，细化目标，提升数字化部门与业务部门的协同效率；在纵向上建立专业的"网—省—地"三级专业数据资产管理组织联动机制。"网—省—地"三级专业数据资产管理组织明确数据资产管理组织机制，并建立内部数据资产管理工作虚拟团队，统一内部数据资产管理工作的目标和要求，协调资源配置，及时处理专业问题，确保内部高效协作并及时解决一线工作问题。

③加强数据资产管理的宣传及培训，培育数据管理人才。

南方电网在公司内部加强数据资产管理知识体系的建设，建立了多维培训机制，具体包括以下3方面。

- 邀请行业专家讲解大数据战略和前沿技术，提升各级员工的技术技能，以及员工对数据资产管理的整体认识。
- 建立和完善数据资产管理专业人员的提升和选拔机制，加快公司级数据资产管理人才的培养；通过考试、认证等方式选拔人才，为数据资产管理的深化推进夯实基础。
- 加强和持续推进公司的大数据文化建设，培养员工的数据资产管理思维，为数据资产管理工作的开展储备知识、技术和人力资源。

④完善数据资产管理各项制度，扎紧制度规范的"篱笆"。

南方电网根据大数据技术的发展形势及公司业务的实际情况，在现有制度的基础上持续完善数据资产管理的各项制度，建立"1+N+n"的数据资产管理基本制度体系，扎紧制度规范的"篱笆"，为全面实现"依法治数，依法管数"打下坚实基础，具体包括以下内容。

首先，制定统一的数据资产管理办法。结合多方意见，南方电网编制了《中国南方电网有限责任公司数据资产管理办法》，并作为公司正式制度颁布并执行。

其次，编制数据资产管理各领域的管理办法。南方电网编制了数据资产管理各领域的管理办法（主要包括《元数据管理指导意见》《主数据管理指导意见》《数据共享开放指导意见》等），明确具体的管理流程和详细内容，确保数据资产管理相关人员在实际工作中"有法可依"，保障数据资产管理中的各项工作在总体框架下有序开展。

最后，优化并完善若干配套管理制度和细则。南方电网在"1+N"的数据资产管理主体制度下，优化并补充了n个相关配套的专项管理实施细则，规范在数据认责、项目保障、应用管理等方面的具体要求，提升数据资产管理制度体系的"健壮性"，推动实现数据资产管理"全面管理、细化管理、专业管理"的阶段性目标。

⑤引入数据管理成熟度国际标准，开展数据管理水平评估。

南方电网引入数据管理能力成熟度评估模型，并由第三方专业评估单位对公司（包括总部）的10个一级单位开展数据管理能力水平全面评估并准确定位，具体包括以下工作。

- 全面厘清各单位数据资产管理能力现状及所处的发展阶段，同时找出各单位在数据资产管理能力方面的短板，以及存在的突出问题，然后形成数据资产管理能力成熟度评估报告并提出改进建议，为各单位后续的数据资产管理工作指明方向。
- 各单位基于评估报告，根据本单位在数据资产管理能力方面存在的短板或突出问题，有针对性地自主开展数据资产管理能力专项提升工作，并制定专项提升方案（既承接公司数据资产管理行动计划，又兼顾本单位的实际要求），以指导本单位数据资产管理工作。

（2）重治理：开展全面的数据资产梳理和标准化。

①开展全业务元数据梳理，实现元数据标准化。

图8.40所示为南方电网以元数据管理为核心的数据治理模式。南方电网组织了各业务部门、分/子公司进行科学分工，采用"专业责任制"，对全领域、全业务（管理信息化＋计量自动化＋调度自动化）的元数据进行全面梳理，提炼关键信息和关联关系，形成全公司完整的元数据清单；在此基础上，根据《元数据标准规范》对元数据进行标准化，形成静态的标准化元数据清单，以供各系统参照并进行实际调整。

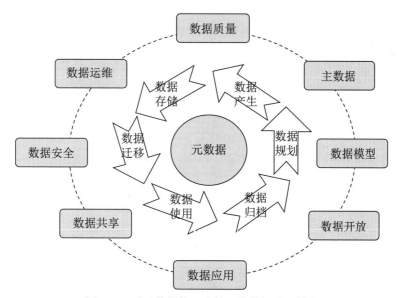

图 8.40　以元数据管理为核心的数据治理模式

目前，南方电网各单位都已完成资产、生产、营销、财务、人力资源、协同办公、审计等10个一体化企业信息管理系统的元数据梳理，并提交元数据清单，总体覆盖度和规范度达到100%。部分单位在计划外还开展了IT域、OMS等系统元数据的梳理工作。

②制定数据资产管理标准规范，构建数据标准体系。

南方电网以6大业务域为基本范围，明确企业级数据标准的分类规则，编制元数据、主数据、数据接口、数据模型、数据安全等多个领域的标准规范（包括《元数据标准规范》《主数据标准规范》《数据质量标准规范》等），已初步建立统一的、覆盖数据资产管理全生命周期的数据资产管理标准体系，以指导、规范公司元数据、主数据等多个领域工作在局部、分步地落地实施，为实现数据资产管理标准化和后续工作的有序开展建立了坚实的基础。

③统一主数据全网定义，明确唯一来源。

南方电网全面梳理了现有主数据，充分结合相关人员的实际需求和建议，形成公司主数据清单。

为加强主数据的一致性，南方电网在集团公司范围内开展主数据一致性治理。其遵循"清存量、控增量"的思路，在确定各类主数据唯一来源的基础上，对来源系统、主数据管理平台和消费系统三方的一致性进行检查，并对不一致的主数据问题逐个解决。南方电网共完成19类核心主数据的存量问题整改，有效地提升了主数据的一致性（平均一致性达到了98.48%）。

南方电网扩展了主数据统一应用的范围。其中包括进一步拓展主数据在全公司的应用范围，在现有6大业务系统的基础上扩大覆盖公司的数据中心及各分/子公司的个性化系统，确保在全网范围内实现主数据的统一应用。

南方电网优化了主数据应用生效机制。其中包括优化主数据生成、更新和归档机制，实现对主数据对象、属性、责任部门等信息的增加、删除、变更管理，加强对主数据的读/写和修改权限管理，保证主数据修改的一致性和稳定性，并在实际工作中"以用促改"，不断优化主数据服务内容和使用机制，提升主数据的可靠性和即时性，有效支撑了各级单位的日常工作。

④编制企业级数据资产目录，构建企业数据资产视图。

南方电网结合对各系统的元数据的全面梳理，提炼关键信息和关联关系，并根据数据资产目录的构建要求，提供相关业务信息、管理信息等内容。各分/子公司开展本单位的数据资产目录编制工作，经过汇总及整理形成全公司统一的企业级数据资产目录，作为公司数据资产应用、维护、运营的基础。在企业级数据资产目录的基础上，公司针对内共享数据和对外开放数据的实际需要，增加共享类型、共享方式、共享权限等具体管理信息，明确可开放数据的敏感程度及相应的安全保障措施，形成公司数据共享目录和数据开放目录。

在企业级数据资产目录基础之上，南方电网初步构建了较为完备的企业级数据资产视图，实现了数据从源头到应用层面链路的全景可视；搭建业务部门与技术部门之间的桥梁，规范了业务部门的数据需求；同时为技术部门提供数据使用手册和指引，便于技术人员开发数据需求；还为公司决策层提供了全网数据资产总览，方便决策层全面掌握公司现有数据资产的分布状况，为公司战略和业务转型提供必要的支撑。

⑤开展数据质量管理提升工作，实现"正本清源"。

南方电网全面梳理以业务领域为维度的数据质量，构建了统一、科学、合理的数据质量体系，明确了数据质量管理的战略目标与实施思路，具体包括以下内容。

一是有步骤地清理存量问题数据，加强在源头管控数据质量，推动数据质量管理从事后检查逐步向事前、事中管控转变，初步形成从源头管控数据质量的全过程闭环机制。

二是基于大数据平台，提升数据质量分析及精细化管理能力，确保入库数据符合质量要求。

三是本着"业务导向"的基本原则，紧密结合业务部门关注的高价值数据，提升核心数据的质量，确保重点数据的准确、可用。

四是建设数据质量分析及精细化管理看板，为数据质量问题统计、查询提供技术支撑；持续完善数据质量分析方法，优化数据质量统计、查询功能，全面提升数据质量。数据质量管理提升工作具体包括如下内容。

在业务协同场景治理方面，南方电网遵循"一场景，一方案"的思路，全面开展213个协同场景治理，大大提升了业务协同质量和效率，有力支撑了公司业务的"横向到边"及"纵向到底"。

（3）夯基础：全方位提升数据资产管理的技术支撑能力。

①启动数据资产管理平台建设，全面提升数据资产管理的技术支撑能力。

由于南方电网在数据资产管理方面的技术支撑能力较弱，仅实现了针对数据编码、主数据、数据质量的基本管理能力。因而，南方电网在整合现有数据资产管理平台中实用性较好的功能基础之上，升级建设数据资产管理平台，新建或加强元数据、数据质量、数据开发、数据运维、数据共享、数据开放等各方面的管理支撑能力，形成科学化、体系化、实用化的数据资产管理技术支撑，覆盖数据资产全生命周期，为公司数据资产管理提供了坚实的技术支撑能力，具体包括以下内容。

- 元数据管理和应用能力。建立元数据采集、存储、维护、查询等基础能力，可以实现跨平台的元数据采集和管理；实现元数据的血缘分析、影响分析等应用功能，以及依据元数据标准的检查和稽核功能；完成面向多层级、多角色的元数据管理相关功能。
- 电子化数据资产目录。将系统数据及相关信息进行必要的处理和提炼，以目录的形式展现，并提供便捷的数据注册、发布、管理、获取等技术途径，让数据需求者自主式、自助式查询、获取和使用数据；与数据资产管理系统已有功能进行整合，在数据资产管理平台形成统一界面或统一入口。
- 数据状态评估能力。实现对一定范围内数据状态的评估能力，构建包含数据标准化程度、存储规范化程度、数据冗余度、数据使用情况、数据处理效能、空间使用情况、系统利用率等指标在内的自评估指标体系，并基于此形成对数据运行现状潜在风险的主动分析及发现能力。
- 数据资产管理业务流程线上流转能力。让相关数据资产管理业务从线下升级为线上管理，让数据资产管理业务流程实现全流程可监控、可追溯，大大提升了数据资产管理的效率。

②加强数据安全管控能力建设及数据安全保障。

南方电网在其"十三五"信息化规划及数据资产管理专项行动计划中，对于信息安全体系建设提出了明确要求：构建关键领域和敏感信息"进不来、拿不走、打不开、赖不掉"的四道信息安全防线，实现全方位信息安全防御。当前，南方电网的各单位均已逐步完成数据加密系统、数据脱敏系统、数据审计系统的安装部署及验收，实现公司核心数据入口加密、出口脱敏、全程审计等数据安全防护措施，在不影响业务、不降低性能的前提下，为企业数据的安全防护构建了初步的综合解决方案。

- 数据加密系统。南方电网对生产区及测试区存储的重要数据进行加密，确保数据以密文的方式存放于数据库中，避免和消除了数据库中由明文存储引起的数据泄露隐患。
- 数据脱敏系统。南方电网针对不同敏感程度的数据制定了不同的数据脱敏策略，明确了具体的加密方式、稽核环节等；初步建立了"网—省"两级数据脱敏系统，具备数据脱敏服务能力，可防止隐私数据泄露。
- 数据审计系统。南方电网已完成将重要信息系统接入数据审计系统，精确、全面监测数据库超级账户、临时账户等的数据库操作，可以及时发现违规操作并实时报警，基本达到全过程审计和安全问题可追溯的要求，满足相关审计方面的要求。

3. 组织保障

南方电网数字化部通过组织各相关单位，于2018年年初建立了数据资产管理专项行动计划工作团队，负责各项工作任务的具体实施，其工作机制如图8.41所示。

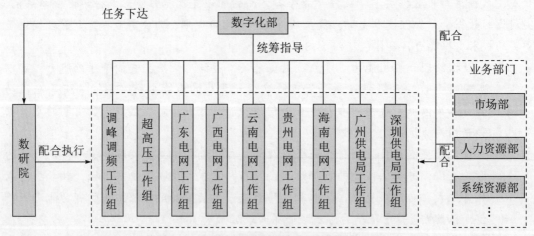

图8.41 数据资产管理专项行动计划工作机制

其中，核心工作团队主要由南方电网数字化部、分/子公司工作组、业务部门工作组和南方电网数字电网研究院有限公司（以下简称"数研院"）组成。

（1）南方电网数字化部。

数字化部是本次项目的牵头负责单位，负责统筹整体工作，部署具体工作，并对各分/子公司工作组的实施工作提供专业指导；同时其作为总体协调单位，负责协调业务部门与信息部门、各分/子公司之间相关工作配合事宜。南方电网数字化部还负责公司相关各项工作的推进，并将相关工作任务明确下达给相关的单位具体落实和执行。

（2）分/子公司工作组。

各分/子公司由本单位的数字化部门牵头，协同业务部门成立联合工作组，负责本单位所负责或配合开展的工作任务的实施。各分/子公司工作组接受南方电网数字化部的统一工作部署和指导，并及时将在实施过程中发现的问题反馈给南方电网数字化部。

（3）业务部门工作组。

各级业务部门工作组负责配合在本部门范围内的各项工作任务。

（4）数研院。

数研院作为具体执行单位，一方面执行公司层面的具体任务，另一方面在各分/子公司各项任务的实施过程中，协助各分/子公司开展各项任务。

公司各部门、分/子公司协同推进各项工作，尤其是各分/子公司的数字化部门和业务部门积极开展协同合作，建立了职责清晰、沟通顺畅、办事高效的协同工作机制，确保了各项行动计划的落地，共同推进南方电网数据资产管理工作的全面落实。

4. 过程管控

在项目启动前，南方电网数字化部充分调动相关方的工作积极性，为各项工作的有序开展建立思想基础。

在项目启动时，南方电网数字化部组织各部门及分/子公司工作组召开数据资产管理专项行动计划贯彻及宣传会议，向员工传达公司领导对本次项目的工作要求，明确各项工作的职责分工和目标要求，确保各部门和分/子公司切实配合相关工作的实施和开展。

在项目实施中，南方电网数字化部建立了周报和月度例会制度。各分/子公司工作组作为各项工作的具体负责人和执行人，每周需要及时将本周工作进展提交给南方电网数字化部，南方电网数字化部由专人审核并汇总全平台当周的工作情况。南方电网数字化部每月组织一次例会，各分/子公司工作组负责人介绍本单位当月的工作进展，讨论存在的问题和困难，协调各分/子公司之间需要协同的事项等。

在项目实施后，南方电网数字化部组织各分/子公司工作组开展总结工作，对取得的经验和待改进的地方进行总结，为后续不断提升数据资产管理能力做好闭环管理工作。

案例思考题：

1. 结合已学知识，分析上述两家企业在数据治理实施流程中存在的问题以及值得借鉴的经验。

2. 上述两家企业在数据治理过程中分别采取了哪些方法与工具？能否进一步优化与改进？

8.6 企业数据治理的质量评估与优化

企业数据治理的质量好坏直接影响企业的发展和再次开展数据治理工作的计划实施。本节综合讨论企业数据治理过程中所需考虑的各个方面,围绕企业数据治理的环境、质量、安全、交换与运维 5 个评估对象进行详细介绍,并介绍如何采用数据管理成熟度评估模型进行具体的评估操作,进而根据评估结果提出提升企业数据治理质量的优化措施。

8.6.1 企业数据治理的评估对象与模型

视频讲解

1. 评估对象

1)数据环境

数据环境包括数据管理组织、制度和流程、模型体系(包括数据分类、编码、信息模型体系)、质量标准体系、安全标准体系、运维管理体系、交换标准体系等多个部分。

在企业数据环境现状自查过程中,一定要做到全面、细致、准确,这样才能为下一步的数据治理工作打下坚实的基础。此处给出企业数据环境自查的具体标准,如表 8.6 所示。企业可以参照这个自查标准对企业自身的数据环境状况进行自查。

表 8.6 企业数据环境自查标准

序号	自查维度	自查标准
1	组织、制度、流程	是否具备完整的数据管理制度、组织、考核机制;拥有科学的数据新增、审核、变更等管理流程;是否具备未来完善和拓展数据管理体系的指导性知识
2	模型体系	是否拥有完整科学的数据分类体系、元数据模型体系、编码结构体系、静态数据中心模型体系,以及未来完善和拓展体系的原则、方法,是否具备未来数据模型体系完善拓展的指导性知识
3	质量标准体系	是否具备数据质量的探查、监控原则、策略、机制,是否具备问题数据的实时清晰策略、机制;是否具备数据质量可持续化的指导性文档;是否具备完整的人工、系统自动验证机制;是否能够准确验证数据的录入、变更、保存、相互调用、关联等环节;是否具备未来数据质量标准完善拓展的指导性知识
4	交换标准体系	是否具备雪花状数据传输架构;是否具备数据交换传输标准、策略;是否具备数据传输结果反馈机制,传输失败数据的续传机制;是否具备未来数据交换标准完善拓展的指导性知识
5	安全标准体系	是否具备数据交换安全机制、数据生产安全机制、数据存储安全机制、数据访问安全机制;是否具备数据类别权限控制体系,是否具备字段级数据操作、查看、审核权限体系;是否具备未来完善和拓展数据安全标准的指导性知识
6	运维管理体系	是否具备数据运维管理制度、流程、考核机制;是否具备问题数据日常监测、探知、处理机制;是否具备未来完善和拓展数据运维体系的指导性知识

2)数据质量

数据质量是指一条数据显性的质量表现,分析起来似乎比较容易,但是我们不仅要考虑数据自身的质量问题,还要考虑不同系统(数据所处环境)间由于各种原因造成的质量问题,毕竟数据不是独立存在的。因此,分析数据的质量问题,需要结合现有的业务管理系统,从数据的一致性、完整性、合规性、冗余、及时性和有效性 6 方面进行全面的分析。

数据质量自查标准如表 8.7 所示。

表 8.7 企业数据质量自查标准

序号	自查维度	自查标准
1	数据一致性	同一业务实体对象在不同业务系统、不同组织机构内,其名称等相关静态基准信息以及其被引用的关联属性数据信息是否完全一样,不存在任何差异
2	数据完整性	是否完整地描述某一业务实体对象的基准数据及其被引用的关联属性数据信息
3	数据合规性	针对某一业务实体对象的描述是否完全符合业务规则、业务代码制定原则,数据描述规范
4	数据冗余	针对同一业务实体,在企业内部所有系统、组织机构中是否存在多个代码与之对应;针对同一代码,在企业不同业务管理过程中是否存在多个业务实体与之对应
5	数据及时性	数据由产生到被使用的时间过程应是否在企业规定范围内
6	数据有效性	数据生产者是否完全按照数据使用者的要求进行数据的新增、审核、生成的数据是否完全满足使用者对数据的要求

从数据自身的角度自查数据质量的方法如表 8.8 所示。

表 8.8 自查数据质量的方法(数据角度)

序号	自查维度	自查方法
1	数据一致性	了解多个业务系统间同一条数据的描述内容是否一致
2	数据完整性	了解某一个业务系统内一条数据的描述内容是否全面、完整
3	数据合规性	了解某一个业务系统内一条数据的描述方式是否遵循事先定好的模型标准
4	数据冗余	了解某一个或者某几个业务系统内是否存在一物多码、一码多物等现象
5	数据及时性	了解一条数据生产后是否及时地被传输到使用的业务系统中
6	数据有效性	了解一条数据生产后分发到使用系统的过程以及传输后的有效状态

从业务管理和数据应用分析的角度判断数据质量的方法如表 8.9 所示。

表 8.9 自查数据质量的方法(业务角度)

序号	自查维度	管理现象	数据质量问题
1	市场营销	无法进行有效的市场活动和向上、交叉销售,无法准确地分析与客户的合作情况及潜在合作机会	产品和客户信息是否不准确,是否缺乏关于客户的跨所有渠道的单一和业务视图
2	售后服务	低效的服务和客户满意度	是否缺乏产品和零配件数据规范,以及二者之间清晰的关系和结构;是否缺乏全方位的客户视角信息
3	运营制造	采购决策失误及产品质量下降,成本上升	是否不能跨部门分享产品和供应商数据信息,是否缺乏供应商及产品的可视度,使供应商的开发和制造流程复杂化
4	产品研发	研发人员缺乏与销售人员的实时协作,销售人员无法掌握新产品市场推广的机会,从而延迟了新产品的推出时间	跨部门的产品、BOM 信息是否缺乏一致性

续表

序号	自查维度	管理现象	数据质量问题
5	仓储采购	存在库存积压的现象,采购效率低下,采购环节经常出错,导致各种浪费	是否存在物资数据描述不规范、不完整以及大量的重码,是否已经导致采购员、仓管员很难识别、判断一条编码所对应的实物
6	人事管理	无法挖掘员工价值,员工测评等工作无法顺利进行,公司人才战略支撑难度大	HR 系统中记录的人员信息是否不全面,人员的业务属性(工作经历、资历证书等)信息是否缺失
7	IT 部门	IT 资源消耗水平越来越高	是否需要对越来越多的数据源维护数据
8	高层决策分析	趋势、预测、销售历史、购买行为、工厂计划、全局经营分析等的准确率较低,无法有效支持领导决策	是否存在严重的数据冗余问题

3)数据安全

除了数据质量,数据安全也是需要自查的内容之一,数据安全的自查可以依据《DAMA 数据管理知识体系指南》《信息安全技术 数据库管理系统安全技术要求》《信息系统安全等级保护基本要求》的相关内容进行。

数据安全根据数据生命周期主要可以分为数据生产安全(指数据设计、录入、加工过程中的安全)和数据访问安全(访问数据过程中的安全)两部分。

(1)自查数据生产安全。

数据生产安全方面的自查,重点要了解数据生产过程中在工作组和业务单位层面对相应角色工作范围的界定以及岗位权限的划分,具体如表 8.10 所示。

表 8.10 数据安全自查(角色)

角色名称	工作范围
数据申请员	负责对数据新增过程的发起、数据信息的维护
数据审核员	负责对数据新增过程中的质量审核管理
数据管理员	负责对数据管理体系的运维、数据日常管理协调

数据库层面的数据交换应参照《信息安全技术 数据库管理系统安全技术要求》中的相关规定。

(2)自查数据访问安全。

数据访问安全方面的自查,要重点了解数据密级的划分、数据库访问、用户查询、打印下载的权限划分、数据敏感信息自查,具体要点包括:

①自查数据密级划分情况。需要考虑公众数据是否可以提供给企业内的任何人员,内部数据是否限制在总部各部门或者分子公司内部的成员中,机密数据是否不能共享到组织外部。

②数据库层面的数据访问自查应按《信息安全技术 数据库管理系统安全技术要求》中的相关规定执行。

③用户查询层面应自查数据权限划分的情况，根据组织机构划分的管理职责进行自查，不同角色的人（数据发起人、补充人和审核人）只能在其数据密级允许的范围内查询自己发起、补充或者审核的数据类型、类别、视图和属性字段的相关信息。当然，相关领导的数据查询权限在组织范围上必须是其负责的部门、分公司或者业务板块。

④应自查数据打印、下载权限的划分，应根据数据密级及满足企业数据管理的数据打印、下载制度和不同角色（数据发起人、补充人、审核人和相关领导）管理的数据范围进行自查。

⑤数据敏感信息自查，根据公司保密要求，在数据访问前是否利用专业脱敏工具混淆、加密或屏蔽了敏感数据。

4）数据交换

数据交换的自查标准，必须首先要了解数据源头的情况。

不同数据类型的数据源头不同，如果企业有标准的HR（Human Resources，人力资源）系统，那么人员、组织机构数据的源头就可以是HR系统。如果企业有标准的CRM（Customer Relationship Management，客户关系管理）系统，那么客户数据的源头可以是CRM系统。同样，供应商数据的源头可以是SRM（Supplier Relationship Management，供应商关系管理）系统，项目数据的源头可以是项目管理系统，合同数据的源头可以是合同系统。

但是，物资数据（包括物料、产品、设备、备品备件等）的源头一定要是专业的数据治理平台，无论企业是否有ERP或者供应链管理系统。因为只有专业的数据治理平台可以做到对物资数据的单个字段验证，并且只有单个字段验证才可以最大化地保证数据质量合规，其他各类业务系统对物资数据的质量管理无法做到单个字段的验证，都是规格型号或者整个物资说明文本的验证。当然，在没有专业数据治理平台的情况下，目前很多企业把物资数据的源头放在了ERP系统，因为确实也找不到更好的地方了。

在确定了各类数据的源头之后，就可以从各业务系统入手去自查各类数据的实际情况了。在自查过程中，要考虑同一类数据是否存在多个数据源头的情况，如客户数据一部分从CRM系统录入，一部分从OA（Office Automation，办公自动化）系统中录入，还有一部分有可能从ERP系统录入。实际上这种情况是不可取的，因为OA系统和ERP系统对客户数据的管理肯定没有专业的CRM系统精细，不同维度的数据源头会使数据质量无法控制。

对数据源头进行自查之后，接下来要核查企业的数据交换架构。

理想的数据交换架构是基于静态数据中心的雪花状数据交换架构，如图8.42所示。自查时应从各业务系统间的数据接口入手，依次梳理每一类数据的流向（从源头到最终的数据消费系统）。另外，切忌把ESB（Enterprise Service Bus，企业服务总线）当作数据交换中心，中心一定应当是可以存储及处理数据的，而不能只是通道。还有将ERP系统作为数据交换的中心也不可取，因为ERP系统自身也无法确保内部数据质量的可靠性。

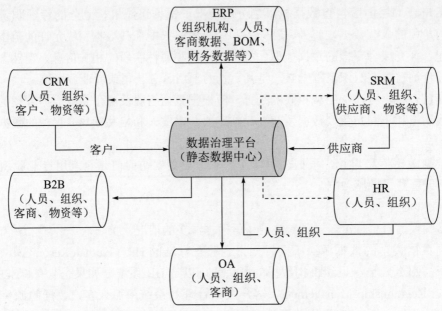

图 8.42 基于静态数据中心的雪花状数据交换架构

最后,还要自查一下数据交换的技术规则,包括数据交换接口传输格式是怎样的?有没有数据交换传输返回参数规范?属性字段的匹配是不是准确?有没有完善的数据交互消息机制?是否存在数据直接写入数据库的危险模式?

5)数据运维

对于企业的数据运维管理可能很多人不明白如何去自查,甚至认为对于数据运维管理没有自查的必要性,无非就是保证平台的顺畅运行,保证所有操作人员顺利完成日常工作。

究竟什么样的数据运维管理才是最好的?

首先我们要明确数据运维管理都包括什么。数据运维管理和其他业务管理系统的运维工作不同,更重要的是对数据管理体系的拓展、完善以及对数据质量的日常监测,确保数据管理的可持续性,确保数据质量的"长久不衰"。

企业数据运维管理应关注以下 5 点:

(1)是否有专职的数据运维管理人员;
(2)是否有数据运维管理的考核机制;
(3)是否有拓展数据标准体系的能力和方案;
(4)是否有评估数据管理能力成熟度的机制、工具;
(5)是否有对问题数据改造处理的机制。

2. 企业数据治理的成熟度评估模型

数据管理成熟度评估是企业在提高数据和信息质量方面能够用来描述和评估治理工作进展的一个重要工具。数据管理成熟度评估是为实现数据资产治理的预期目标而必须采取的一项重要举措。当企业开始将数据视为最关键的企业资产之一时,数据管理成熟度评估提供了一种方法来评估企业现状及将数据管理上升到所需的最终状态需要做的工作,与成熟的数据治理规范相对应。同时,数据管理成熟度评估也有助于企业规划近期可行的数据管理方案,尤其是当企业面临严重的资金压力时。

1）数据管理成熟度评估模型

国内外很多机构已经提出了许多数据管理成熟度模型，包括 EW Solution 数据管理成熟度模型、Gartner EIM 成熟度模型、IBM 数据管理委员会成熟度模型、CMMI 数据管理成熟度模型、MDM 研究所数据治理成熟度模型、Oracle 数据管理成熟度模型等，每种模型都有一定的优势，都可以带来一些有价值的建议。数据管理成熟度评估模型是在借鉴成熟模型和先进经验的基础上，结合最新的数据管理理念和标杆企业的最佳实践经验设计而来的。

一般的数据管理包括八大领域，具体包括：

（1）数据管控是数据管理框架的核心职能，是对数据管理行使权利和进行控制的活动集合，数据管控涉及数据管理的组织、战略等多方面；

（2）数据架构是用于定义数据需求，指导企业对数据资产的整合和控制，使数据投资与业务战略相匹配的一套整体规范；

（3）数据质量是指数据的适用性，描述了数据对业务和管理的满足度；

（4）数据安全是指企业中的数据受到保护，没有受到破坏、更改、泄露和非法的访问；

（5）数据生命周期是指数据从采集、传输、存储、处理、交换与共享到销毁的整个过程；

（6）数据价值挖掘是指通过对企业中的数据进行统一管理、加工和应用，支持企业的业务运营、流程优化、营销推广、风险管理、渠道整合等活动；

（7）数据资产运营包括数据共享与开放、数据服务等活动，可以提升数据在企业运营管理过程中的支撑辅助作用，同时实现数据价值的变现；

（8）支撑平台是数据管理的 IT 技术支撑工具，包括数据管理平台、数据治理工具集及大数据平台。构建强大的支撑平台可以提高数据管理的效率、效果，避免线上、线下"两张皮"。

数据管理的八大领域可以被进一步细化为 30 个评估的核心要素（见表 8.11），这些核心要素都是数据管理必不可少的重要组成部分。

表 8.11 数据管理成熟度评估维度

管理领域	核心要素
数据管控	数据管理战略
	数据管理组织
	数据管理制度
	数据管理绩效
数据架构	数据标准管理
	数据模型
	主数据管理
	元数据管理
	数据分布
	数据集成与共享

续表

管理领域	核心要素
数据质量	数据质量需求
	数据质量检查
	数据质量评估
	数据质量提升
数据生命周期	数据需求
	数据设计和开发
	数据运维
	数据销毁
数据安全	数据安全战略
	数据安全保护
	数据安全审计
数据价值挖掘	数据分析
	数据融合
	数据应用
	数据资产价值管理
数据资产运营	数据服务
	数据共享与开放
	数据资产变现
支撑平台	数据治理工具集
	数据管理平台

针对数据管理中的每一个核心要素，根据数据管理成熟度级别不同，数据管理成熟度评估模型提出了明确的管理要求，设计了合理的评估指标，并设定了明确的评分标准，最终形成了一套完善的数据管理成熟度评估打分表，如表 8.12 所示。利用该打分表能够详细了解企业的数据管理能力，并自动完成成熟度级别评定。

表 8.12 数据管理成熟度评估打分表（模板及示例）

管理领域	核心要素	成熟度等级	管理要求	评估对象	可能出处	评估指标
支撑平台	数据管理平台	10～20分：初始阶段级	还没有完整的数据管理平台	数据管理工具	平台设计文档、系统演示和运行情况报告	(1) 已有数据管理平台建设规划；(2) 具有部分数据管理子系统（有数据管理的部分功能）
		81～100分：持续优化级	不断推动自身技术创新	平台先进性	平台发布说明，新技术采用情况	(1) 数据管理平台版本每两个月迭代更新一次；(2) 平台利用的先进技术（有3种以上）
⋮	⋮	⋮	⋮	⋮	⋮	⋮

2）数据管理成熟度等级定义

数据管理成熟度分为5级，从低到高分别是初始阶段、基本管理、主动管理、量化管理和持续优化，如图8.43所示。

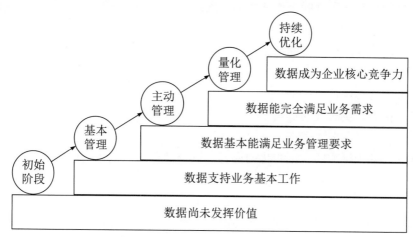

图 8.43　数据管理成熟度等级

（1）初始阶段级：数据尚未发挥价值。

此阶段的业务能力主要体现在：

①基本的报表；

②手工作业，依赖于特殊查询；

③信息超载；

④未能反映真实情况；

⑤事后被动发现问题。

同时，系统能力主要体现在：

①数据——静态结构化的内容；

②集成——无连接、孤立、非集成的解决方案；

③应用系统——孤立模块、依赖特定的应用系统；

④基础架构——复杂、关系混乱、特定平台。

（2）基本管理级：数据支持业务基本工作。

此阶段的业务能力主要体现在：

①基本的探索、查询和分析功能和基本的报表；

②部分报表自动化；

③完全不同的工作环境；

④有限制的企业可视度；

⑤多种版本的真实情况。

同时，系统能力主要体现在：

①数据——结构化的、有组织的内容；

②集成——有部分集成的解决方案、孤立的情况依然存在；

③应用系统——基于组件的应用系统；

④基础架构——层级式架构，特定平台。

（3）主动管理级：数据基本能满足业务管理要求。

此阶段的业务能力主要体现在：

①有脉络的、基于职责的工作环境的导入；

②自动化已提升到一定层级；

③既有的流程和应用系统的增强；

④整合的业务绩效管理；

⑤唯一版本的真实情况；

⑥具有分析的、实时性的洞察力。

同时，系统能力主要体现在：

①数据——基于标准的、结构化的内容，以及部分非结构化的内容；

②集成——孤立的系统集成、信息的虚拟化；

③应用系统——基于服务的应用系统；

④基础架构——组件式的、面向服务的架构逐步浮现，特定平台。

（4）量化管理级：数据完全满足业务需求。

此阶段的业务能力主要体现在：

①贯通企业内外的、有弹性的、具有适应力的业务环境；

②战略业务创新的促进能力；

③企业绩效和运营的优化；

④战略洞察力。

同时，系统能力主要体现在：

①数据——无缝连接并且共享、信息与流程分离、结构化和非结构化内容完全整合；

②集成——信息作为一种随时可用的服务；

③应用系统——流程透过各式服务而集成，有序的业务应用系统；

④基础架构——有随时恢复能力的 SOA，不限于特定技术。

（5）持续优化级：数据成为企业核心竞争力。

此阶段的业务能力主要体现在：

①基于角色的日常工作环境；

②全然融入工作流、流程和系统的能力；

③信息激发的流程创新增强的业务流程和运营管理；

④前瞻性的视野，具有预测性的分析。

同时，系统能力主要体现在：

①数据——所有相关的内部及外部信息无缝连接并且共享、新增的信息很容易加入；

②集成——虚拟化的信息服务；

③应用系统——动态的应用系统组合；

④基础架构——动态的、可重新配置的侦测和回应。

经过数据管理成熟度评估，在由低级别向更高成熟度级别提升的过程中，为企业所带来的变化可以描述如下：

①从被动到主动的管理；
②从点解决方案到综合解决方案；
③从"孤立"数据到同步数据（即一致、高质量数据）；
④从数据分类和安全级别不一致的本地化系统到一致的数据分类和基于标准的安全管理；
⑤从短视的传统数据管理到企业范围的数据资产全景图。

3）开展数据管理成熟度评估

开展数据管理成熟度评估主要包括以下两个步骤：

（1）梳理利益相关者并确定内部支持者，即提倡数据管理的人；

（2）为上述每个利益相关者创建一套详细的调查问卷。对于每个问题，应找到有关当前和未来状态的答案。

其中最重要的是找到弱点或不成熟之处，并制定切实可行的计划予以解决。要了解企业当前所处的位置，并根据现状规划未来的发展路线图。

数据管理的本质是获得战略和战术上应对业务挑战的能力，在紧急情况下立即做出响应，并确保通过信息共享协调组织响应。

4）数据管理成熟度评估实施

数据管理成熟度评估工作分为项目启动、培训宣贯、评估执行和总结分析4个阶段，如图8.44所示。

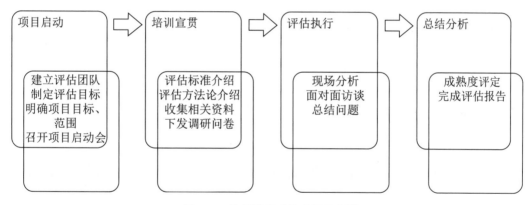

图 8.44 数据管理成熟度评估步骤

（1）项目启动阶段。项目启动阶段的主要工作是了解企业自身的发展情况，建立评估团队，制订评估计划，并召开项目启动会。项目启动阶段是明确项目目标、范围的阶段，对推动整体评估工作的顺利开展具有重要意义。

（2）培训宣贯阶段。培训宣贯阶段主要的工作是进行标准介绍，帮助评估人员了解标准的组成、评估的方法和过程、各方面评估的重点等，并且可以指导相关人员开展自评估。

（3）评估执行阶段。评估执行阶段的主要工作是根据自评的情况，在了解相关资料之后，评估人员在现场对数据管理能力评估模型中的各方面进行评分，主要方式包括现场分析、面对面访谈等。

（4）总结分析阶段。总结分析阶段的主要工作是根据对企业数据管理现状的了解，制定整体的数据管理成熟度等级分析及评估报告。

5）数据管理的成熟度模型

数据体系现状评估是企业数据管理体系规划的起点，只有清楚地认识企业内数据管理活动的真实情况，才能制定合理的数据体系建设目标和规划。数据管理成熟度是指企业按照数据治理的目标和条件，成功、可靠、持续地实施数据管理的能力。数据管理成熟度模型通过对主数据体系建设的各个发展阶段进行多维度的描述，从而实现对企业数据管理能力的量化评价，对数据体系的建设和维护进行过程监控和研究，以使其更加科学化、标准化。

软件行业广泛使用能力成熟度模型（Capability Maturity Model，CMM）来评估软件生产过程的标准化程度和软件企业能力。将该评估框架进行适当调整也可用于评价企业数据管理水平。能力成熟度模型中的数据管理成熟度一般也可分为初始、可重复、已定义、已管理、优化、创新 6 个级别，如图 8.45 所示。每个成熟度级别是一个完备的进化阶段，反映企业数据管理能力当前所达到的水平以及下一阶段改进的目标。

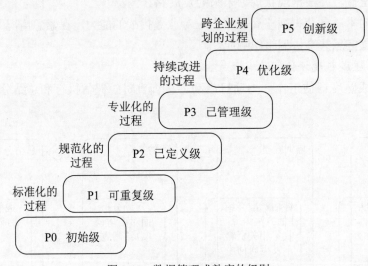

图 8.45　数据管理成熟度的级别

（1）初始级 P0：处于初始阶段的组织内部只有模糊的数据管理意识，没有专门的机构对其进行管理。

（2）可重复级 P1：可重复级的最大特征是企业已经了解到数据管理的重要性，并建立了基础的数据管理流程。组织内部已经开始进行数据管理工作，但往往局限于项目或部门内部。

（3）已定义级 P2：已定义级最大的特征就是组织内部建立起统一的数据管理规范，并建立起独立的部门进行数据管理的协调活动，明确定义数据流程的各专业岗位。

（4）已管理级 P3：处于已管理级的组织中已经形成数据管理专业部门，建立起协同跨流程区域的专业化数据标准团队，数据实现集成化管理，数据标准流程和制度的实施细则也已经明确。

（5）优化级 P4：处于优化级的组织不仅能够保证数据管理流程的有序进行，而且能够实现业务环节的专业评估，实现自我优化，不断提升。

（6）创新级 P5：创新级是主数据管理的最高级别，此阶段的主数据管理已经跨越了企业边界，形成跨企业的行业主数据标准，主数据业务流程能够灵活创新，敏捷地支撑新流程运作，响应新的产品服务。

每个级别的数据管理水平将作为达到下一更高级别的基础，成熟度不断升级的过程也就是其数据管理水平不断积累的过程。因此，从数据管理成熟度模型归纳出的改进方向，将为企业数据管理水平不断升级的历程提供指引，指导企业不断改进缺陷。

针对不同的治理目标，数据管理的成熟度评估可以面向主数据、业务数据、分析数据分别进行。同时，针对数据管理的特点，在成熟度模型的内部可将每一级细化为管理流程、组织岗位、职责和IT支持的四大管理领域：职责领域描述了企业"为什么要进行数据管理"，组织岗位领域描述了"谁来做数据管理"，管理流程领域描述了"怎么做数据管理"，IT支持领域则描述了在企业IT系统应用体系中数据的存储情况和数据管理功能的实现情况。模型为每一个管理领域描述了其对应的典型行为，区分出这些领域在不同的成熟度级别中的不同表现，从而判断这些管理领域所处的成熟度级别，进而得到企业的总体成熟度级别。

8.6.2 企业数据治理的优化关键点

当前大多数企业的数据治理与使用情况存在的弊病较多，多数企业已开始重视对数据治理的整合与建设，并已开始规划对数据资源进行整合的相关战略与措施，以掌握数据资产与大数据建设方面的优势，进而为数字化转型打好基础，以求在同行中获得先机。在此过程中所面临的关键点大体可分为统一数据资源模式、消除数据异构以及部署大数据应用平台等方面。

1. 统一数据资源模式

企业信息资源整合的关键就是依托企业的数据治理框架来强化数据标准化建设，实现信息资源模式的统一。如主数据管理中，企业将多个业务系统中最核心、最需要共享的数据集中进行清洗，且以服务的方式把统一、完整、准确的主数据分发给企业内需要使用这些数据的应用系统。在这个过程中，企业可以通过识别、诊断、规划、实施、维护等阶段实现主数据管理。

2. 消除数据异构

企业可以将结构化数据和非结构化数据进行融合统一，达到消除异构的目标。纸质信息与数字化的视频、音频、邮件、图片等非结构化的数据在企业信息资源中的比重逐步攀升，其中蕴含了丰富的潜在价值，所以企业需要推进结构化和非结构化数据的融合式发展，将超文本、超媒体数据模型和面向对象数据模型进行融合，构建一个企业独有的科学数据模型。

3. 部署大数据应用平台

企业应该在组件大数据应用方面加大技术投入，即组建自己的大数据团队或提供整合平台，最终搭建一个大数据平台。主数据平台可为大数据平台提供多角度、多层级的分析视角，也是支撑大数据分析的"地基工程"，而大数据平台可集数据采集、存储、搜索、加工、分析于一体，融合结构化数据、非结构化数据，实现了数据架构统一，以及对海量异构数据的存储归档、信息组织、搜索访问、安全控制、分析可视化，以及数据挖掘、数据治理等，如图8.46所示。

图 8.46 大数据平台数据治理方案

8.6.3 企业数据治理的优化措施

企业的数据治理,除了要有广度以外,还要有深度,必须解决深层次的问题才能算得上长久之计。结合国内企业实际,未来的企业数据治理除了应从本章前面已经提到的数据环境治理、数据质量治理、数据安全治理、数据交换治理、数据运维管理 5 部分进行治理实践以外,还需要重点采取以下 7 项关键措施。

1. 构建数据治理整体架构

制定数据治理架构是数据治理的核心任务。好的数据治理架构可以确保数据治理的整体性,实现彻底、完善的数据治理,更好地达到数据治理的预期效果。

因此,应该构建包括一个体系(数据标准体系)、三个环境(治理型环境、分析型环境、知识型环境)、一个架构(面向服务的集成架构)的数据治理整体架构,如图 8.47 所示。

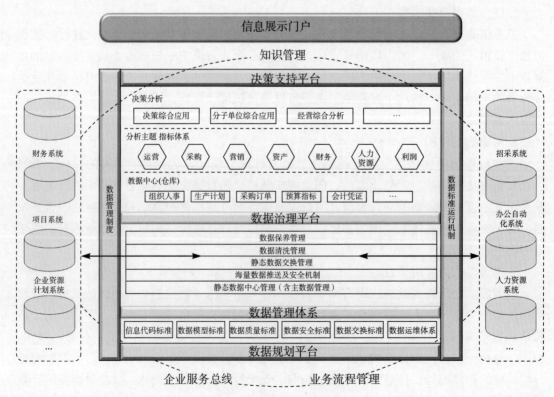

图 8.47 数据治理整体架构

(1) 数据标准体系：是企业数据治理架构中的核心底层部分，通常也指数据环境，包括数据分类及编码标准、数据模型标准、数据质量管理标准、数据安全管理标准、数据交换标准，对应的落地平台应具备管理数据标准体系的过程和结果的功能。

(2) 治理型环境：是指数据全生命周期管理的过程，是解决数据质量、安全等问题的核心功能部分，包括体系构建、静态数据中心管理（数据建模管理、数据编码管理、数据质量管理、数据日常管控）、数据交换管理、数据清洗管理、数据保养管理（数据评估监测）。对应的平台建议采用企业数据治理平台，不建议采用主数据管理平台。

(3) 分析型环境：是指基于数据仓库的各种主题数据分析，是提供数据展现服务的核心功能部分，如运营分析、资产分析、财务分析、人力资源分析。对应的平台包括 BI 决策支持平台、数据仓库、ETL。

(4) 知识型环境：是指企业整个数据治理的知识体系架构，而非传统的企业管理或者某类专业知识管理，是提供数据治理能力的核心组成部分。数据治理知识可以实现知识驱动数据管理业务、驱动数据管理岗位、驱动数据应用的全面知识管理体系。

(5) 面向服务的集成架构：是指数据的采集、分发、集成以及业务重组等，是数据交换的核心功能部分，主要包括静态数据交换管理、ETL、企业服务总线、业务流程引擎。

2. 全方位重构数据标准体系

数据的质量问题在很大程度上取决于数据所处环境的状况，因此需要从根本上打造一整套全方位的数据标准体系以确保数据质量的可控制性、可持续性。

数据标准体系内容包括数据管理流程、数据交换标准、数据环境及数据质量管理标准等，如图 8.48 所示。

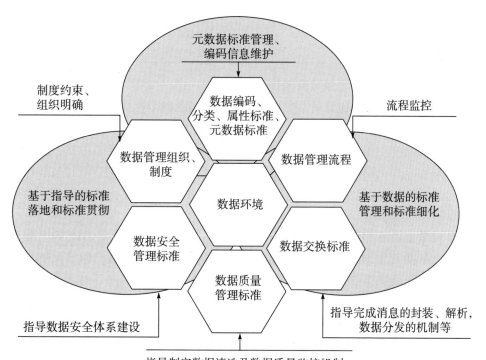

图 8.48 数据标准体系

3. 构建全视角管控的静态数据中心

全视角管控包括基本、组织和业务3个视角的数据描述。基本视角信息是对某条数据的基本特征信息的描述,组织视角信息是指某条数据在不同的组织范围描述的不同信息,业务视角信息是指某条数据在不同的业务场景下描述的不同信息。从全面解决数据质量问题的角度出发,构建360°全视角管控的静态数据中心,对全部3个视角的数据质量进行管控才是最好的选择。

以物资数据举例,具体结构形式如表8.13所示。

表8.13 全视角数据描述

信息描述类别	特点	举例	管控层次
基本视角 （特征属性）	能够单独或者同其他属性配合标示一个物资的属性,具备唯一性	物资名称 物资类别 物资基本单位 物资规格 物资型号 物资材质 物资图号	集团层管控
组织视角	同一数据因物资的使用部门不同而具备不同的属性,同一属性因物资的使用部门不同而有不同的取值	数量较多 不再一一列举	集团层管控 子（分）公司层管控
业务视角 （业务场景属性）	同一数据因物资的使用部门不同而具备不同的属性,同一属性因物资的使用系统不同而有不同的取值	采购场景 采购员 参考价格 仓管员 财务分类 批次控制	子（分）公司层管控

4. 通过技术＋行为的手段保障数据治理

数据质量在数据治理中的份量不言而喻,但是目前保障数据质量的主流方法基本都是技术手段,主要有以下3种方法。

（1）针对数据产生的源端进行控制。指通过针对属性字段取值的格式、上下限、枚举值、从属关系、关联关系等的判断来进行数据质量的控制,这样的方法可以解决大部分（70%左右）的数据质量问题,剩余的30%包括五花八门的错别字,无意的类别错放,人为的有意写错、放错等。

（2）针对数据仓库的末端进行控制。这种方法已经随着数据仓库、BI的发展存在了多年,实际上就是ETL过程对数据质量的控制。虽然这种方法解决问题的比例甚至都达不到40%,但是在新的方法出现之前"横行"近20年,属于标准的针对末端的数据质量的控制。

（3）针对数据存储应用层（数据仓库）的末端进行控制,当然这种方法就比较高级了,那就是采用人工智能技术,比ETL高级了很多,尤其是随着数据中台的兴起,业界对其十分看好。其实人工智能技术对于数据质量问题的解决是需要通过长时间的自我学习才可以达到理想效果的,并且目前没有太好的人工智能工具支撑,此方法并未实用化。

纯技术的手段并不能完全实现对数据质量的管控，因此我们需要从行为（行为约束）入手去深层次解决数据质量问题。

所谓行为约束，是指对数据采集端的人的行为的控制，比如数据新增过程中的审核也是行为约束的一种。最好的行为约束首先应该在源端，也就是针对数据维护操作的人，我们要严加"防范"，确保每个人都能深入到属性字段级别最准确地录入相关的属性取值，要确保专业的事由专业的人来做，而不是很多人希望的统一由一个人维护所有或者某部分数据的全部信息，维护入口的统一不代表数据的统一和高质量，相反可能掩盖对数据的不专业导致的二次维护错误问题。

因此，需要在技术手段的基础上开启数据协同维护机制，强化数据源头责任，强化过程行为约束，更深层次地管控数据质量，如图8.49所示。

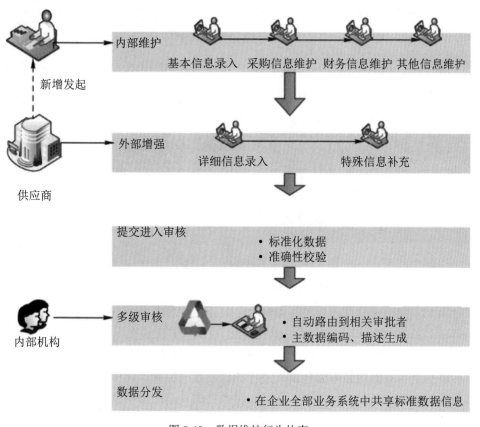

图 8.49　数据维护行为约束

另外，众多企业的企业信息化建设经历了多年的发展，各业务系统中积累了大量（历史）数据，对现存的历史数据的清洗同样适用技术＋行为的手段，通过对历史数据的全面梳理和规范，将质量有保证的数据准确发布到各业务系统中，确保各业务系统中历史数据的准确性。

5. 构建日常数据质量监测体系

在前边的内容中已经详细介绍过数据质量不理想的问题，导致数据质量产生问题的因素有多种，但我们最好能打造一套针对数据质量的监测机制，把问题"扼杀"在摇篮阶段。

2018 年 3 月 15 日，中华人民共和国国家质量监督检验检疫总局、中国国家标准化管理委员会发布了数据管理能力成熟度评估模型，此模型对企业的数据管理能力进行了分级，根据不同等级提出了不同的改进、发展建议。但是这种评估成本较高，周期太长，甚至很多企业很多年才能评估一次。

为了确保数据质量的持续性良好，数据治理项目实施后需要构建一个基于大数据行为分析的数据质量监测平台，而不是传统意义的基于属性字段级的技术验证。平台需要具备实时探知数据质量的能力，并且把数据质量量化展现，同时提供问题数据处理的通道。数据质量监测平台的具体逻辑架构如图 8.50 所示。

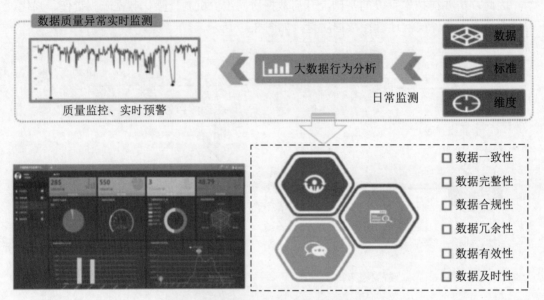

图 8.50　数据质量监测平台的逻辑架构

由图 8.50 可以看出，质量监测是对数据的一致性、完整性、合规性、冗余性、有效性和及时性 6 方面质量标准的深层次的分析，此方式结合复杂逻辑的算法而非传统的正则表达式等，最终通过图和表结合的方式高效展现数据质量结果，提高数据质量的可视化效果。

6. 构建基于场景的数据服务体系

数据资产的核心是共享和价值，并且有时效性的共享服务价值会更高。目前企业内数据资产化管理还处在初级阶段，长期以来对数据的私有化价值意识比较淡薄，企业数据资产化管理的路还很长，需要慢慢地从数据的共享服务开始让大家享受到数据资产的红利。数据服务在企业内有多种形式，主要包括对人的数据服务、对系统的数据服务、对数据仓库的数据服务等。

7. 构建基于过程的知识体系

关于知识，很多人都认为应该只是知识密集型企业才会关心的，在数据治理行业只要简单地进行转移知识，能用好工具就可以了，甚至很多人认为数据治理一定要长期靠外力支持，企业自身的能力有限，根本不可能治理好数据。

这是一个很大的误区，数据治理可以借用外力，但一定不能长期借用外力。借用外力应该只是一个项目的过程，实施数据治理项目只是数据治理工作的起点，项目实施后如果在未来长期的数据治理过程中继续依靠外力，那么高昂的成本会让企业根本无法承受，其实也没必要付出这个成本。

因此，企业具备数据治理的能力非常重要，那么企业应该具备什么样的能力呢？根据多年的经验总结，企业数据运维管理阶段需要具备针对数据管理体系的拓展和完善能力，以便支撑未来企业发展后的数据扩展或管理变更的需求。

如何才能获得这个能力呢？经验告诉我们，能力需要有足够多的知识支撑才可以具备，并且是全方位的知识，尤其是过程知识。针对数据管理体系的拓展和完善工作，最关键的就是弄清来龙去脉以便延续以往的思路，防止标准体系的走偏和分裂。

要做好此工作，需要长期积累大量的过程知识，构建基于过程的知识收集和推送体系是关键中的关键。具体的过程知识体系结构如图 8.51 所示。

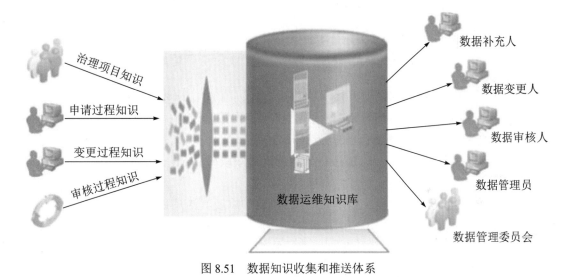

图 8.51　数据知识收集和推送体系

8.7　思考题

1. 在数字经济时代，企业开展数据治理的重要性是否有所提升？
2. 企业在进行数据治理的过程中，如何实现各种方法论与技术工具的融合应用？
3. 不同类型的企业在开展数据治理时存在哪些差异？

参考文献

[1] 李振华, 王同益, 等. 数据治理 [M]. 北京：中共中央党校出版社, 2021.

[2] 祝守宇. 数据治理：工业企业数字化转型之道 [M]. 北京：电子工业出版社, 2020.

[3] 刘驰. 大数据治理与安全：从理论到开源实践 [M]. 北京：机械工业出版社, 2017.

[4] 王伟玲. 全球数据治理：现实动因、双重境遇和推进路径 [J]. 国际贸易, 2021, （06）：73-80.

[5] 蔡翠红, 王远志. 全球数据治理：挑战与应对 [J]. 国际问题研究, 2020, （06）：38-56.

[6] 安小米, 王丽丽, 许济沧, 等. 我国政府数据治理与利用能力框架构建研究 [J]. 图书情报知识, 2021, 38（05）：34-47.

[7] 谭健. 开放数据及其应用现状 [J]. 图书与情报, 2011, （4）：42-47.

[8] 中国信息通信研究院云计算与大数据研究所. 数据流通关键技术白皮书（1.0版）[R]. 北京：中国信息通信研究院, 2018.

[9] 宸铁梅, 顾立平, 董洁. 国外科学数据开放获取研究 [M]. 北京：中国财政经济出版社, 2017.

[10] 严宇, 孟天广. 数据要素的类型学、产权归属及其治理逻辑 [J]. 西安交通大学学报（社会科学版）, 2022, 42（02）：103-111.

[11] 李海舰, 赵丽. 数据成为生产要素：特征、机制与价值形态演进 [J]. 上海经济研究, 2021, （08）：48-59.

[12] 熊巧琴, 汤珂. 数据要素的界权、交易和定价研究进展 [J]. 经济学动态, 2021, （02）：143-158.

[13] 茶洪旺, 付伟, 郑婷婷. 数据跨境流动政策的国际比较与反思 [J]. 电子政务, 2019, （05）：123-129.

[14] 姚旭. 欧盟跨境数据流动治理：平衡自由流动与规制保护 [M]. 上海：上海人民出版社, 2019.

[15] 黄海瑛, 何梦婷, 冉从敬. 数据主权安全风险的国际治理体系与我国路径研究 [J]. 图书与情报, 2021, （04）：15-28.

[16] 申卫星. 数字权利体系再造：迈向隐私、信息与数据的差序格局 [J]. 政法论坛, 2022, 40（03）：89-102.

[17] 李涛. 大数据时代的数据挖掘 [M]. 北京：人民邮电出版社, 2019.

[18] 张莉. 数据治理与数据安全 [M]. 北京：人民邮电出版社, 2019.

[19] 高富平, 张英, 汤奇峰. 数据保护、利用与安全：大数据产业的制度需求和供给

[M]．北京：法律出版社，2020．

[20] 王雪诚，马海群．总体国家安全观下我国数据安全制度构建探究 [J]．现代情报，2021，41（09）：40-52．

[21] 何渊．数据法学 [M]．北京：北京大学出版社，2020．

[22] 李红军．集团型企业全产业链数据治理建设研究 [J]．信息与电脑（理论版），2021，33（05）：31-33．

[23] 王兆君，王钺，曹朝辉．主数据驱动的数据治理：原理、技术与实践 [M]．北京：清华大学出版社，2019．

[24] 段效亮．企业数据治理那些事 [M]．北京：机械工业出版社，2020．

[25] 程旺．企业数据治理与 SAP MDG 实现 [M]．北京：机械工业出版社，2020．

[26] 秦荣生．企业数据资产的确认、计量与报告研究 [J]．会计与经济研究，2020，34（06）：3-10．

[27] 张舰．数字经济时代企业数据资产管理与研究 [J]．财会学习，2021，(24)：149-154．